Personalmarketing, Employer Branding und Mitarbeiterbindung

Uwe Peter Kanning

Personalmarketing, Employer Branding und Mitarbeiterbindung

Forschungsbefunde und Praxistipps aus der Personalpsychologie

Mit 69 Abbildungen

Springer

Uwe Peter Kanning
Wirtschafts- und Sozialwissenschaften
Hochschule Osnabrück
Osnabrück
Niedersachsen
Deutschland

ISBN 978-3-662-50374-4 ISBN 978-3-662-50375-1 (ebook)
DOI 10.1007/978-3-662-50375-1

Die Deutsche Nationalbibliothek verzeichnet diese Publikation in der Deutschen Nationalbibliografie; detaillierte bibliografische Daten sind im Internet über http://dnb.d-nb.de abrufbar.

Springer

Gedruckt auf säurefreiem und chlorfrei gebleichtem Papier

Springer ist Teil von Springer Nature
Die eingetragene Gesellschaft ist Springer-Verlag GmbH Berlin Heidelberg

Vorwort

Der Erfolg einer jeden Organisation steht und fällt mit der Eignung ihrer Mitglieder. Dies gilt gleichermaßen für fachliche Qualifikationen wie für überfachliche Kompetenzen. Eine wichtige Aufgabe der Personalarbeit ist es daher, neue Mitarbeiter zu finden, die möglichst gut zu den Anforderungen der Arbeitsplätze passen, und sie darüber hinaus dauerhaft an das Unternehmen zu binden.

In Zeiten des demographischen Wandels, in denen langfristig gesehen die Anzahl qualifizierter Bewerber allmählich abnimmt, werden diese Aufgaben jedoch immer schwieriger. Schon heute verzeichnen viele Unternehmen einen deutlichen Rückgang geeigneter Kandidaten. Je länger dieser Trend anhält, desto größer werden die Probleme insbesondere für kleine und mittelständische Unternehmen, aber auch für große Unternehmen, deren Ruf nicht mehr der allerbeste ist. Hinzu kommt, dass gute Mitarbeiter häufiger und schneller ein attraktives Angebot von konkurrierenden Organisationen erhalten und somit stärker als früher versucht sind, ihren Arbeitgeber zu wechseln.

Vor diesem Hintergrund ist es nur folgerichtig, dass sich Unternehmen vermehrt Gedanken darüber machen, wie sie zu einem attraktiven Arbeitgeber werden und besonders qualifizierte Menschen für sich interessieren können. Der Beratermarkt hat dieses Thema schon lange für sich entdeckt und bietet auf breiter Ebene zahlreiche Ideen an. So manches, was hier vorgeschlagen wird, führt allerdings bei näherer Betrachtung in die Irre. So ist es beispielsweise wenig sinnvoll, durch vermehrte Werbeaktivitäten lediglich den Anschein eines attraktiven Arbeitgebers vermitteln zu wollen, obwohl man de facto weit davon entfernt ist. Dies würde nur dann gelingen, wenn die eingestellten Mitarbeiter hinreichend dumm wären, die Realität des Arbeitgebers selbst dann nicht zu Kenntnis zu nehmen, wenn sie täglich in diesem Unternehmen arbeiten. Vollmundige Leitbilder, die eine schöne Scheinwelt kreieren, helfen ebenso wenig weiter wie Geschenke, mit denen gute Leute für ein unattraktives Unternehmen geködert werden. Der Verzicht auf anspruchsvolle Personalauswahl, da hierdurch angeblich qualifizierte Leute abgeschreckt werden, kommt schließlich einer Resignation gleich.

Das vorliegende Buch steht in der Tradition einer evidenzbasierten Personalarbeit: Soweit wie möglich sollte sich das Handeln in der Praxis an den Befunden der einschlägigen Forschung und nicht an Meinungen, unhinterfragten Erfahrungen, Trends oder Ideologien ausrichten. Im Folgenden wird es also darum gehen, den Status quo der Forschung aufzuarbeiten und darauf aufbauend Empfehlungen für die Praxis zu geben. Erstmals werden dabei drei miteinander verbundene Themenfelder – Personalmarketing, Employer Branding und Mitarbeiterbindung – gemeinsam behandelt.

Das Buch richtet sich an all jene, die sich in Forschung, Studium und Praxis mit der Frage beschäftigen, wie man ein attraktiver Arbeitgeber wird, qualifizierte Menschen zu einer Bewerbung bewegt und gute Mitarbeiter dauerhaft an das eigene Unternehmen bindet.

Für ihre Unterstützung bei der Eliminierung unzähliger Tippfehler danke ich Frau Dipl.-Psych. Maren Horenburg sowie den Studierenden der Wirtschaftspsychologie Katharina Buhr und Lisa Tews. Zudem danke ich den Mitarbeiterinnen und Mitarbeitern des Springer-Verlags für die professionelle Begleitung des Buches, insbesondere Herrn Joachim Coch.

Uwe Peter Kanning
Münster, im April 2016

Inhaltsverzeichnis

Der Autor

Prof. Dr. Uwe Peter Kanning

Jg. 1966, Studium der Psychologie, Pädagogik und Soziologie an der Universität Münster und Canterbury. 1993 Dipl.-Psych., 1997 Dr. phil., 2007 Habilitation. Seit 2009 Professor für Wirtschaftspsychologie an der Hochschule Osnabrück. 2006 Lehrpreis, 2008 Transferpreis der Universität Münster. 2013 und 2015 Wahl unter die „40 führenden Köpfe des Personalwesens" (Personalmagazin); 2015 Platz 3 „Professor des Jahres" (UnicumBeruf). Seit 1997 Beratung von Unternehmen und Behörden bei wirtschaftspsychologischen Fragestellungen. Autor und Herausgeber von mehr als zwei Dutzend Fachbüchern und psychologischen Testverfahren. Arbeitsschwerpunkte: Personaldiagnostik, soziale Kompetenzen, unseriöse Methoden der Personalarbeit.

Einführung

U.P. Kanning, *Personalmarketing, Employer Branding und Mitarbeiterbindung*,
DOI 10.1007/978-3-662-50375-1_1

Auf den folgenden Seiten werden zunächst die zentralen Konzepte – Personalmarketing, Employer Branding und Mitarbeiterbindung – in Grundzügen vorgestellt und ihre Beziehungen untereinander verdeutlicht. Das verstärkte Engagement von Arbeitgebern in diesen Bereichen wird heute vielfach mit dem demographischen Wandel sowie einem verbreiteten Fachkräftemangel begründet. Wenn langfristig betrachtet immer weniger gut qualifizierte Menschen auf dem Arbeitsmarkt zur Verfügung stehen, müssen sich die Arbeitgeber etwas einfallen lassen, um interessante Kandidaten anzulocken und ihnen einen dauerhaft attraktiven Arbeitsplatz bieten zu können. Demographischer Wandel und Fachkräftemangel sind daher ebenfalls Gegenstand der nachfolgenden Ausführungen.

1.1 Personalmarketing, Employer Branding, Mitarbeiterbindung

Der Begriff *„Personalmarketing"* bezieht sich auf den Prozess der Anwerbung potenziell geeigneter Kandidaten im Rahmen der Personalauswahl. Hierzu gehört auch – was leicht übersehen wird – die Abschreckung ungeeigneter Kandidaten, denn letztlich ist für die Qualität der Personalauswahl nicht so sehr entscheidend, dass sich möglichst viele Menschen bewerben, sondern dass in der Gruppe der Bewerber hinreichend viele Menschen sind, die den Anforderungen der vakanten Stelle entsprechen (► Abb. 1.1). Je höher der prozentuale Anteil der Geeigneten in einer Bewerbergruppe ausfällt, desto besser sind die Ausgangsbedingungen für das nachfolgende Personalauswahlverfahren. Zum Personalmarketing stehen zahlreiche Methoden zur Verfügung: klassische Stellenanzeigen in Zeitungen und Zeitschriften, Anzeigen auf Online-Bewerbungsplattformen, die persönliche Ansprache interessanter Personen über Mitarbeiter des Unternehmens, das professionelle Abwerben von Mitarbeitern aus anderen Unternehmen (Headhunting) und vieles mehr. Im Kern geht es darum, eine vakante Stelle so zu platzieren, dass geeignete Personen auf die Vakanz aufmerksam werden und sich zu einer Bewerbung entschließen. Letzteres setzt wiederum voraus, dass die Stelle bzw. der Arbeitgeber insgesamt attraktiv erscheinen. Hat eine Person sich zu einer Bewerbung entschieden, tritt sie in Kontakt zum Arbeitgeber und hat in der Regel erstmals die Möglichkeit, sich einen persönlichen Eindruck zu verschaffen. Wie schnell reagiert das Unternehmen auf die Einreichung der Unterlagen? Werden Termine vereinbarungsgemäß eingehalten? Wirkt der Interviewer beim Einstellungsgespräch vorbereitet? Interessiert sich das Unternehmen für die tatsächlichen Fähigkeiten und Fertigkeiten oder muss man dem Entscheidungsträger lediglich sympathisch sein? Auch das Auswahlverfahren selbst kann als Instrument des Personalmarketings betrachtet werden. Natürlich geht es im Rahmen der Personalauswahl in erster Linie darum, die Eignung der Bewerber kritisch unter die Lupe zu nehmen. Die Art und Weise, wie dies geschieht, wirkt jedoch im besten Fall auch im Sinne einer Werbung für den Arbeitgeber. Die Grundlage des Personalmarketings ist eine differenzierte Analyse. Das Unternehmen muss sich darüber im Klaren werden, welche Fähigkeiten und Fertigkeiten zukünftige Mitarbeiter mitbringen müssen, um den Anforderungen des Arbeitsplatzes gewachsen zu sein. Die sog. „Anforderungsanalyse" beschreibt die Ansprüche des Arbeitgebers gegenüber den Bewerbern. Die Bewerber haben ihrerseits aber auch Ansprüche gegenüber dem Arbeitgeber. Während der Arbeitgeber z. B. fachlich kompetente Menschen sucht, die leistungsorientiert sind und serviceorientiert agieren, suchen viele Bewerber einen Arbeitgeber, der ihnen Entscheidungsfreiräume lässt, Aufstiegschancen bietet und gleichzeitig ein ausgewogenes Verhältnis von Arbeit und Freizeit ermöglicht. Um sich als Arbeitgeber im Zuge des Personalmarketings richtig positionieren zu können, ist es wichtig zu wissen, welche Ansprüche die interessierende Personengruppe stellt. Dies herauszufinden ist eine weitere wichtige Aufgabe der Analysephase im Vorfeld einer Stellenausschreibung. Auf den Prozess des Personalmarketings – von der Analyse über die Auswahl und Implementierung verschiedener Strategien bis hin zur Evaluation des Vorgehens – wird ausführlich in ► Kap. 2–8 eingegangen.

Sind die Bemühungen des Personalmarketings (geeignete Kandidaten für das Unternehmen zu interessieren) und die Bemühungen der Personalauswahl (geeignete Kandidaten in der Gruppe der Bewerber als solche zu identifizieren) erfolgreich, können neue Mitarbeiter eingestellt werden. Die Mitarbeiter stellen meist die wichtigste Investition in die Zukunft eines Unternehmens dar. Folgerichtig

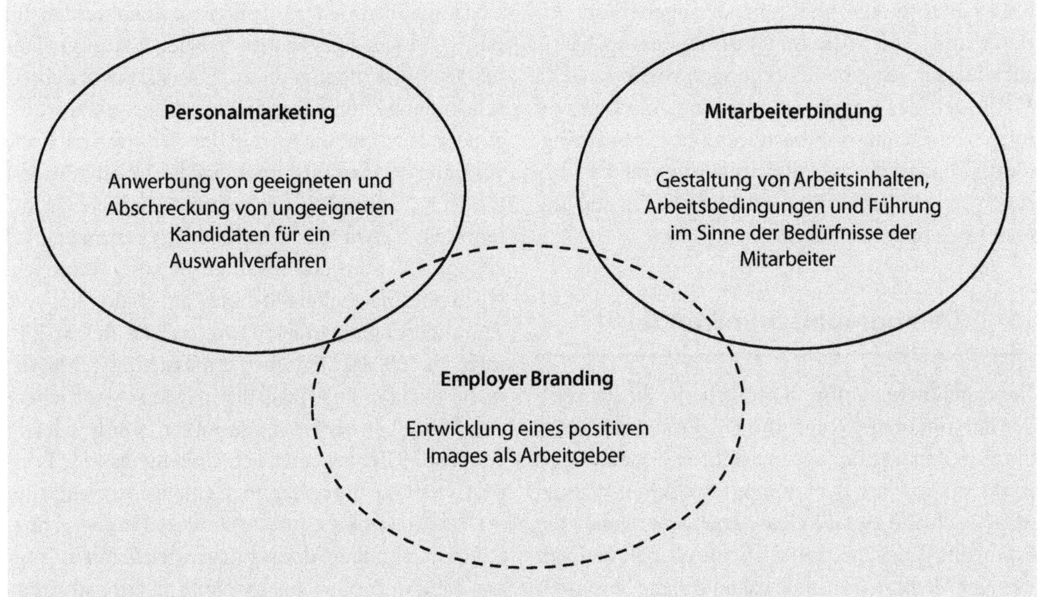

Abb. 1.1 Beziehung zwischen Personalmarketing, Employer Branding und Mitarbeiterbindung

muss der Arbeitgeber nun daran interessiert sein, die Mitarbeiter dauerhaft an sich zu binden. Jeder gute Mitarbeiter, der das Unternehmen verlässt, zieht nicht nur Engpässe in der Arbeitsorganisation nach sich, sondern erfordert auch neue Investitionen in die Anwerbung, Auswahl und Einarbeitung eines Nachfolgers. Die Lage wird für den Arbeitgeber dabei umso schwieriger, je weniger gut qualifizierte Personen der Arbeitsmarkt zur Verfügung stellt. Ein wichtiges, vorausschauendes Ziel der Personalarbeit ist daher immer auch die *Mitarbeiterbindung*. Erneut stellt sich hier die Frage nach den Erwartungen der Mitarbeiter an einen attraktiven Arbeitgeber. Nur wenn der Arbeitgeber weiß, was seine Mitarbeiter erwarten, kann er versuchen, sich entsprechend zu verhalten und ggf. zu verändern. In der Analysephase des Prozesses zur Steigerung der Mitarbeiterbindung steht daher die Durchführung einer Mitarbeiterbefragung. Sie liefert zum einen Information darüber, was die Mitarbeiter erwarten, und zum anderen, inwieweit die Mitarbeiter ihre Erwartungen durch den Arbeitgeber erfüllt sehen. Aus dem sich anschließenden Soll-Ist-Vergleich ergeben sich konkrete Anregungen zur Optimierung. Die Forschung zeigt, dass Maßnahmen zur Steigerung der Mitarbeiterbindung vor allem an drei Punkten ansetzen können: an den konkreten Inhalten eines Arbeitsplatzes, den Arbeitsbedingungen sowie der Art und Weise, wie die Mitarbeiter geführt werden (▶ Kap. 15).

Das *Employer Branding* bildet eine Klammer zwischen dem Personalmarketing auf der einen und den Bemühungen um Mitarbeiterbindung auf der anderen Seite (▶ Abb. 1.1). Im Rahmen des Employer Brandings geht es darum, ein positives Image als Arbeitgeber aufzubauen. Vergleichbar zu einer Produktmarke (Coca Cola, Tempo, Nutella etc.) wird der Arbeitgeber als eine Marke verstanden, die für (potenzielle) Mitarbeiter einen positiv besetzten Wert darstellen soll und darüber hinaus die „Einzigartigkeit" eines Arbeitgebers in Abgrenzung zu alternativen Arbeitgebern signalisiert. Insbesondere der Anspruch der Einzigartigkeit wird angesichts der Tatsache, dass es in Deutschland mehr als 3,6 Millionen Unternehmen gibt, in der Breite des Arbeitsmarktes kaum zu erfüllen sein. Dennoch kann es für ein Unternehmen sinnvoll sein, sich für eine gutes Arbeitgeberimage einzusetzen, und war aus zwei Gründen: Ein allgemein positives Arbeitgeberimage erleichtert das Personalmarketing unabhängig von den konkreten Anforderungen und spezifischen Konditionen einer vakanten Stelle. Die Etablierung eines positiven Arbeitgeberimages in der Belegschaft fördert zudem die Mitarbeiterbindung, da sich die

Mitarbeiter stärker mit ihrem Arbeitgeber identifizieren und – sofern das Image die Realität spiegelt – auch tatsächlich gute Bedingungen vorfinden. Die Methoden des Employer Brandings reichen von Imageanzeigen und -broschüren über Sponsoring, Mundpropaganda und Publicity bis hin zu Formulierung von Leitbildern. Eine ausführliche Darstellung findet sich im ▶ Kap. 11.

1.2 Demographischer Wandel

Die zunehmende Aufmerksamkeit, die die Prozesse der Personalmarketings und des Employer Brandings in den letzten Jahren erfahren haben, hat in starkem Maße mit dem demographischen Wandel in Deutschland zu tun. Viele Arbeitgeber haben die Erfahrung gemacht, dass sich heute oftmals deutlich weniger Menschen auf eine vakante Stelle bewerben als zehn oder 20 Jahre zuvor. Schauen wir uns im Folgenden einmal an, wie sich die Bevölkerung in den nächsten Jahrzehnten nach den Prognosen des Statistischen Bundesamtes (2015a) entwickeln wird und welche Schlussfolgerungen aus diesen Prognosen zu ziehen sind.

Derzeit leben in Deutschland etwa 81 Millionen Menschen. Mehr als 50 Millionen davon befinden sich in einem Alter, das sie als potenzielle Arbeitnehmer prädestiniert (▶ Abb. 2.1). De facto liegt die Anzahl der Berufstätigen jedoch deutlich niedriger, nämlich bei weniger als 42,8 Millionen Menschen, von denen wiederum 4,3 Millionen einer selbstständigen Tätigkeit nachgehen, so dass sich letztlich mit 38,5 Millionen weniger als jeder zweite Bewohner in einem angestellten Beschäftigungsverhältnis befindet. Etwa 7 Millionen Menschen im erwerbstätigen Alter sind derzeit nicht beschäftigt, weil sie beispielsweise studieren, Kinder erziehen, arbeitslos sind oder kein Interesse an einem Arbeitsverhältnis haben. In diesem Zusammenhang spricht die Bundesagentur für Arbeit von einer „stillen Reserve“ und meint damit Personen, die prinzipiell dem Arbeitsmarkt zur Verfügung stehen könnten, ohne jedoch tatsächlich beschäftigt zu sein.

Seit 1972 liegt die Anzahl der Geburten kontinuierlich unter der Anzahl der Sterbefälle, was zwangsläufig dazu führt, dass die Bevölkerung beständig abgenommen hat und wahrscheinlich auch in Zukunft abnehmen wird, sofern keine Gegenmaßnahmen (s.u.) unternommen werden. Im Jahr 2014 wurden zwar im Vergleich zum Vorjahr 4,8 % mehr Kinder geboren. Dies kann aber einerseits noch nicht als Trendwende aufgefasst werden, andererseits liegt die Anzahl der Geburten nach wie vor unter der Anzahl der Sterbefälle. Im Jahr 2014 ist die deutsche Bevölkerung trotz angestiegener Geburtenrate um etwa 153.000 Menschen gesunken. Auf ca. 868.000 Sterbefälle kamen 715.000 Geburten. Nicht mit eingerechnet in diese Zahl ist allerdings die Zuwanderung aus anderen Ländern, die im Jahr 2014 mehr als 400.000 Menschen umfasste. Tatsächlich ist in diesem Jahr die Anzahl der in Deutschland lebenden Menschen also nicht gesunken, sondern leicht gestiegen. Hier zeichnet sich eine interessante Perspektive ab, auf die später noch einzugehen sein wird.

Das Statistische Bundesamt (2015a) berechnet auf der Grundlage der vorliegenden Zahlen Prognosen für die nächsten Jahrzehnte bis zum Jahr 2060 (▶ Abb. 1.2). Neben Sterbe- und Geburtenrate wird dabei eine Netto-Zuwanderung von jährlich 200.000 Menschen mit einkalkuliert. Entsprechend dieser Prognosen wird derzeit mit einem deutlichen Absinken der Bevölkerung im erwerbsfähigen Alter gerechnet. Während sich derzeit etwa 49 Millionen Menschen in einem Alter zwischen 20 und 64 Jahren befinden, sinkt diese Zahl bis zum Jahr 2060 auf gerade einmal 37 Millionen ab. Gegenüber dem Jahr 2013 ist dies eine Reduzierung um 23 % (▶ Abb. 1.3): Eine Größenordnung, die mehr als beachtlich ist. Vorausgesetzt, es gäbe in der Zukunft so viele Arbeitsplätze wie heute, und keinerlei Gegenmaßnahmen würden greifen, so wäre bald schon mindestens jeder fünfte Arbeitsplatz unbesetzt. Der Anteil der Menschen im Rentenalter steigt in Abhängigkeit von der Höhe des Alters sehr unterschiedlich. In der Altersgruppe von 65-79 Jahren käme es zu einem moderaten Anstieg von 12,5 auf 14,1 Millionen (▶ Abb. 1.2), was einem Anstieg um 14 % entspräche. Weitaus beeindruckender ist der Anstieg in der Altersgruppe 80+. Hier wäre mit einem Anstieg um mehr als 100 % zu rechnen: von 4,4 Millionen im Jahr 2013 auf ca. 9 Millionen im Jahr 2060.

Es liegt in der Natur der Sache, dass Prognosen über viele Jahre oder gar Jahrzehnte teilweise mit großen Fehlern behaftet sind, da in der Zwischenzeit viele Prozesse einsetzen können, die in Art und Wirkung heute noch gar nicht bekannt sind. Dazu

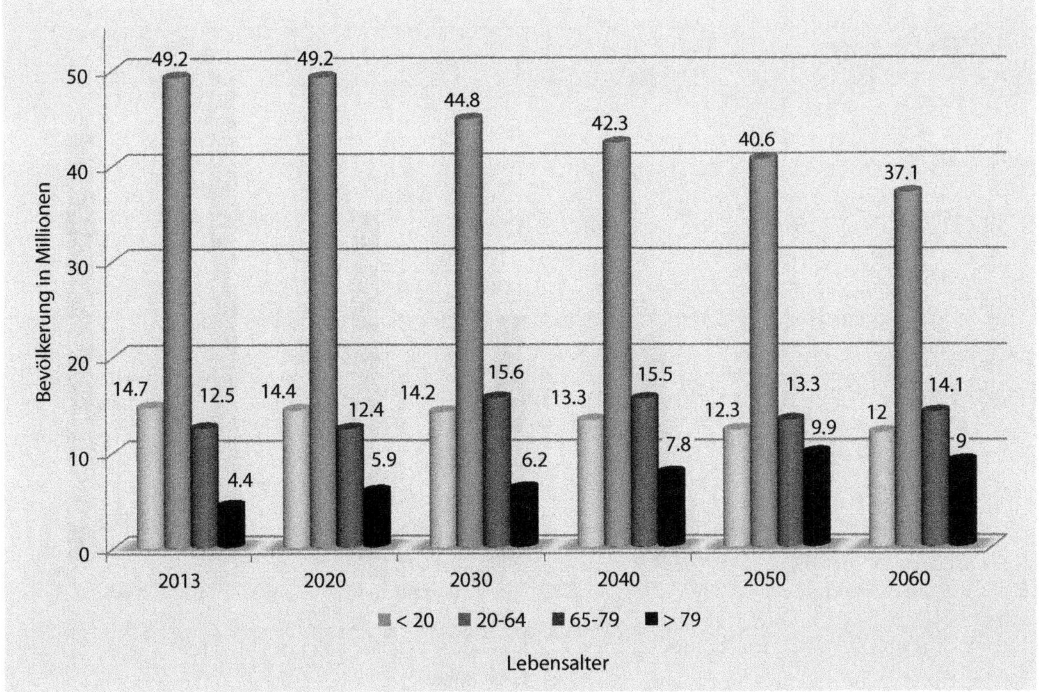

Abb. 1.2 Entwicklung der Bevölkerung nach Prognosen des Statistischen Bundesamtes (2015a)

zählen Veränderungen, die sich von allein und durch neue gesellschaftliche Impulse ergeben. Beispielweise kann niemand voraussehen, ob nicht in 20 Jahren das Ideal vieler junger Menschen eine kinderreiche Familie ist. Gleiches gilt für Naturkatastrophen, Epidemien oder Kriege, die im schlimmsten Falle Hundertausende oder gar Millionen Menschen das Leben kosten können. Auch wenn wir uns dies in unserer Zeit kaum vorstellen wollen oder können, galt dies sicherlich auch für die Menschen, die in früheren Jahrhunderten gelebt haben und eines Besseren belehrt wurden. Hoffen wir einmal das Beste und gehen davon aus, dass die Menschen in den nächsten 50 Jahren von derartigen Katastrophen verschont bleiben.

Jenseits derartiger Prozesse könnte die Gesellschaft auch gezielt den prognostizierten Veränderungen entgegenwirken. Hierzu zählen u. a. die folgenden bewusst anzustoßenden Entwicklungen:

- *Attraktivität von Geburten steigern*: Schon seit vielen Jahren wird immer wieder diskutiert, dass die deutsche Gesellschaft kinderfreundlicher werden müsse und Eltern für ihren „Dienst an der Gesellschaft" stärker finanziell unterstützt werden sollten. Maßnahmen, die dies unterstützen, sind beispielsweise ganztätig geöffnete Kinderkrippen, Kindergärten und Schulen, die beiden Elternteilen eine bessere Vereinbarkeit von Beruf und Familie ermöglichen. Ergänzend werden steuerliche Freibeträge für Kinder oder das Kindergeld angehoben. Inwieweit all dies tatsächlich zu einem nennenswerten Anstieg der Geburtenraten beitragen wird, ist einstweilen ungewiss. Skepsis ist hier durchaus angebracht.
- *Aktivierung stiller Reserven:* Die oben genannten Strategien könnten gleichzeitig auch dazu beitragen, dass manche Menschen, die gerne arbeiten wollen, dies aufgrund von kleinen Kindern bislang aber nicht realisieren können, dem Arbeitsmarkt in Zukunft zumindest als Teilzeitkräfte zur Verfügung stehen. Die stille Reserve besteht jedoch nicht nur aus Arbeitnehmern mit kleinen Kindern, sondern auch aus Rentnern, die noch gerne weiterhin einigen Stunden in der Woche arbeiten wollen.

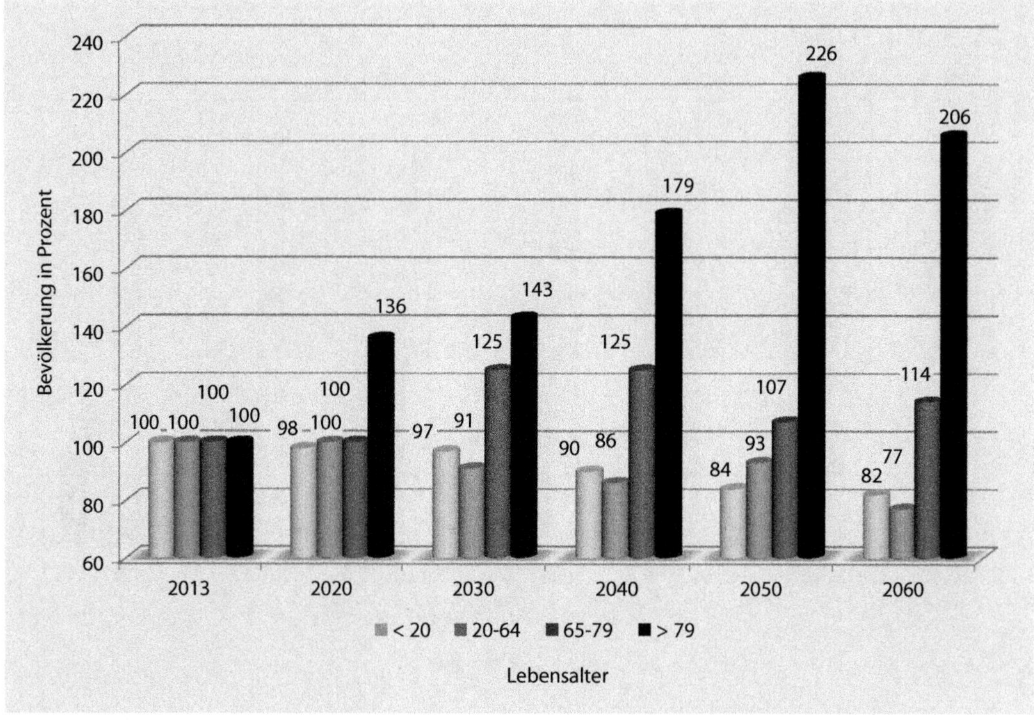

Abb. 1.3 Prozentuale Veränderungen der Bevölkerung nach Prognosen des Statistischen Bundesamtes (2015a; 2013 = 100 %)

- *Reduzierung der Arbeitslosigkeit:* In dem Maße, in dem Arbeitskräfte von den Arbeitgebern verstärkt begehrt werden, steigen auch die Chancen für Menschen, die dauerhaft in Arbeitslosigkeit leben, wieder ins Berufsleben einsteigen zu können und hier einen Mangel an Arbeitskräften auszugleichen. Ob und inwieweit dieser Effekt eintritt, hängt nicht zuletzt von der Qualifikation der Arbeitslosen bzw. ihre Qualifizierbarkeit ab. Die Menge der arbeitslosen Menschen, die dafür in Frage kommen, ist aber vermutlich so gering, dass sie die möglichen Engpässe selbst im günstigsten Falle insgesamt nur teilweise überbrücken könnten.
- *Reduzierung von Teilzeitbeschäftigung:* Millionen Menschen in Deutschland gehen heute einer Teilzeitbeschäftigung nach. So mancher von ihnen wäre sicherlich an einer Vollzeitstelle interessiert, wenn sich in Zukunft entsprechende Chancen zur Aufstockung bzw. zum Stellenwechsel ergeben würden. Auch hier setzt die Qualifikation bzw. die Qualifizierbarkeit der Betroffenen der Strategie Grenzen.
- *Erhöhung der Arbeitszeit:* Eine sehr naheliegende und zumindest in der Theorie auch leicht zu realisierende Lösung wäre die Erhöhung der Arbeitszeiten derjenigen Menschen, die im Berufsleben stehen. Dies könnte wahlweise die Tages-, Wochen- oder auch Lebensarbeitszeit betreffen. Menschen mit stark physisch belastender Arbeitstätigkeit wären hiervon möglicherweise auszunehmen. Würden die verbleibenden Berufstätigen nur 5 % mehr Arbeit erbringen, ließen sich schnell einige Hunderttausend wegfallende Arbeitskräfte kompensieren. Dass eine solche Maßnahme jedoch auf den erbitterten Widerstand vieler Arbeitnehmer(-vertreter) stoßen wird, ist gewiss. Insofern bleibt abzuwarten, inwieweit sich die Potenziale einer solchen Strategie in Zukunft tatsächlich nutzen lassen.

- *Reduzierung von Arbeitsplätzen durch technische Innovation:* Der Engpass auf dem Arbeitsmarkt ergibt sich aus dem quantitativen Verhältnis zwischen Arbeitsplätzen und Arbeitnehmern. Wenn nun die Anzahl der Menschen, die dem Arbeitsmarkt zur Verfügung stehen, sinkt, könnte dies zumindest teilweise durch technische Innovationen kompensiert werden. Dieser Prozess ist seit der Industrialisierung bekannt. Menschen werden verstärkt durch Maschinen, Roboter oder Computer ersetzt, so dass letztlich weniger Arbeitskräfte benötigt werden. Während diese Strategie früher mitunter zu sozialer Not geführt hat, könnte sie in Zukunft dem Wohlstand der Gesellschaft dienlich sein.
- *Steigerung der Produktivität durch technische Innovation:* In die gleiche Richtung wie der zuvor genannte Punkt zielt die Steigerung der Produktivität durch technische Innovation. Der Unterschied besteht darin, dass Arbeitsplätze nicht zwangsläufig abgebaut werden, sondern der einzelne Arbeiter aufgrund der verbesserten Technik in gleicher Zeit zehn oder 20 % mehr Produktivität erzielt und dadurch die sinkende Anzahl von Arbeitskräften teilweise kompensiert.
- *Verstärkte Zuwanderung:* Das wahrscheinlich größte Potenzial stellen Arbeitnehmer dar, die mit ihren Familien aus dem Ausland nach Deutschland umsiedeln möchten. Eine gezielte Einwanderungspolitik könnte diesen Prozess zur einer Win-Win-Situation für beide Seiten gestalten. Die Vorbehalte früherer Generationen dürften zunehmend der Vergangenheit angehören.

Letztlich wird sicherlich nicht eine einzelne Maßnahme isoliert von allen anderen zum Erfolg führen. Realistischer ist eine Kombination unterschiedlicher Maßnahmen. Wichtig ist an dieser Stelle, zu erkennen, dass der demographische Wandel kein Naturgesetz ist, das wie ein Unwetter über die Gesellschaft herniedergeht. Es handelt sich vielmehr um einen komplexen Prozess, der in seinem Ablauf und seinen Wirkungen schwer zu prognostizieren ist. Dies gilt umso mehr, als dass der Gesellschaft viele Optionen zur Verfügung stehen, um auf diesen Prozess Einfluss zu nehmen.

1.3 Fachkräftemangel

Während der demographische Wandel vor allem mittel- und langfristig zu Problemen auf dem Arbeitsmarkt führt, wird heute schon vielfach von einem akuten Fachkräftemangel gesprochen. Nach Obermeier (2014) lassen sich Arbeitskräfte entsprechend ihrer fachlichen Qualifikation in vier Gruppen einteilen:

- *Ungelernte Arbeitskräfte* übernehmen Helfertätigkeiten, für die keine besondere berufliche Ausbildung erforderlich ist. Sie werden ggf. kurz angelernt, um die gestellten Arbeitsaufgaben erfüllen zu können.
- Als *Fachkräfte* gelten Menschen, die komplexere Aufgaben übernehmen, zu deren Erfüllung sie eine mehrjährige Berufsausbildung absolviert haben.
- *Spezialisten* verfügen über eine Ausbildung zum Meister oder haben ein kurzes Studium absolviert, das früher z. B. mit einem FH-Abschluss, heute wohl eher mit einem Bachelor-Abschluss gleichzusetzen ist.
- *Experten* verfügen über ein mindestens vierjähriges Studium, was heute einem Master oder höherwertigerem Abschluss entspricht.

Ein Fachkräftemangel bezieht sich mithin auf die breite Masse der Arbeitnehmer in Deutschland. Von einem Fachkräftemangel ist die Rede, wenn Arbeitgeber mehr Stellen ausschreiben als durch die Menge der verfügbaren Arbeitskräfte besetzt werden können (Obermeier, 2014). Mit anderen Worten: Viele ausgeschriebene Stellen bleiben dauerhaft unbesetzt. Dies dürfte heute immer noch die Ausnahme und keinesfalls die Regel sein (s. u.). Ein weiterer, wenig tauglicher Indikator für einen grundlegenden Fachkräftemangel ist das Verhältnis zwischen der Anzahl der offenen Stelle auf dem Arbeitsmarkt und der Anzahl der Arbeitslosen. Nach wie vor übersteigt die Anzahl der Arbeitslosen die Menge der offenen Stellen. Ein solcher Vergleich ist allerdings äußerst abstrakt und sagt wenig über die reale Situation der Arbeitgeber aus. Letztlich ist es z. B. für ein beliebiges Maschinenbauunternehmen in Baden-Württemberg völlig unerheblich, wenn es in Mecklenburg-Vorpommern zehn arbeitsuchende Germanisten gibt.

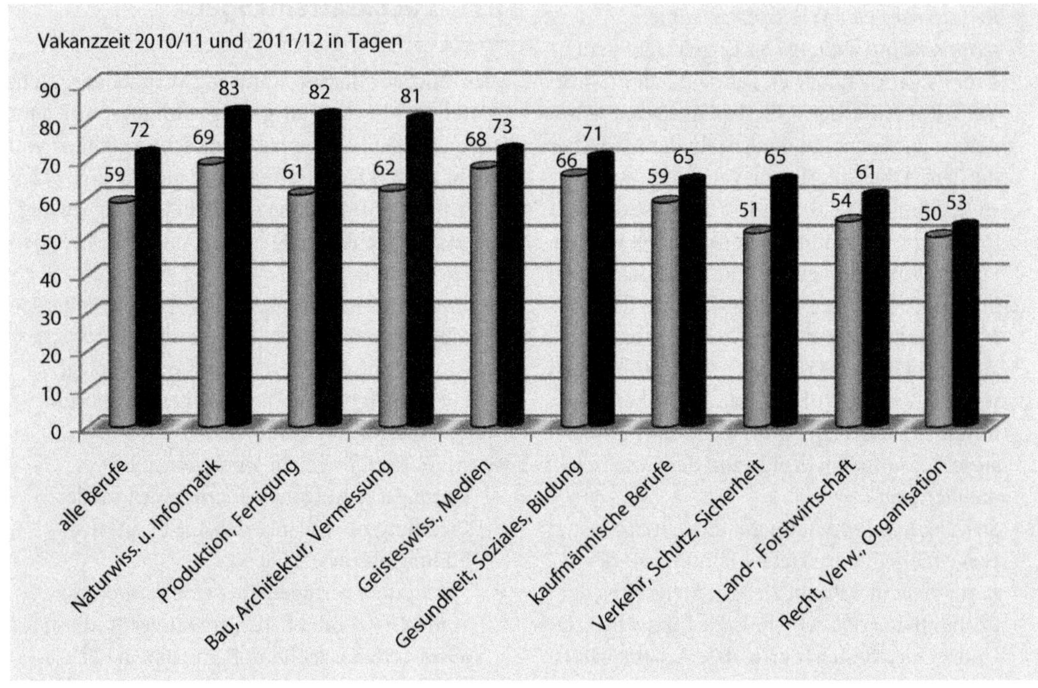

Abb. 1.4 Dauer der Tage, die bis zur Besetzung einer ausgeschriebenen Stelle vergehen (Bundesagentur für Arbeit, 2012)

Bislang existieren keine überzeugenden Zahlen, die darauf hindeuten, dass ein flächendeckender Fachkräftemangel in Deutschland herrschen würde. Gleichwohl gibt es Hinweise darauf, dass sich die Lage aus Sicht der Arbeitgeber verschlechtert. Obermeier (2014) spricht von einem *Fachkräfteengpass*. ► Abb. 1.4 gibt Zahlen der Bundesagentur für Arbeit (2012) wieder. Untersucht wurde, wie lange eine Stelle im Durchschnitt vakant blieb, bis sie mit einem Arbeitnehmer besetzt werden konnte. Unabhängig vom Berufsfeld war eine Stelle im Jahr 2012 durchschnittlich 72 Tage vakant, ehe sie neu besetzt werden konnte. Dies waren 13 Tage mehr als im Vorjahreszeitraum. In jedem untersuchten Berufsfeld zeigte sich die Tendenz zu längeren Vakanzzeiten, jedoch in sehr unterschiedlicher Intensität. In den Feldern „Produktion, Fertigung und Bau" sowie „Architektur und Messung" benötigten die Arbeitgeber deutlich länger als im Vorjahreszeitraum. Der Anstieg betrug etwa 30 %. Im Bereich „Naturwissenschaften und Informatik" kam es auf einem ohnehin schon hohen Niveau zu einer weiteren Verschlechterung von 69 auf 83 Tage. Vergleichsweise harmlos stellte sich die Lage im Bereich „Recht, Verwaltung und Organisation" dar. Hier betrug der Zuwachs lediglich 6 %.

Bei der Interpretation dieser Daten sind zwei Aspekte zu bedenken:

1. Die Stellen bleiben in der angegebenen Zeit nicht zwangsläufig unbesetzt, da die bisherigen Arbeitgeber ihren Arbeitsplatz bis zum Auslaufen ihres Vertrages ja noch innegehabt haben könnten. Je frühzeitiger die Arbeitgeber auf eine frei werdende Stelle reagieren (können), desto geringer ist mithin die Zeit, in der ein Arbeitsplatz auch tatsächlich unbesetzt bleibt.
2. Schaut man sich einzelne Berufe an, so fallen die Vakanzzeiten mitunter erheblich größer aus als es in der zusammengefassten Darstellung in ► Abb. 1.4 deutlich wird. Sucht ein Unternehmen beispielsweise Fahrzeugführer im Eisenbahnverkehr, so benötigt es zur Besetzung der Stelle im Durchschnitt 184 Tage, also etwa ein halbes Jahr. Auf Platz zwei folgen Mediziner mit einer Vakanzzeit von 174 Tagen (Obermeier, 2014).

Die steigende Diskrepanz zwischen Nachfrage und Angebot an qualifizierten Fachkräften mag zum einem bereits eine Folge des demographischen Wandels sein, zum anderen ist sie aber auch das Ergebnis einer guten Konjunktur. In einer Unternehmensbefragung von Weitzel et al. (2015) gaben die Unternehmensvertreter drei Jahre in Folge an, dass sie im Laufe des Jahres ihre Belegschaft aufstocken wollen. Während das Angebot an Arbeitskräften auf der einen Seite langsam sinkt, steigt auf der anderen Seite konjunkturbedingt die Nachfrage.

Die großen Diskrepanzen in einzelnen Berufsgruppen sind zudem das Ergebnis von Berufswahlentscheidungen der jungen Menschen, die sich für oder gegen eine Ausbildung bzw. ein Studium in einem bestimmten Feld entscheiden. Hier können sich innerhalb weniger Jahre starke Veränderungen ergeben. Wenn heute deutlich mehr Personen als noch vor zehn Jahren Ingenieurwissenschaften studieren, weil sie gewissermaßen dem Arbeitsmarkt folgen, so mag dies schon in wenigen Jahren dazu führen, dass ein Überschuss an Ingenieuren vorherrscht, weil letztlich zu viele Menschen auf den fahrenden Zug aufgesprungen sind. Es profitieren dann nur die ersten Jahrgänge, die ihr Studium pünktlich in Zeiten einer hohen Nachfrage abschließen. Die nachfolgenden Jahrgänge werden ihr Studium beenden, wenn die große Nachfrage schon mehr und mehr befriedigt wurde. Hier zeigt sich das grundlegende Dilemma, dass Angebot und Nachfrage jeweils wellenförmig verlaufen. Je weniger synchron sich diese beiden Abläufe zueinander verhalten, desto größer ist der Fachkräfteengpass bzw. der Fachkräfteüberschuss, und zwar unabhängig vom demographischen Wandel.

1.4 Fazit

Auch wenn es heute keinen flächendeckenden Arbeitskräftemangel in allen Branchen gibt, so spüren doch viele Arbeitgeber in ausgewählten Branchen, dass es für sie deutlich schwerer geworden ist, freie Stellen zügig neu zu besetzen. Das Verhältnis zwischen der Nachfrage nach qualifizierten Arbeitskräften auf der einen Seite und der Menge der verfügbaren Menschen, die zu der fraglichen Stelle passen, wird durch kurz-, mittel- und langfristige Faktoren beeinflusst (▶ Abb. 1.5).

Kurzfristig mag ein Unternehmen eine Stelle neu besetzen müssen, weil ein Mitarbeiter das Unternehmen verlässt oder ein großer Auftrag die Einstellung zusätzlichen Personals erfordert. Je nachdem, wie der Arbeitskräftemarkt beschaffen ist, stellt sich diese Situation als eine mehr oder weniger herausfordernde Aufgabe dar.

Mittelfristig nehmen konjunkturelle Schwankungen innerhalb einer Branche oder einzelner Unternehmen Einfluss darauf, wie stark Arbeitnehmer nachgefragt werden. Auf der Seite der Arbeitskräfte ist ebenfalls mit konjunkturellen Effekten zu rechnen, die z. B. darüber entscheiden, wie viele Arbeitskräfte, die bislang in einem festen Beschäftigungsverhältnis standen, freigesetzt wurden. Darüber hinaus ist entscheidend, welche Ausbildungs- und Studienfächer in den letzten Jahren großes Interesse fanden, so dass es hinreichend viele oder aber zu wenige Absolventen gibt.

Langfristig sorgt der demographische Wandel dafür, dass immer weniger Menschen im berufstätigen Alter dem Arbeitsmarkt zur Verfügung stehen, so dass in den nächsten Jahrzehnten mit verstärken Problemen für Arbeitgeber zu rechnen ist, sofern keine wirksamen Gegenmaßnahmen ergriffen werden.

Gezielte *Maßnahmen* zur Reduzierung der skizzierten Probleme können sowohl von staatlicher Seite als auch von Seiten der Arbeitgeber ergriffen werden (▶ Abb. 1.5). Die nachhaltigste Lösung für Probleme, die mit dem demographischen Wandel einhergehen, besteht in einer Politik, die auf eine *Steigerung der Geburtenrate* setzt und / oder eine *Einwanderungspolitik*, die gezielt Menschen mit erwünschter Qualifikation und deren Familien ins Land holt. Größere Unternehmen bzw. Unternehmensverbände können schon heute qualifizierte *Arbeitskräfte im Ausland anwerben.*

In entgegengesetzter Richtung ließen sich auch *Arbeitsplätze ins Ausland verlagern.* Seit vielen Jahrzehnten gehen manche Unternehmen diesen Weg, bislang allerdings meist, um Kosten zu reduzieren und nicht, um einen Mangel an Arbeitnehmern im eigenen Land zu kompensieren.

Überdies lassen sich *stille Reserven* innerhalb des Landes nutzen, indem Arbeitgeber verstärkt Arbeitsplätze schaffen, die eine leichtere Vereinbarkeit

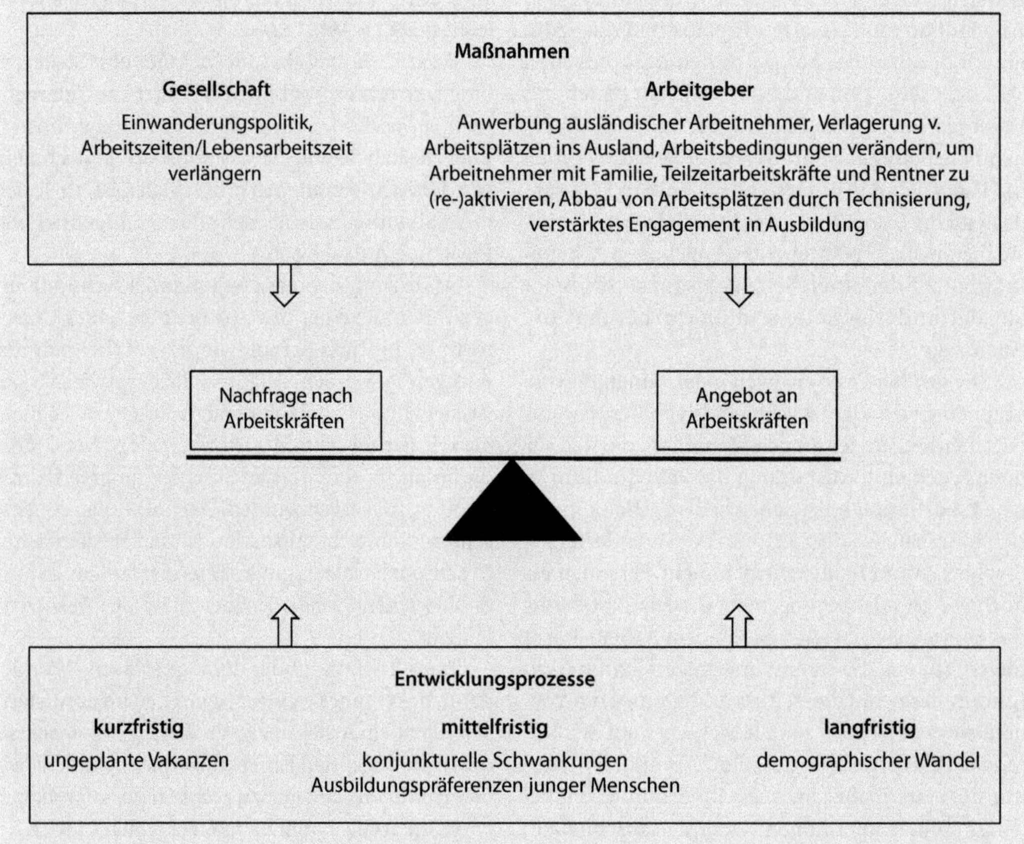

Abb. 1.5 Faktoren, die Einfluss auch das Verhältnis zwischen Angebot und Nachfrage auf dem Arbeitsmarkt nehmen

von Familie und Beruf ermöglichen. Personen, die ansonsten für einige Jahre aus dem Berufsleben ausscheiden würden, könnten sich unter besseren Rahmenbedingungen dazu entschließen, parallel zur Familie in Teilzeit zu arbeiten. Mitarbeiter, die bereits im Rentenalter sind, könnten durch veränderte Arbeitsplätze, die auf ihre spezifischen Bedürfnisse zugeschnitten sind, ebenfalls zu einem nennenswerten Anteil als Teilzeitkräfte dem Berufsleben erhalten bleiben.

Damit einher geht die Frage, inwieweit Menschen, die heute in Teilzeit arbeiten, nicht ebenfalls durch veränderte Arbeitsbedingungen in eine *Teilzeitbeschäftigung mit höherer Stundenzahl* oder gar eine *Vollzeitbeschäftigung* wechseln würden. Ein klassischer Weg in diese Richtung wäre der Ausbau von Home-Office-Arbeitsplätzen bzw. Arbeitsplätzen mit einem höheren Home-Office-Anteil.

Prinzipiell wäre aus staatlicher Sicht an eine *Verlängerung der Lebensarbeitszeit* bzw. eine größere Flexibilität bei Tages- und Wochenarbeitszeiten zu denken. Letzteres würde dazu führen, dass manche Mitarbeiter freiwillig auch dauerhaft z. B. 50 Stunden pro Woche arbeiten könnten. Im Bereich der außertariflichen Mitarbeiter ist dies schon heute eine Option, die einzelne Unternehmen für sich nutzen könnten.

Ein gezielter *Ausbau der Technisierung von Arbeitsplätzen* – etwa durch effektivere oder zusätzliche Maschinen, durch Roboter oder den verstärkten Einsatz von Computertechnologie – kann letztlich zu einem reduzierten Personalbedarf beitragen.

Je größer ein Unternehmen ist, desto eher wird dies eine realistische Option sein.

Der eigene Nachwuchs an Fachkräften kann darüber hinaus durch ein verstärktes *Engagement in der betrieblichen Ausbildung* mittelfristig zumindest teilweise abgesichert werden. Das Ziel ist dabei, die Auszubildenden durch gute Arbeitsbedingungen frühzeitig an einen bestimmten Arbeitgeber zu binden.

▶ Abb. 1.5 fasst diese Überlegungen zusammen. Auf der einen Seite gibt es verschiedene kurz-, mittel- und langfristige Entwicklungen in der Gesellschaft sowie in einzelnen Unternehmen, welche die Diskrepanz zwischen Angebot und Nachfrage auf dem Arbeitsmarkt beeinflussen. Auf der anderen Seite haben sowohl der Staat als auch die Unternehmen zahlreiche Möglichkeiten, um hier gezielt zu intervenieren.

Empfehlungen für die Praxis

- Überlegen Sie, ob Sie allein als Arbeitgeber oder gemeinsam mit anderen in der Lage sind, geeignete Arbeitskräfte im Ausland anzuwerben.
- Überlegen Sie, ob sich dauerhafte Engpässe auch durch eine Verlagerung bestimmter Arbeitsplätze ins Ausland lösen lassen.
- Verändern Sie Arbeitsbedingungen so, dass eine größere Vereinbarkeit von Familie und Beruf besteht, damit Sie auch Arbeitgeber ansprechen, die ansonsten aufgrund der Familie nicht oder nur sehr eingeschränkt am Berufsleben teilnehmen würden.
- Fragen Sie Mitarbeiter, die demnächst in den Ruhestand gehen würden, ob sie auch weiterhin an einer Teilzeitbeschäftigung interessiert wären bzw. wie sich die Arbeitsbedingungen verändern müssten, damit sie hierzu bereit wären.
- Richten Sie vermehrt außertarifliche Arbeitsplätze ein, in denen längere Arbeitszeiten möglich sind.
- Überlegen Sie, ob mittelfristig der Bedarf an Arbeitskräften durch einen intensiveren Einsatz technischer Lösungen reduziert werden kann.
- Bilden Sie verstärkt aus, um innerhalb des eigenen Unternehmens den Nachwuchs an Fachkräften mittelfristig besser absichern zu können.
- Schreiben Sie Stellen wenn möglich früher als bislang aus, um die Zeiten, in denen eine Stelle tatsächlich unbesetzt ist, möglichst gering halten zu können.

Die vielfältigen Maßnahmen, die in den nächsten drei Kapiteln diskutiert werden, bewegen sich auf einer anderen Ebene, auch wenn die Grenzen mitunter fließend sind. Durch Personalmarketing, Employer Branding und Strategien zur Steigerung der Mitarbeiterbindung wird das Verhältnis zwischen Angebot und Nachfrage auf dem Arbeitsmarkt nicht grundlegend verändert. Unternehmen, die entsprechende Maßnahmen einsetzen, versuchen vielmehr, unter den bestehenden Bedingungen für sich selbst im Wettbewerb mit anderen Arbeitgebern das Beste herauszuholen. Kurz- und mittelfristig betrachtet ist dies ein gangbarer Weg. Je weiter der demographische Wandel voranschreitet, desto weniger wahrscheinlich ist es jedoch, dass allein der Wettbewerb der Arbeitgeber untereinander die Probleme lösen kann. Irgendwann werden die personellen Ressourcen, die dem Arbeitsmarkt zur Verfügung stehen, so gering sein, dass auch ein noch so großer Wettbewerb der Arbeitgeber keine Früchte mehr tragen kann. Spätestens zu diesem Zeitpunkt wäre es notwendig, zusätzlich im Sinne der in ▶ Abb. 1.5 skizzierten Maßnahmen aktiv zu werden. Langfristig wird nur beides zusammengenommen – gezielte Maßnahmen zur positiven Beeinflussung des Verhältnisses von Angebot und Nachfrage auf dem Arbeitsmarkt sowie der Wettbewerb zwischen den Arbeitgebern um gut qualifizierte Arbeitnehmer – zu einer für alle Seiten positiven Entwicklung führen können.

Personalmarketing

„Personalmarketing" ist ein Oberbegriff für all jene Strategien, mit deren Hilfe ein Arbeitgeber versucht, attraktive Bewerber für sich zu interessieren und nach erfolgreich durchlaufenem Auswahlverfahren zur Annahme eines Stellenangebotes zu animieren. Im zweiten Kapitel geht es darum, die wissenschaftlichen Erkenntnisse zu diesem Themenkomplex aufzuarbeiten und hieraus nützliche Empfehlungen für die Praxis abzuleiten.

Grundlagen des Personalmarketings

U.P. Kanning, *Personalmarketing, Employer Branding und Mitarbeiterbindung*,
DOI 10.1007/978-3-662-50375-1_2

Personalmarketing ist in den letzten Jahren zu einem wichtigen Thema der Personalarbeit geworden. In der Regel wird es mit dem so oft zitierten „war for talents" begründet: Bedingt durch den demographischen Wandel nimmt in Deutschland die Anzahl der qualifizierten Arbeitnehmer seit vielen Jahren beständig ab, wodurch es unter den Arbeitgebern zu einem verstärkten Wettbewerb um gute Mitarbeiter kommt (▶ Kap. 1). Arbeitgeber erkennen diesen Sachverhalt vor allem an sinkenden Bewerberzahlen. Hieraus leitet sich das vordergründige Ziel ab, mit Mitteln des Personalmarketings die Anzahl der Bewerber wieder zu erhöhen. Wie später noch zu zeigen sein wird, ist dies jedoch ein Trugschluss. Letztlich ist die bloße Anzahl der Bewerber gar nicht so wichtig. Viel entscheidender ist die Zusammensetzung der Bewerberstichprobe. Nachfolgend werden die Grundlagen des Personalmarketings vermittelt.

Im ersten Abschnitt werden wir sehen, dass Personalmarketing nicht nur als Reaktion auf sinkende Bewerberzahlen erfolgen muss, sondern mehrere Funktionen erfüllen kann. Im zweiten Abschnitt geht es um Parallelen zwischen Personalmarketing und Marketing. Hier zeigt sich, dass Personalmarketing weit mehr umfassen kann als nur das Schalten von Stellenanzeigen. Der dritte Abschnitt geht schließlich der Frage nach, wie Personalmarketing und Personalauswahl miteinander verzahnt sind.

2.1 Gründe für die Durchführung von Personalmarketingmaßnahmen

Personalmarketing wird gemeinhin betrieben, weil die Verantwortlichen eines Unternehmens mit der *Menge* und/oder der *Qualifikation* ihrer Bewerber unzufrieden sind. Im schlimmsten Fall zieht eine Stellenausschreibung keine einzige Bewerbung nach sich, oder aber in der Gruppe der Bewerber findet sich niemand, der die Mindestanforderungen der vakanten Stelle erfüllt. In beiden Szenarien tritt der Handlungsbedarf für jedermann offensichtlich zu Tage: Entweder wird der Arbeitgeber aktiv und versucht, Abhilfe zu schaffen, oder aber die vakante Stelle bleibt unbesetzt. Die erste Option führt geradewegs zum Personalmarketing. Die zweite Option können sich insbesondere kleine Unternehmen kaum leisten. Je größer das Unternehmen und je unbedeutender die fragliche Stelle ist, desto eher lässt sich innerhalb der Belegschaft das Defizit der vakanten Stelle durch die übrigen Mitarbeiter kompensieren. Tritt der Fall jedoch wiederholt auf bzw. geht es um Arbeitsaufgaben, für deren Erfüllung bestimmte Qualifikationen zwingend erforderlich sind, so führt auch dies früher oder später zu Gegenmaßnahmen im Sinne eines gezielten Personalmarketings.

Auf den ersten Blick scheinen die Gründe für die Misere allein in der demographischen Entwicklung zu liegen. Da seit Jahrzehnten in Deutschland weniger Menschen geboren werden als sterben, sinkt die Anzahl der Menschen im erwerbstätigen Alter und mit ihnen die Menge der qualifizierten Arbeitnehmer (▶ Kap. 1). Diese Entwicklung ist von den Unternehmen kaum zu verändern, sie reagieren lediglich auf einen gesellschaftlichen Prozess. Ganz offensichtlich sind aber nicht alle Arbeitgeber in jeder Branche in gleicher Weise betroffen. Große renommierte Unternehmen wie Porsche oder BMW ziehen nach wie vor Tausende gut qualifizierte Menschen an, während so manches 20-Mann-Unternehmen in Ostwestfalen kaum noch Bewerbungen zu verzeichnen hat. Rénomé allein liefert aber auch keine hinreichend Erklärung. Selbst Unikliniken, die ohne Zweifel ein hohes Ansehen in der Bevölkerung genießen, haben heute mitunter Schwierigkeiten, qualifizierte Fachärzte über Jahre an sich zu binden. Diese Überlegungen öffnen unseren Blick dafür, dass es zahlreiche Gründe für Personalmarketing gibt, die sowohl in den Spezifika des Arbeitgebers als auch in seiner Umwelt angesiedelt sein können (▶ Tab. 2.1).

Gründe auf Seiten des Arbeitgebers liegen z. B. im geringen Bekanntheitsgrad. Die sog. Hidden Champions (z.B. Simon, 2007) – gemeint sind mittelständische Unternehmen, die in einem sehr kleinen Segment mitunter sogar Weltmarktführer sind – werden von vielen Bewerbern als solche nicht wahrgenommen, da ihr Name für kaum jemanden ein Begriff ist. Jeder kennt Audi oder Mercedes, aber nur wenige die Zulieferfirmen, die durch ihre Produkte letztlich einen entscheidenden Beitrag zum Glamour-Produkt „Auto" leisten. Schreibt beispielsweise ein Hersteller von Kühlsystemen oder Getrieben eine Stelle für einen Ingenieur aus, so wird er allein aufgrund des geringen Bekanntheitsgrades weitaus weniger Bewerber anziehen als die Autohersteller, die er beliefert. Manche Unternehmen sind

Tab. 2.1 Zentrale Gründe für Personalmarketingmaßnahmen

Gründe auf Seiten des Arbeitgebers	veränderbar?				Gründe auf Seiten der Umwelt
unbekannt bzw. nur lokal bekannt	ja	nein	ja	nein	unbekannte Branche
unattraktive Produkte oder Dienstleistungen	ja	nein	ja	nein	unattraktive Region
schlechtes Image	ja	nein	ja	nein	schlechtes Image der Branche
unattraktive Arbeitsbedingungen	ja	nein	ja	nein	veränderte Arbeitsmotive potenzieller Mitarbeiter
mangelnde Entwicklungsperspektiven	ja	nein	ja	nein	verstärkte Bereitschaft zur Fluktuation
wirtschaftlich schwache Position	ja	nein	ja	nein	starke Wettbewerber
Suche nach sehr spezifisch qualifizierten Personen	ja	nein	ja	nein	Mangel an qualifizierten Kräften auf dem Arbeitsmarkt

zwar bekannt, stellen aber unattraktive Produkte her bzw. bieten Dienstleistungen an, die von vielen Menschen als wenig attraktiv erlebt werden. Viele Veterinärmediziner möchten aus verständlichen Gründen wohl lieber in einer Tierarztpraxis oder in einem Zoo arbeiten statt in einem Schlachthof ihren Dienst zu versehen. Unabhängig vom Image der Branche können einzelne Branchenvertreter ein besonders schlechtes Image haben. Man denke hier etwa an die inzwischen untergegangene Firma Schlecker. Drogeriemärkte an sich besitzen sicherlich kein schlechtes Image als Arbeitgeber, wohl aber die Firma Schlecker. Damit einher gehen oftmals unattraktive Arbeitsbedingungen. Diese können aber auch ganz unabhängig von einem dezidiert schlechten Image auftreten. Beispiele wären Unternehmen, in denen für die Beschäftigten ein erhöhtes Gesundheitsrisiko besteht oder nur eintönige Arbeiten zu erledigen sind. Eine wirtschaftlich schwache Position führt in der Regel dazu, dass geringere Löhne gezahlt werden und auch eine gewisse Arbeitsplatzunsicherheit existiert. Andere Unternehmen haben das Problem, dass sie naturgemäß sehr spezifisch qualifizierte Arbeitskräfte suchen, von denen auch absolut gesehen nur sehr wenige ausgebildet werden. Selbst wenn es sich um renommierte Arbeitgeber handelt, ist ein offensives Personalmarketing hier unumgänglich.

Die *Gründe auf Seiten der Umwelt* sind ebenfalls sehr unterschiedlich. Unbekannt zu sein betrifft nicht nur einzelne Unternehmen, sondern ganze Branchen. Auffällig wird dies immer dann, wenn beispielsweise durch Fernsehserien mit einem Mal Berufe in den Fokus rücken, die es zwar schon seit Jahrzehnten gibt, die zuvor aber kaum Aufmerksamkeit bei Schülern oder angehenden Studenten gefunden haben (z. B. Rechtsmediziner, Tätowierer, Zollbeamte). Dabei ist die Medienpräsenz aus der Perspektive des Personalmarketings keineswegs immer nur von Vorteil. Zum Teil werden völlig verzerrte Bilder der beruflichen Realität gezeichnet, so dass die Bewerber mit falschen Erwartungen zur Tat schreiten. Besonders stark ausgeprägt dürfte dies etwa beim Beruf des Polizeikommissars sein. Viele Menschen denken, dass ein Polizeikommissar ständig spannende Morde aufklärt und dabei von ganzen Heerscharen fleißiger Assistenten begleitet wird. So mancher attraktive Arbeitgeber hat seinen Sitz in einem unbedeutenden Nest, das nur wenige Arbeitgeber anziehend finden. Man muss als Arbeitgeber schon viel zu bieten haben, um viele Menschen nach Herzogenaurach, Metzingen oder Gütersloh zu locken. Umgekehrt gibt es aber auch Bewerber, die gerade die Beschaulichkeit des kleinstädtischen Lebens suchen. Dies zu erkennen und gezielt zu nutzen ist eine wichtige Aufgabe des Personalmarketings. Manche Unternehmen leiden nicht unter einem schlechten Image des eigenen Hauses, sondern eher unter dem Image ihrer Branchen. Seit dem Zweiten Weltkrieg ist dies in Deutschland ohne Zweifel für die Rüstungsindustrie der Fall. Während hier ein chronischer Fall vorzuliegen scheint, dürfte sich das derzeit schlechte Image der Bankenwelt in Zukunft sicherlich wieder erholen. Langfristig angelegt sind Veränderungen der Arbeitsmotive, die zum einen durch die Sozialisierung einer Generation bedingt sind, zum anderen mit dem individuellen Alterungsprozess einhergehen. Dies könnte z. B. eine veränderte Bereitschaft zur Fluktuation betreffen. Während in den 50er- oder 60er-Jahren Hochschulabsolventen wohl eher Lebensstellen gesucht haben, ist es heute durchaus üblich, sich nach dem Studium einen Arbeitgeber zu suchen, bei dem man von vornherein nur ein paar Jahre Berufserfahrung sammeln möchte. Gerade kleine und mittelständische Unternehmen merken darüber hinaus, dass ihr eigener Bewerberpool stark vom Wettbewerb mit anderen Arbeitgebern abhängt. In der Nähe eines Großkonzerns wird es für kleinere Arbeitgeber oft sehr schwer, hoch qualifizierte Kandidaten zu finden oder zu halten, da die Konkurrenz viele Vorteile zu bieten hat (höhere Entlohnung, mehr Einwicklungsmöglichkeiten etc.). Der fundamentalste Grund für die Initiierung von Personalmarketingmaßnahmen liegt allerdings in einem grundlegenden Mangel an qualifizierten Bewerbern auf dem deutschen Arbeitsmarkt. Dies gilt keineswegs für alle Fachrichtungen, wohl aber für viele (▶ Kap. 1).

Die Maßnahmen, die sich aus diesen (und weiteren) Faktoren ergeben, sind ebenso vielfältig wie die soeben skizzierten Gründe für Personalmarketing. Sie reichen von einem verstärkten Engagement auf einem überregionalen Stellenmarkt bis hin zur Initiierung von Veränderungsprozessen, wie etwa die Verbesserung von Arbeitsbedingungen oder eines Branchenimages durch Verbände. Die abzuleitenden Handlungsstrategien können dabei von kurz-, mittel- und langfristiger Natur sein. Dabei muss man mitunter aber auch einsehen, dass nicht jede Schwachstelle mit vertretbarem Aufwand zu beheben sein wird. Wir werden auch darauf im weiteren Verlauf des Kapitels noch zurückkommen.

Empfehlungen für die Praxis

- Hinterfragen Sie, ob in Ihrem Unternehmen überhaupt ein nennenswerter Mangel an qualifizierten Bewerbern vorliegt.
- Falls ja, hinterfragen Sie die möglichen Gründe auf Seiten Ihres Unternehmens, die hierzueinen Beitrag leisten. Tab. 2.1 kann hier als Orientierung dienen. Einen differenzierten Aufschluss ergeben Bewerber- bzw. Mitarbeiterbefragungen.
- Hinterfragen Sie die möglichen Gründe auf Seiten der Umwelt, um ein umfassenderes Bild von der Lage ihres Unternehmens zu bekommen.
- Leiten Sie kurz-, mittel- und langfristige Handlungsstrategien ab, um den identifizierten Problemen zu begegnen (s.u).

2.2 Personalmarketing als Variante des Marketings

Der Begriff des Personalmarketings leitet sich vom Begriff des *Marketings* ab. Ziel des Marketings ist es, ein Unternehmen so auf die Bedürfnisse des Marktes hin auszurichten, dass es im Wettbewerb mit anderen erfolgreich bestehen kann (Kirchgeorg, 2015). Die Verantwortlichen müssen dabei mindestens drei Perspektiven im Blick behalten: Die eigenen Produkte, mit denen ein Unternehmen sich auf dem Markt positioniert, die Kunden, die diese Produkt (potenziell) abnehmen, sowie die Wettbewerber, die alternative Produkte anbieten. Aus diesen drei Perspektiven leiten sich drei Aufgabengebiete des Marketings ab (▶ Abb. 2.1):

1. *Marktforschung:* Bezogen auf die Kunden gilt es herauszufinden, welche Bedürfnisse derzeit vorliegen, wie sie sich mittelfristig verändern, wie bereits bestehende Produkte bewertet werden und wie zukünftige Produkte beschaffen sein müssen, um die Kunden anzusprechen. Bezogen auf Wettbewerber ist sowohl deren Produktportfolio als auch deren Werbestrategie in den Fokus zu nehmen. Letztlich geht es darum, aus den

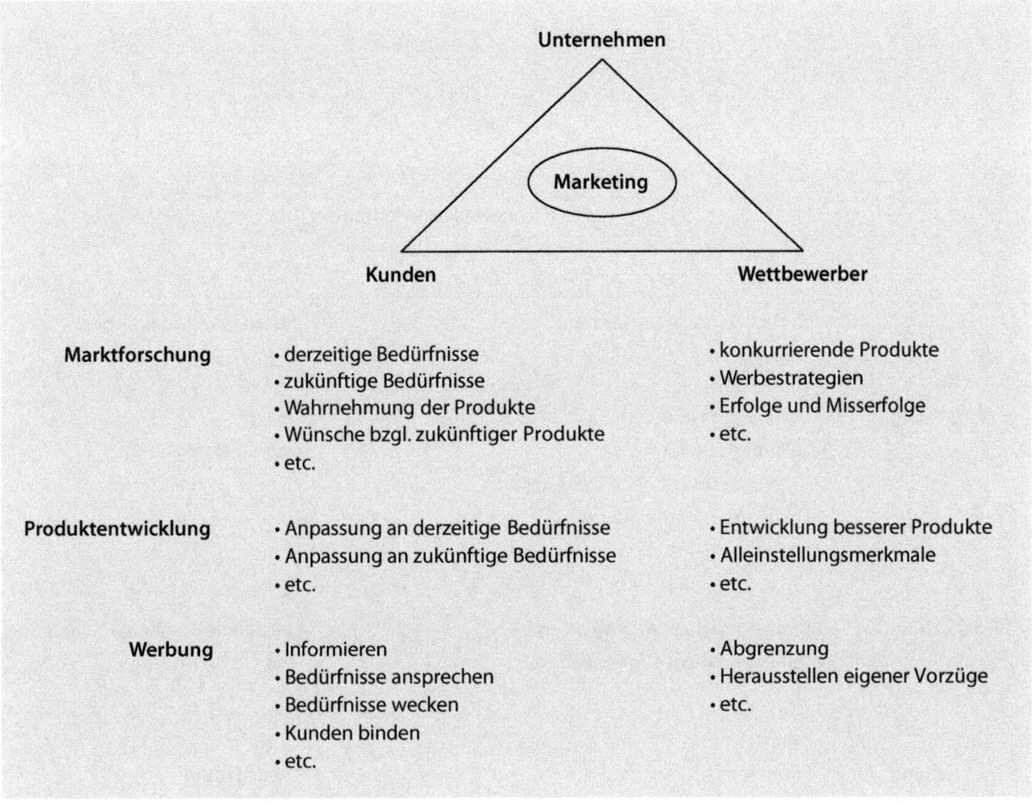

Abb. 2.1 Zentrale Ansatzpunkte des Marketings

Ideen und Fehlern der Anderen zu lernen, um sich selbst besser positionieren zu können.

2. *Produktentwicklung:* Vor dem Hintergrund der Kundenbedürfnisse sowie der Wettbewerber müssen konkurrenzfähige Produkte so entwickelt werden, dass sie den derzeitigen Bedürfnissen der Kunden entsprechen und zukünftige Bedürfnisentwicklungen berücksichtigen bzw. vorwegnehmen. Oft geht es darum, Produkte zu entwickeln, die mindestens gleichwertig oder besser sind als die der unmittelbaren Konkurrenz. Alternativ ließe sich auch eine Marktnische suchen und z. B. im Discount- oder Premiumsektor ein neues Kundensegment anvisieren. Die Produktentwicklung gerät im weitesten Sinne zur Organisationsentwicklung, wenn beispielsweise völlig neue Produkte oder Märkte zu erschließen sind. Dies kann u. a. Einfluss auf die Zusammensetzung der Belegschaft oder die Wahl der Produktionsstandorte nehmen. All diese sind keine direkten Aufgaben des Marketings. Das Marketing liefert vielmehr die Impulse zu entsprechenden Entwicklungsprozessen.
3. *Werbung:* Im Kern geht es bei der Werbung darum, potenzielle Kunden auf ein Produkt aufmerksam zu machen und zu einem Kauf zu animieren. Dabei müssen die Vorzüge der Produkte im Hinblick auf die Kundenbedürfnisse aufgezeigt und zumindest implizit die Vorteile gegenüber den konkurrierenden Produkten herausgearbeitet werden. Darüber hinaus kann aber auch der Versuch unternommen werden, neue Bedürfnisse zu wecken bzw. implizite Bedürfnisse zu aktualisieren. Während die Produktentwicklung die Produkte an die Kunden anpasst, würde man in diesem Falle versuchen,

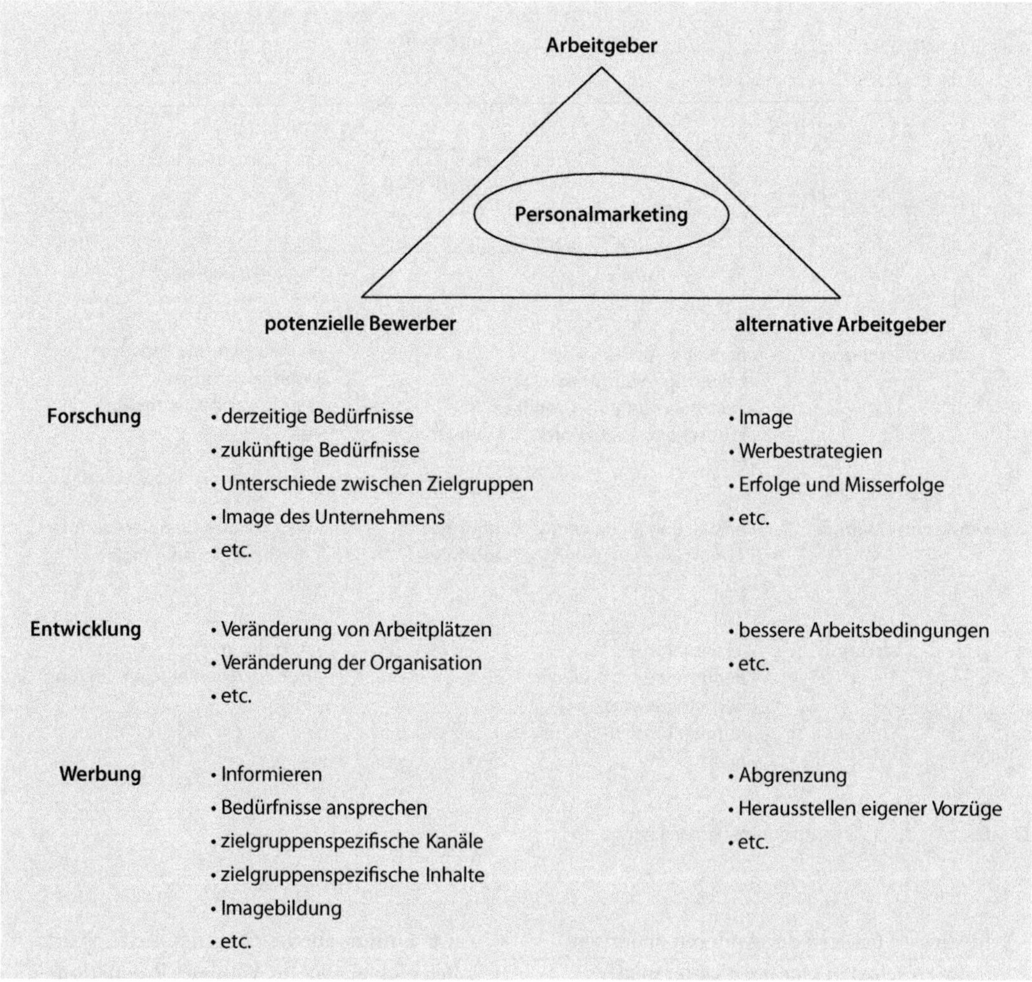

Arbeitgeber

Personalmarketing

potenzielle Bewerber | **alternative Arbeitgeber**

	potenzielle Bewerber	alternative Arbeitgeber
Forschung	• derzeitige Bedürfnisse • zukünftige Bedürfnisse • Unterschiede zwischen Zielgruppen • Image des Unternehmens • etc.	• Image • Werbestrategien • Erfolge und Misserfolge • etc.
Entwicklung	• Veränderung von Arbeitplätzen • Veränderung der Organisation • etc.	• bessere Arbeitsbedingungen • etc.
Werbung	• Informieren • Bedürfnisse ansprechen • zielgruppenspezifische Kanäle • zielgruppenspezifische Inhalte • Imagebildung • etc.	• Abgrenzung • Herausstellen eigener Vorzüge • etc.

Abb. 2.2 Zentrale Ansatzpunkte des Personalmarketings

die Kunden ein Stück weit so zu verändern, dass sie zu den Produkten passen. Man denke hier z. B. an die Einführung vieler Apple-Produkte wie dem iPhone oder dem iPad, die im Grunde genommen nicht Bedürfnisse befriedigt, sondern neu erschaffen haben. Haben sich die Kunden bereits für eine Produkt aus dem eigenen Haus entschieden, kann eine weitere Aufgabe der Werbung darin bestehen, die Kunden dauerhaft an das Produkt bzw. das Unternehmen zu binden.

Die Aufgaben des Personalmarketings sind ähnlich gelagert wie die des Marketings. Das zu vermarktende Produkt ist jedoch nicht ein Gegenstand oder eine Dienstleistung, sondern eine vakante Stelle. Die fragliche Stelle bzw. der dahinterstehende Arbeitgeber wird zu einer Art Produkt, das es auf dem Markt der potenziellen Bewerber erfolgreich zu vermarkten gilt. Auch hierzu benötigen wir Marktforschung, manchmal ein Anstoßen von Entwicklungsprozessen und immer Werbung (► Abb. 2.2). Dabei sind u. a. die folgenden Fragen zu beantworten:

1. *Forschung:* Welche Ansprüche stellen zukünftige Mitarbeiter an ihren Arbeitsplatz bzw. ihren Arbeitgeber? Wie verändern die Ansprüche sich über die Zeit hinweg? Inwieweit unterscheiden sich verschiedene Bewerbergruppen wie z. B. Produktionsarbeiter

vs. Hochschulabsolventen, kinderlose Mitarbeiter vs. Mitarbeiter mit kleinen Kindern, Frauen vs. Männer? Wie wird das Unternehmen von potenziellen Bewerbern wahrgenommen? Wie ist es um das Image konkurrierender Arbeitgeber bestellt? Wie gehen konkurrierende Unternehmen bei der Anwerbung zukünftiger Arbeitnehmer vor? Wie erfolgreich sind sie damit?
2. *Entwicklung:* Inwieweit müssen Arbeitsplätze, Führung, Strukturen und Prozesse verändert werden, um ggf. zu einem attraktiveren Arbeitgeber werden zu können? Wie muss sich der Arbeitgeber weiterentwickeln, um im Vergleich zu konkurrierenden Unternehmen für Bewerber attraktiv oder gar attraktiver zu werden?
3. *Werbung:* Über welche Werbekanäle (z. B. Internet, Absolventenmessen) sind bestimmte Personengruppen am effektivsten zu erreichen? Welche Punkte müssen z. B. in Stellenanzeigen besonders hervorgehoben werden? Sind dabei zielgruppenspezifische Unterschiede zu beachten? Inwieweit muss man sich von konkurrierenden Arbeitgebern abgrenzen?

Bei aller Ähnlichkeit dürfen wir jedoch auch grundlegende *Unterschiede zwischen Marketing und Personalmarketing* nicht aus dem Blick verlieren. Dabei sind zwei Aspekte von zentraler Bedeutung.

Während es beim Marketing meist darum geht, die Anzahl der Kunden zu maximieren, zielt das Personalmarketing von vornherein auf eine Selektion der potenziellen Bewerber ab. Nahezu jeder Bundesbürger kann einen Schokoriegel der Firma X kaufen und konsumieren. Der Firma X kann letztlich egal sein, wer ihre Schokoriegel kauft. Interessant ist eigentlich nur, dass möglichst viele ihn kaufen. Arbeitsplätze stellen an die Arbeitsplatzinhaber hingegen bestimmte Anforderungen. Die meisten potenziellen Bewerber können diese Anforderungen jedoch leider nicht erfüllen, sofern es sich nicht um sehr anspruchslose Tätigkeiten handelt. Würde man beim Personalmarketing mehr auf „Masse“ denn auf „Klasse“ setzen, so würde dies die Kosten für die anschließende Personalauswahl unnötig in die Höhe treiben. Daher gilt es, gezielt solche Menschen anzusprechen, die mit hoher Wahrscheinlichkeit die beruflichen Anforderungen der vakanten Stelle auch erfüllen können.

Werbung vermittelt nicht selten den Eindruck einer gewissen Windigkeit. Der aufmerksame Konsument weiß, dass er zumindest partiell belogen wird, nimmt dies aber hin, weil es nicht so wichtig ist. Ein Arbeitsplatz ist aber weitaus wichtiger für das Individuum als ein Schokoriegel oder ein Waschmittel. Über viele Jahre – mitunter über Jahrzehnte – hinweg prägt der Arbeitsplatz das Leben der Mitarbeiter. Er ist neben der Familie vielleicht der wichtigste Baustein im Leben vieler Menschen. Insofern darf es nicht das Ziel des Personalmarketings sein, die zukünftigen Mitarbeiter zur blenden oder „über den Tisch zu ziehen“. So wie der Arbeitgeber ganz selbstverständlich erwartet, dass er von einem zukünftigen Mitarbeiter nicht über dessen Kompetenzen und Motive getäuscht wird, so selbstverständlich sollte es sein, dass Arbeitgeber im Rahmen des Marketings ein realistisches Bild des Arbeitsplatzes, seiner Anforderungen und Rahmenbedingungen zeichnet. Zumindest die gut qualifizierten Bewerber werden ohnehin alsbald das Weite suchen, wenn sie im Arbeitsalltag erkennen, dass sie weitgehend belogen wurden. Übrig bleiben diejenigen, die keine weitere Chance für sich auf dem Arbeitsmarkt sehen oder für die der Beruf einen sehr untergeordneten Stellenwert besitzt. Beide sind nicht unbedingt die Mitarbeiter, die man sich als Arbeitgeber wünscht.

Empfehlungen für die Praxis

- Reflektieren Sie Ihr Image als Arbeitgeber und das Ihrer Mitbewerber auf dem Markt der Arbeitnehmer (s. u.).
- Reflektieren Sie die Bedürfnisse der (potenziellen) Bewerber, die für Ihr Unternehmen interessant sind (s. u.).
- Nutzen Sie die Erkenntnisse als Anregungen, sich selbst als Arbeitgeber weiterzuentwickeln (s. u.).
- Sprechen Sie zielgerichtet diejenigen Personengruppen an, die für die fraglichen Positionengeeignet sind. Nehmen Sie dabei Rücksicht auf die Bedürfnisse der potenziellen Bewerber (s. u.)
- Bemühen Sie sich ggf. mittelfristig darum, Ihr Image zu verändern (s. u.)
- Lügen Sie die potenziellen Bewerber nicht an.

2.3 Personalmarketing und Personalauswahl

Das Personalmarketing dient ebenso wie die Personalauswahl dem Ziel, passende Mitarbeiter für ein Unternehmen zu finden. Während die Personalauswahl die Merkmale der Bewerber eingehend untersucht und einen Abgleich mit den Anforderungen der Stelle vornimmt (*Assessment;* Kanning, 2004; Schuler, 2014a), ist es die primäre Aufgabe des Personalmarketings, für die Anwerbung potenziell attraktiver Bewerber zu sorgen (*Recruitment;* Kanning, Pöttker & Klinge, 2008; Moser & Sende, 2014).

Das Personalmarketing greift dabei auf den *Pool der potenziellen Bewerber* zurück (vgl. Kanning, 2015a; Kanning et al., 2008). Stellen wir uns zur Verdeutlichung ein Maschinenbauunternehmen aus Paderborn vor, das die Stelle eines kaufmännischen Auszubildenden besetzen möchte. Der Pool der potenziellen Bewerber umfasst all jene Menschen, die in einem bestimmten Zeitabschnitt ihre Schulausbildung beendet haben bzw. beenden werden. Bezogen auf die gesamte Republik handelt es sich um weit mehr als 100.000 Menschen. Sie stellen den Pool der potenziellen Bewerber dar. Selbstverständlich bewerben sich nicht alle Menschen aus diesem Pool auf die vakante Stelle. Die Gründe hierfür sind vielfältig: Manche erfahren niemals, dass die Stelle vakant war, weil sie die Anzeige nicht gelesen haben. Sie interessieren sich möglicherweise grundsätzlich nicht für eine kaufmännische Ausbildung, weil sie z. B. studieren oder lieber ein Handwerk erlernen möchten. Andere sind zwar grundsätzlich an einer kaufmännischen Ausbildung interessiert, wohnen aber so weit vom Ausbildungsort entfernt, dass eine Bewerbung für sie nicht in Frage kommt. Wieder andere sind zwar bereit, auch mit 16 Jahren zu Hause auszuziehen, würden diesen Schritt aber nur für eine Ausbildung zum Bankkaufmann gehen. So gibt es unzählige Gründe, warum Menschen aus dem Pool der potenziellen Bewerber nicht zu tatsächlichen Bewerben werden.

Schauen wir uns den Pool der potenziellen Bewerber näher an, so stellen wir fest, dass sich hierin sehr unterschiedliche Menschen befinden (▶ Abb. 2.3). Grob vereinfacht lassen sich drei Gruppen unterscheiden:

- Bei Gruppe 1 handelt es sich um Menschen, die für die fragliche Stelle nicht geeignet sind, beispielsweise weil es ihnen an den notwendigen mathematischen Fähigkeiten mangelt, um eine kaufmännische Ausbildung erfolgreich abschließen zu können. Aus Sicht des Arbeitgebers ist es nicht weiter schlimm, wenn sich Personen aus dieser Gruppe erst gar nicht bewerben.
- Gruppe 2 umfasst Menschen, die hinreichend kompetent sind, um die Ausbildung erfolgreich zu beenden. Sie stechen nicht sonderlich aus der Masse hervor.
- In Gruppe 3 finden sich die besonders leistungsstarken Kandidaten. Sie lernen schnell, sind leistungsmotiviert, bringen eigene Ideen ein, integrieren sich leicht in das Team der Kollegen und können gut mit Kunden umgehen.

Naturgemäß verteilen sich die drei Gruppen nicht gleichmäßig. Gehen wir in unserem fiktiven Beispielfall einmal davon aus, die erste Gruppe würde 60 %, die zweite Gruppe 30 % und die dritte Gruppe 10 % der Menschen im Pool der potenziellen Bewerber ausmachen. Durch das Personalmarketing nimmt der Arbeitgeber nun Einfluss darauf, welche Personen aus der Gruppe der potenziellen Bewerber zu tatsächlichen Bewerbern werden. In ▶ Abb. 2.3 findet sich je ein Beispiel für ein schädliches und ein nützliches Personalmarketing. Im ersten Fall ist das Personalmarketing offenkundig misslungen. Im Pool der tatsächlichen Bewerber beträgt der Anteil der Ungeeigneten 80 %. Die Geeigneten machen nur 20 % und die hervorragend Geeigneten 0 % aus. Die Zusammensetzung der Bewerbergruppe ist für das Unternehmen mithin ungünstiger als die Zusammensetzung der potenziellen Bewerber in der Bevölkerung. Alle Bemühungen der Verantwortlichen sind nicht nur ins Leere gelaufen, sie haben die Situation sogar noch verschlechtert. Ganz anders sieht es im zweiten Fall aus. Hier beträgt der Anteil der Ungeeigneten nur noch 20 %, während die Geeigneten 60 %, und die hervorragend Geeigneten 20 % ausmachen. Durch das Personalmarketing konnte der prozentuale Anteil der Ungeeigneten reduziert und der Anteil der Geeigneten sowie der hervorragend Geeigneten deutlich gesteigert werden. Dies ist ein Beispiel für ein gelungenes Personalmarketing.

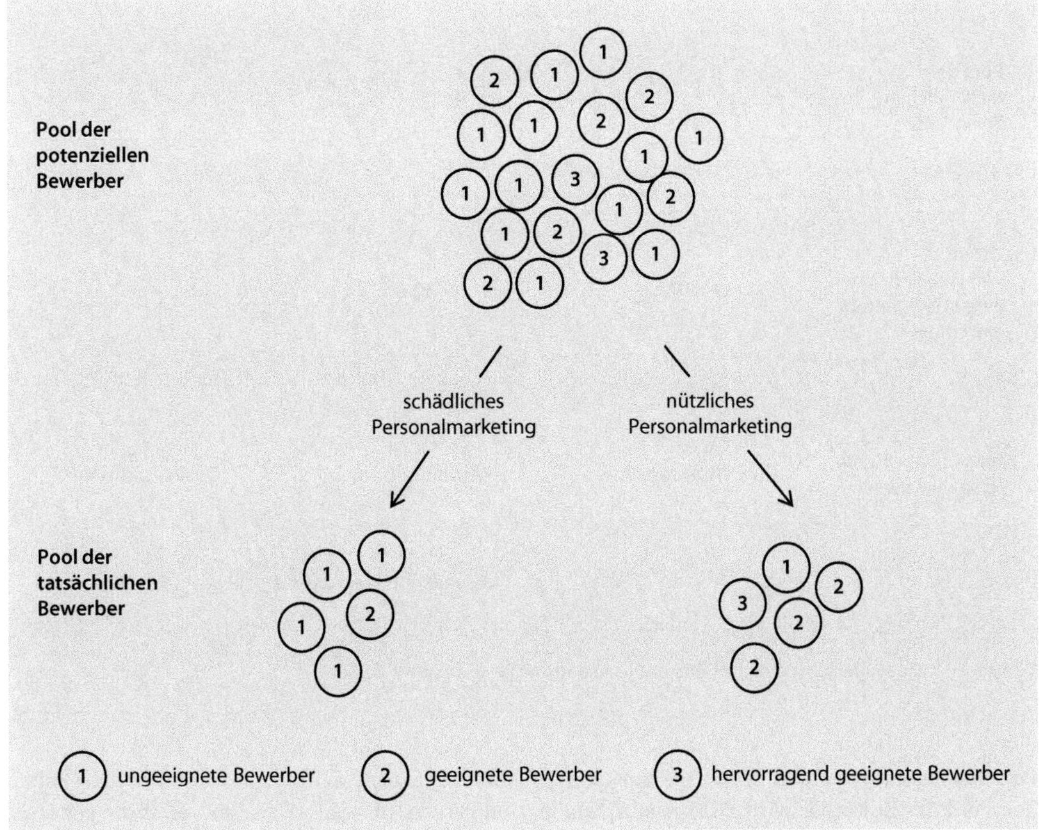

Abb. 2.3 Einfluss des Personalmarketings auf die Zusammensetzung der Bewerberstichprobe

Personalmarketing führt mithin nicht automatisch zu einer Verbesserung der Situation. Im schlimmsten Falle schadet es dem Arbeitgeber. Bisweilen bleibt es ohne Effekt, und ein andermal wiederum führt es zu den erwünschten Konsequenzen. Damit letzteres der Fall ist, müssen die Verantwortlichen vor allem eines erkennen: Es geht nicht darum, Menschen massenhaft zu einer Bewerbung zu animieren. Viel wichtiger ist es, die Zusammensetzung des Bewerberpools so zu beeinflussen, dass der Anteil der ungeeigneten Bewerber möglichst gering und der Anteil der geeigneten Bewerber möglichst groß ausfällt. Zwar mag es hin und wieder – insbesondere bei unbekannten Unternehmen mit ungünstiger regionaler Lage oder gar schlechtem Image – schon hilfreich sein, die bloße Anzahl der Bewerber zu steigern, in aller Regel dürfen Arbeitgeber ihrem Personalmarketing aber ruhig mehr abverlangen.

Doch warum ist es wichtig, den Anteil der Geeigneten im Bewerberpool zu erhöhen? Dies wird schnell deutlich, wenn wir die dem Personalmarketing folgende Personalauswahl mit in Betracht ziehen.

Aus didaktischen Gründen wird im Folgenden nur noch zwischen geeigneten und ungeeigneten Bewerbern unterschieden (▶ Abb. 2.4). In Fall A beträgt der Anteil der Geeigneten 100 %, in Fall B 50 % und in Fall C schließlich nur noch 10 %. In der Personaldiagnostik wird in diesem Fall von der sog. „*Grundquote*" gesprochen (Taylor & Russel, 1939; Kanning, 2004). Die unterschiedliche Grundquote in den drei Beispielfällen hat weitreichende Konsequenzen für die Qualität der späteren Auswahlentscheidung. Sind 100 % der Bewerber für eine ausgeschriebene Stelle geeignet, so benötigen wir im Grunde genommen gar kein differenziertes

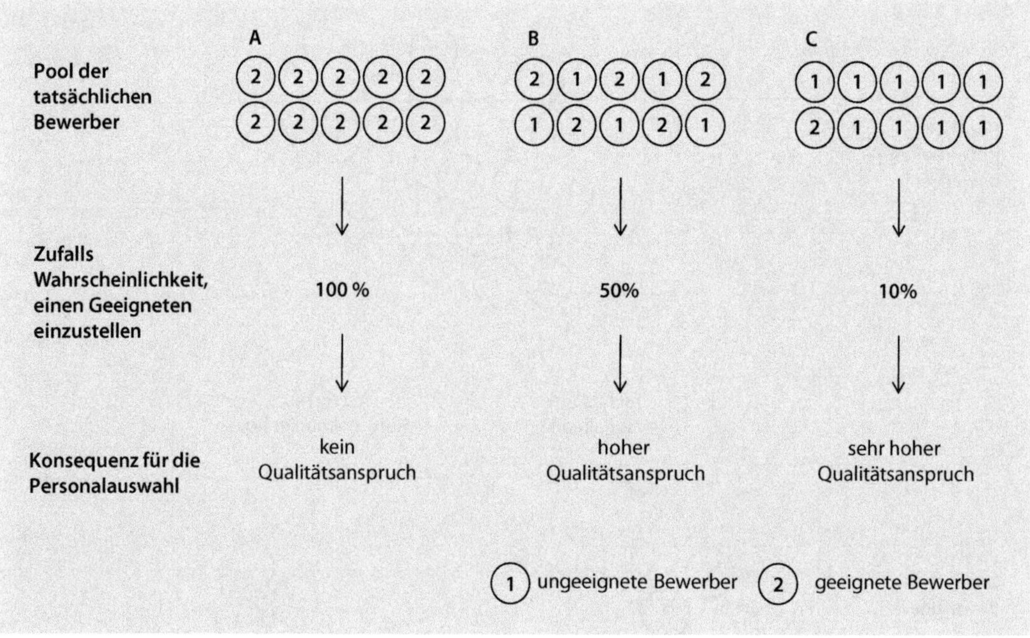

Abb. 2.4 Zusammenhang zwischen Personalmarketing und Personalauswahl

Personalauswahlverfahren. Jeder zufällige Griff in den Pool der Bewerber wird zwangsläufig einen geeigneten Kandidaten zu Tage fördern. In der Realität möchten die Verantwortlichen sicherlich nicht auf eine Bewertung der Bewerbungsunterlagen oder ein Einstellungsinterview verzichten. Aufgrund der hohen Grundquote müssen sie jedoch nichts in die Qualität ihrer Auswahlmethode investieren. Auch das schlechteste Auswahlverfahren der Welt wird in diesem Extremfall immer zu einer richtigen Entscheidung führen.

Ganz anders sieht es bei einer Grundquote von 50 % aus (Fall B in ▶ Abb. 2.4). Per Zufallsauswahl würde sich hier nur jede zweite der eingestellten Personen später im Berufsalltag bewähren. Für die allermeisten beruflichen Tätigkeiten wäre dies eine absurd schlechte Trefferquote. Daher muss der Arbeitgeber deutlich mehr in die Qualität seiner Personalauswahl investieren. Leider ist die Qualität sehr vieler Auswahlverfahren nicht sonderlich hoch (Kanning, 2015a, 2016a). Selbst bei Führungspositionen wird meist darauf verzichtet, die Anforderungen der fraglichen Stelle gründlich zu untersuchen (Stephan & Westhoff, 2002). Intelligenztests werden nur vergleichsweise selten eingesetzt, obwohl sie zu den Verfahren gehören, mit denen sich der berufliche Erfolg besonders gut prognostizieren lässt (Schuler, Hell, Trapmann, Schaar & Boramir, 2007). Bei der Sichtung von Bewerbungsunterlagen stehen diagnostisch fragwürdige Kriterien wie Tippfehler im Anschreiben oder die übersichtliche Gestaltung des Lebenslaufs völlig gleichberechtigt neben sinnvollen Kriterien wie etwa dem Besuch von Weiterbildungsmaßnahmen (Kanning, 2016b). In Einstellungsinterviews sind Interviewleitfäden oder gar klare Kriterien zur Bewertung der Antworten immer noch die Ausnahme, obwohl hoch strukturierte Interviews nachweislich valider sind als weitgehend unstrukturierte (Kanning 2016a). Bei der Durchführung von Assessment Centern werden grundlegende methodische Prinzipien eher selten beherzigt, wodurch sich die diagnostischen Potenziale der Methoden in der Praxis nicht hinreichend entfalten können (Boltz, Hüttemann, & Kanning, 2009; Kanning, Pöttker & Gelléri, 2007). Angesichts dieser Probleme einer letztlich nicht sehr professionellen Personalauswahlpraxis ist leider zu erwarten, dass viele

Auswahlverfahren kaum aussagefähiger sind als eine Zufallsauswahl. Dies wiederum hat zur Folge, dass die Grundquote weitgehend ungefiltert auf die Auswahlentscheidungen durchschlägt. Je schlechter die Grundquote, desto schlechter fällt dann auch die Auswahlentscheidung aus.

Noch dramatischer stellt sich die Situation in Fall C dar. Hier sind fast alle Bewerber ungeeignet. Daher kommt der Qualität der Personalauswahl nun eine extrem große Bedeutung zu. Wer in einem solchen Fall mit unstrukturierten Einstellungsinterviews arbeitet und die Bewerber letztlich aus dem Bauch heraus auswählt, fügt seinem Unternehmen Schaden zu.

Je geringer der Anteil der Geeigneten in der Gruppe der tatsächlichen Bewerber ausfällt, desto wichtiger ist es mithin, dass die Unternehmen qualitativ hochwertige Auswahlverfahren einsetzen. Die Qualität des Auswahlverfahrens kompensiert die schlechten Ausgangsbedingungen. Hier wird deutlich, wie Personalmarketing und Personalauswahl miteinander verzahnt sind. Gutes Personalmarketing erhöht letztlich die Wahrscheinlichkeit, mit einem bestimmten Auswahlverfahren geeignete Bewerber zu identifizieren. Je schlechter aber das Personalmarketing ist, desto mehr muss in die Personalauswahl investiert werden.

Empfehlungen für die Praxis

- Versuchen Sie nicht, wahllos den Pool der Bewerber zu maximieren.
- Sprechen Sie möglichst gezielt nur potenziell geeignete Personengruppen an.
- Versuchen Sie gleichzeitig, ungeeignete Personengruppen von einer Bewerbungabzuschrecken. So erhöhen Sie die Grundquote der Geeigneten in der Bewerbergruppe und gleichzeitig die Wahrscheinlichkeit für eine letztlich richtige Auswahlentscheidung.
- Ist es Ihnen nicht möglich, den Pool der tatsächlichen Bewerber entsprechend zu beeinflussen, sollten Sie die Qualität Ihrer Auswahlmethoden kritisch hinterfragen und verbessern, um so auch bei ungünstiger Grundquote die Wahrscheinlichkeit für eine richtige Auswahlentscheidung zu erhöhen.

Prozess des Personalmarketings

U.P. Kanning, *Personalmarketing, Employer Branding und Mitarbeiterbindung*,
DOI 10.1007/978-3-662-50375-1_3

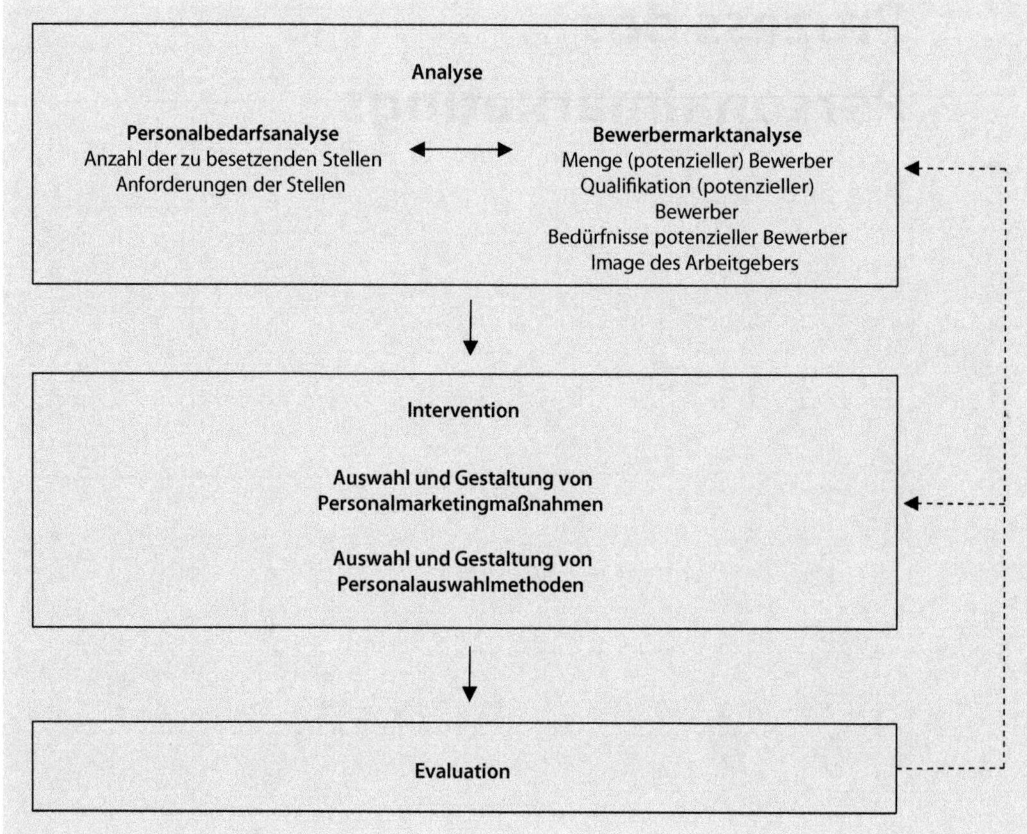

Abb. 3.1 Prozesse des Personalmarketings

Der Prozess des Personalmarketings verläuft in mehreren Schritten (► Abb. 3.1), die im weiteren Verlauf des Kapitels ausführlich dargestellt werden. An dieser Stelle geht es lediglich darum, einen Überblick zu vermitteln.

Am Anfang steht zunächst eine gründliche *Analyse* (► Kap. 4), die sich auf mehrere Aspekte bezieht. Der erste dieser Aspekte ist der *Personalbedarf*. Das Unternehmen muss analysieren, welche Positionen in den kommenden Monaten und Jahren zu besetzen sind, um wie viele dieser Positionen es sich handelt und welche Anforderungen die vakanten Arbeitsplätze an die zukünftigen Mitarbeiter stellen werden. All dies zusammen beschreibt gewissermaßen den Soll-Wert der Analyse. Parallel hierzu gilt es, den Ist-Wert zu bestimmen. Dies geschieht in Form einer *Analyse des Bewerbermarktes*. Hier geht es um die Fragen, welche Personen der Arbeitsmarkt zur Verfügung stellt, welche Teilmenge dieser Personen sich auf die ausgeschriebenen Stellen eines Unternehmens tatsächlich bewirbt, welche Bedürfnisse potenzielle Bewerber an einen Arbeitgeber herantragen und welches Image der Arbeitgeber bei den Bewerber hat. Aus dem Vergleich zwischen den Ergebnissen der Personalbedarfsanalyse und der Bewerbermarktanalyse – also dem Soll-Ist-Vergleich – ergeben sich Hinweise, ob und inwieweit mit Interventionen gegengesteuert werden muss.

Auf der Basis des Vergleichs erfolgt nun die Ableitung sinnvoller *Interventionen*, die wiederum sehr vielfältig aussehen können. Es geht darum, eine vakante Stelle auf dem Markt der potenziellen Bewerber so zu positionieren, dass möglichst viele gut qualifizierte Personen zu einer Bewerbung animiert werden, wobei gleichzeitig gering oder falsch qualifizierte Personen möglichst von einer Bewerbung abzuschrecken sind.

Mit anderen Worten, Personalmarketingmaßnahmen müssen ausgewählt und professionell gestaltet werden (▶ Kap. 5). Darüber hinaus spielt aber auch die richtige Auswahl und Gestaltung der Personalauswahlmethoden eine wichtige Rolle (▶ Kap. 6). Die Personalauswahl ist aber nicht nur dafür verantwortlich, dass die besten Kandidaten als solche identifiziert werden. Sie wirkt indirekt auch im Sinne des Personalmarketings, da sie den Bewerbern ein Bild davon vermittelt, ob der Arbeitgeber professionell und zuverlässig agiert.

Den Abschluss des Prozesses bildet die *Evaluation* (▶ Kap. 7). Im Kern geht es um die Frage, ob sich auf die ausgeschriebenen Stellen hinreichend viele Menschen mit guter Qualifikation beworben haben. Je größer die Diskrepanz zwischen dem aufgestellten Ziel und dem Ergebnis der eingesetzten Strategien ausfällt, desto größer ist der Bedarf zur Nachjustierung. Dies kann sich sowohl auf die Phase der Analyse als auch auf die Phase der Intervention beziehen.

Analysen im Prozess des Personalmarketings

U.P. Kanning, *Personalmarketing, Employer Branding und Mitarbeiterbindung*,
DOI 10.1007/978-3-662-50375-1_4

Zur Vorbereitung notwendiger Interventionen gilt es zunächst, die Ausgangslage gründlich zu analysieren. Dies umfasst zum einen die Personalbedarfsanalyse und zum anderen die Bewerbermarktanalyse. Während die Personalbedarfsanalyse den Soll-Wert der Gesamtanalyse ermittelt, geht es bei der Bewerbermarktanalyse vereinfacht ausgedrückt um den Ist-Wert. Der Vergleich der Ergebnisse beider Analysen leitet über zur Gestaltung von Interventionsmaßnahmen.

4.1 Personalbedarfsanalyse

Die Personalbedarfsanalyse fragt danach, welche Mitarbeiter das Unternehmen derzeit sucht bzw. in absehbarer Zeit suchen wird. Dabei geht es sowohl um Fragen der Quantität (Wie viele Arbeitsplätze sind zu besetzen?) als auch um Fragen der Qualität (Welche Kompetenzen müssen die neuen Mitarbeiter aufweisen?).

Wenden wir uns zunächst der *Quantität des Personalbedarfs* zu. Sie ist mit vergleichsweise geringem Aufwand leicht zu ermitteln. Um festzustellen, wie viele Personen in den nächsten Monaten und Jahren eingestellt werden müssen, sind mehrere Fragen zu beantworten:

- Welche Stellen werden aufgrund von Verrentung vakant?
- Welche dieser Stellen müssen zwingend wieder neu besetzt werden, welche können ggf. wegfallen?
- Wie viele Stellen werden im anvisierten Zeitraum erfahrungsgemäß durch Fluktuation vakant?
- Wie viele dieser Stellen müssen sinnvollerweise neu besetzt werden?
- Welche neuen Stellen werden im anvisierten Zeitraum mit großer Wahrscheinlichkeit neu geschaffen?

Bei der Analyse des Personalbedarfs wird zum einen auf Erfahrungswerte aus den letzten Jahren zurückgegriffen. Zum anderen gilt es, mögliche Veränderungen, die durch Fusionen, Firmenaufkäufe, Outsourcing o. ä. eintreten können, zu antizipieren. Je weiter man dabei in die Zukunft schaut, desto wichtiger ist es, die Geschäftsführung in die Planung mit einzubeziehen und desto unsicherer werden die Ergebnisse

Die Frage nach der *Qualität des Personalbedarfs* führt geradewegs zu dem Methoden der Anforderungsanalyse. Mithilfe der *Anforderungsanalyse* wird ein Arbeitsplatz dahingehend untersucht, welche Kompetenzen die zukünftigen Mitarbeiter mitbringen müssen, um erfolgreich agieren zu können (Kanning, 2004; Schuler, 2014b). Erst nach Durchführung einer Anforderungsanalyse ist genau bekannt, welche Kompetenzen im Zuge des Auswahlverfahren untersucht werden müssen, was wiederum weitreichende Konsequenzen für die Sichtung der Bewerbungsunterlagen, die Fragen im Einstellungsinterview, die Auswahl psychologischer Testverfahren oder die Gestaltung von Übungen im Assessment Center hat (Kanning, 2004; Schuler, 2014a). Für das Personalmarketing ist die Anforderungsanalyse grundlegend, da sie zeigt, welchen Personengruppen angesprochen werden müssen.

Trotz dieser wichtigen Funktion wird in der Praxis leider noch sehr oft auf die Durchführung von Anforderungsanalysen verzichtet (Kanning, 2016b; Stephan & Westhoff, 2002). Die Verantwortlichen vertrauen vielmehr darauf, dass sie schon wissen, welche Personen für die vakante Stelle benötigt werden. Zudem glauben sie fest daran, dass sie aufgrund ihrer besonderen Menschenkenntnis oder Berufserfahrung einen guten Bewerber quasi von allein erkennen können. Vor dem Hintergrund der Forschungsergebnisse erscheint dies als eine schlicht naive Sicht (Kanning, 2004, 2015a; Kanning, Pöttker & Klinge, 2008). Sie ignoriert die Fehleranfälligkeit der menschlichen Urteilsbildungen im Allgemeinen und die vielfältigen Fehler der Einschätzung von Bewerbern im Besonderen (Kanning, 1999, 2015a; Kanning Hofer & Schulze Willbrenning, 2004). Dennoch mag es Fälle geben, in denen man zu Recht auf eine anspruchsvolle Anforderungsanalyse verzichten kann, z. B. wenn es sich um sehr einfache berufliche Tätigkeiten handelt (Regale einräumen im Lager) oder die neu eingestellten Mitarbeiter für das Wohlergeben des Unternehmens keine große Bedeutung haben und auch nicht weiter aufsteigen können. Für alle anderen Stellen ist die Durchführung einer Anforderungsanalyse dringend anzuraten.

Schuler (2014b) beschreibt verschiedene Formen der Anforderungsanalyse. Sie arbeiten z. B. mit der

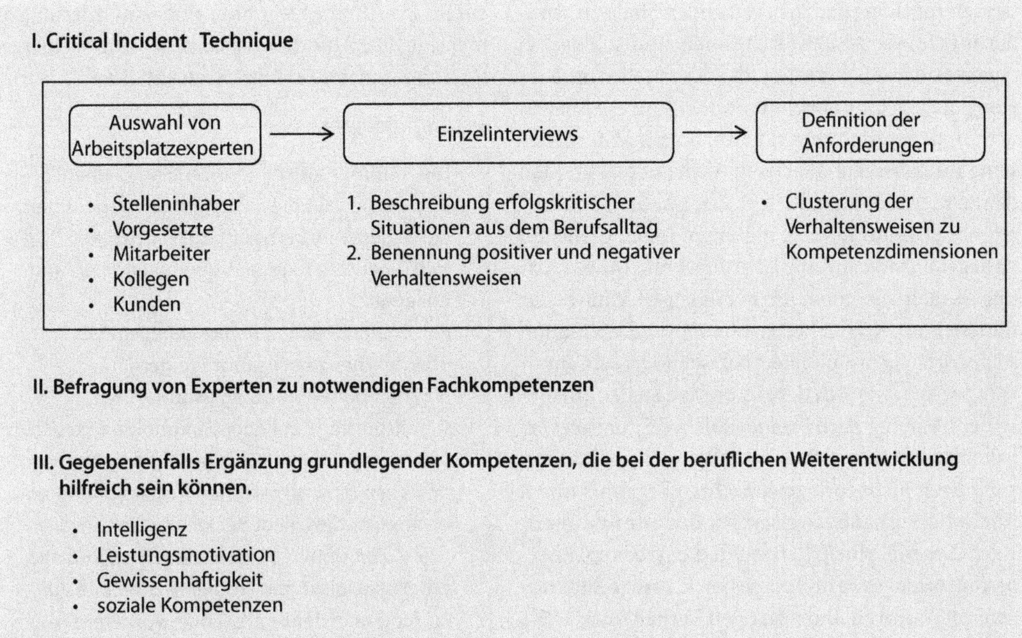

Abb. 4.1 Bausteine einer Anforderungsanalyse

Beschreibung der Arbeitsaufgaben und konkreten Fertigkeiten, die an einem Arbeitsplatz benötigt werden, bis hin zur Ableitung grundlegender Eigenschaften, die den Erfolg bedingen. Nachfolgend beschreiben wir eine universell einsetzbare Methode, die mit vertretbarem Aufwand zu hinreichend differenzierten Ergebnissen führt. Die Rede ist von der *Critical Incident Technique* (CIT, Flanagan, 1954). Zahlreiche Beispiele und Arbeitsmaterialien zur Erstellung einer Anforderungsanalyse nach der CIT finden sich bei Kanning, Pöttker und Klinge (2008).

Den Ausgangpunkt der Anforderungsanalyse bildet die Suche nach *Arbeitsplatzexperten*. Arbeitsplatzexperten sind Menschen, die den fraglichen Arbeitsplatz sehr gut kennen. Dies gilt üblicherweise für derzeitige Stelleninhaber und deren Vorgesetzte. Ebenso gut können es aber auch wichtige Kollegen oder Kunden sein, mit denen der zukünftige Mitarbeiter eng zusammenarbeiten muss. Handelt es sich um Führungskräfte, so sollten zudem die unterstellten Mitarbeiter als Experten betrachtet werden. Mit Ausnahme der Stelleninhaber kennen alle übrigen Arbeitsplatzexperten in der Regel nur einen Teil der Arbeitsaufgaben, die auf der fraglichen Stelle anfallen. Ihre Perspektiven ergänzen sich im günstigsten Fall wie die einzelnen Steinchen eines Mosaiks zu einem Gesamtbild. Das Vorgehen kann auch mit einer 360-Grad-Beurteilung verglichen werden. Eine alleinige Befragung derzeitiger Stelleninhaber ist hingegen nicht zu empfehlen. Die Stelleninhaber können zwar sehr gut alle Arbeitsaufgaben beschreiben. Bei der CIT geht es aber nicht nur um die Beschreibung der Aufgaben, sondern auch um die Bewertung möglicher Verhaltensweisen, die zur Bewältigung dieser Aufgaben eingesetzt werden sollten. Hierin können sich die verschiedenen Expertengruppen durchaus unterscheiden. So mag der Stelleninhaber andere Vorstellungen als sein Vorgesetzter oder seine Mitarbeiter davon haben, wie Führungsaufgaben zu bewältigen sind. Umso wichtiger ist es, dass alle Betroffenen ihre verschiedenen Ansprüche an den zukünftigen Stelleninhaber mit in die Waagschale werfen.

Mit jedem Arbeitsplatzexperten – in der Regel sind es drei bis fünf Personen – wird ein *Einzelinterview* von ca. 45 bis 60 Minuten Länge geführt (▶ Abb. 4.1). In diesem Interview werden die Gesprächspartner zunächst gebeten, eine erfolgskritische Situation aus dem Berufsalltag der zu besetzenden Stelle zu schildern. Erfolgskritische Situationen sind solche, bei denen es darauf ankommt, dass der Stelleninhaber eine gute Leistung abliefert. Zudem sind es Situationen, in denen sich zeigen kann, ob ein Mitarbeiter seine Aufgaben gut oder eben nicht gut erfüllt. Man denke hier z. B. an eine Verkäuferin, die beobachtet, wie ein Kunde versucht, einen Ladendiebstahl zu begehen, oder an eine Führungskraft, die ein Kritikgespräch mit einem unzuverlässigen Mitarbeiter führen muss. Nachdem der Interviewer die Situation stichwortartig protokolliert hat, schildert sein Interviewpartner, wie sich der zukünftige Stelleninhaber seiner Meinung nach in einer solchen Situation verhalten sollte und welches Verhalten seiner Einschätzung nach nicht zum gewünschten Ergebnis führt. Auch die Verhaltensweisen werden protokolliert. Nach diesem Prinzip benennen die Arbeitsplatzexperten jeweils etwa drei bis sieben kritische Situationen mit positiven und negativen Verhaltensweisen.

Nach Abschluss des letzten Interviews geht es an die *Auswertung*. Hierzu werden alle Verhaltensweisen ausgedruckt und so ausgeschnitten, dass jeweils eine Verhaltensweise auf einem Papierstreifen steht. Bei fünf Interviewern kommen sehr schnell mehr als 100 Papierstreifen zusammen. Diese müssen nun entsprechend ihrer inhaltlichen Bedeutung in Cluster sortiert werden. Hierbei arbeitet man am besten nicht allein, sondern zu zweit oder zu dritt. Bei den Beteiligten könnte es sich z. B. um den Vorgesetzten und Vertreter der Personalabteilung handeln, die schon ein wenig Erfahrung mit diesem Vorgehen gesammelt haben. Bei der Clusterung werden die Verhaltensweisen, die inhaltlich zusammenpassen, auf einen Haufen gelegt. Jedes Cluster entspricht nachher einer Anforderungsdimension für die auszuschreibende Stelle. Das Wesen der CIT besteht mithin in einem Bottom-up-Prinzip. Die gesuchten Kompetenzen der neuen Mitarbeiter leiten sich nicht aus abstrakten Plausibilitätsbetrachtungen, stereotypen Berufsvorstellungen o. ä. ab, sondern spiegeln den realen Berufsalltag.

Der letzte Akt der Anforderungsanalyse nach der CIT besteht darin, die einzelnen Cluster – also letztlich die gewünschten Kompetenzen – explizit zu *definieren*. Die Definition ergibt sich aus den Interviews bzw. den Verhaltensweisen und ist für alle nachfolgenden Schritte des Personalmarketings sowie der Personalauswahl bindend. Im Folgenden findet sich ein Beispiel für die Definition einer Anforderungsdimension. Die Anforderungsanalyse wurde seinerzeit für den Beruf der Bankkauffrau entwickelt.

Engagement

Die Anforderungsdimension „Engagement" bezieht sich auf die Einstellungen gegenüber den eigenen Arbeitsaufgaben sowie die Hilfsbereitschaft gegenüber Kolleginnen und Kollegen.

Personen mit einem *hohen Engagement* übernehmen Arbeitsaufträge gern und bearbeiten sie zügig. Wenn keine Arbeitsaufträge anliegen, erkundigen sie sich danach, ob ihre Kollegen Arbeitsaufträge für sie haben bzw. ob sie ihnen Arbeit abnehmen können. Ist dies nicht der Fall, nutzen sie die „freie" Zeit sinnvoll, indem sie z. B. schriftliche Arbeitsanweisungen studieren oder sich auf Prüfungen in der Berufsschule vorbereiten. Sie bemühen sich darum, möglichst oft bei Beratungsgesprächen erfahrener Kollegen anwesend sein zu können, um von ihnen zu lernen. Darüber hinaus streben sie frühzeitig danach, eigenverantwortlich Teile eines Beratungsgesprächs selbst übernehmen zu können. Alles in allem können sie sich für die Arbeit der Bankkauffrau/des Bankkaufmanns begeistern.

Personen mit einem *geringen Engagement* warten ab, bis man ihnen Aufgaben überträgt und suchen sich keine neuen Aufgaben aus eigenem Antrieb. Darüber hinaus signalisieren sie ihrer Umwelt, dass sie sich durch zusätzliche Arbeitsaufträge in ihrer eigentlichen Arbeit gestört fühlen. Sie sehen nicht, wenn Kollegen ihre Unterstützung benötigen und bieten entsprechende Hilfe nicht an. Bei der Erledigung ihrer Arbeitsaufträge strahlen sie Lustlosigkeit aus. Wenn sie gemeinsam mit erfahrenen Kollegen an Beratungsgesprächen teilnehmen, wirken sie abwesend.

Die Durchführung einer Anforderungsanalyse nach der Methode der CIT fördert in der Regel vornehmlich Persönlichkeitsmerkmale bzw. sog. „Soft Skills" zu Tage. *Fachkompetenzen* würden in Vergessenheit geraten, wenn man sich ausschließlich auf die Interviews beschränkt. Daher ist es anzuraten, zusätzlich Experten nach den notwendigen Fachkompetenzen zu befragen (► Abb. 4.1). Dies ist für Menschen, die den Arbeitsplatz gut kennen und selbst über hinreichende Fachkompetenz verfügen, meist kein Problem. Wer sich dabei gegen die Subjektivität eines einzelnen Experten absichern will, der sollte zwei Personen unabhängig voneinander befragen, z. B. einen derzeitigen Stelleinhaber und dessen Vorgesetzten oder zwei Stelleninhaber.

Ist damit zu rechnen, dass der Arbeitsplatz in naher *Zukunft* mit neuen Aufgaben verbunden sein wird, so ist dies sowohl bei der CIT als auch bei der Analyse der Fachkompetenzen zu berücksichtigen. Die Gesprächspartner sollen die zukünftigen Entwicklungen antizipieren. Gleiches gilt für Werthaltungen des Unternehmens, die mitunter strategisch angelegt sind. So könnte die Unternehmensleitung z. B. beschließen, dass in Zukunft deutlich mehr Kundenorientierung gelebt werden soll, oder sie könnte Integrität zu einem zentralen Ziel der Personalentwicklung erheben. Im Rahmen der CIT könnte man die Gesprächspartner beispielsweise bitten, Situationen zu benennen, in denen dieses strategische Ziel besonders deutlich zu Tage tritt, und konkretes Verhalten zu schildern, in dem sich die gewünschte Akzentuierung zeigt.

Ist beabsichtigt, dass die zukünftigen Mitarbeiter langfristig immer wieder neue und zunehmend anspruchsvollere Aufgaben (z. B. Führungsaufgaben) wahrnehmen müssen, so ist es wichtig, auch deutlich über den Tellerrand der derzeitigen Stelle hinauszudenken. Dementsprechend sollte über allgemeine Kompetenzen, die für viele Berufe grundlegend von Bedeutung sind und das Lernen erleichtern, nachgedacht werden. In erste Linie sind dies die Intelligenz sowie die Leistungsmotivation. Darüber hinaus sind die Gewissenhaftigkeit und soziale Kompetenzen mögliche Merkmale, die zusätzlich im Anforderungsprofil der Stelle zu berücksichtigen sind.

Empfehlungen für die Praxis

- Analysieren Sie sowohl den quantitativen als auch den qualitativen Personalbedarf Ihres Unternehmens für die kommenden Monate und Jahre.
- Führen Sie empirische Anforderungsanalysen durch, um genau definieren zu können, über welche Kompetenzen die zukünftig einzustellenden Mitarbeiter verfügen müssen.
- Lassen Sie dabei die Perspektiven verschiedener Personengruppen, die den fraglichen Arbeitsplatz gut einschätzen können, einfließen.
- Neben den Fachkompetenzen sollten sog. „Soft Skills" Berücksichtigung finden. Dabei sind arbeitsplatzbezogene Definitionen wichtiger als abstrakte „Worthülsen".
- Ist eine Entwicklung der neu einzustellenden Mitarbeiter vorgesehen, so empfiehlt es sich, grundlegende Merkmale, die z. B. das Lernen erleichtern, mit in die Betrachtung einfließen zu lassen. Mögliche Merkmale wären Intelligenz, Leistungsmotivation, Gewissenhaftigkeit sowie soziale Kompetenzen.

4.2 Bewerbermarktanalyse

Die Personalbedarfsanalyse vermittelt einen Eindruck davon, wie viele Menschen ein Unternehmen in den kommenden Monaten bzw. Jahren sucht und über welche Kompetenzen diese Menschen verfügen müssen. Die Bewerbermarktanalyse beschäftigt sich mit der Frage, inwieweit dieser Bedarf zu befriedigen ist. Dabei ist die Bewerbermarktanalyse deutlich vielschichtiger als die Personalbedarfsanalyse. Es geht nicht nur um diverse Bevölkerungs- und Arbeitsmarktstatistiken (Analyse der Quantität), sondern auch darum, zu verstehen, was Arbeitnehmer sich wünschen und wie sie das ausschreibende Unternehmen wahrnehmen (Analyse der Qualität). Im Folgenden werden wir verschiedene Bausteine der Bewerbermarktanalyse diskutieren.

Wenden wir uns zunächst der *Analyse der Quantität* des Bewerbermarktes zu. Die Frage, wie viele Arbeitskräfte einer bestimmte Kategorie (z. B. Ingenieure) derzeit oder in den kommenden Jahren auf dem Arbeitsmarkt zur Verfügung stehen werden, ist weniger leicht zu beantworten, als es auf den ersten Blick scheinen mag. Zwar lassen sich allgemeine

Bevölkerungsstatistiken oder Statistiken zu Studierenden bestimmter Studienfächer sichten (▶ Kap. 1), derartige Statistiken ermöglichen jedoch nur einen groben Blick auf die Dinge. Viel interessanter ist die Frage, welche Menschen in einer bestimmten Region zur Verfügung stehen und sich tatsächlich auf die ausgeschriebenen Stellen bewerben. Kleine und mittelständische Unternehmen könnten davon profitieren, wenn sie gemeinsam agieren, um Daten für ihre Region zu ermitteln. Dies läuft letztlich auf die Durchführung einer empirischen Studie hinaus, mit deren Hilfe z. B. ermittelt wird, wie viele Absolventen eines bestimmtes Studiengangs in der Region ausgebildet werden und danach auch in der Region verbleiben. Die Frage, inwieweit auch der einzelne Arbeitgeber entsprechende Zielgruppen erfolgreich anwerben kann, ergibt sich aus der Bewerberlage nach erfolgter Stellenausschreibung.

Empfehlungen für die Praxis

- Ziehen Sie allgemeine Bevölkerungsstatistiken und Statistiken zu Bildungsabschlüssen, Absolventenzahlen o. ä. heran, um sich eine grobes Bild vom Bewerbermarkt zu verschaffen.
- Schließen Sie sich mit anderen Arbeitgebern oder Verbänden zusammen, um spezifischere Statistiken für die interessierende Region ermitteln zu können.
- Analysieren Sie die Menge und Qualifikation der Menschen, die sich bei Ihnen (und befreundeten Arbeitgebern) auf ausgeschriebene Stellen bewerben. Lassen Sie sich dabei nicht vom Bauchgefühl leiten, sondern legen sie eine sorgfältige Diagnostik zugrunde (▶ Kap. 6).

Die *Analyse der Qualität* des Bewerbermarktes bezieht sich zum einen auf die Frage, welche Ansprüche die Bewerber an ihre Arbeitgeber stellen (Bedürfnisanalyse), zum anderen geht es um das Image, das bestimmte Arbeitgeber in den Köpfen der Bewerber hinterlassen (Imageanalyse).

Wenden wir uns zunächst der *Bedürfnisanalyse* zu. Sichere Informationen über die Bedürfnisse der Zielgruppe lassen sich letztlich nur über eine Befragung der Betroffenen erzielen. Da nur in Ausnahmefällen bereits differenzierte Erkenntnisse vorliegen dürften, bedeutet dies, dass der Arbeitgeber selbst aktiv werden muss. Prinzipiell kommen für eine solche Untersuchung drei Zielgruppen in Frage.

1. *Befragung potenzieller Bewerber.* Dies entspricht dem Ideal, das sich jedoch nicht leicht realisieren lässt. Das zentrale Problem besteht darin, an die entsprechenden Personen heranzukommen und sie zum Ausfüllen eines Fragebogens bewegen zu können. Je nach Zielgruppe könnte es dabei unterschiedliche Strategien geben. Handelt es sich um Absolventen eines bestimmten Studienfaches, so könnte man versuchen, über Kooperation mit Hochschulen oder den entsprechenden Fachschaften eine Befragung der Studierenden höherer Semester abzuwickeln.
2. *Befragung von Menschen, die sich für das Unternehmen interessieren.* Alternativ könnte man die Besucher einer Absolventenmesse befragen. Hier ließen sich diejenigen gezielt ansprechen, die zum Messestand des Unternehmens kommen oder Informationsmaterialien mitnehmen möchten. Die so gewonnene Stichprobe dürfte nicht mehr ganz repräsentativ sein, da möglicherweise manche Teilstichproben von vornherein den Messestand nicht aufsuchen, weil das Unternehmen z. B. ein bestimmtes Image hat oder völlig unbekannt ist. Noch stärker dürfte das Selektionsproblem bei unbekannten Unternehmen sein, wenn sie die Stichprobe über Besucher ihrer Website rekrutieren. Da nur vergleichsweise wenige Personen aus der Gruppe der potenziellen Bewerber den Weg zur Website des Unternehmens finden, könnte es sich um eine systematisch selektierte Stichprobe handeln, die keinen unverzerrten Aufschluss über die Bedürfnisse der Gesamtgruppe ermöglicht. Möglicherweise handelt es sich um Personen, deren primäres Bedürfnis darin besteht, in einer bestimmten Region zu arbeiten oder die aufgrund geringerer Leistungsfähigkeit keine

Chance bei einem renommierten Unternehmen sehen.

3. *Befragung von tatsächlichen Bewerbern.* Der Vorteil einer Befragung von tatsächlichen Bewerbern liegt auf der Hand. Sie haben von sich aus bereits Interesse bekundet und werden daher auch mit deutlich höherer Wahrscheinlichkeit als potenzielle Bewerber bereit sein, einen entsprechenden Fragebogen auszufüllen. Allerdings ist bei ihnen die Gefahr gegeben, dass sie den Fragebogen strategisch ausfüllen, weil sie möglicherweise glauben, durch bestimmte Antworten ihre Chance auf eine Anstellung zu erhöhen. Um diesem Problem zu begegnen, muss sehr glaubwürdig die Anonymität der Befragten sichergestellt werden. Im Fragebogen sollte man daher möglichst wenige demographische Informationen erfassen, so dass ein Rückschluss auf bestimmte Individuen offenkundig nicht möglich ist. Zusätzliche Glaubwürdigkeit verschafft es, die Umfrage über einen externen Kooperationspartner abwickeln zu lassen, so dass keine unmittelbare Verbindung zwischen den Bewerbungsdaten und den Fragebogendaten eines Individuums herzustellen ist. Zu guter Letzt ließe sich auch darüber nachdenken, einen Kontrollfragebogen einzusetzen, mit dessen Hilfe Personen identifizieren werden, die sich extrem strategisch verhalten (vgl. Kanning, 2011a). Die Datensätze dieser Personen würden dann vor der Auswertung der Befragung eliminiert. Ganz grundsätzlich stellt sich bei der Befragung von tatsächlichen Bewerbern natürlich das bereits angesprochene Problem der Stichprobenselektion. Die Bewerber repräsentieren letztlich nur einen sehr kleinen Anteil derjenigen, die sich potenziell bewerben könnten. Je stärker dies in systematischer Weise zu einer Selektion bestimmter „Bewerbertypen" führt, desto weniger Aufschluss geben die Daten über die Bedürfnisse in der Gesamtgruppe potenzieller Bewerber.
4. *Befragung von Mitarbeitern.* Die nächststärkere Selektion der Stichprobe ergibt sich bei einer Befragung der Mitarbeiter bzw. der neu eingestellten Mitarbeiter. Naturgemäß ist diese Stichprobe so klein und spezifisch, dass sie nicht repräsentativ für die Gruppe der potenziellen Bewerber ist. Andererseits handelt es sich hierbei um Menschen, die sich für den Arbeitgeber entschieden haben und bei denen zumindest subjektiv eine gewisse Passung zwischen den eigenen Bedürfnissen und den Angeboten des Arbeitsgebers existiert. Dies trifft allerdings nur auf Bewerber zu, die sich ihren Arbeitgeber wirklich weitgehend frei wählen können. Personen, die aus einer reinen Notlage heraus ein Stellenangebot annehmen mussten, sollten bei einer solchen Befragung lieber ausgespart bleiben. Bei einer Befragung der Mitarbeiter ist es besonders wichtig, die Anonymität der Probanden glaubwürdig sicherzustellen.

Wir sehen, dass die Durchführung einer Studie zur Analyse der Bewerberbedürfnisse nicht ohne Tücken und niemals perfekt ist. Davon sollte man sich jedoch nicht abschrecken lassen. Überhaupt eine ungefähre Vorstellung davon zu gewinnen, welche Bedürfnisse Bewerber oder frisch eingestellte Mitarbeiter tatsächlich haben, ist schon hilfreich und kann ein systematisches Nachdenken über die Qualität der eigenen Arbeitsplätze sowie die eigene Praxis des Personalmarketings anregen. Wer die Analyse sehr fundiert angehen möchte, der kombiniert die soeben skizzierten Vorgehensweisen und befragt mehrere unterschiedlich stark selektierte Stichproben (▶ Abb. 4.2). Durch den Vergleich der Ergebnisse der einzelnen Untersuchungsgruppen erhält man eine Vorstellung davon, wie sich Schritt für Schritt die Bedürfnisprofile verändern. Im günstigsten Fall finden sich in der Gesamtgruppe der potenziellen Bewerber unterschiedlichste Bedürfnisprofile, die der Arbeitgeber nur zu einem kleinen Teil erfüllen kann. Mit zunehmender Selektion kristallisieren sich jedoch nach und nach diejenigen Personen heraus, die am besten passen. In diesem Fall liegt kein Veränderungsbedarf vor. Verhält es sich jedoch genau umgekehrt – befinden sich also in der Gesamtgruppe Menschen, deren Bedürfnisse der Arbeitgeber sehr gut befriedigen könnte, diese Personen bewerben sich aber erst gar nicht –, so besteht dringender Handlungsbedarf. Ein dritter Fall liegt vor, wenn sich die Bedürfnisprofile über die einzelnen Selektionsschritte hinweg nicht wesentlich verändern. Nun stellt sich

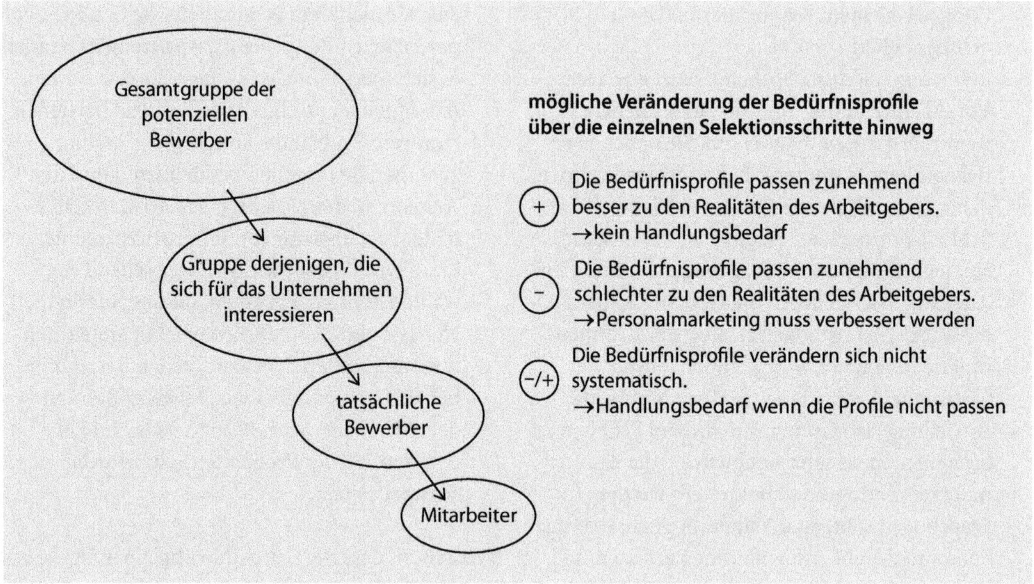

Abb. 4.2 Mögliche Veränderungen der Bedürfnisprofile im Prozess der Personalauswahl

die Frage, inwieweit diese Profile durch die berufliche Realität des Arbeitsgebers befriedigt werden können. Ist dies der Fall, so liegt kein Handlungsbedarf vor. Je weiter die Bedürfnisse der Bewerber und die berufliche Realität jedoch auseinander klaffen, desto größer ist der Handlungsbedarf. Eine Lösung besteht darin, durch gezieltes Marketing, diejenigen aus der Gruppe der potenziellen Bewerber, deren Profile am besten passen, gezielt zu einer Bewerbung anzuregen. Eine zweite Lösung würde in einer Veränderung der Arbeitsbedingungen liegen. Letzteres ist vor allem dann sinnvoll, wenn es nur sehr wenige Menschen gibt, deren Bedürfnisprofil von vornherein passt, oder keine realistische Chance besteht, sie zu einer Bewerbung bzw. zur Annahme eines Arbeitsvertrages zu bewegen. Hier verhält es sich ganz so wie beim Marketing an sich. Wenn die Kunden ein Produkt partout nicht annehmen wollen, ist es wenig sinnvoll, immer wieder zu insistieren. Effektiver wäre es, die Produkte den Bedürfnissen der Kunden anzupassen.

Als Nächstes stellt sich die Frage, wie denn nun eigentlich die Bedürfnisse zu erfassen sind. Grundsätzlich können dabei zwei Ebenen unterschieden werden. Eine *abstrakte Ebene*, die sich auf grundlegende Arbeitsmotive bezieht und eine konkretere Ebene, die sich auf spezifische Erwartungen an den Arbeitgeber bezieht. Während auf der abstrakten Ebene beispielsweise zu klären wäre, inwieweit Bewerber eine Karriere anstreben oder an Work-Life-Balance interessiert sind, würde sich der Arbeitgeber auf der *konkreteren Ebene* dafür interessieren, ob z. B. ein Betriebskindergarten oder eine Kantine gewünscht werden. Beide Ebenen sollten bei einer Bedürfnisanalyse wenn möglich Berücksichtigung finden.

Zur Untersuchung *allgemeiner Arbeitsmotive* könnte das Inventar zur Erfassung von Arbeitsmotiven (IEA; Kanning, 2016c) eingesetzt werden. Das IEA unterscheidet 16 Arbeitsmotive (sog. Primärmotive), die sich faktorenanalytisch zu vier Sekundärmotiven zusammenfassen lassen (▶ Tab. 4.1). Die Langversion des Fragebogens besteht aus 97 Items und erfasst sowohl die Primär- als auch die Sekundärmotive, während sich die Kurzversion mit 32 Items auf die Untersuchung der Sekundärmotive beschränkt. Die Aufgabe der Befragten ist sehr einfach. Sie müssen jeweils auf einer fünfstufigen Skala von 0 = „für mich unwichtig" bis 4 = „für mich extrem wichtig" einschätzen, welche Bedeutung bestimmte Facetten eines Arbeitsmotivs für sie haben.

Tab. 4.1 Struktur des Inventars zur Erfassung von Arbeitsmotiven

Sekundärmotive	Primärmotive
Individualität Streben, sich als Individuum in eine abwechslungsreiche und subjektiv wertvolle Arbeit eigenverantwortlich einbringen zu können und dabei unterstützt durch Führungskräfte selbst weiterentwickeln zu können.	**Selbstbezug** Streben, sich mit seiner eigenen Person (Wissen, Fähigkeiten, Erfahrungen, Persönlichkeit, Werten etc.) in seine Arbeit einbringen zu können.
	Autonomie Streben, eigenverantwortlich Entscheidungen treffen und umsetzen zu können.
	Entwicklung Streben, sich über die Zeit hinweg persönlich und beruflich weiterentwickeln zu können.
	Abwechslung Streben, im Berufsalltag mit vielfältigen, unterschiedlichen Arbeitsaufgaben betraut zu sein.
	Selbstwert Streben nach einer beruflichen Aufgabe, deren Erfüllung einen mit Zufriedenheit und Stolz auf die eigene Person blicken lässt.
	Führung Streben nach kompetenten Führungskräften, die sich fair und vertrauensvoll verhalten, partizipativ führen und ihre Mitarbeiter fördern.
Karriere Streben nach beruflichem Aufstieg verbunden mit der Einnahme von Führungspositionen, materiellem Wohlstand und gesellschaftlichem Ansehen. Hoher Anspruch an die eigene Leistung und die Qualität der Arbeitsumgebung.	**Materielles** Streben nach materiellem Wohlstand.
	Macht Streben nach einer Führungsposition.
	Ansehen Streben nach Anerkennung und Achtung der eigenen Person durch andere Menschen.
	Leistung Streben, gute Arbeitsleistung zu erbringen und beruflich voranzukommen.
	Komfort Streben nach einer angenehmen Arbeitsumgebung und zeitgemäßen Arbeitsmaterialien.
Soziales Streben nach Aktivität und Umgang mit anderen Menschen.	**Prosozialität** Streben, sich durch die berufliche Arbeit für das Wohl anderer Menschen einsetzen zu können.
	Anschluss Streben danach, über die berufliche Arbeit in Kontakt zu anderen Menschen treten zu können.
	Aktivität Streben nach physischer Aktivität im beruflichen Kontext.
Privatleben Streben nach einem sicheren Arbeitsplatz, der die wirtschaftliche Basis für das Privatleben bildet, ohne das Leben zu dominieren.	**Sicherheit** Streben nach einer beruflichen Tätigkeit, die keine gesundheitlichen Risiken birgt und auch langfristig ein Auskommen ermöglicht.
	Work-Life-Balance Streben nach einem ausgewogenen Verhältnis zwischen Arbeitsleben und Privatleben.

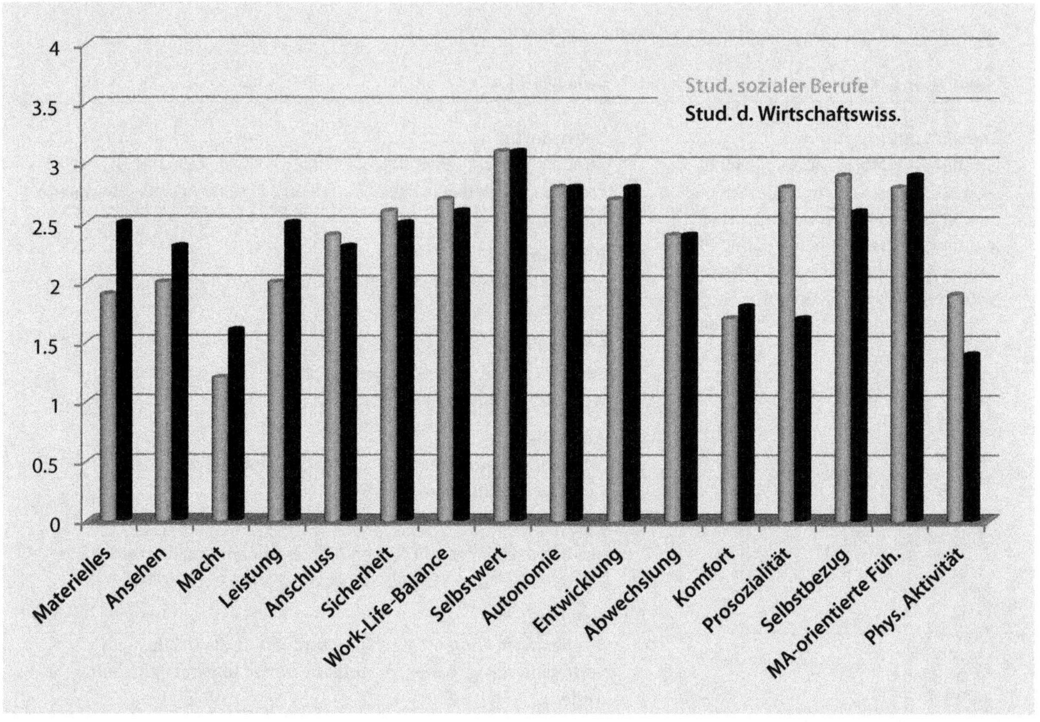

Abb. 4.3 Ausprägung der Arbeitsmotive in verschiedenen Studienfächern

Die Analyse der Arbeitsmotive bezieht sich wenn möglich immer auf die Personengruppen, die für den Arbeitgeber bzw. für eine vakante Stelle von besonderer Bedeutung sind. Darüber hinaus kann es hilfreich sein, die Ausprägung der Motive in vergleichsweise abstrakten Gruppen zu kennen. Letzteres ist vor allem dann der Fall, wenn eine Untersuchung der eigenen Zielgruppe aus irgendwelchen Gründen leider nicht möglich ist. ► Abb. 4.3 gibt die Ausprägung von mehr als 800 Studierenden unterschiedlicher Fachrichtungen wieder. Verglichen werden Studierende wirtschaftswissenschaftlicher Fächer mit denen, die später einmal in einem sozialen Beruf tätig werden wollen. Die Unterschiede zwischen beiden Gruppen entsprechen weitgehend den Erwartungen. Angehende Wirtschaftswissenschaftler streben durch ihre berufliche Tätigkeit in stärkerem Maße nach materiellem Wohlstand, suchen gesellschaftliches Ansehen und wollen (in Führungspositionen) etwas nach eigenen Vorstellungen gestalten. Die zukünftigen Vertreter sozialer Berufe wollen sich im Rahmen ihrer beruflichen Tätigkeit hingegen deutlich stärker für andere Menschen einsetzen und erwarten ein wenig mehr als Studierende wirtschaftswissenschaftlicher Fächer, dass ihr Arbeitsplatz ihnen die Möglichkeit gibt, ihre eigene Person einbringen zu können. Auffällig ist, dass beide Gruppen vor allem eine Tätigkeit anstreben, die sie mit Stolz und Zufriedenheit erfüllen kann.

Sehr beliebt sind in unserer Gesellschaft Vergleiche zwischen Frauen und Männern. ► Abb. 4.4 gibt die Ergebnisse von etwa 3.000 Frauen und 1.600 Männern wieder, die mithilfe des IEA auf die Ausprägung ihrer Arbeitsmotive hin untersucht wurden. Die meisten Menschen würden wahrscheinlich erwarten, dass beide Gruppen sich sehr deutlich voneinander unterscheiden. Zumindest suggeriert die gesellschaftspolitische Diskussion dies immer gern. Ein Blick in ► Abb. 4.4 offenbart das Gegenteil. Sofern sich überhaupt Unterschiede finden lassen, sind diese sehr gering. Frauen streben im beruflichen Kontext ein klein wenig mehr nach Sicherheit, legen mehr Wert auf ein ausgewogenes Verhältnis zwischen Beruf und Privatleben, möchten sich mehr für andere Menschen

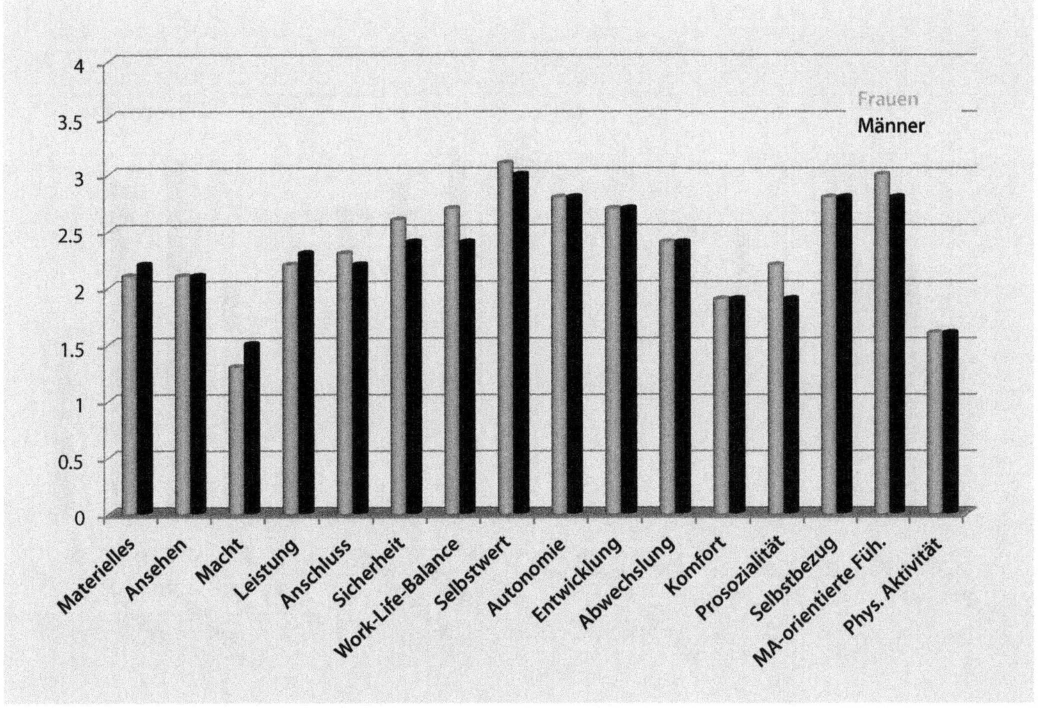

Abb. 4.4 Ausprägung der Arbeitsmotive von Frauen und Männern

einsetzen und sind anspruchsvoller im Hinblick auf den Führungsstil ihrer Vorgesetzten. Männer sind hingegen etwas mehr daran interessiert, in Führungspositionen aufzusteigen und streben auch eher materiellen Wohlstand an. Ein Vergleich zwischen ► Abb. 4.3 und ► Abb. 4.4 verdeutlicht, dass die Wahl eines Studienfachs mehr über die Motive eines Menschen aussagen kann als das Geschlecht. Die Unterschiede zwischen den beiden Studierendengruppen sind größer als die Unterschiede zwischen den Geschlechtern, und das, obwohl sich in sozialen Berufen sicherlich weitaus mehr Frauen befinden als Männer.

► Abb. 4.5 gibt die Ergebnisse von 576 Führungskräften und 1.221 berufstätigen Menschen wieder, die sich zum Zeitpunkt der Untersuchung nicht in einer Führungsposition befunden haben. Bei vielen Arbeitsmotiven lassen sich Unterschiede zwischen beiden Gruppen belegen. Der größte Unterschied findet sich beim Machtmotiv. Menschen mit Führungsverantwortung streben in deutlich stärkerem Maße nach Positionen, in denen sie etwas nach ihren Vorstellungen gestalten und steuern können. Dies mag ein zentraler Grund dafür sein, dass sie Führungskräfte geworden sind. Zudem streben sie stärker nach Autonomie und Abwechslung, wollen sich beruflich weiterentwickeln und im Beruf Leistung zeigen. Geld und Ansehen sind ihnen ein wenig wichtiger als Menschen ohne Führungsverantwortung. Mitarbeiter streben hingegen deutlich stärker als Führungskräfte nach einem ausgewogenen Verhältnis zwischen Beruf und Privatleben. Sicherheit ist ihnen ein wichtiger Wert. Zudem möchten sie über ihre berufliche Tätigkeit Kontakte zu anderen Menschen knüpfen. Die Höhe der Unterschiede in ► Abb. 4.4 ist weitaus größer als in ► Abb. 4.3. Offenkundig sagt auch die Tatsache, dass ein Mensch eine Führungsposition inne hat, weitaus mehr über seine Arbeitsmotive aus als sein Geschlecht. Wie ist dies zu erklären? Die Zugehörigkeit zu einer bestimmten Berufsgruppe (Wirtschaft vs. soziale Berufe; Personen mit oder ohne Führungsposition) geht mit zwei Prozessen einher, die dazu führen können, dass Unterschiede zwischen den Gruppen akzentuiert werden. Zunächst ist davon auszugehen, dass

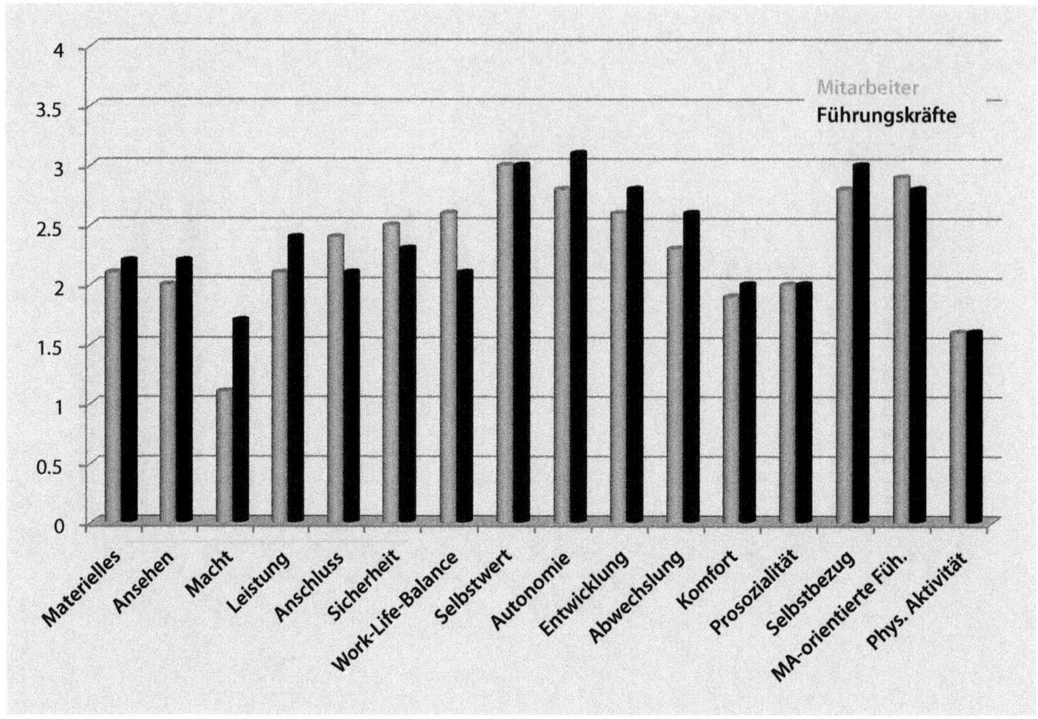

Abb. 4.5 Ausprägung der Arbeitsmotive von Berufstätigen mit und ohne Führungsverantwortung

eine bestimmte berufliche Tätigkeit Menschen mit bestimmten Merkmalen selektiv anzieht. Das heißt, es sammeln sich in der Gruppe A der Tendenz nach andere Menschen als in der Gruppe B. Dadurch sind die Unterschiede innerhalb einer Berufsgruppe geringer als in der Gesamtbevölkerung. Gleichzeitig werden die Unterschiede zwischen den Gruppen größer. Zum anderen durchleben die Menschen durch ihre Zugehörigkeit zu einer bestimmten Berufsgruppe eine Sozialisierung, die beide Effekte verstärkt. Im Laufe der Zeit werden die Mitglieder der Gruppe einander somit ähnlicher, da sie sich z. T. verändern und Menschen, die sich von den Anderen unterscheiden, die Gruppe verlassen. Aus Sicht des Personalmarketings ist das Geschlecht der Bewerber somit weniger bedeutsam als die Zugehörigkeit zu einer Berufsgruppe – zumindest wenn wir die grundlegenden Arbeitsmotive in den Blick nehmen.

Schauen wir uns zum Schluss noch die Unterschiede zwischen verschiedenen Altersgruppen an. Dabei werden drei Generationen unterschieden: Generation Y (Geburtsjahr 1977-1998), Generation X (Geburtsjahr 1965-76) sowie die sog. Boomer (Geburtsjahr 1946-1964; Kaye & Jordan-Evans, 2007). Die Ergebnisse in ► Abb. 4.6 beziehen sich auf 3.081 Personen aus der Generation Y, 880 Personen aus der Generation X und 665 aus der Generation Boomer. Sie zeigen, dass sich die Generationen durchaus in der Ausprägung vieler Arbeitsmotive unterscheiden. Die Unterschiede sind aber geringer als man erwarten würde, wenn man die Debatte um die Generation Y verfolgt, die teilweise in Praxispublikationen geführt wird. Schnell entsteht hier der fälschliche Eindruck, Vertreter dieser Generation seien völlig anders als ältere Mitarbeiter. Zumindest im Hinblick auf grundlegende Arbeitsmotive ist dies nicht der Fall. In aller Regel sind die Motive bei ihnen ein wenig höher ausgeprägt. Dies gilt gleichermaßen für karrierebezogene Motive (Materielles, Ansehen, Macht, Leistung) und solche, die das Privatleben betreffen (Sicherheit, Work-Life-Balance).

Wie bereits erwähnt können jenseits der allgemeinen Arbeitsmotive auch *konkretere Bedürfnisse* der Bewerber für den Arbeitgeber von Interesse sein.

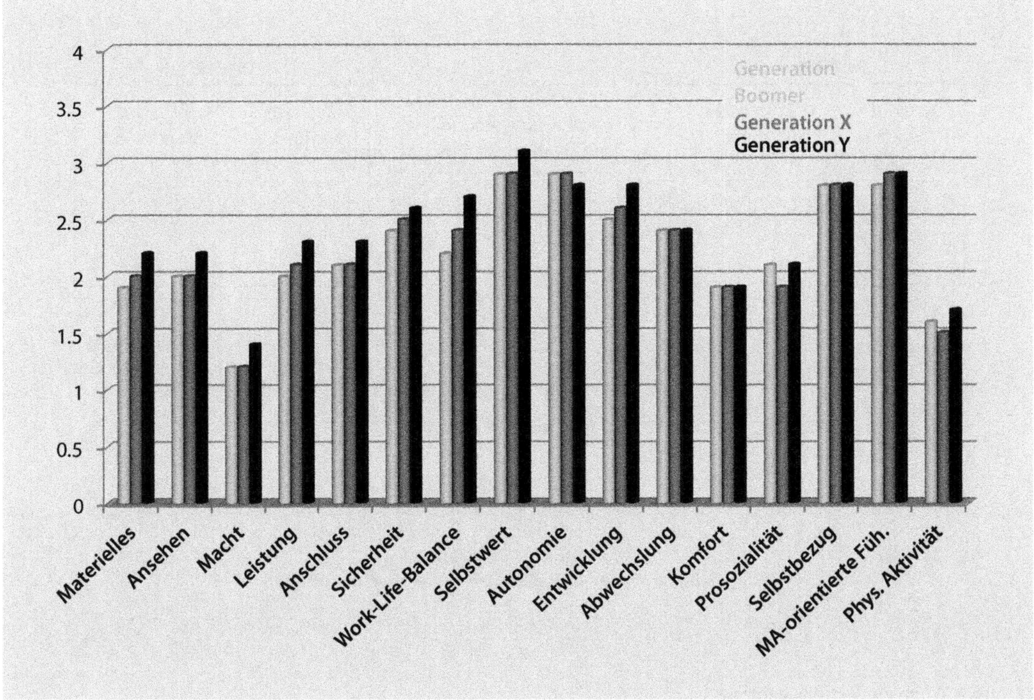

Abb. 4.6 Ausprägung der Arbeitsmotive von Berufstätigen aus verschiedenen Generationen

Im Gegensatz zu den allgemeinen Arbeitsmotiven gibt es hier keine standardisierten Fragebögen, auf die sich zurückgreifen ließe. Jedes Unternehmen muss mithin selbst geeignete Fragen zusammenstellen. Interviews mit einer kleinen, aber heterogenen Stichprobe eigener Mitarbeiter können bei der Generierung sinnvoller Fragen helfen. Die Heterogenität ist wichtig, um ein möglichst breites Spektrum unterschiedlicher Aspekte ansprechen zu können. Eine Interviewstichprobe, die sich aus möglichst verschiedenen Mitarbeitern zusammensetzt, dürfte am ehesten gewährleisten, dass keine wichtigen Punkte übersehen werden. Man könnte auch in der sich anschließenden Fragebogenuntersuchung der Bewerber noch eine offene Frage stellen, welche Punkte ggf. noch fehlen. Themen, die in einem solchen Fragebogen zur Erfassung spezifischer Bedürfnisse angesprochen werden könnten, wären z. B.:

- kostenlose Firmenparkplätze in ausreichender Anzahl
- Kantine
- unternehmenseigener Kindergarten
- Unterstützung bei der Wohnungssuche in Ballungsräumen
- Arbeitszeitregelung
- Urlaubszeitregelung
- Möglichkeit, von zu Hause aus zu arbeiten (Home-Office)
- Möglichkeit, für längere Zeit auszusetzen (Sabbatical)
- leistungsbezogene Bezahlung
- zusätzliche Sozialleistungen
- Einzel- vs. Doppelbüros
- kurze Entscheidungswege
- kontinuierlicher Verbesserungsprozess
- regelmäßige Mitarbeiterbefragungen
- Weiterbildungsmöglichkeiten

Empfehlungen für die Praxis

- Versuchen Sie, etwas über die Bedürfnisse derjenigen Menschen, die für Sie als Arbeitgeber interessant sind, zu erfahren.

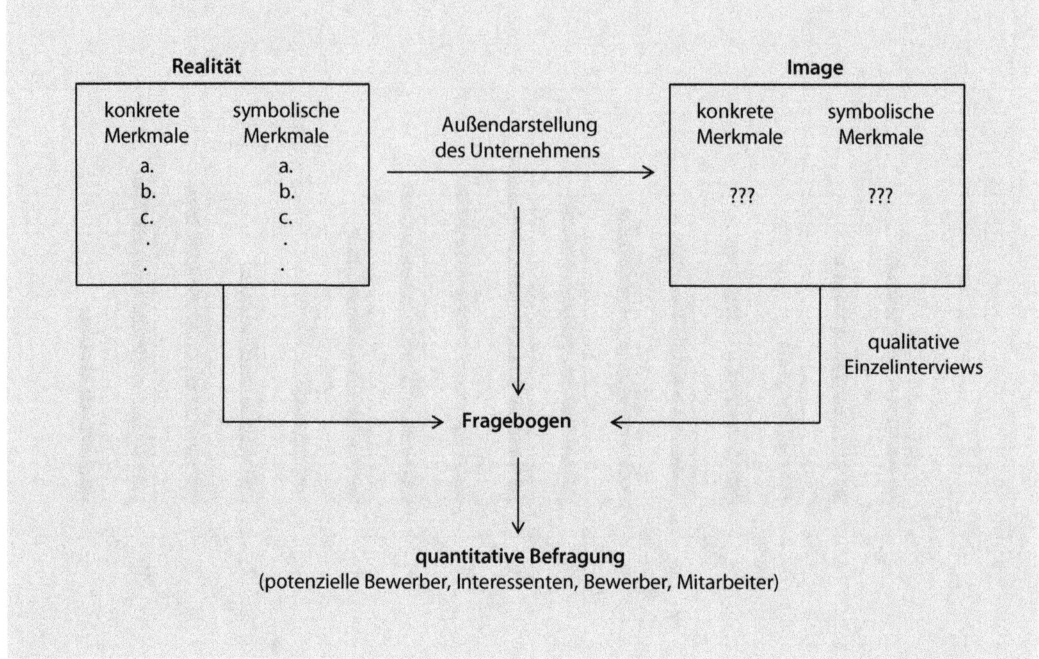

Abb. 4.7 Image und Imageanalyse

- Führen Sie, wenn möglich, eine Befragung der interessierenden Personengruppen durch (Mitarbeiter, Bewerber, potenzielle Bewerber).
- Erfassen Sie neben allgemeinen Arbeitsmotiven auch die spezifischen Bedürfnisse.
- Falls Sie keine eigenen Befragungen durchführen können, suchen Sie nach bereits vorliegenden Studien.
- Denken Sie ggf. darüber nach, entsprechende Studien gemeinsam mit anderen Firmen oder über Arbeitsgeberverbände zu organisieren.

Im Gegensatz zur Bedürfnisanalyse zielt die *Imageanalyse* nicht auf die Frage, welche Ansprüche potenzielle Mitarbeiter an einen Arbeitsplatz bzw. einen Arbeitgeber stellen, sondern auf die Wahrnehmung des Arbeitsgebers und seiner Arbeitsplätze durch die Bewerber. Das Image spiegelt dabei ein stückweit die Realität, ist aber nicht mit der Realität identisch (► Abb. 4.7). Dies ergibt sich schon allein aus der Tatsache, dass außenstehenden Personen nicht alle Informationen zur Verfügung stehen, um sich ein zutreffendes Bild machen zu können. Die meisten Unternehmen sind außerhalb der Belegschaft weitgehend unbekannt, weil sie z. B. sehr klein sind oder keine Endprodukte herstellen, die Kunden mit ihnen in Verbindung bringen könnten. Die Internetseiten vieler kleiner und mittelständischer Unternehmen sind zudem aus Sicht der Bewerber wenig informativ. Man erfährt, wie lange es das Unternehmen gibt, welche Produkte hergestellt und vertrieben werden und wie groß der Umsatz ist. Dies ist eine sehr dünne Basis, um darauf aufbauend eine bewusste Entscheidung für oder gegen eine Bewerbung treffen zu können. Wer niemanden kennt, der in dem fraglichen Unternehmen arbeitet, bewirbt sich letztlich, ohne recht zu wissen, worauf er sich einlässt. Ein wenig besser sieht es bei Großunternehmen aus. Hier finden sich im Internet zahlreiche Informationen. Auch wenn es sich hierbei letztlich um Werbung handelt und nicht mit einer realistischen Schilderung zu rechnen ist, bieten sie doch eine gewisse Informationsgrundlage. Darüber hinaus steigt bei Großunternehmen die Chance, einen realen Mitarbeiter zu kennen, der einen weniger geschönten Blick auf die Realität ermöglicht.

Inhaltlich zielt die Imageanalyse in zwei Richtungen (Lievens & Highhouse, 2003; ► Abb. 4.7). Zum einen geht es um *konkrete Merkmale* des Arbeitgebers wie z. B. die Branche, in der das Unternehmen aktiv ist, die Größe des Unternehmens, die Inhalte der Arbeitstätigkeit, die Gehaltsstruktur, freiwillige soziale Leistungen und viele weitere Aspekte, die prinzipiell leicht und objektiviert feststellbar wären, sofern der Arbeitgeber entsprechende Informationen preisgibt (vgl. ► Tab 9.3 in ► Kap. 9). Zum anderen geht es um *symbolische Merkmale* des Arbeitgebers bzw. seiner Arbeitsplätze, die sehr abstrakter Natur sind und sich sehr viel weniger leicht objektivieren lassen. Symbolische Merkmale beschreiben die Kultur einer Organisation und ihre Werte. Manche Autoren sprechen auch von der Persönlichkeit einer Organisation (Rampl & Kenning, 2012). Hierzu zählen z. B. Merkmale wie soziale Verantwortung, Nachhaltigkeit oder Tradition (ausführlicher in ► Kap. 9.2). Sie sind weitaus weniger leicht greifbar als die konkreten Merkmale und lassen viel Spielraum für Interpretation.

Welche der vielen denkbaren Merkmale letztlich in der Imageanalyse untersucht werden, muss im Vorhinein durch eine Planungsgruppe festgelegt werden. Ihr bieten sich drei Informationsquellen an (► Abb. 4.7):

- Informationen über die tatsächlich existierenden Arbeitsbedingungen, also die konkreten Merkmale des Arbeitgebers sowie Informationen über Aspekte der besonderen Kultur des Unternehmens (symbolische Merkmale).
- Die Inhalte der bisherigen Außendarstellung des Unternehmens, mit der man versucht, sich als ein attraktiver Arbeitgeber zu präsentieren.
- Qualitative Einzelinterviews mit einer kleinen Gruppe von Außenstehenden (z. B. frisch eingestellte Mitarbeiter), die offen Auskunft darüber geben, welchen Eindruck sie vom Unternehmen hatten, bevor sie sich tiefergehend damit auseinandergesetzt haben.
- Ergebnisse der Forschung zu Merkmalen, die sich als bedeutsam für die Attraktivität eines Arbeitgebers erwiesen haben (Schneidegger & Müller, 2015; ► Tab 9.3 in ► Kap. 9).

Alle Informationen zusammen münden in einen Fragebogen, der einer großen Stichprobe von Menschen zum Ausfüllen vorgelegt wird. In der Regel dürfte es sich dabei um einen Online-Fragebogen handeln. Den Probanden werden konkrete Eigenschaften präsentiert, die jeweils auf einer mehrstufigen Skala dahingehend eingeschätzt werden müssen, ob sie auf den fraglichen Arbeitgeber zutreffen oder nicht zutreffen. Hierbei kann es durchaus interessant sein, auch solche Merkmale aufzunehmen, die überhaupt nicht auf den Arbeitgeber zutreffen, aber möglicherweise in den Köpfen der Probanden mit ihm assoziiert werden. Steht ein Unternehmen in einer direkten Konkurrenz zu bestimmten Mittbewerbern, so kann es überdies sinnvoll sein, beide Unternehmen direkt miteinander vergleichen zu lassen, um anschließend zu wissen, in welchen Punkten man sich noch verbessern muss.

Die *Zielgruppe* einer solchen Befragung umfasst aus Sicht des Personalmarketings insbesondere die potenziellen Bewerber. Darüber hinaus können aber auch im Rahmen der Imageanalyse alle der in ► Abb. 4.2 angeführten Personengruppen – also Personen, die sich tatsächlich für den Arbeitgeber interessieren, reale Bewerber sowie frisch eingestellte Mitarbeiter des Unternehmens – von Interesse sein. Die Befragungen größerer Stichproben (> 50 Personen) ist unerlässlich, da das Unternehmen letztlich nicht daran interessiert ist, wie es von Frau X oder Herrn Y bewertet wird. Es geht vielmehr darum, wie die Sichtweise vieler Menschen im Mittelwert ausfällt, denn Frau X oder Herr Y sind nicht repräsentativ für die Gruppe der Menschen, die über das Personalmarketing angesprochen werden sollen. Einzelinterviews können also bestenfalls einen explorativen Charakter haben, erlauben aber keinen Blick auf die „durchschnittliche" Wahrnehmung des Arbeitgebers auf dem Bewerbermarkt. An dieser Stelle wird deutlich, wie aufwändig eine Imageanalyse ausfallen kann. Letztlich gilt es, vor Ort Kosten und Nutzen gegeneinander abzuwägen. Spätestens aber, wenn ein Unternehmen sich entschließt, aktiv Employer Branding zu betreiben, wird man nicht um eine ausführliche Imageanalyse herumkommen (► Kap. 10).

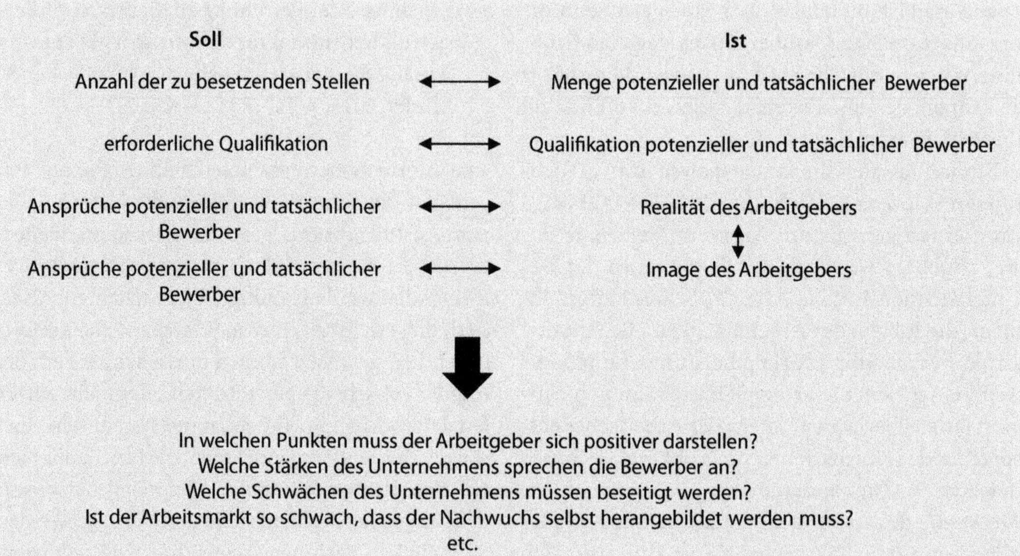

Abb. 4.8 Soll-Ist-Vergleich

Die Ergebnisse einer Befragung zum Image lassen sich in verschiedener Weise nutzen. Zunächst einmal zeigen sie dem Arbeitgeber, inwieweit Vorzüge des eigenen Unternehmens der Zielgruppe hinreichend bekannt sind und damit im Zuge des Personalmarketings nur noch erwähnt bzw. akzentuiert werden müssen. Darüber hinaus liefern sie im Sinne einer Bedarfsanalyse wichtige Hinweise zur Verbesserung des Personalmarketings sowie des Employer Brandings und dienen schließlich auch der Evaluation bereits durchgeführter Maßnahmen zur Etablierung oder Verbesserung des Arbeitgeberimages.

Empfehlungen für die Praxis

- Beschäftigen Sie sich mit der Frage, ob Ihr Unternehmen als Arbeitgeber ein Image besitzt und wie dies ggf. aussieht.
- Berücksichtigen Sie dabei sowohl konkrete als auch symbolische Merkmale, die Ihrem Unternehmen zugeschrieben werden.
- Befragen Sie hierzu größere Stichproben von Menschen (potenzielle Bewerber, Interessierte, tatsächliche Bewerber und ggf. neue Mitarbeiter) mit einem differenzierten (Online-)Fragebogen. Explorative Einzelinterviews dienen lediglich der Voruntersuchung zur Entwicklung eines Fragebogens, können aber niemals die quantitative Studie ersetzen.
- Existieren konkrete Wettbewerber, mit denen Ihr Unternehmen auf dem Markt der Bewerber konkurriert, ist es sinnvoll, im Zuge der Imageanalyse einen direkten Vergleich vorzunehmen.

4.3 Vergleich zwischen Personalbedarf und Bewerbermarkt

Nach umfassender Analyse des Personalbedarf sowie des Bewerbermarktes geht es nun im letzten Schritt der Analysephase im Prozess des Personalmarketings um die Frage, wie groß die Lücke zwischen Soll und Ist ausfällt bzw. welche Lehren sich daraus für das weitere Vorgehen ableiten lassen (► Abb. 4.8). Im Ergebnis müssen übrigens keineswegs immer verstärkte Maßnahmen des

Personalmarketings stehen. Stellt beispielweise eine Organisation fest, dass in den nächsten zehn Jahren aufgrund der Altersverteilung in der Gruppe der Führungskräfte mit einem großen Bedarf an neuen Führungskräften zu rechnen ist, so bedeutet dies nicht zwangsläufig, dass der Bedarf vollständig oder weitgehend über den Arbeitsmarkt befriedigt werden muss. Ebenso gut könnte man versuchen, die Lücke im Führungskräftebedarf im Zuge der strategischen Personalentwicklung durch Nachwuchsförderprogramme für Mitarbeiter aus den eigenen Reihen zu schließen (vgl. Kanning, 2013a). Das Personalmarketing steht zwar im Fokus des vorliegenden Kapitels, stellt aber nicht die einzige Lösungsoption dar.

Bei dem Vergleich zwischen Soll und Ist geht es vor allem um die Beantwortung der folgenden Fragen:

- Stellt der Arbeitsmarkt genügend Menschen mit hinreichendem Kompetenzprofil zu Verfügung?
- Bewerben sich genügend Menschen mit dieser Qualifikation auf die ausgeschriebenen Stellen?
- Mit welcher zukünftigen Entwicklung ist im Allgemeinen zu rechnen?
- Mit welcher zukünftigen Entwicklung ist bezogen auf das eigene Unternehmen zu rechnen?
- Ist das Unternehmen mit seinen Stellenangeboten im Markt der Bewerber hinreichend bekannt?
- Inwieweit beeinflusst das eigene Arbeitgeberimage die Entscheidung der potenziellen Bewerber, sich tatsächlich im ausschreibenden Unternehmen zu bewerben?
- Wo liegen etwaige Schwächen und Stärken bezogen auf das Arbeitgeberimage?
- Inwieweit ist das Unternehmen in der Lage, die Bedürfnisse der potenziellen Bewerber zu befriedigen?
- Inwieweit muss und kann das Unternehmen sich ändern, damit es den Bedürfnissen der Bewerber besser entgegenkommt?

Das Vorgehen beim Soll-Ist-Vergleich wird im Folgenden ausführlicher und bezogen auf die *Ansprüche* der Bewerber dargestellt. Um aus der Analyse der Bedürfnisse von (potenziellen) Bewerbern Handlungsanleitungen für das Personalmarketing ableiten zu können, muss bekannt sein, wie weit die berufliche Realität, die ein bestimmter Arbeitgeber seinen (potenziellen) Mitarbeitern anbieten kann, von diesen Bedürfnissen entfernt ist. Die Bedürfnisse der (potenziellen) Bewerber markieren den Soll-Wert, die berufliche Realität den Ist-Wert.

Vergleichbar zur Bedürfnisanalyse (s. o.) erfolgt auch die Untersuchung der beruflichen Realitäten durch eine *Befragung*. Befragt werden die Organisationsmitglieder. Dabei sollten nicht nur Führungskräfte in den Blick genommen werden, da sie mitunter nur einen eingeschränkten Blick auf die beruflichen Realitäten ihrer Mitarbeiter haben. Dies gilt umso mehr, wenn sie mehrere Ebenen über der zu besetzenden Stelle arbeiten (z. B. der Personalchef im Falle einer einfachen Sachbearbeiterstelle). Die zusätzliche Befragung von Mitarbeitern, die in der fraglichen Zielposition arbeiten, vermittelt ein vollständigeres Bild. Da selbst bei Arbeitsplatzinhabern mit unterschiedlichen Sichtweisen auf den betreffenden Arbeitsplatz zu rechnen ist, empfiehlt es sich immer, mehrere Arbeitsplatzinhaber zu befragen und später mit dem Mittelwert der einzelnen Einschätzungen zu arbeiten. Darüber hinaus sollte die Befragung in jedem Falle anonym erfolgen, damit sich niemand fürchtet, etwaige Missstände anzusprechen. Selbst wenn diese Furcht aus der Sicht der Vorgesetzten oder der Personalabteilung völlig unbegründet ist, kann sie für die Befragten sehr real sein und zu positiv verzerrten Befunden führen.

Wurde zur Erfassung der *Arbeitsmotive* auf das IEA (Kanning, 2016c) zurückgegriffen, sollten zur Darstellung des Status-quo dieselben Motive überprüft werden. Hierzu bietet das IEA zwei zusätzliche Fragebögen. Sie erfassen das Bedürfnisbefriedigungspotenzial eines Arbeitsplatzes entweder nur bezogen auf die vier Sekundärmotive (Kurzform des Fragebogens) oder bezogen auf die 16 Primär- sowie die vier Sekundärmotive (Langform des Fragebogens; ▶ Tab. 2.1). Im Prinzip werden den Probanden dieselben Fragen vorgelegt wie auch den (potenziellen) Bewerbern. Im Unterschied zur Bedürfnisanalyse müssen sie aber nicht angeben, wie stark sie die verschiedenen Aspekte anstreben, sondern inwieweit der Arbeitsplatz die Möglichkeit bietet, jene Facetten der Arbeitsmotive zu befriedigen. ▶ Abb. 4.9 gibt einige Beispiele für die gestellten Fragen.

Im Rahmen der beruflichen Tätigkeit bzw. durch die beruflichte Tätigkeit am fraglichen Arbeitsplatz kann man...					
	nicht möglich	*kaum möglich*	*gut möglich*	*sehr gut möglich*	*extrem gut möglich*
... viel Geld verdienen.					
... ein hohes Ansehen in der Gesllschaft erzielen.					
... sich für andere Menschen einsetzen.					
...					

Abb. 4.9 Beispielitems zur Erfassung des Bedürfnisbefriedigungspotenzials eines Arbeitsplatzes (IEA Kanning 2016c)

Nachdem der Fragebogen ausgewertet wurde, ergibt sich über die einzelnen Motive hinweg eine Profilkurve, die ausdrückt, wie stark die entsprechenden Bedürfnisse auf dem fraglichen Arbeitsplatz befriedigt werden können (▶ Abb. 4.10). Diese Profilkurve wird nun mit einer zweiten Profilkurve verglichen, die sich aus der Befragung nach der Ausprägung der individuellen Motive ergibt. In ▶ Abb. 4.10 findet sich ein fiktives Beispiel. Je nach Motiv lassen sich drei verschiedene Konstellationen finden:

- Das *Befriedigungspotenzial des Arbeitsplatzes liegt unter dem Anspruch* der Bewerber. In diesem Fall liegt ein potenzielles Problem vor. Hier müsste man sich Gedanken machen, ob und inwieweit die Arbeitsbedingungen mit vertretbaren Aufwand verändert werden können, um den Arbeitsmotiven der Bewerber ein Stück weit entgegenkommen zu können. Diese Strategie wäre allerdings nur dann sinnvoll, wenn es sich bei den befragten Bewerbern tatsächlich um attraktive Personen handelt und nicht um solche, die man lieber als Mitarbeiter in konkurrierenden Unternehmen sehen möchte.
- Das *Befriedigungspotenzial des Arbeitsplatzes entspricht dem Anspruch* der Bewerber. Dies sollte in Stellenanzeigen deutlich hervorgehoben werden. Offensichtlich bietet das Unternehmen etwas, das genau den Ansprüchen vieler Menschen entspricht.
- Das *Befriedigungspotenzial des Arbeitsplatzes liegt über dem Anspruch* der Bewerber. Dies dürfte für viele Bewerber zunächst uninteressant sein. Gleichwohl lässt sich die Information zu Werbungszwecken nutzen. Schließlich bietet der Arbeitsplatz auch dann noch genügend Befriedigungspotenzial, wenn im Laufe der Zeit die Ansprüche der Mitarbeiter steigen sollten. Während der erste Fall Handlungsbedarf aufzeigt, können sich beim dritten Fall die Verantwortlichen erst einmal entspannt zurücklehnen und dringendere Aufgaben in Angriff nehmen.

Analog wäre bei der Untersuchung *spezifischer Bedürfnisse* (s. o.) vorzugehen. Auch hier interessiert ein Soll-Ist-Vergleich. Allerdings kann in der Regel auf eine Erfassung des Befriedigungspotenzials verzichtet werden. Ob beispielsweise der Arbeitgeber kostenlose Parkplätze zu Verfügung stellt, Gleitzeit anbietet oder bestimmte Regelungen zur Weiterbildung existieren, ist den Verantwortlichen des Unternehmens bereits bekannt.

Bei der Interpretation derartiger Ergebnisse sind drei Aspekte zu beachten: Nicht jede kleinste Abweichung ist bedeutsam. Jede Untersuchung hat einen bestimmten *Messfehler*, der dazu führt, dass die berechneten Zahlenwerte die Realität ein Stück weit über- oder unterschätzen. Kleine Abweichungen können somit noch im Bereich der Messfehler liegen. Beim IEA wird empfohlen, nur solche Unterschiede

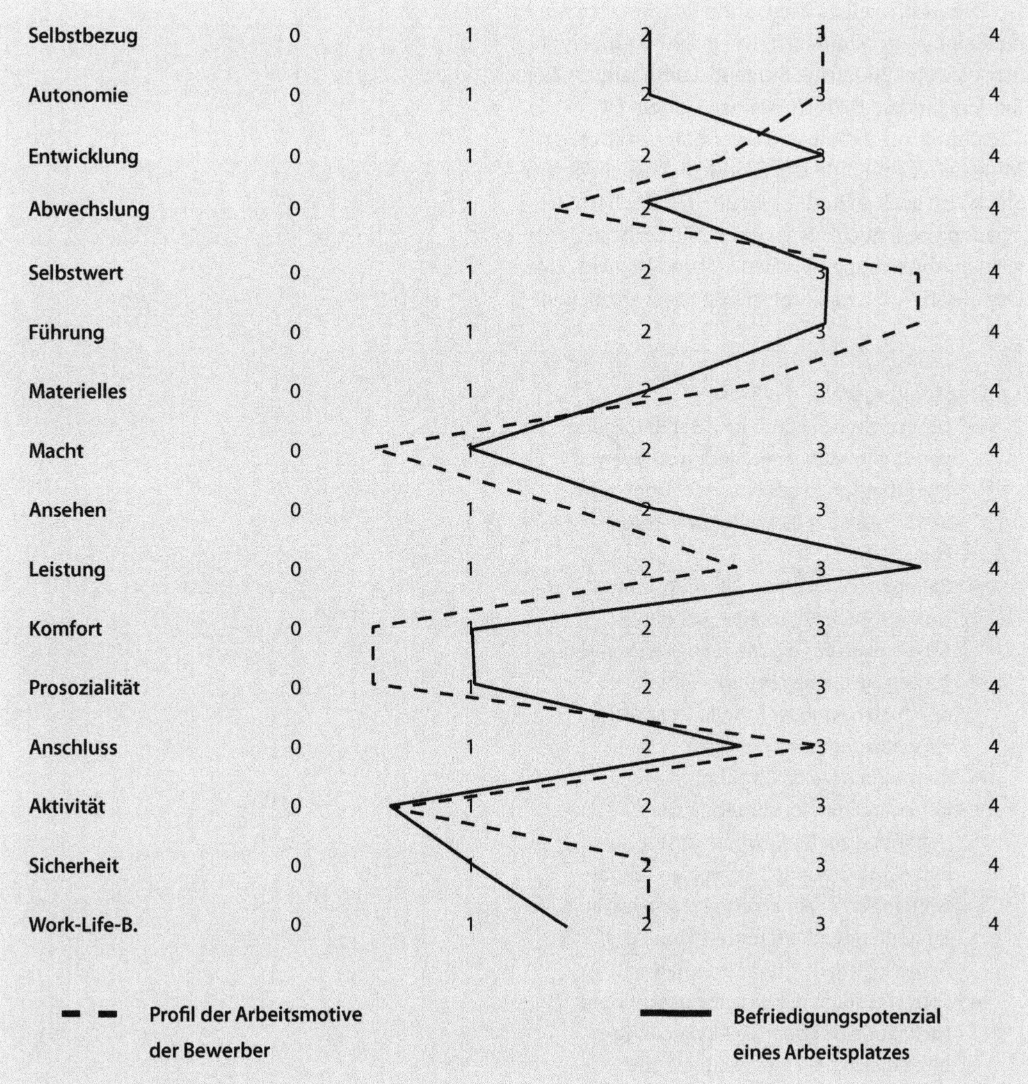

Abb. 4.10 Vergleich zwischen dem Profil der Arbeitsmotive der befragten Bewerber und dem Bedürfnisbefriedigungsprofil eines Arbeitsplatzes

zu interpretieren, die mindestens eine halbe Skalenstufe betragen.

Die Ausprägung der Arbeitsmotive repräsentiert *Mittelwerte*. Demzufolge sind die Motive der Bewerber keineswegs alle gleich ausgeprägt. Manche liegen unterhalb und manche oberhalb des berechneten Mittelwertes. Liegen die Ansprüche der Bewerber im Mittelwert über den Gegebenheiten des Arbeitsplatzes, könnte man das Personalmarketing auch auf diejenige Teilgruppe der Bewerber fokussieren, deren Ansprüche vom Unternehmen noch befriedigt werden können. Es ist mithin nicht zwangsläufig so, dass in jedem Falle eine Intervention im Sinne einer Veränderung der Arbeitsbedingungen erfolgen muss. Neben der Betrachtung der Mittelwerte lohnt mitunter auch eine Betrachtung der Streuung der Ergebnisse um den jeweiligen Mittelwert herum.

Die *Motive* eines Menschen *können sich über die Zeit hinweg verändern*. Es ist sehr wahrscheinlich, dass eine 20-jährige Studentin zehn Jahre später moderat andere Bedürfnisse hat. Zudem ist aus der Forschung zur Arbeitszufriedenheit bekannt, dass Mitarbeiter im Laufe der Zeit ihre Ansprüche ein Stück weit auch an die Gegebenheiten des Berufsalltags anpassen. Auch das spricht dafür, nicht aus jeder kleinen Abweichung zwischen Soll und Ist gleich eine Organisationsentwicklungsmaßnahme abzuleiten.

Empfehlungen für die Praxis

- Untersuchen Sie mithilfe einer Befragung von Organisationsmitgliedern, inwieweit der Arbeitsplatz bzw. der Arbeitgeber die Bedürfnisse der Bewerber befriedigen kann.
- Befragen Sie nicht nur Führungskräfte, sondern auch Mitarbeiter, die den Arbeitsplatz aus eigenem Erleben kennen.
- Führen Sie die Befragung anonym durch, so dass jeder möglichst ehrliche Einschätzungen vornimmt.
- Vergleichen Sie das Ergebnis dieser Befragung mit dem Ergebnis der Befragung zur Bedürfnisanalyse, und leiten Sie daraus ggf. Strategien für das weitere Personalmarketing sowie etwaige Strategien zur Weiterentwicklung der Arbeitsplätze in Ihrem Unternehmen ab.
- Letzteres sollte mit Bedacht geschehen. Nicht auf jede negative Abweichung muss gleich mit einer Strategie zur Veränderung der Arbeitsbedingungen reagiert werden. Entscheidend ist u. a. die Größe der Abweichung sowie die Attraktivität der betroffenen Bewerber für das Unternehmen.
- Stellen Sie auch jenseits der Analyse der Bedürfnisse Vergleiche zwischen Soll und Ist an. Beziehen Sie sich dabei auf die Menge und Qualifikation der Bewerber sowie auf Ihr Image als Arbeitgeber.

Auswahl und Gestaltung von Personalmarketingmethoden

U.P. Kanning, *Personalmarketing, Employer Branding und Mitarbeiterbindung*,
DOI 10.1007/978-3-662-50375-1_5

Die Möglichkeiten, Personalmarketing zu betreiben, sind sehr vielfältig (vgl. Blickle, 2011; Felser, 2010; Höft & Schuler, 2014; Moser & Sende, 2014). Sie richten sich sowohl nach innen an die derzeitigen Mitarbeiter als auch nach außen an Menschen, die mitunter noch gar keine Berührungspunkte mit dem Unternehmen hatten (internes vs. externes Personalmarketing; ► Tab. 5.1). Zudem kann das Marketing direkt oder indirekt erfolgen. Beim direkten Personalmarketing geht es darum, eine vakante Stelle auf dem Markt der Bewerber zu platzieren. Das indirekte Personalmarketing bereitet den Weg für eine erfolgreiche Stellenbesetzung, indem es das Unternehmen (u. a.) in der Zielgruppe bekannt macht und ein positives Image verbreitet. Das vorliegende Kapitel beschäftigt sich mit den unterschiedlichen Formen des direkten Personalmarketings. Die beiden indirekten Formen des Personalmarketings werden in ► Kap. 11 und ► Kap. 15 behandelt.

Das *interne und direkte Personalmarketing* nutzt den Pool der eigenen Mitarbeiter, um vakante Stellen zu besetzen. Der Vorteil besteht darin, dass die potenziellen Kandidaten das Unternehmen sowie die fragliche Stelle oft schon seit Jahren kennen. Im Gegensatz zu externen Bewerbern wissen sie also, worauf sie sich einlassen und können schon im Vorfeld der Bewerbung eine abgewogene Entscheidung treffen. Insofern dürften die Arbeitsmotive und spezifischen Bedürfnisse der Bewerber in der Regel zur beruflichen Realität der Stelle passen. Ein potenzielles Problem besteht eher in der möglicherweise unkritischeren Betrachtung der internen Kandidaten im Rahmen der Personalauswahl. Allzu leicht läuft man Gefahr, verdiente Mitarbeiter automatisch als qualifiziert anzusehen und übersieht dabei, dass verschiedene Arbeitsplätze unterschiedliche Anforderungen an die Arbeitsplatzinhaber stellen. Besonders deutlich werden die Unterschiede ausfallen, wenn erstmalig eine Führungsposition ausgefüllt werden muss. Ein hervorragender Sachbearbeiter ist nicht zwangsläufig auch eine gute Führungskraft. Zudem zieht die interne Stellenbesetzung ein weiteres Auswahlverfahren nach sich, da die durch den Wechsel freigewordene Stelle wieder neu besetzt werden muss. Aus dem Blickwinkel der Mitarbeiterbindung heraus betrachtet (► Kap. 13–16) ist eine Fokussierung auf interne Bewerber durchaus von Vorteil, signalisiert sie der Belegschaft doch, dass der Arbeitgeber ihnen Möglichkeiten zur eigenen Entwicklung gibt und dabei jahrelanges Commitment honoriert. Das Ansprechen externer Bewerber bietet hingegen die Möglichkeit, auf einen breiten Pool zurückgreifen zu können und ggf. Menschen zu finden, die für die vakante Stelle besser geeignet sind als alle internen Kandidaten. Letztlich ist hier also eine Abwägung zu treffen. Eine alleinige Ansprache organisationsinterner Kandidaten ist sinnvoll, wenn

- aufgrund vorliegender Leistungsdaten berechtigte Hoffnung besteht, im eigenen Haus sehr gut qualifizierte Personen zu finden,
- der Arbeitsmarkt wahrscheinlich keine besser qualifizierten Kandidaten zur Verfügung stellt, die sich für eine Beschäftigung im fraglichen Unternehmen interessieren könnten,
- der erhöhte Aufwand, der durch die Neubesetzung der frei werdenden Stelle entsteht, gerechtfertigt erscheint,
- die frei werdende Stelle wegfällt, weil z. B. ohnehin ein Abteilung geschlossen werden soll oder
- die Mitarbeiterbindung durch Karrierewege im eigenen Unternehmen gefördert werden soll.

Die Ansprache interner Kandidaten steht natürlich nicht im Widerspruch zu einem *externen und direkten Personalmarketing*. Beides kann parallel oder sukzessive ablaufen. Bei einem sukzessiven Vorgehen erfolgt aus Gründen der Mitarbeiterbindung zunächst eine interne Ausschreibung. Erst wenn sich nach einem anspruchsvollen Auswahlverfahren intern keine gute Lösung finden lässt, wird die Stelle extern ausgeschrieben. Eine ausschließlich externe Ausschreibung ist sinnvoll, wenn

- intern keine geeigneten Kandidaten zur Verfügung stehen,
- es um Führungspositionen geht und verhindert werden soll, dass vormals gleichgestellte Kollegen in ein hierarchisches Verhältnis zueinander gestellt werden,
- gezielt Innovation von außen in das Unternehmen getragen werden soll, da man z. B. die „Betriebsblindheit" langjähriger Mitarbeiter fürchtet oder
- der Arbeitsmarkt viele gut oder im Vergleich zu den internen Kandidaten deutlich besser qualifizierte Arbeitskräfte zur Verfügung stellt.

Tab. 5.1 Methoden des Personalmarketings im Überblick

	intern	extern
direkt	• Stellenausschreibung in Hauszeitung, Intranet etc. • Ansprache von Vorgesetzten • Ansprache von Mitarbeitern anderer Abteilungen • Ansprache ehemaliger Mitarbeiter • Ansprache teilzeitbeschäftigter Mitarbeiter • Ansprache von Leiharbeitern	• Stellenanzeigen in Printmedien, Websites, Online-Jobportalen, Online-Communitys, Social Media • verdeckte Stellenanzeigen • Headhunting • Rekrutierungsmessen • Inhouse-Bewerbertage • persönliche Ansprache von Bekannten • Praktika
indirekt	• Maßnahmen zur Steigerung der Mitarbeiterbindung ► *Kapitel 15*	• Imageanzeigen • Imagebroschüren • Beteiligung an Arbeitgeberwettbewerben • Firmenpräsentation im Internet • Vorträge an Hochschulen • Lehrbeauftragte an Hochschulen • Kontakte zu Hochschullehrern • Kooperation bei Abschlussarbeiten • Ausschreibung von Preisen • Vergabe von Stipendien • Sponsoring • Online-Planspiele • Roadshow • Mundpropaganda • Publicity ► *Kapitel 11*

In aller Regel wird das externe Personalmarketing mit höheren Kosten einhergehen.

Neben der grundlegenden Entscheidung für oder gegen ein internes bzw. externes Personalmarketing stellt sich die Frage, welche konkrete Maßnahme den größten Erfolg verspricht. Dies ist im Kern eine Frage der Ausgestaltung. Eine Stellenanzeige kann gut und wirkungsvoll sein oder auch ins Leere laufen. Gleiches gilt für die Ansprache interner Kandidaten über deren Vorgesetzte. In den folgenden Abschnitten werden die Bedingungen einer effektiven Ausgestaltung der Methoden diskutiert und dabei – sofern vorhanden – Ergebnisse der Forschung integriert.

Jenseits der konkreten Ausgestaltung kann aber auch die *generelle Bewertung einer Marketingmethode durch die Bewerber* die Auswahl erleichtern. Bislang liegen kaum Erkenntnisse zu diesem Thema vor. In der Regel wird untersucht, wie sich die Ausgestaltung einer Methode auf die Bewerber auswirkt. Die verschiedenen Methoden werden aber nicht untereinander verglichen. Ausnahmen stellen die Studien von Kanning, Schmalbrock und Wild (2009) sowie Thielsch, Träumer, Pytlik und Kanning (2012) dar. Die erste Studie bezieht sich ausschließlich auf das Hochschulmarketing, befragt also Studierende nach deren Einstellungen zu verschiedenen Methoden des Personalmarketings. Thielsch et al. (2012) befragten hingegen mehr als 1.600 Personen unterschiedlicher Berufsgruppen. Sie beziehen sich dabei auf zwölf verschiedene Methoden des Personalmarketings. Die höchste Zustimmung findet die Unternehmens-Website gefolgt von der sehr klassischen Methode, über Zeitungen auf eine vakante Stelle aufmerksam zu machen (► Abb. 5.1). Mit nur geringem Abstand folgen Online-Jobportale sowie direkte Kontakte der Unternehmen zu (Hoch-)Schulen. Damit einher geht eine positive Bewertung von Vorträgen, in denen Firmen sich selbst vorstellen. Im mittleren Bereich der Skala liegen Inhouse-Bewerbertage und Personalmessen, also Methoden, bei denen die Bewerber ganz unmittelbar in Kontakt zu Unternehmen treten, ohne sich bereits formal auf eine bestimmte

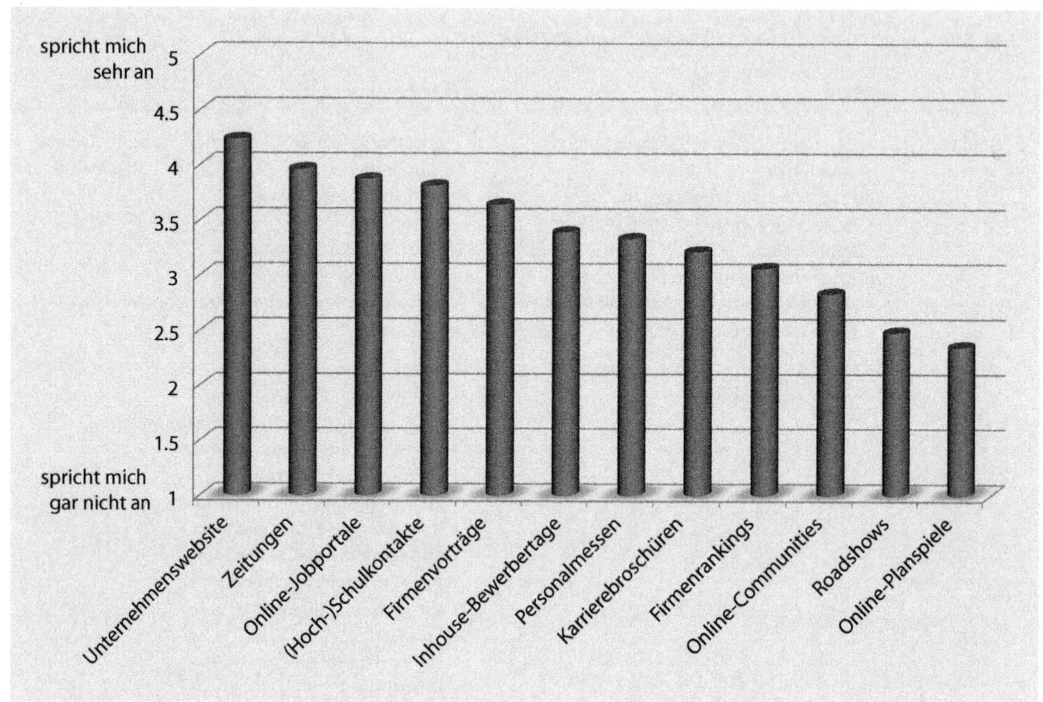

Abb. 5.1 Bewertung verschiedener Formen des Personalmarketings aus der Sicht von Bewerbern (nach Thielsch et al., 2012)

Stelle beworben zu haben. Zwei Formen des indirekten Marketings – Karrierebroschüren und Firmenrankings – werden nur unwesentlich weniger positiv bewertet. Unterhalb der mittleren Stufe der Bewertungsskala liegen Stellenangebote in Online-Communities wie etwa Xing, Roadshows (Promotionstouren von Unternehmen durch verschiedene Städte, auf denen diese sich vorstellen) und schließlich Online-Planspiele, bei denen das Unternehmen die Spieler mit den besten Ergebnissen gezielt zu einer Bewerbung auffordert.

Auffällig ist, dass die traditionellste Methode – die Stellenanzeige in Zeitungen und Zeitschriften – etwa gleichauf liegt mit den sehr viel moderneren Online-Jobportalen. Dies dürfte viele überraschen, die seit Jahren einseitig auf das Internet setzen. Mehr noch, die klassische Papier-Stellenanzeige wird nicht nur geschätzt, sie wird auch von 77 % der Befragten genutzt. Im Falle der Online Jobportale sind es 65 %, während 78 % die Websites der Unternehmen aufsuchen, um sich über Stellenangebote zu informieren (▶ Abb. 5.2; Thielsch et al., 2012). Insgesamt gilt: Eine Methode wird der Tendenz nach umso positiver bewertet, je bekannter sie ist. Hierin spiegelt sich der bekannte Mere-Exposure-Effekt (Bornstein, 1989), der besagt, dass Menschen Produkte, die ihnen vertraut sind, in der Regel positiver bewerten als unbekannte Produkte. Über Gewöhnung entsteht gewissermaßen Vertrauen. Dies deutet darauf hin, dass sich in den kommenden Jahren die Akzeptanz durchaus verschieben kann, und zwar in dem Sinne, dass Personalmarketingmethoden, die in Zukunft verstärkt von den Arbeitgebern zum Einsatz gebracht werden, auch zunehmend Akzeptanz finden könnten. Manche indirekten Methoden wie etwa Online-Planspiele, Roadshows oder Firmenrankings sind so unbekannt, dass sie kaum eine große Wirkung entfalten können.

Bei der Interpretation der Befunde von Thielsch et al. (2012) ist zu bedenken, dass es sich nicht um eine repräsentative Stichprobe der arbeitenden Bevölkerung handelt. Die Stichprobe ist jedoch sehr heterogen und bezieht sich primär auf jüngere Menschen (Durchschnittsalter 29 Jahre). Die feineren

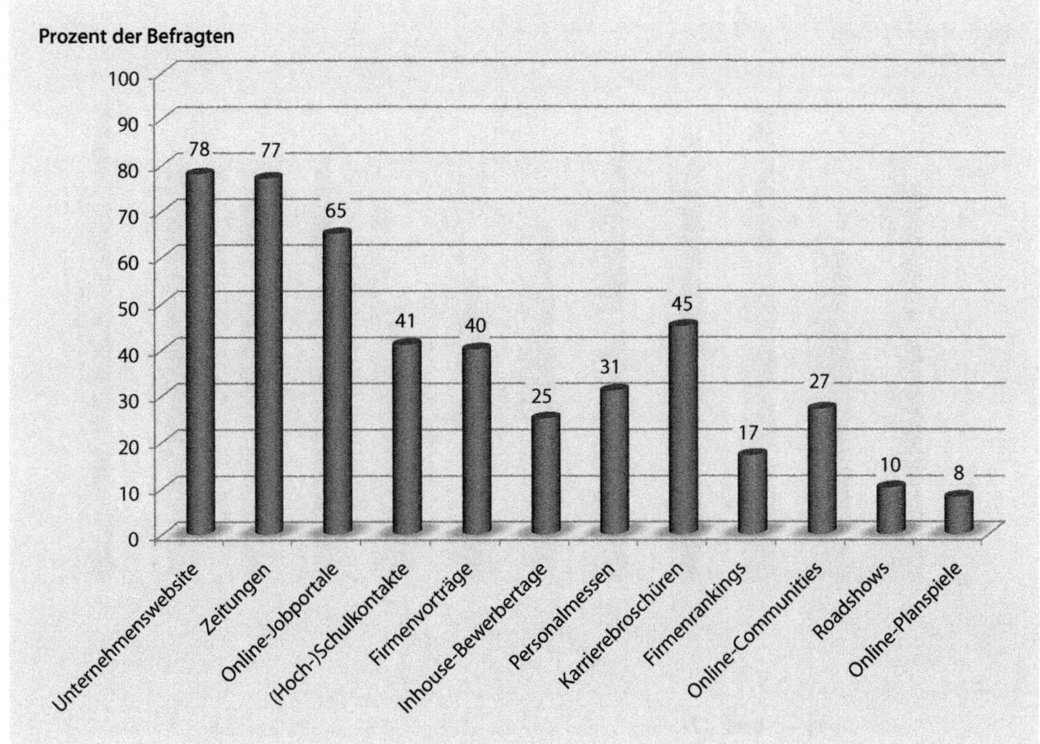

Abb. 5.2 Nutzung verschiedener Formen des Personalmarketings durch Bewerber (nach Thielsch et al., 2012)

Analysen zeigen signifikante Unterschiede zwischen verschiedenen Berufsfeldern. Während Bewerber im Dienstleistungssektor, im Gesundheitswesen, in der Produktion, im Bereich Soziales und in der Verwaltung primär zum Printmedium greifen, spielen Stellenanzeigen auf Unternehmenswebsites bei den Berufsgruppen IT, Medien, Metall, Naturwissenschaften, Technik, Verkehr und Wirtschaft eine größere Rolle, auch wenn die Unterschiede oft nur wenige Prozent betragen (▶ Abb. 5.3). In fast allen untersuchten Gruppen liegt der Anteil der Nutzung von Online-Jobportalen unter dem klassischer Printmedien. Ein Stück weit mag dies darauf zurückzuführen sein, dass die befragten Personen sich z. T. schon vor einigen Jahren zum letzten Mal beworben haben. Immerhin haben sich jedoch 76 % der Befragten in den letzten sechs Monaten vor der Befragung über neue Stellenangebote informiert. Sehr wahrscheinlich arbeitet die Zeit gegen die klassische Stellenanzeige in Zeitschriften als Vehikel des Personalmarketings. Zumindest in einer Übergangszeit und bezogen auf bestimmte Berufsgruppen ist sie aber nach wie vor sehr bedeutsam.

Ein Blick auf die *Arbeitgeberseite* zeigt, dass die Sichtweise der Bewerber zumindest von großen Unternehmen nicht geteilt wird. Jährlich befragen Weitzel et al. deutsche Großunternehmen danach, welche Personalmarketingkanäle sie einsetzen. Im Jahr 2014 beteiligten sich 125 Unternehmen (Weitzel, Eckhardt, Laumer, Maier, von Stetten et al., 2015). Etwa 90 % der von diesen Arbeitgebern ausgeschriebenen Stellen wurden auf den eigenen Unternehmenswebsites platziert. Auf Platz zwei liegen Online-Jobportale. Die Printmedien spielen fast keine Bedeutung mehr (▶ Abb. 5.4). Selbst die Bundesagentur für Arbeit bietet aus Sicht der Unternehmen offenbar eine bessere Basis zur Anwerbung neuer Mitarbeiter als klassische Anzeigen in Zeitungen und Zeitschriften. Selbst Mitarbeiterempfehlungen und Social Media sind für die Unternehmen inzwischen deutlich wichtiger. Fragt man jedoch danach, über welche Kanäle die Menschen

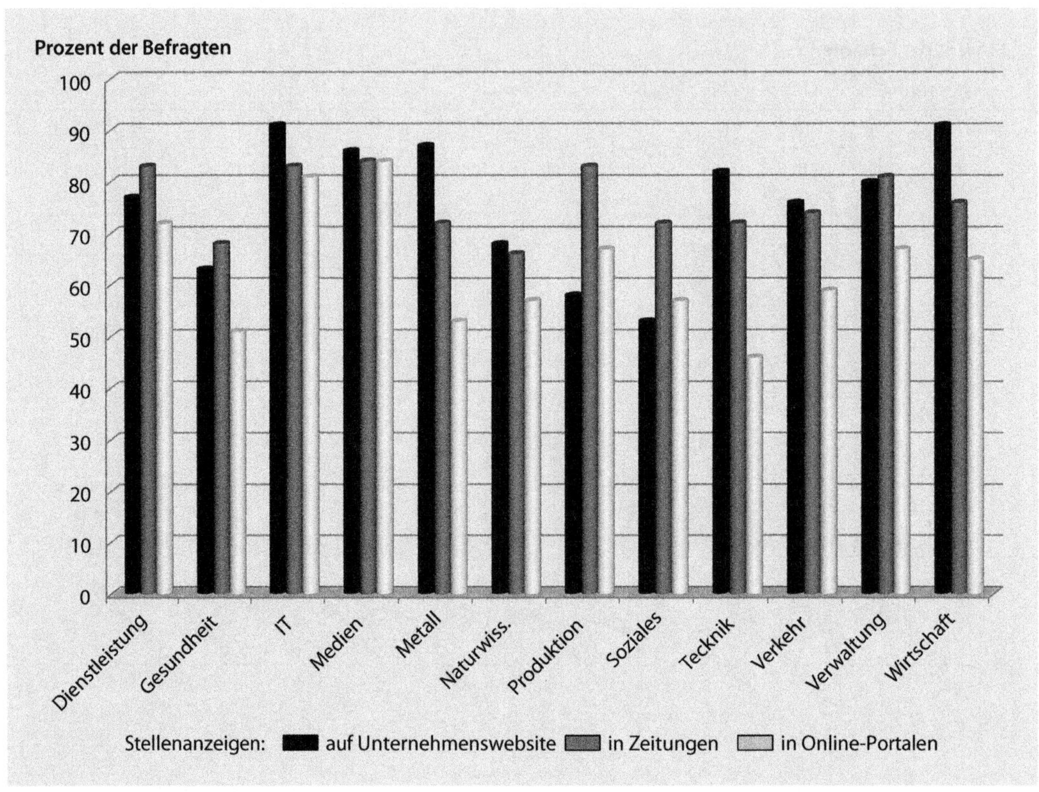

Abb. 5.3 Nutzung verschiedener Formen des Personalmarketings nach Berufsfeldern (nach Thielsch et al., 2012)

rekrutiert wurden, die am Ende auch tatsächlich eine Stelle bekamen, wandelt sich das Bild deutlich. Bezogen auf die später tatsächlich besetzten Stellen wurden je ein Drittel über die eigene Unternehmenswebsite oder Online-Jobportale rekrutiert. Der Vergleich verdeutlicht die unterschiedliche Effektivität. Bei der Bundesagentur für Arbeit werden zehnmal mehr Stellen annonciert als später über diesen Kanal besetzt werden können. Über Social Media müssen mehr als fünfmal so viele Stellen ausgeschrieben werden, um eine besetzen zu können. Alle übrigen Ansätze sind deutlich effektiver. Bei Printmedien und über Mitarbeiterempfehlungen führt etwa jede dritte Stellenausschreibung zum Ziel. Die Unterschiede zu den beiden effektivsten Kanälen sind nicht sehr groß. Als der effektivste Weg haben sich Online-Stellenbörsen erwiesen (Faktor 1,9), gefolgt von der eigenen Unternehmenswebsite (Faktor 2,4). Bedenken wir die Kosten, die durch die verschiedenen Methoden verursacht werden, so dürfte das Anwerben von Bewerbern über die Mitarbeiter die effizienteste Methode sein. Sie verursacht keine Kosten, führt aber zu einem vergleichsweise guten Effektivitätswert.

Empfehlungen für die Praxis

- Kombinieren Sie, wenn möglich, externes Personalmarketing mit internem Marketing, um so die Mitarbeiterbindung zu erhöhen. Die Qualität der Personalauswahl darf unter dem Bestreben, internen Kandidaten eine Chance zu geben, aber nicht leiden. Letztlich zählt die Eignung der Bewerber für die vakante Stelle.
- Bedenken Sie bei der Wahl der Personalmarketingmethode, dass der Unternehmenswebsite aus Sicht vieler Bewerber in

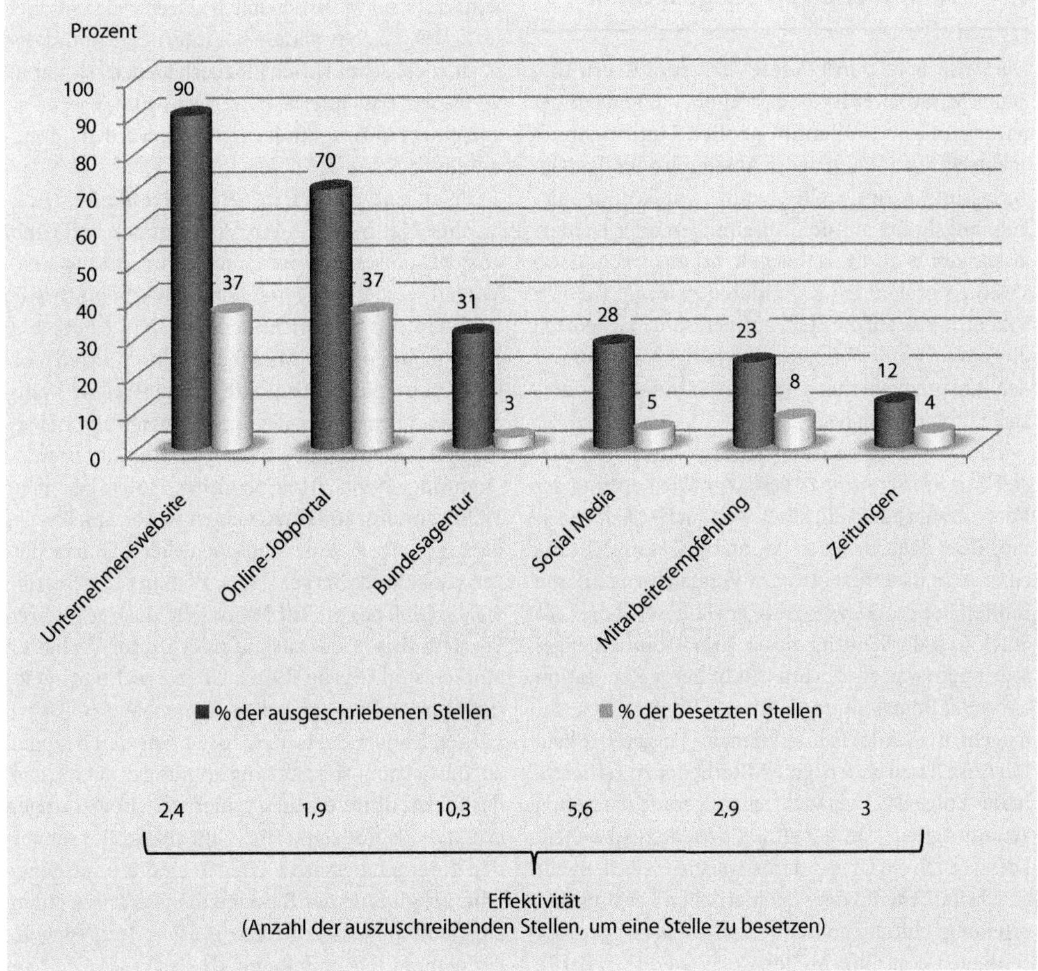

Abb. 5.4 Einsatz verschiedener Formen des Personalmarketings in deutschen Großunternehmen (nach Weitzel, Eckhardt, Laumer, Maier, von Stetten et al., 2015)

unterschiedlichen Berufsgruppen eine sehr große Bedeutung zukommt.

- Bedenken Sie, dass Printmedien in allen Berufsgruppen neben der Unternehmenswebsite und Online-Portalen wichtige Informationsquellen sind.
- Kombinieren Sie Anzeigen in Job-Portalen oder Printmedien mit Informationen, die Sie den Bewerbern auf der Website ihres Unternehmens präsentieren. Mit einer Kombination aller drei Methoden werden alle wichtigen Informationskanäle abgedeckt.
- Denken Sie darüber nach, auch die eigenen Mitarbeiter in die Anwerbung neuer Arbeitskräfte einzubinden.

5.1 Ansprache von Vorgesetzten

Die Ansprache von Vorgesetzten zum Recruiting neuer Mitarbeiter ist eine Methode, deren Einsatz naturgemäß vor allem in großen Unternehmen anzutreffen ist. Wenn in der Abteilung oder der Niederlassung A eine Stelle vakant wird, könnte man Führungskräfte aus den Abteilungen oder Niederlassungen B und C dahingehend ansprechen, ob sie einen geeigneten Kandidaten in ihrem Bereich haben, den sie auf die Stelle aufmerksam machen. Ob dies ein sinnvolles Vorgehen ist, hängt vor allem von den Ansprechpartnern ab. Dabei sind drei potenzielle Probleme zu bedenken.

Die Vorgesetzten könnten daran interessiert sein, *gute Mitarbeiter nicht zu verlieren*. Die Leistung der Vorgesetzten hängt ein Stück weit auch von der Leistung ihrer Mitarbeiter ab. Wenn die Gesamtleistung einer Arbeitseinheit etwa im Vergleich zu anderen Einheiten besonders positiv ausfällt, wird dies ein Stück weit der Leitung dieser Arbeitseinheit zugeschrieben, was wiederum mit höherer Reputation und/oder Bonuszahlungen für den Vorgesetzten einhergeht. Ist dies der Fall, so kann der Vorgesetzte kein Interesse daran haben, gute Mitarbeiter zu verlieren. In der Folge ist er versucht, nicht gerade die besten Teammitglieder zu benennen bzw. anzusprechen. Dies ist auch ein Grund dafür, warum bisweilen sehr gute Mitarbeiter in der systematischen Leistungsbeurteilung schlechter abschneiden als sie es eigentlich verdienen (Kanning, Möller, Kolev & Pöttker, 2013).

Vor demselben Hintergrund können Vorgesetzte interessiert sein, *leistungsschwache Mitarbeiter wegzuloben*. Verlässt ein leistungsschwacher Mitarbeiter das Team, so besteht die Chance, ihn durch einen leistungsstärkeren Kandidaten ersetzen zu können, was dann mittelbar auch der Führungskraft zugutekommt. Angesprochen auf einen möglichen Wechselkandidaten, wird eine solchermaßen motivierte Führungskraft also ein möglichst schwaches Mitglied der eigenen Abteilung benennen. Dies schwächt die Ausgangslage für das nachfolgende Auswahlverfahren, da ungeeignete Bewerber die Grundquote senken (Taylor & Russel, 1939). Da damit einhergehend die Zufallswahrscheinlichkeit für eine richtige Auswahlentscheidung sinkt, müssen die Verantwortlichen mehr in die Validität ihres Auswahlverfahrens investieren, um diesen Mangel wieder ausgleichen zu können (s. o.). Wahrscheinlich neigen viele Entscheidungsträger aber gerade bei internen Kandidaten dazu, nicht sehr kritisch hinzuschauen, da sie darauf vertrauen, dass interne Bewerber – zumal, wenn sie von einer Führungskraft empfohlen wurden – geeignet sind.

Während die ersten beiden Probleme strategischer Natur sind – ein Vorgesetzter verfälscht absichtlich seine Einschätzung, um daraus einen Vorteil zu ziehen –, handelt es sich beim dritten Problem um eine *nicht beabsichtigte Über- oder Unterschätzung* der Mitarbeiter durch ihren Vorgesetzten. Die Psychologie hat zahlreiche systematische Fehler der Personenbeurteilung belegt, die den Beurteilenden unbeabsichtigt unterlaufen (Kanning, 1999, 2015a; Kanning, Hofer & Schulze Willbrenning, 2004). So neigen wir beispielsweise dazu, gut aussehende Menschen eher zu überschätzen (Schuler & Berger, 1979; Watkins & Johnston, 2001). Gleiches gilt für Menschen, die uns in ihren Werten, ihrem Lebenslauf oder ihrem Verhalten ähnlich sind (Byrne, 1971). Übergewichtige Personen werden hingegen eher unterschätzt (O'Brien, Latner, Ebnert & Hunter, 2012). Speziell bezogen auf die Leistungsbeurteilung konnte gezeigt werden, dass Teilzeitkräfte häufig schlechtere Bewertungen erhalten als Vollzeitkräfte. Führungskräfte schneiden hingegen besser ab. Hierfür sind grundlegende Überzeugungen der Bewertenden verantwortlich. Sie glauben, dass Vollzeitkräfte geradezu zwangsläufig mehr leisten müssen, da sie ja mehr Zeit am Arbeitsplatz verbringen (Kanning et al., 2013). Dabei wird übersehen, dass mit zunehmender Arbeitszeit im Verlaufe eines Tages die Ermüdung exponentiell ansteigt. Mit anderen Worten: Menschen, die nur vier Stunden arbeiten, sollten in der Regel mehr Leistung pro Stunde bringen als Kollegen, die acht oder mehr Stunden tätig sind (Ulich, 2005). Führungskräfte erhalten systematisch bessere Beurteilungen, weil ihre Vorgesetzten glauben, dass sie ja gerade deshalb Führungskräfte wurden, weil sie besondere Leistungsträger sind (Kanning et al., 2013). Wenn alles mit rechten Dingen zugeht, sollte dies auch so ein. Allerdings werden nicht selten Fehlentscheidungen bei der Besetzung von Führungspositionen getroffen. Besonders offensichtlich tritt dies zu Tage, wenn Führungskräfte nach kurzer Zeit wieder degradiert oder entlassen werden bzw. von allein das

Unternehmen verlassen (sog. Derailment; Kanning, 2014a; Westermann & Dick, 2014). Aber selbst wenn eine Führungskraft u. a. aufgrund früherer Leistungen völlig zurecht aufgestiegen ist, muss dies nicht zu höheren Punktwerten in der späteren Leistungsbeurteilung führen. Die neue Aufgabe wird auch mit höheren Anforderungen einhergehen, so dass eine absolut höhere Leistung sich nicht in einem höheren Punktwert der Leistungsbeurteilung niederschlagen muss. Ein und derselbe Punktwert bedeutet vielmehr auf verschiedenen Hierarchieebenen Unterschiedliches (Kanning et al., 2013). Jawahar und Williams (1997) konnten in einer Metaanalyse zeigen, dass Leistungsbeurteilungen, die zu administrativen Zwecken (Berechnung von Boni, Beförderung etc.) durchgeführt werden, signifikant positiver ausfallen als Leistungsbeurteilungen, die allein dem Feedbackgespräch bzw. der individuellen Personalentwicklung dienen. Auch dies schwächt die prognostische Validität von Vorgesetztenempfehlungen. Van Hooft, van der Flier und Minne (2006) zeigen in ihrer Studie, dass Führungskräfte nur sehr bedingt in der Lage sind, die Intelligenz und grundlegende Persönlichkeitseigenschaften ihrer Mitarbeiter einzuschätzen. Grundlegende Charakterisierungen erfordern Abstraktion und Interpretation. Beides ist fehleranfällig, zumal nicht klar ist, welches Bezugssystem der Bewertung zugrunde liegt. Charakterisiert ein Vorgesetzter seinen Mitarbeiter als „leistungsmotiviert", so mag dies im Vergleich zu dessen Kollegen zutreffend sein. Ein Vergleich mit den Kollegen einer anderen Abteilung würde möglicherweise zu einem ganz anderen Ergebnis führen. Daher ist es sinnvoller, sich nicht mit abstrakten Charakterisierungen zufrieden zu geben, sondern nach konkretem (Arbeits-)Verhalten zu fragen. An der Stelle wird dann auch deutlich, inwieweit die Führungskraft überhaupt einen direkten Eindruck vom Verhalten der betreffenden Person hat. Je weniger die Führungskraft im Berufsalltag in der Lage ist, sich selbst einen Eindruck von der betreffenden Person zu verschaffen, desto weniger aussagekräftig sind ihre Einschätzungen. Dies dürfte insbesondere für Arbeitsplätze gelten, die primär durch Gruppenarbeit geprägt sind und bei denen der Vorgesetzte fertige Arbeitsergebnisse präsentiert bekommt, ohne die Beiträge der einzelnen Mitarbeiter einschätzen zu können.

Hoffnungsfroh stimmt, dass die Probezeit ein vergleichsweise guter Prädiktor des beruflichen Erfolgs ist (Schmidt & Hunter, 1998). Allerdings bezieht sich die Probezeit auf zukünftige Arbeitsaufgaben. Dies trifft beim Recruiting durch Vorgesetztenurteile nur bedingt zu. Je ähnlicher der potenzielle neue Arbeitsplatz dem alten ist, desto besser sollte sich aus dem früheren Arbeitsverhalten auf die zukünftige Arbeitsleistung schließen lassen.

Zusammenfassend betrachtet ist eine Vorgesetztenbeurteilung umso aussagekräftiger,

- je weniger motiviert die Führungskraft ist, strategisch verfälschte Angaben zu machen,
- je direkter ihr Blick auf die tatsächliche Arbeitsleistung des fraglichen Mitarbeiters ist,
- je weniger abstrakt ihre Charakterisierungen ausfallen,
- je konkreter sich die Beschreibungen auf das Arbeitsverhalten und den Leistungsoutput des Mitarbeiters bezieht und
- je ähnlicher die Anforderungen und Rahmenbedingungen des zukünftigen Arbeitsplatzes denen des derzeitigen Arbeitsplatzes sind.

Empfehlungen für die Praxis

- Sprechen Sie gezielt Vorgesetzte an, von denen Sie wissen, dass sie ehrlich und selbstlos genug sind, gute Mitarbeiter zu benennen.
- Vertrauen Sie nicht blind dem Urteil des Vorgesetzten. Auch unbeabsichtigt kann es zu verzerrten Einschätzungen kommen.
- Holen Sie konkrete Beschreibungen des Arbeitsverhaltens und der Arbeitsergebnisse ein und nicht abstrakte Charakterisierungen der Persönlichkeit.
- Berücksichtigen Sie dabei die Ähnlichkeit des alten Arbeitsplatzes mit dem neuen. Je größer die Ähnlichkeit ausfällt, desto relevanter sind die Einschätzungen der Vorgesetzten.
- Unterziehen Sie empfohlene Kandidaten demselben anspruchsvollen Auswahlverfahren wie alle übrigen Bewerber.

5.2 Ansprache (ehemaliger) Mitarbeiter

Ein anderer Weg, Mitglieder der Organisation auf interessante Stellen im eigenen Unternehmen aufmerksam zu machen, ist die direkte Ansprache (ehemaliger) Mitarbeiter (Moser & Sende, 2014). Im Gegensatz zur internen Stellenanzeige in einer Hauszeitschrift, dem Intranet o. ä. ist das Vorgehen *zielgerichtet auf bestimmte Personen*, denen man zutraut, die Aufgaben der vakanten Stelle gut erfüllen zu können. Dies können die folgenden Personengruppen sein:

- *Mitarbeiter*: Personen, die sich in einer bestimmten Funktion im Unternehmen besonders bewährt haben und denen man zutraut, dass sie wahrscheinlich auch auf der vakanten Stelle gute Arbeitsergebnisse erzielen können.
- *ausgeschiedene Mitarbeiter*: Personen, die sich bisher bewährt haben, inzwischen aber nicht mehr im Unternehmen arbeiten, weil sie studieren, Kinder erziehen, in (Vor-)Ruhestand gegangen sind oder eine attraktivere Stelle gefunden haben.
- *Praktikanten*: Personen, die für einige Monate im Unternehmen tätig waren und sich bewährt haben.
- *Teilzeitkräfte*: Leistungsstarke Mitarbeiter, die aus familiären Gründen nicht mit voller Stundenzahl arbeiten oder weil bislang kein voller Arbeitsplatz zur Verfügung stand.
- *Leiharbeiter*: Leistungsstarke Personen, die über eine Zeitarbeitsfirma beschäftigt sind, um in Spitzenzeiten das fest angestellte Personal zu unterstützten.

In all diesen Fällen stellt sich zunächst die Frage, welches Individuum aus dem jeweiligen Personenkreis angesprochen werden soll. Entscheidend hierfür sind zwei Aspekte: Zum einen sollte die Person auf ihrer bisherigen Stelle gute Arbeitsergebnisse erzielt haben, zum anderen sollten die Anforderungen der bisherigen Stelle eine gewisse Ähnlichkeit zur vakanten Stelle aufweisen.

Auf das grundlegende Problem der systematischen Fehler der Personenbeurteilung, die im Zuge der *Leistungsbeurteilung* auftreten können, wurde bereits eingegangen. Formalisierte Leistungsbeurteilungssysteme können dabei helfen, derartige Fehler zu reduzieren. Leider sind viele dieser Systeme methodisch so wenig ausgereift, dass sie diese wichtige Aufgabe nicht erfüllen. Es ist nicht damit getan, aus dem Bauch heraus die Teamfähigkeit oder die Leistungsbereitschaft eines Mitarbeiters auf einer mehrstufigen Skala einzuschätzen. Vielmehr muss definiert werden, was auf dem fraglichen Arbeitsplatz Teamfähigkeit oder Leistungsbereitschaft konkret bedeuten. Darüber hinaus müssen die Punktwerte klar definiert sein, so dass deutlich wird, woran die Führungskraft ein geringe oder eine hohe Ausprägung der Merkmale erkennt (vgl. Kanning et al., 2013; Lohaus & Schuler, 2014). ▶ Abb. 5.5 gibt je ein gutes und ein schlechtes Beispiel.

Sofern ein gutes Leistungsbeurteilungssystem vorhanden ist, stellt sich die Frage, inwieweit die beobachteten Stärken des Mitarbeiters für die vakante Stelle relevant sind bzw. auf die vakante Stelle übertragbar sind. Ist dies gegeben, so spricht einiges dafür, die betreffenden Personen gezielt anzusprechen. Die direkte Ansprache hat dabei den Vorteil, dass der Vorgesetzte gute Kandidaten aus strategischen Gründen nicht zurückhalten kann. Wenn möglich, sollte die Ansprache aber natürlich im Einvernehmen mit dem direkten Vorgesetzten erfolgen.

Je nach Personengruppe müsste man sich im Vorfeld jeweils spezifische Argumente zurechtlegen. Die geringsten Schwierigkeiten bereiten sicherlich vollzeitbeschäftigte Mitarbeiter, Praktikanten und Leiharbeiter, die im Regelfall über eine gezielte Aufforderung zur Bewerbung erfreut sein dürften. Ehemalige Mitarbeiter im (Vor-)Ruhestand fühlen sich vielleicht auch noch geschmeichelt, werden aber mitunter ein besonders attraktives Angebot erwarten. Ähnlich verhält es sich mit Kräften, die aus familiären Gründen teilzeitbeschäftigt sind. Hier wäre zu überlegen, ob der Arbeitgeber z. B. Hilfestellungen bei der Kinderbetreuung (z. B. durch einen betriebseigenen Kindergarten) leisten kann. Ausgeschiedene Mitarbeiter, die sich z. B. durch ein Studium weiterqualifiziert haben, erwarten selbstverständlich auch ein Angebot, dass ihrer neuen Qualifikation entspricht. Je weniger das Unternehmen diesen Zielgruppen zu bieten hat, desto geringer ist die Erfolgswahrscheinlichkeit der direkten Ansprache.

Gleichwohl darf die direkte Ansprache nicht mit der eigentlichen Auswahlentscheidung verwechselt

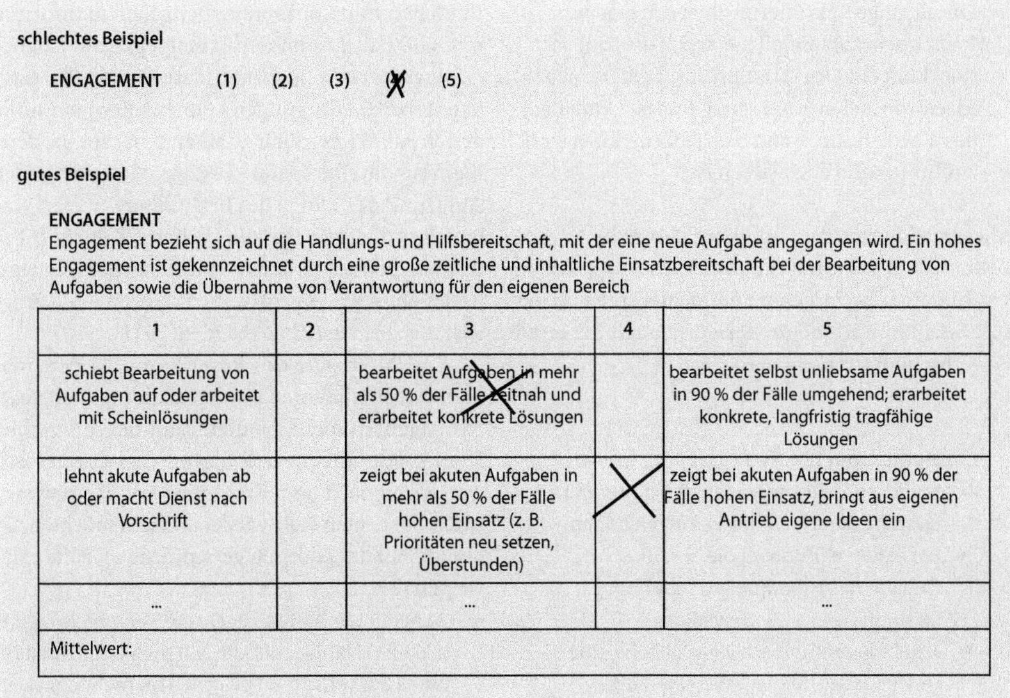

schlechtes Beispiel

ENGAGEMENT (1) (2) (3) (4) (5)

gutes Beispiel

ENGAGEMENT

Engagement bezieht sich auf die Handlungs- und Hilfsbereitschaft, mit der eine neue Aufgabe angegangen wird. Ein hohes Engagement ist gekennzeichnet durch eine große zeitliche und inhaltliche Einsatzbereitschaft bei der Bearbeitung von Aufgaben sowie die Übernahme von Verantwortung für den eigenen Bereich

1	2	3	4	5
schiebt Bearbeitung von Aufgaben auf oder arbeitet mit Scheinlösungen		bearbeitet Aufgaben in mehr als 50 % der Fälle zeitnah und erarbeitet konkrete Lösungen		bearbeitet selbst unliebsame Aufgaben in 90 % der Fälle umgehend; erarbeitet konkrete, langfristig tragfähige Lösungen
lehnt akute Aufgaben ab oder macht Dienst nach Vorschrift		zeigt bei akuten Aufgaben in mehr als 50 % der Fälle hohen Einsatz (z. B. Prioritäten neu setzen, Überstunden)		zeigt bei akuten Aufgaben in 90 % der Fälle hohen Einsatz, bringt aus eigenen Antrieb eigene Ideen ein
...		...		...
Mittelwert:				

Abb. 5.5 Beispiele für Leistungsbeurteilungsskalen

werden. Auch die erfolgversprechenden internen Kandidaten müssen sich selbstverständlich noch einem kritischen Auswahlverfahren stellen, das spezifisch auf die Anforderungen der neuen Stelle zugeschnitten ist. Aus Sicht eines Arbeitgebers, der daran interessiert ist, eine vakante Stelle möglichst gut zu besetzen, ist es somit erstrebenswert, mehrere Kandidaten ins Rennen zu schicken, von denen ein gutes Abschneiden zu erwarten ist. Lässt die Qualität der internen Leistungsbeurteilung stark zu wünschen übrig, führt eine alleinige Ansprache einzelner Mitarbeiter zu einer fragwürdigen Vorauswahl. Hier wäre es gerechter und auch im Sinne des Unternehmens zielführender, die vakante Stelle offen auszuschreiben, so dass sich alle Mitarbeiter bewerben können. Beide Methoden – die gezielte Ansprache sowie die offene Ausschreibung – lassen sich darüber hinaus auch kombinieren, so dass bei einer offenen Ausschreibung gezielt vielversprechende Kandidaten zu einer Bewerbung aufgefordert werden, wenn sie sich nicht schon von allein bewerben.

So erfolgversprechend die Ansprache interner Kandidaten beim Vorliegen eines guten Leistungsbeurteilungssystems auch sein mag, Hentschel und Horvath (in Druck) weisen auf drei grundlegende Schwächen einer rein internen Rekrutierung von Bewerbern hin:

- Bestimmte Personengruppen, die im Unternehmen unterrepräsentiert sind (z. B. Frauen in Männerdomänen) werden auf diesem Weg auch dauerhaft unterrepräsentiert bleiben. Dies ist aus Sicht des Unternehmens allerdings nur dann problematisch, wenn von diesen Gruppen eine bestimmte Leistung zu erwarten ist, die von den dominierenden Gruppen nicht oder nicht in gleichem Maße erbracht werden kann.
- Interne Kandidaten könnten im späteren Auswahlverfahren gegenüber externen Bewerbern allein deshalb bevorzugt werden, weil sie bereits zum Unternehmen gehören. Dies könnte insbesondere dann der Fall sein, wenn der Betriebsrat ein Mitspracherecht bei der Auswahl der Bewerber hat.

- Die alleinige Rekrutierung aus den eigenen Reihen schränkt möglicherweise die Innovationskraft der Organisation ein, da keine neuen Ideen von außen kommen. Dies wäre vor allem dann bedeutsam, wenn das Unternehmen stark auf Innovation angewiesen ist.

Alles in allem spricht also vieles dafür, die interne Bewerberansprache mit einer externen Ansprache zu kombinieren, um insgesamt betrachtet einen breiter aufgestellten und möglicherweise auch besseren Bewerberpool zu rekrutieren.

Empfehlungen für die Praxis

- Sprechen Sie Personen an, die bisher gute Leistungsbeurteilungen erhalten haben.
- Reflektieren Sie dabei die Qualität des zugrundeliegenden Leistungsbeurteilungssystems.
- Kombinieren Sie bei qualitativ schlechten Leistungsbeurteilungssystemen die direkte Ansprache mit einer hausinternen Ausschreibung.
- Reflektieren Sie im Vorhinein, ob der Arbeitgeber bereits ausgeschiedenen Mitarbeitern und Teilzeitkräften überhaupt ein attraktives Angebot unterbreiten kann.
- Überlegen Sie, ob nicht eine zusätzliche Ansprache externer Bewerber im vorliegenden Fall zu einem besserer Bewerberpool führen würde.
- Unterziehen Sie die intern angesprochenen Kandidaten demselben anspruchsvollen Auswahlverfahren wie alle übrigen Bewerber.

5.3 Praktika

Eine gute Möglichkeit, sich zukünftigen Arbeitnehmern als Arbeitgeber vorzustellen, ist das Praktikum. Es wird üblicherweise von Schülern über wenige Wochen während der Schulzeit oder von Studierenden über mehrere Monate während des Studiums durchgeführt und bietet den Praktikanten die Möglichkeit, sich hautnah über die berufliche Tätigkeit, Branchen und konkrete Arbeitgeber zu informieren. Gleichzeitig haben Arbeitgeber die Chance, erfolgversprechende Kandidaten unter alltagsnahen Arbeitsbedingungen kennenzulernen und im besten Fall vergleichbar zu einer Arbeitsprobe deren Eignung für eine spätere Festanstellung zu prüfen. Aufgrund der Länge des Praktikums ist zu erwarten, dass die Praktikanten in dieser Zeit ein für sie relativ typisches Arbeitsverhalten an den Tag legen und nicht – wie im Auswahlverfahren – Maximalleistung abrufen (Zhao & Liden, 2011).

Die Potenziale des Praktikums als Personalmarketingmaßnahme werden allerdings von vielen Arbeitgebern nicht genutzt. Zumindest berichten Studierende immer wieder davon, dass sie enttäuscht waren und nach dem Praktikum vor allem wissen, wo sie auf keinen Falle wieder arbeiten möchten. Die bislang nur anekdotisch gesammelten Gründe sind vielgestaltig:

- Arbeitgeber halten zugesagte Versprechungen z. B. im Hinblick auf die Möglichkeit, Daten für eine Examensarbeit zu erheben, nicht ein.
- Das Praktikum ist sehr schlecht bezahlt, obwohl es sich um ein Unternehmen handelt, dem es wirtschaftlich sehr gut geht. Dabei wird ignoriert, dass den Praktikanten z. T. erhebliche Kosten entstehen, wenn sie z. B. ein halbes Jahr in München wohnen müssen.
- In manchen Unternehmensberatungen werden z. T. absurde Überstunden gefordert.
- Praktikanten bekommen überwiegend Aufgaben, die weder ihrem Bildungsniveau noch ihrer fachlichen Qualifikation entsprechen (z. B. nur Kopieren und PowerPoint-Präsentationen gestalten).
- Der Arbeitgeber offenbart unprofessionelle oder gar zwielichtige Praktiken (z. B. Verletzung des Copyright beim Einsatz von Testverfahren oder Einsatz unseriöser Diagnosemethoden in der Personalauswahl).
- Praktikanten werden nicht ernst genommen, wenn sie Vorschläge unterbreiten, weil man irrtümlicherweise glaubt, Erfahrung sei wichtiger als Fachkompetenz.

Studien zu der Frage, wie ein Praktikum gestaltet sein muss, um im Sinne einer Personalmarketingmaßnahme Wirkung entfalten zu können, sind äußerst

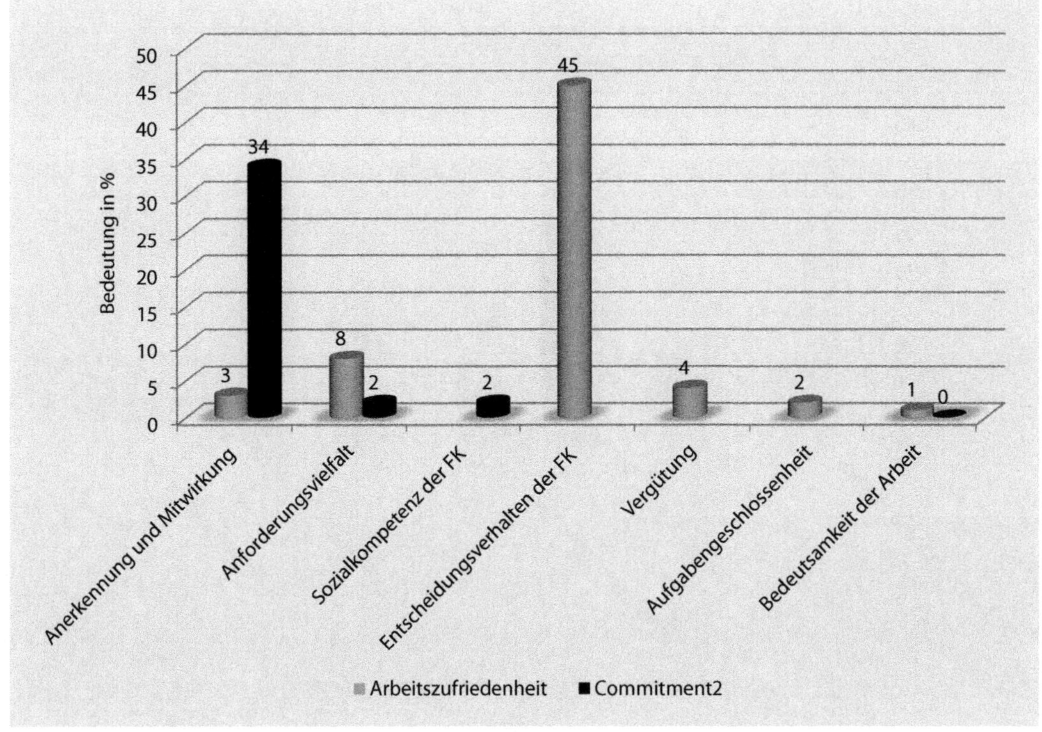

Abb. 5.6 Bedeutung der Merkmale des Praktikums für Arbeitszufriedenheit und Commitment (nach Kanning & Sondermans, 2016)

selten (Zhao & Linden, 2011). Eine Ausnahme stellt die Studie von Kanning und Sondermans (2016) dar. Befragt wurden 237 Personen nach ihren Erfahrungen im Praktikum. In ► Abb. 5.6 und ► Abb. 5.7 werden die zentralen Ergebnisse dargestellt.

Zunächst wurde untersucht, durch welche Variablen die Arbeitszufriedenheit während des Praktikums sowie die Verbundenheit mit dem Arbeitgeber (Commitment) beeinflusst werden (► Abb. 5.6). Hier zeigt sich, dass durchaus unterschiedliche Faktoren für die beiden wichtigen Aspekte ausschlaggebend sind. Im Falle der Arbeitszufriedenheit spielt vor allem eine Rolle, ob den Praktikanten trotz ihrer in der Hierarchie geringen Position Anerkennung für ihre bisher erworbenen Kompetenzen zuteilwurde und ob man sie dementsprechend auch adäquat einsetzt. Eine Wirtschaftspsychologiestudentin während des Praktikums primär Sekretariatsaufgaben übernehmen zu lassen ist schlichtweg eine Vergeudung von Ressourcen. So mancher alte Hase könnte von ihr noch etwas über gute Personalauswahl lernen (Kanning, 2015a). Eine ebenfalls signifikante – wenn auch deutlich geringere – Bedeutung kommt der Aufgabenvielfalt sowie einem sozial kompetenten Führungsverhalten zu. Praktikanten funktionieren salopp gesprochen nicht grundlegend anders als festangestellte Mitarbeiter. Auch sie wollen, dass man vernünftig mit ihnen umgeht und dass sie nicht tagein, tagaus mit immer denselben Aufgaben betraut werden.

Aus Sicht des Arbeitgebers ist von großer Bedeutung, wie die Praktikanten später über ihr Praktikum sprechen. Sie wirken wie Multiplikatoren, die ein positives oder negatives Image des Unternehmens in ihrem Bekanntenkreis und in sozialen Netzwerken verbreiten. Erneut zeigt sich hier die überragende Bedeutung des direkten Umgangs mit den Betroffenen. Wichtig ist vor allem, dass man den Praktikanten mit Anerkennung begegnet und sie entsprechend ihrer Fachlichkeit zum Einsatz bringt (► Abb. 5.7).

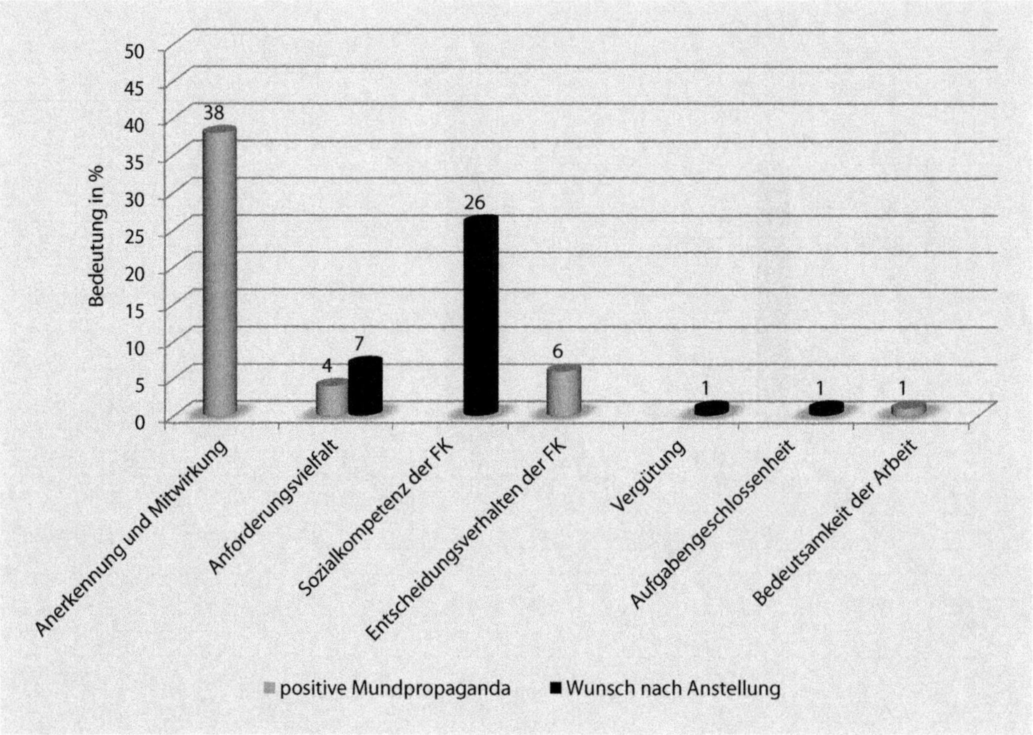

Abb. 5.7 Bedeutung der Merkmale des Praktikums für die Bereitschaft, im Unternehmen zu arbeiten und positiv über das Unternehmen zu sprechen (nach Kanning & Sodermans, 2016)

Ebenfalls förderlich ist ein klares Entscheidungsverhalten des direkten Vorgesetzten, so dass die Betroffenen wissen, woran sie sind und nicht lange auf Entscheidungen warten müssen. Zudem wirkt es sich positiv aus, wenn die Praktikanten mit vielfältigen Aufgaben betraut werden und kein Gefühl der Eintönigkeit aufkommt.

Mindestens ebenso bedeutsam wie die Mundpropaganda der Praktikanten ist ihre Bereitschaft, sich nach abgeschlossenem Studium bei ihrem Praktikumsgeber zu bewerben. Hierfür ist vor allem bedeutsam, ob die Vorgesetzten sozial kompetent mit ihnen umgegangen sind. Auf Platz 2 liegt die Vielfalt der Arbeitsaufgaben, mit denen die Betroffenen während des Praktikums betraut wurden. Dies deckt sich z. T. mit den Ergebnissen von Zhao und Liden (2011). In ihrer Studie hing die Bereitschaft, sich nach einem Praktikum zu bewerben, davon ab, wie offen der Arbeitgeber den Praktikanten die Möglichkeit gab, sich selbst am Arbeitsplatz auszuprobieren. Die Person des Betreuers spielte keine signifikante Rolle.

Aus Sicht der Praktikanten bietet das Praktikum die Chance, für sich selbst zu prüfen, wie genau man zum Arbeitsfeld bzw. zur Organisation passt. Diese Funktion kann das Praktikum allerdings nur dann erfüllen, wenn der Arbeitgeber hierzu auch die Chancen eröffnet und dem Betroffenen einen realistischen Blick auf den Arbeitsplatz ermöglicht, den der Praktikant später einmal übernehmen könnte. Resick, Baltes und Shantz (2007) konnten zeigen, dass die Wahrscheinlichkeit für die Annahme eines Stellenangebots signifikant ansteigt, wenn die Praktikanten zuvor die Möglichkeit hatten, selbst am eigenen Leib zu überprüfen, inwieweit sie zur Organisation passen.

Bei all diesen Ergebnissen ist zu berücksichtigen, ob die Wahl des Praktikumsplatzes von vornherein zur Erkundung eines interessant erscheinenden Berufsfeldes diente oder vielleicht nur eine Verlegenheitslösung darstellte. Die Studie von Kanning und Sodermans (2016) zeigt deutlich, dass Ersteres sich signifikant positiv auf alle abhängigen Variablen auswirkt. Menschen, die ein Praktikum ohne tiefere Beteiligung antreten – z. B. weil sich gerade nichts Besseres anbot oder die Bezahlung so verlockend war –, sind nach Abschluss des Praktikums weniger zufrieden. Ebenso fühlen sie sich weniger mit ihrem Praktikumsgeber verbunden, haben einen deutlich geringeren Wunsch, später bei dem Arbeitgeber zu arbeiten und reden über ihr Praktikum weniger positiv als Menschen, die sich aus echtem Interesse für das fragliche Praktikum entschieden haben. Dies spricht dafür, dass das Praktikum in den meisten Fällen die Einstellungen der Kandidaten nicht grundlegend verändert. Je weniger sich die Betroffenen vor dem Praktikum für das Berufsfeld interessieren, desto schwieriger wird es, sie positiv zu beeinflussen und desto unwahrscheinlicher ist es, dass das Praktikum tatsächlich als Instrument des Personalmarketings dient.

Empfehlungen für die Praxis

- Vergewissern Sie sich, dass sich die Praktikumsbewerber tatsächlich für das Berufsfeld interessieren und keine Verlegenheitslösung suchen. Bei Schülerpraktika ist dies wahrscheinlich weitaus weniger bedeutsam als bei Studierenden, die oft aufgrund ihrer Fachlichkeit schon eine klarere Vorstellung davon haben, wo sie später einmal arbeiten möchten und wo nicht.
- Gewährleisten Sie einen realistischen Einblick in das Berufsleben, in die Aufgaben eines entsprechenden Arbeitsplatzes sowie in das Unternehmen, damit der Praktikant sich selbst dahingehend prüfen kann, ob er der Richtige für eine entsprechende Stelle wäre.
- Sorgen Sie dafür, dass Praktikanten in ihrer Fachlichkeit ernst genommen werden. Studierende höherer Semester verfügen nicht selten über fachliche Qualifikationen, von denen das Unternehmen profitieren kann.
- Geben Sie den Praktikanten die Möglichkeit, sich und ihre Fähigkeiten im Praktikum auszuprobieren.
- Setzen Sie Praktikanten nicht als billige Aushilfskräfte ein. Praktikanten wollen bei Ihnen etwas lernen. Hierzu gehört auch, dass man ihnen vielfältige Arbeitsaufgaben anvertraut.
- Wertschätzung drücken Sie u. a. dadurch aus, dass die Anleiter des Praktikums als Ansprechpartner zur Verfügung stehen und bereit sind, klare Entscheidung zu treffen, wenn dies für das Voranschreiten der Arbeitsaufgaben des Praktikanten von Bedeutung ist.
- Grundsätzlich sollten die Vorgesetzten Praktikanten mit derselben Sozialkompetenz begegnen, die wir uns im Umgang mit festangestellten Mitarbeitern wünschen. Vielleicht sind Praktikanten diesbezüglich sogar noch anspruchsvoller, da sie viele Optionen haben, sich bei alternativen Arbeitgebern zu bewerben. Bei angestellten Mitarbeitern sind die Hürden, die mit einem Wechsel des Arbeitgebers verbunden wären, weitaus höher.

5.4 Anwerbung durch persönliche Ansprache

Ein eher informeller Weg, potenziell geeignete Kandidaten auf eine vakante Stelle aufmerksam zu machen, ist die direkte Ansprache von Menschen, die einem persönlich bekannt sind (Trost, 2012). In der Regel handelt es sich um Mitarbeiter eines Unternehmens, die in ihrem Bekanntenkreis geeignet erscheinende Personen ansprechen und zur Bewerbung animieren. Der Vorteil dieser Methode liegt im direkten Kontakt zwischen der anwerbenden und der angeworbenen Person. Dies bietet die Möglichkeit, vom Vertrauen zwischen den beiden Menschen zu profitieren. Gleichzeitig spart das Unternehmen Kosten für eine breite Ausschreibung und hat nach dem

Personalmarketing einen überschaubaren Bewerberkreis. In eben diesen Vorteilen liegen aber auch gleichzeitig die Nachteile der Methode. Finden sich im Bekanntenkreis der Mitarbeiter keine oder nur wenige leistungsstarke Kandidaten, so greift das Unternehmen auf einen kleinen und hinsichtlich des Leistungsniveaus eingeschränkten Bewerberpool zurück und reduziert damit seine Chancen auf eine sehr gute Besetzung der Stelle. Die Beziehung zwischen Anwerbendem und Angeworbenem birgt zudem die Gefahr von Vetternwirtschaft. Der Mitarbeiter spricht nicht unbedingt die leistungsstärkste Person aus dem Bekanntenkreis an, sondern diejenige, der er sich am stärksten verbunden fühlt. Aufgrund dieser Zweischneidigkeit der Methode will ihr Einsatz gut überlegt sein.

Auf Seiten des *Anwerbenden* kann es sich um Führungskräfte des Unternehmens, Mitarbeiter der Personalabteilung oder generell um Mitarbeiter anderer Abteilungen handeln. Denkbar wäre auch, dass ehemalige Mitarbeiter, Praktikanten oder andere Menschen, die weiterhin in einem Kontakt zum Unternehmen stehen (z. B. Zulieferer oder Kunden), diese Funktion übernehmen. An dieser Stelle wird bereits deutlich, wie unterschiedlich das Informationsniveau der verschiedenen Anwerber sein kann (Tien & Chen, 2011). Während die direkt vorgesetzte Führungskraft oder auch Mitarbeiter, die den Arbeitsplatz selbst innehaben, eine sehr differenzierte Darstellung der beruflichen Realität vermitteln können, ist dies bei „irgendwelchen" Mitarbeitern des Unternehmens oder gar bei Zulieferern und Kunden kaum gegeben. Wer sich für diesen Weg der Rekrutierung entscheidet, sollte sich also auch Gedanken darüber machen, wer überhaupt in der Lage ist, einen positiven, aber gleichwohl informativen Blick auf die vakante Stelle zu geben. In manchen Unternehmen wird die Anwerbung neuer Mitarbeiter durch die Belegschaft monetär belohnt. Wichtige Motive, sich entsprechend zu engagieren, liegen vor allem in dem Wunsch, anderen Arbeitnehmern bei der Stellenbesetzung zu helfen (46 % Varianzaufklärung), sowie in einer hohen Arbeitszufriedenheit der anwerbenden Mitarbeiter (22 %). Die monetäre Belohnung spielt demgegenüber eine deutlich geringere, wenn auch signifikante Rolle (8 %). Entscheiden sich Mitarbeiter gegen eine Teilnahme an Anwerbeaktionen, so hat dies vor allem mit ihrer eigenen Arbeitsunzufriedenheit zu tun (62 % Varianzaufklärung) und damit, dass man Arbeitssuchende davor bewahren will, einen schlechten Arbeitslatz zu finden (26 %; Van Hoye, 2013).

Bei den *Angeworbenen* handelt es sich um Personen aus dem Freundes- oder Bekanntenkreis der Anwerber. Es könnte sich aber auch um ehemalige Praktikanten sowie um Mitarbeiter von Zulieferoder Beratungsfirmen handeln.

Studien, die sich mit der Qualität des persönlichen Anwerbens beschäftigen, kommen insgesamt zu einem positiven Fazit (Van Hoye, 2013; Kirnan, Farley & Geisinger, 1989; Zottoli & Wanous, 2000). So zeigen Menschen, die über eine persönliche Ansprache ins Unternehmen gekommen sind, oft eine größere Arbeitszufriedenheit und bessere Leistungen und verbleiben auch länger im Unternehmen als Menschen, die über Stellenanzeigen angeworben wurden. Dies spricht dafür, dass durch die persönliche Ansprache durchaus geeignete Personen in den Bewerberpool geraten. In manchen Fällen führt eine direkte Ansprache zu einem Bewerberpool, aus dem mehr Mitarbeiter rekrutiert werden als aus einem Bewerberpool, der über Stellenanzeigen rekrutiert wurde (Kirnan, Farley & Geisinger, 1889). Gute Auswahlverfahren vorausgesetzt, spricht dies mithin für einen besseren Bewerberpool, was durch verschiedene Prozesse begünstigt werden kann (vgl. Zottoli & Wanous, 2000):

- *Fremdselektion*: Die Anwerber sprechen vor allem solche Menschen an, die eher gut zur Stelle passen. Hierdurch wird von vornherein die Grundquote, also der Anteil der geeigneten Kandidaten im Bewerberpool, erhöht. Dies wiederum steigert die Wahrscheinlichkeit für eine passende Stellenbesetzung.
- *Selbstselektion*: Die Bewerber sind im Vergleich zu Stellenanzeigen umfassender und besser über die tatsächlichen Anforderungen der Stelle informiert und haben daher eine bessere Entscheidungsbasis, um sich für oder gegen eine Bewerbung zu entscheiden. Sie bewerben sich vor allem dann, wenn sie glauben, gut zu den Anforderungen der Stelle und zur Kultur der Organisation zu passen.
- *Mentoring*: Kommt es zu einer Einstellung, so kann der Anwerber die Rolle eines Mentors für den von ihm angeworbenen neuen Kollegen übernehmen. Er hilft ihm, sich zu integrieren und seinen Weg im Unternehmen zu gehen.

> Dies setzt nicht zwangsläufig die Existenz eines formalen Mentorenprogramms voraus. Das Ganze kann auch informell und allein über die persönliche Beziehung zwischen Anwerber und Angeworbenen ablaufen.

Kirnan et al. (1989) konnten in einer Studie mit mehr als 5.000 Stellenbesetzungen in einem Versicherungskonzern zeigen, dass die persönliche Ansprache durch Vorgesetzte und direkte Kollegen des zukünftigen Stelleninhabers zu einem weitaus besseren Rekrutierungsergebnis führte als die Ansprache durch irgendwelche Mitarbeiter des Unternehmen. Dies mag damit zusammenhängen, dass Führungskräfte aufgrund ihrer Rolle stärker auf die Leistungsfähigkeit der angesprochenen Personen achten. Unmittelbare Kollegen kennen die Anforderungen besonders gut und können kein Interesse daran haben, neue Mitarbeiter ins Team zu holen, die ihnen später Probleme bereiten.

Empfehlungen für die Praxis

- Handelt es sich um eine qualifizierte Stelle, sollten Sie den Kreis derjenigen, die zur persönlichen Anwerbung von Bewerbern aufgefordert werden, auf diejenigen einschränken, die die Anforderungen der Stelle sehr gut einschätzen können. Dies sind in erster Linie Führungskräfte und verantwortungsvolle Kollegen.
- Bei der Anwerbung von Auszubildenden spricht nichts dagegen, die Gruppe der Anwerber breiter aufzustellen.
- Von einer direkten Ansprache sollten Sie eher absehen, wenn in der Belegschaft mehrheitlich eine sehr geringe Arbeitszufriedenheit herrscht. Hier besteht die Gefahr, dass negative Mundpropaganda das Ziel des Personalmarketings konterkariert.
- Die Anwerbung ersetzt nicht das Auswahlverfahren. Selbstverständlich müssen auch Menschen, die den Anwerbern persönlich bekannt sind, in einem guten Auswahlverfahren belegen, dass sie den Anforderungen der Stelle tatsächlich gewachsen sind.

5.5 Headhunting

Headhunting – oder Executive Search – ist eine besondere Form der direkten Ansprache geeignet erscheinender Personen. Es kommt vor allem dann zum Einsatz, wenn es sich um Positionen in der ersten oder zweiten Führungsebene handelt, Spezialisten gesucht werden, die auf dem Arbeitsmarkt rar gesät sind, die Bewerberlage insgesamt sehr unbefriedigend ist und/oder das suchende Unternehmen ein Imageproblem hat (Moser & Sende, 2014). Im Kern geht es um die Besetzung von herausgehobenen Führungspositionen. Immer wieder berichten allerdings auch Studierende und Berufsanfänger, dass ihnen im Internet gezielte Offerten unterbreitet werden. Hierin mag sich zum einen ein gewisser Mangel an Arbeitnehmern in bestimmten Branchen spiegeln, zum anderen handelt es sich aber vielleicht auch nur um Dienstleister, die im Kerngeschäft des Headhuntings nicht Fuß fassen konnten und nun ihr Geld mit der Besetzung weniger bedeutsamer Positionen verdienen wollen.

Das typische Ausgangsszenario besteht in einer vakanten Führungsposition. Statt die Stelle auf herkömmlichem Wege auszuschreiben, kontaktiert der Arbeitgeber einen Dienstleister, der sich auf Headhunting spezialisiert hat. Wichtig für dessen Tätigkeit ist eine gute Branchenkenntnis bzw. Netzwerke, welche die Defizite in der eigenen Branchenkenntnis kompensieren können. Der Headhunter hat die Aufgabe, gezielt qualifizierte Kandidaten, die in anderen Unternehmen in einer vergleichbaren Position oder geringfügig unter der Zielposition arbeiten, abzuwerben. Hierzu muss er zunächst einmal entsprechende Zielpersonen identifizieren, ehe er sie kontaktiert und zu einem persönlichen Gespräch einlädt. In diesem bzw. den nachfolgenden Gesprächen unterbreitet der Headhunter der Zielperson ein Angebot, das so attraktiv ist, dass es letztlich zu einem Stellenwechsel kommt. Je nach Variante des Vorgehens können dem Auftraggeber mehrere Kandidaten präsentiert werden.

Die Qualität der so lancierten Neubesetzung steht und fällt mit der Auswahl vermeintlich geeigneter Zielpersonen sowie der anschließenden Diagnostik, mit deren Hilfe die tatsächliche Eignung der Kandidaten überprüft wird. Genau hierin liegen die größten Schwachstellen der Praxis des Headhuntings.

Wissenschaftliche Untersuchungen des Headhuntings sind eher selten. Eine beeindruckende Ausnahme stellt die Studie von Hamori (2010) dar, die auf 44 Interviews mit Headhuntern sowie der Analyse von 2.000 Headhuntingfällen beruht. Dabei treten mehrere weit verbreitete methodische Mängel zu Tage:

1. Bei der Auswahl der Zielpersonen wird die Leistungsfähigkeit des Menschen mit dem *Prestige seines derzeitigen Arbeitgebers* gleichgesetzt. Wäre dies sinnvoll, so müsste eigentlich jede Führungskraft, die in einem renommierten Unternehmen tätig ist, auch eine besonders gute Führungskraft sein. Dass dies nicht zutrifft, wissen in der Regel die unterstellten Mitarbeiter, aber sie werden natürlich nicht gefragt. Aus der Forschung könnte man erfahren, dass die Dauer der Führungserfahrung keineswegs ein aussagekräftiger Indikator für die Qualität der Führungstätigkeit ist (Kanning & Fricke, 2013). Dass ein Manager eine einflussreiche Position erklommen und sich hier einige Jahre lang gehalten hat, ist ebenfalls kein sonderlich valides Kriterium für dessen Leistung. Zum einen treten gerade bei der Auswahl von Führungskräften häufig Fehler auf (Kanning, 2014a), da keine anspruchsvollen Auswahlverfahren zum Einsatz kommen (Schuler et al., 2007), zum anderen gelangen Führungskräfte bisweilen allein aufgrund ihrer guten Netzwerke und nicht aufgrund ihrer guten Leistung in einflussreiche Positionen (Blickle & Solga, 2014; Luthans, Hodgetts & Rosenkrantz, 1988).
2. Zielpersonen, die sich auf ein Gespräch mit dem Headhunter einlassen, sind solche, die sich kürzer in ihrer derzeitigen Position befinden als solche, die ein Gesprächsangebot ablehnen. Dies gilt auch für die Dauer, die sie ihre vorherige Position innehatten. Je kürzer die Kandidaten aber auf ihren bisherigen Stellen verbleiben, desto geringer ist für den derzeitigen Arbeitgeber die Chance, Stärken und Schwächen der Kandidaten im Alltag erkennen zu können. Wer schnell befördert wurde, kann besonders gut sein, vielleicht hat sein Arbeitgeber die Schwächen in der Kürze der Zeit aber auch ganz einfach nicht identifizieren können.
3. Zielpersonen, die ein Wechselangebot annehmen, sind auch früher schon mit größerer Wahrscheinlichkeit entsprechenden Verlockungen gefolgt als Menschen, die ein solches Angebot ablehnen. Im ungünstigsten Fall werden sie also allein getragen vom Prestige ihres Arbeitgebers und der Geschwindigkeit, mit der sie aufgestiegen sind. Sie werden immer weiter nach oben gereicht und bleiben somit nicht lange genug in einer Position, dass ihre tatsächliche Leistungsfähigkeit kritisch überprüft werden könnte. Ihre Karriere lebt weitgehend vom schönen Schein, insbesondere von der Illusion, ein hervorragender Potenzialträger zu sein.

Headhunting ist somit eine sehr selektierende Methode des Personalmarketings, die nur dann erfolgreich ist, wenn die richtigen Personen angesprochen werden. Dies scheint allerdings oft nicht der Fall zu sein. Insofern ist es besonders wichtig, dass dem Headhunting ein anspruchsvolles Personalauswahlverfahren folgt, mit dem die Blender von den Leistungsträgern getrennt werden. Wer hierauf verzichtet, läuft Gefahr, seine Führungspositionen allein nach dem äußeren Schein eines Kandidaten zu besetzen.

Empfehlungen für die Praxis

- Achten Sie darauf, dass Ihr Headhunter selbst über gute Branchenkenntnis verfügt.
- Achten Sie darauf, dass Ihr Headhunter Belege für die tatsächliche Leistungsfähigkeit der Kandidaten vorlegen kann. Eine schnelle Karriere ist kein belastbarer Beleg für die Leistungsfähigkeit. Gleiches gilt für die Anstellung in einem renommierten Unternehmen.
- Begegnen Sie Kandidaten, die schon häufig auf ähnliche Weise ihren Arbeitgeber gewechselt haben, mit Skepsis.
- Unterziehen Sie die Kandidaten zusätzlich einem anspruchsvollen Auswahlverfahren, das auf die Anforderungen der zu besetzenden Stelle zugeschnitten ist. Headhunting ersetzt nicht die Personalauswahl, sondern ist lediglich ein Instrument des Personalmarketings.

5.6 Stellenanzeigen

Stellenanzeigen haben vergleichsweise viel Aufmerksamkeit in der Forschung gefunden (vgl. Felser, 2010; Moser, & Sende, 2014; Walker & Hinojosa, 2014). Dies hat zum einen damit zu tun, dass Stellenanzeigen unabhängig vom Ort, an dem sie publiziert werden – Zeitung, Zeitschrift, Online-Jobbörse, Homepage eines Unternehmens –, nach wie vor den wichtigsten Weg darstellen, über den Arbeitgeber auf vakante Stellen aufmerksam machen. Schon vor mehr als zehn Jahren wurden in den USA etwa 3 Mrd. Dollar für Stellenanzeigen ausgegeben (Thorsteinson & Highhouse, 2003). Zum anderen ist es der traditionellste Weg, so dass man hier auf einen deutlich längeren Forschungszeitraum zurückblicken kann. Ein weiterer Grund liegt schließlich in den Ableitungen, die mitunter aus der umfangreichen Forschung zur Gestaltung klassischer Produktwerbeanzeigen gezogen werden (vgl. Felser, 2010).

Die zentralen *Inhalte einer Stellenanzeige* beziehen sich auf fünf Aspekte, die gern mit den Schlagworten „Wir sind", „Wir suchen", „Wir erwarten", „Wir bieten" und „Sie erreichen uns" beschrieben werden (z. B. Moser & Sende, 2014):

1. *Vorstellung des Unternehmens*: Zu welcher Branche gehört das Unternehmen? Welche Produkte oder Dienstleistungen werden den Kunden angeboten? Wie viele Menschen arbeiten hier? Wie lange gibt es das Unternehmen schon? Wo liegen die Anfänge, wo die Zukunft? Wie viele Niederlassungen gibt es und in welchen Ländern sind sie anzutreffen? Von welchen Unternehmenswerten möchte sich der Arbeitgeber leiten lassen? All diese Punkte und sicherlich auch noch viele weitere können bei einem Bewerber das Interesse wecken, sich tiefergehend mit der Stelle auseinanderzusetzen. Veröffentlichungen in Printmedien oder Online-Stellenbörsen setzen allerdings aus Kostengründen der Selbstdarstellung des Unternehmens enge Grenzen. Auch darf nicht aus dem Blick verloren werden, was das eigentliche Ziel einer Stellenanzeige ist. Im Gegensatz zur Imageanzeige (▶ Kap. 11) geht es nicht primär darum, ein positives Unternehmensimage zu zeichnen, sondern um eine Stelle im Unternehmen. Hier gilt es mithin, unter Abwägung der Kosten und der Ziele einen Kompromiss zu finden. Das Unternehmen muss so differenziert dargestellt werden, dass es bei den Rezipienten der Anzeige Interesse weckt. Andererseits dürfen die Leser aber auch nicht mit irrelevanten Details überschüttet werden. Ein guter Ausweg ist in diesem Zusammenhang das Vermitteln zentraler Fakten mit anschließendem Verweis (Link) auf die Firmenwebsite, wo Interessierte ausführliche Informationen finden können. Letztlich entscheidet also der potenzielle Bewerber selbst, ob, wann und wie tiefgehend er sich mit dem Unternehmen beschäftigen möchte.
2. *Beschreibung der vakanten Stelle*: Welche Aufgaben sind auf dem in Frage kommenden Arbeitsplatz zu erledigen? Ist die Tätigkeit mit Reisen bzw. Auslandsaufenthalten verbunden? Wo ist die Stelle horizontal und vertikal in der Organisationsstruktur angesiedelt? Führt man selbst Mitarbeiter und wenn ja, wie viele Menschen mit welchen Qualifikationen? Welche Aufstiegsmöglichkeiten bietet die Stelle? Unternehmen, die gern im Einstellungsinterview danach fragen, warum man sich auf die aufgeschriebene Stelle beworben hat, können die Frage nur dann legitimerweise stellen, wenn sie die Bewerber zuvor auch mit den Informationen versorgt haben, die für eine bewusste Entscheidung für oder gegen eine Bewerbung notwendig sind. Die Beschreibung der vakanten Stelle stellt dabei sicherlich den Kern der notwendigen Informationen dar. Bei der Entscheidung, welche Informationen gegeben werden sollen, könnten die Verantwortlichen sind selbst einmal fragen, welche Informationen sie oder ihre Kollegen für eine bewusste Entscheidung benötigen würden, ohne dass sie gleich zum Telefon greifen müssten, um sich persönlich beim Arbeitgeber über die Details zu informieren. Größere Unternehmen könnten ganz einfach die Menschen befragen, die sie in den letzten Monaten eingestellt haben, oder sie greifen auf Ergebnisse bereits vorliegender Analysen zum Personalmarketingprozess zurück.
3. *Ansprüche des Arbeitgebers*: Welche Schul- oder Berufsausbildung wird vorausgesetzt? Werden bestimmte Abschlussnoten und Vertiefungen erwartet? Ist Berufserfahrung erforderlich

und wenn ja, welche und in welchem Umfang? Welche fachliche Expertise ist erforderlich? Inwieweit müssen die Bewerber über Fremdsprachenkenntnisse und/oder Auslandserfahrung verfügen? Welche Stärken im Bereich von Persönlichkeit und sozialer Kompetenz sind für eine erfolgreiche Tätigkeit auf der ausgeschriebenen Stelle bedeutsam? Ist es darüber hinaus wichtig, dass die Bewerber bestimmte ethische oder weltanschauliche Werte vertreten? Im Gegensatz zum ersten Abschnitt, in dem das Unternehmen vorgestellt wurde, geht es bei diesem Punkt nicht darum, ein möglichst positives Image zu zeichnen, sondern Ansprüche zu formulieren. Wie bereits erwähnt geht es beim Personalmarketing nicht darum, den Pool der Bewerber beliebig zu vergrößern, sondern darum, selektiv passende Bewerber zu einer Bewerbung anzuregen und ungeeignete Bewerber abzuschrecken. Dies lässt sich über die Höhe der geschilderten Ansprüche steuern. Im Bereich Persönlichkeit und soziale Kompetenzen ergibt sich meist das Problem der Worthülsen. Wer von zukünftigen Mitarbeitern „Teamfähigkeit" und „Leistungsmotivation" oder „Führungsstärke" fordert, sagt so gut wie nichts über die Stelle aus. Die Begriffe sind so abstrakt, dass sie auf die meisten Arbeitsplätze zutreffen. Zudem ermöglichen sie jedem Leser, seine eigenen Kompetenzen so zu interpretieren, dass es am Ende passt. Ist nicht jeder von uns irgendwie teamfähig, leistungsmotiviert und führungsstark, wenn wir lange genug darüber nachdenken? Aussagekräftiger wäre es, Arbeitssituationen so zu beschreiben, dass deutlich wird, was konkret erwartet wird, ohne eine Worthülse zu verwenden. Dies lässt immer noch viel Spielraum für Interpretationen, ist aber ein Stück weit näher an der Wirklichkeit. Wie groß die Bedeutung überfachlicher Kompetenzen in Stellenanzeigen ist, verdeutlicht eine Studie des Bundesinstituts für Berufsbildung (BiBB, o. J.), bei der mehr als 23.000 Stellenanzeigen gesichtet wurden (▶ Tab. 5.2). Aspekte wie Leistung und Motivation werden sogar häufiger gefordert als bestimmte Erfahrungen und Professionalität.

Tab. 5.2 Häufigkeit der Nennung überfachlicher Qualifikationen in Stellenanzeigen (nach BIBB, o. J.)

geforderte Qualifikationen	Prozent der Stellenanzeigen
Leistung, Motivation und persönliche Disposition	46,4 %
Team, Kooperation und Kommunikation	33,4 %
Erfahrung und Professionalität	27,8 %
Kognitive Fähigkeiten und Problemlösekompetenz	22,7 %
Mitwirkung und Gestaltung	20,9 %
Kunden- und Dienstleistungsorientierung	14.3 %
Wandel, Innovation und Lernen	13,5 %
Unternehmerisches Denken und Handeln	3,8 %
Persönlichkeit	2,9 %

4. *Vorzüge des Arbeitsplatzes bzw. des Arbeitgebers*: In welchem Bereich bewegt sich das zu erwartenden Gehalt? Wird Leistung honoriert? Gibt es eine systematische Karriereplanung mit Potenzialanalyse und Entwicklungskonzept, das auf die einzelnen Mitarbeiter zugeschnitten ist? Wie ist es um Arbeitszeiten, Homeoffice oder Urlaubzeitregelungen bestellt? Gibt es einen Firmenwagen, der auch privat genutzt werden kann? Verfügt das Unternehmen über einen eigenen Betriebskindergarten? Welche freiwilligen sozialen Leistungen werden gezahlt? Unter der Rubrik „Wir bieten" werden die Aspekte erwähnt, die den Arbeitsplatz jenseits der Arbeitsinhalte attraktiv erscheinen lassen. Im Grunde genommen nimmt der Arbeitgeber an dieser Stelle Bezug auf die Arbeitsmotive der potenziellen Bewerber. Nach erfolgter Analyse der Arbeitsmotive, der spezifischen Bedürfnisse sowie dem Vergleich der Ansprüche mit der Realität (s. o.) ergeben sich fast schon von allein die Punkte, die hier angesprochen werden können. Erneut mag sich dabei das Problem zu großer Ausführlichkeit

stellen. Die Lösung ist wie immer der Verweis auf die eigene Firmenwebsite. Die Versuchung ist groß, sich unter dem Gesichtspunkt der Anwerbung interessanter Kandidaten als hervorragender Arbeitgeber anzupreisen, der so ziemlich alle Bedürfnisse seiner Mitarbeiter zu befriedigen vermag. Eine realistische Einschätzung der Möglichkeiten wäre hier jedoch eher angebracht. Letztlich hilft es niemandem weiter, wenn qualifizierte Bewerber ein halbes Jahr nach der Einstellung merken, dass man sie angelogen hat. Zu starke Übertreibungen machen zudem Bewerber stutzig, die ein wenig reflektiert sind. Perfekte Unternehmen, in denen alle Mitarbeiter ohne Leistungsdruck glücklich zusammenarbeiten und dabei noch alle sozialen Vorzüge des modernen Arbeitslebens erfahren, gibt es nur im Märchen. Eine zu arg positiv verzerrte Selbstdarstellung mag zudem besonders naive Kandidaten anziehen, die man in der Regel wohl auch nicht unbedingt in seinen Reihen wissen möchte.

5. *Kontakt zum Unternehmen*: An wen sollen die Bewerbungsunterlagen geschickt werden? Welche Form der Bewerbung (z. B. Papier, Email-Attachment, Onlineformular) wird erwartet? Wird neben den üblichen Unterlagen etwas Besonderes verlangt (z. B. Bewerbungsvideo in der Medienbranche)? Sollen Gehaltsvorstellungen angegeben werden? Bis wann müssen die Unterlagen eingereicht werden? Gibt es einen Ansprechpartner, der vor der Bewerbung telefonisch nähere Auskünfte über die Stelle erteilt? Viele Unternehmen geben den Bewerbern keine Möglichkeit, sich in einem Telefongespräch näher über die Stelle zu informieren. Wenn mit sehr vielen, sehr gut qualifizierten Bewerbern zu rechnen ist, mag dies aus Sicht des Arbeitgebers verständlich sein. Die Verantwortlichen nehmen zwar in Kauf, dass manche ebenfalls gut qualifizierten Personen von einer Bewerbung absehen, weil ihnen noch wichtige Informationen fehlen, die sie gern erfragt hätten. Aufgrund der guten Bewerberlage können die Arbeitgeber diesen Verlust jedoch verschmerzen. Je schlechter aber die Bewerberlage wird, desto größer wird der Druck, den Bewerbern ein Informationsgespräch vor der eigentlichen Bewerbung zu ermöglichen.

Dass die Inhalte einer Stellenanzeige auf die Selbstselektion der Bewerber Einfluss nimmt, (Walker & Hinojosa, 2014) dürfte kaum verwundern. Dabei können schon selbst vermeintliche Kleinigkeiten Effekte auslösen (▶ Abschn. 5.10). So erzeugt der Hinweis auf ein Gehalt, das sich an der individuellen Leistung des Einzelnen orientiert, den Eindruck, es handele sich um einen Arbeitgeber mit individualistischer Unternehmenskultur. Dies macht den Arbeitgeber wiederum für Menschen, die sich selbst stärker einer individualistischen Kultur zugehörig fühlen, attraktiver (Kuhn, 2009).

Informiert eine Stellenanzeige sehr differenziert über die Anforderungen, so ermöglicht dies potenziellen Bewerbern nachweislich, ihre eigene Passung besser einschätzen zu können. Letzteres erhöht wiederum die Bereitschaft, sich zu bewerben (Robertson, Colins & Oreg, 2005). Dies gilt u. a auch für das zu erwartende Gehalt. Gibt ein Arbeitgeber genau an, welches Gehalt zukünftige Bewerber erhalten, so fördert dies eher die Bereitschaft zur Bewerbung im Vergleich zu einem Hinweis, die Mitarbeiter würden in dem Unternehmen besser verdienen als anderswo (Garcia, Posthuma & Quinones, 2010).

Moser und Sende (2014) machen darauf aufmerksam, dass schon bei der Stellenausschreibung auf die Regelungen des *Allgemeinen Gleichbehandlungsgesetzes* (AGG) zu achten ist. Das AGG beschäftigt sich mit der systematischen Diskriminierung bestimmter Personengruppen im Berufsleben. Stellenausschreibungen, die rein sprachlich z. B. Frauen oder Männer von einer Bewerbung ausschließen, tragen das Potenzial zur Diskriminierung in sich, sofern nicht sachlich begründet werden kann, warum nur weibliche oder männliche Kandidaten für die Aufgabe geeignet sind (vgl. Kanning et al., 2008). Analog verhält es sich mit anderen Personengruppen. Der Gesetzgeber verbietet nicht die Bevorzugung bestimmter Personengruppen, also z. B. Katholiken in einem katholischen Kindergarten oder weibliche Therapeuten in einer Praxis zur Behandlung sexuell missbrauchter Mädchen, die Diskriminierung muss allerdings sachlich begründbar sein. Des Weiteren dürfen seit Inkrafttreten des Gesetzes

Tab. 5.3 Beispiel für potenziell diskriminierende Formulierungen in Stellenanzeigen nach dem AGG

potenziell diskriminierend	Problem	Alternative
„Für die Position des Geschäftsführers suchen wir …"	Frauen können sich ausgegrenzt fühlen.	„Für die Geschäftsführung suchen wir …"
„Sind Sie zwischen 20 und 30 Jahre alt? Dann bewerben Sie sich bei uns!	Menschen über 30 werden ausgegrenzt.	„Die Stelle erfordert eine sehr hohe körperliche Fitness."
„Sie sollten Deutsch als Muttersprache sprechen."	Menschen, die eine andere Muttersprache haben, werden ausgegrenzt, selbst wenn sie perfekt Deutsch sprechen.	„Die Stelle erfordert eine perfekte Beherrschung der deutschen Sprache in Wort und Schrift."

im Jahr 2006 Arbeitgeber keine Lichtbilder von den Bewerbern anfordern. Hierdurch soll eine Diskriminierung nach dem äußeren Erscheinungsbild (Hautfarbe, sichtbare Behinderung etc.) im Stadium der Bewerbervorauswahl verhindert werden. ► Tab. 5.3 gibt einige Beispiele für potentiell diskriminierende Formulierungen und ihre Alternativen.

Geht es um die *Gestaltung von Stellenanzeigen*, so kann zunächst ein Blick in die allgemeine Forschung zur Produktwerbung eine erste Orientierung geben. Felser (2010) gibt verschiedene Empfehlungen, die sich allerdings nicht immer 1:1 auf Stellenanzeigen übertragen lassen.

- *Zentrale Informationen müssen schnell zu erfassen sein.* Bei klassischen Werbeanzeigen ist mit einer durchschnittlichen Betrachtungsdauer von ein bis drei Sekunden zu kalkulieren. Die wichtigen Botschaften müssen daher schnell erkennbar und leicht zu verarbeiten sein. Für Stellenanzeigen dürfte sicherlich eine längere Betrachtungsdauer gelten, zumindest bei denjenigen Personen, die tatsächlich auf der Suche nach einem Arbeitsplatz sind. Geht es um Führungsstellen oder um Positionen für Experten mit besonderer Berufserfahrung, ist jedoch nicht immer davon auszugehen, dass die interessierenden Kandidaten tatsächlich auf der Suche sind. Sehr viele fühlen sich vielleicht bei ihrem derzeitigen Arbeitgeber einigermaßen wohl und sind gar nicht auf der Suche, würden aber über ein interessantes Angebot nachdenken. Dieser Personenkreis wird nicht systematisch und sorgfältig die Stellenanzeigen lesen, sondern trifft eher bei einem gelegentlichen, oberflächlichen Scannen der Anzeigen auf eine interessante Stelle. Für diesen Personenkreis gilt schon eher, was sich aus der Werbeforschung ableiten lässt. Die Anzeige muss es dem Leser ermöglichen, in sehr kurzer Zeit die wichtigsten Fakten erfassen zu können.
- *Die Anzeige muss sich gegenüber dem Umfeld abheben.* Auch hier ist wiederum zwischen verschiedenen Bewerbern zu unterscheiden. Diejenigen, die systematisch suchen, gehen alle Stellenanzeigen nacheinander durch und werden dabei wohl kaum eine passende Anzeige übersehen. Beim Gelegenheitsbewerber sieht dies anders aus. Er wird eher bei den Anzeigen verharren, die sich in irgendeiner Weise von den übrigen Stellenanzeigen unterscheiden. Je eher man als Arbeitgeber Schwierigkeiten hat, qualifizierte Personen für sich zu interessieren, desto sinnvoller ist es, sich Gedanken darüber zu machen, wie eine Anzeige mehr Aufmerksamkeit auf sich ziehen kann. Dabei ist vor allem an den Einsatz von Farbe und Bildern bzw. von graphischen Elementen zu denken. Bei Onlineanzeigen wäre zudem über filmische oder interaktive Elemente nachzudenken.
- *Wichtige Informationen links oben platzieren.* In unserem Kulturkreis verläuft die Leserichtung von links nach rechts und von oben nach unten. Aus der Gewohnheit ergibt sich ein Automatismus, der auch unsere Betrachtung von Anzeigen prägt. In der Regel beginnen wir links oben und wandern von dort aus mit den Augen nach rechts unten. Der Gelegenheitsbewerber,

der nicht alle Stellenanzeigen liest, sondern nur hier und dort genauer hinschaut, wird also vor allem durch die Informationen, die links oben stehen, zu einer tiefergehenden Auseinandersetzung angeregt. Wenn die wichtigen Informationen hingegen rechts unten stehen, könnte es sein, dass er gar nicht mehr so weit kommt, weil seine Blicke schon zur nächsten Anzeige weitergezogen sind. Diese Regel wird sicherlich durch den Einsatz von auffälligen Bildern durchbrochen. So mag ein auffälliges Bild, das an einer anderen Stelle der Anzeige zu finden ist, zunächst die Aufmerksamkeit binden, ehe der Leser dann links oben beginnt, um die Anzeigen näher zu explorieren.

- *Gut lesbare Schriften verwenden*. Prinzipiell gilt es zwar, Aufmerksamkeit zu erzeugen, dabei darf jedoch die Lesbarkeit des Textes nicht auf der Strecke bleiben. Im Gegensatz zur klassischen Produktwerbung geht es bei Stellenanzeigen nicht darum, primär Emotionen zu erzeugen, sondern sachliche Informationen zu vermitteln. Der Leser soll nicht zu Bewerbung verleitet werden, sondern soll sich bewusst für oder gegen eine Bewerbung entscheiden, und zwar nachdem er seine eigene Eignung für die Stelle reflektiert hat. Stellenanzeigen sind daher naturgemäß sehr textlastig, und dieser Text sollte leicht zu verarbeiten sein. Aufmerksamkeit sollte bei Stellenanzeigen besser über graphische Elemente und Bilder und nicht über den Schrifttyp erzeugt werden.

Jenseits der allgemeinen Kriterien zur Gestaltung von Stellenanzeigen, die sich aus der Produktwerbung ableiten lassen, gibt es zahlreiche Studien, die sich spezifisch mit Stellenanzeigen auseinandersetzen.

Feldmann, Bearden und Hardesty (2006) untersuchen, wie sich drei Informationen, die in einer Stellenanzeige enthalten sind (die Beschreibung des Arbeitgebers, des Arbeitsplatzes sowie des Arbeitsumfeldes), auf die Leser auswirken. Dabei wird jeweils unterschieden, ob die Informationen sehr allgemein gehalten sind oder die konkreten Gegebenheiten vor Ort widerspiegeln. Insgesamt zeigte sich, dass *spezifische Informationen* signifikant positivere Bewertungen zur Folge hatten als allgemeine Schilderungen. Spezifische Informationen führen dazu, dass eine Stellenanzeige von potenziellen Bewerbern als glaubwürdiger eingeschätzt wird, dass die Studienteilnehmer das Unternehmen positiver bewerten und auch die eigene Bewerbungsbereitschaft höher ausfällt. Eine ältere Studie von Manson und Belt (1986) geht in eine ähnliche Richtung, differenziert aber zusätzlich hinsichtlich des Qualifikationsniveaus der potenziellen Bewerber. Dabei wird allein die Spezifität der Stellenausschreibung in den Blick genommen. Stellenanzeigen, die sehr spezifisch beschreiben, welche Anforderungen an die zukünftigen Stelleninhaber gestellt werden, führen bei höher qualifizierten Bewerbern zu einer signifikant höheren Bewerbungsbereitschaft als allgemein gehaltene Stellenanzeigen. Bei gering qualifizierten Bewerbern verhält es sich genau umgekehrt. Sie wittern gewissermaßen ihre Chance, wenn das Unternehmen den Eindruck vermittelt, man wisse nicht so genau, wen man sucht, oder man wäre mit fast jedem zufrieden. Generell ist somit zu empfehlen, die Bewerber mit spezifischen Informationen zu versorgen. Dies zieht höher qualifizierte Bewerber eher an und schreckt gering qualifizierte Bewerber eher ab. Geht es dem Unternehmen personell so schlecht, dass man sich über fast jeden Bewerber freuen muss, sollte man die entgegengesetzte Strategie wählen. Eine Studie von Walker, Feidl, Giles und Bernerth (2008) unterstützt diese Sichtweise. Sie fanden, dass höher qualifizierte, erfahrene Personen sich durch tiefergehende Informationen über die Stelle mehr angesprochen fühlen als unerfahrene, geringer qualifizierte Personen mit geringerer Qualifikation. Während die erste Gruppe eine Stelle sowie den zugehörigen Arbeitgeber positiver bewertet und eine höhere Bereitschaft zur Bewerbung zeigt, wenn die Anzeige sehr umfangreiche und spezifische Informationen liefert, ist bei der zweiten Gruppe das Gegenteil der Fall. Die Effekte sind aber eher klein, was nicht zuletzt damit zu tun haben mag, dass es sich bei beiden Gruppen um Menschen mit akademischem Bildungsniveau handelt, die Befragten hinsichtlich ihre Qualifikation also nicht sehr weit auseinander liegen. Auch Jones, Shultz und Chapman (2006) bestätigen die Bedeutung der Spezifität der Informationen. Probanden, die motiviert sind, eine Stelle zu suchen und zudem auch kognitiv aufnahmefähiger sind, bewerten Stellenanzeigen, die differenzierte Informationen zur Verfügung stellen, positiver im Vergleich zu oberflächlich gestalteten Anzeigen.

Yüce und Highhouse (1998) beschäftigten mit der *Informationsreichhaltigkeit* sowie der Größe einer Stellenanzeige. Sie fanden heraus, dass Stellenanzeigen, die viele Informationen über die Anforderungen der Stelle liefern, bei potenziellen Bewerbern den Eindruck erzeugen, es handele sich um eine attraktivere Stelle. Dies gilt umso mehr, wenn es sich um großformatige Anzeigen handelt, die viele offenkundig stellenrelevante Informationen beinhalten. Sofern es sich um stellenirrelevante Informationen handelt, spielt die Größe der Anzeige keine Rolle. Die Größe allein spielt also für die wahrgenommene Attraktivität keine Rolle. Die Fläche muss mit aussagekräftigen Informationen angefüllt werden. Dies ist umso erstaunlicher, als dass es sich bei der untersuchten Stelle lediglich um einen Job in einer Videothek, also eher eine gering qualifizierte Tätigkeit, handelte.

Ein wenig im Widerspruch hierzu steht der Befund von Kaplan, Aamodt und Wilk (1991), demzufolge sich die *graphische Gestaltung einer Stellenanzeige* (Größe, Logo, Gestaltung des Rands) positiv auf die Menge der Bewerbungen auswirkte. Größere Stellenanzeigen ziehen mehr Aufmerksamkeit auf sich als kleinere und erhöhen damit wahrscheinlich generell die Wahrscheinlichkeit für viele eingehende Bewerbungen. Je mehr Menschen die Stellenanzeige zur Kenntnis nehmen, desto mehr können sich auch darauf bewerben. Es ist aber nicht zu erwarten, dass hierdurch auch die Qualität im Sinne einer hohen Grundquote selektiv beeinflusst wird. In der Tat zeigte sich auch in der Studie von Kaplan et al. (1991), dass der prozentuale Anteil der qualifizierten Personen durch die graphische Gestaltung nicht beeinflusst wurde. Falls die Qualifikation der Kandidaten nicht so bedeutsam ist – beispielsweise, weil die Aufgaben so anspruchslos sind, dass sie fast jeder erledigen kann –, mag eine möglichst große Stellenanzeige der richtige Weg sein. Je qualifizierte die Bewerber sein müssen, desto wichtiger ist es, zusätzlich (oder alternativ) auf die Spezifität sowie die Reichhaltigkeit der Informationen zum Arbeitsplatz zu achten.

In diesem Zusammenhang stellt sich die Frage, ob in Stellenanzeigen *Fotos von Mitarbeitern* gezeigt werden sollten. Burt, Halloumis, McIntyre und Blackmore (2010) konnten zeigen, dass Stellenanzeigen mit Fotos bei Bewerbern häufig, aber keineswegs immer, signifikant besser ankommen als reine Textanzeigen. Zeigt das Foto ein Team freundlicher junger Menschen, die natürlich und unverkrampft erscheinen, so schneidet die Textanzeige signifikant besser ab. Stellt das Foto hingegen einen Mann mittleren Alters dar – mit dem sich die jungen Probanden weniger identifizieren können –, ist eher das Gegenteil der Fall. Sofern Teams dargestellt werden, erzielen Fotos von realen Mitarbeitern bessere Ergebnisse als Fotos mit Schauspielern, die lediglich ein Team darstellen. Ein Stück weit müssen die Fotografien also auch glaubwürdig die Realität des Unternehmens nach außen tragen. Bei der Auswahl der Mitarbeiter ist auf Möglichkeiten zur positiven Identifikation zu achten. In der Regel dürfte dies bedeuten, dass man Menschen abbildet, die der anvisierten Zielgruppe der Bewerber ähnlich ist.

Die *Glaubwürdigkeit einer Stellenanzeige* ist ein grundlegend wichtiger Aspekt. Je glaubwürdiger eine Stellenanzeige den Lesern erscheint, desto positiver wird der Arbeitgeber erlebt, was sich mittelbar wiederum positiv auf die Bereitschaft zur Bewerbung auswirkt (Lee, Hwang & Yeh, 2013). Dies ist als ein wichtiger Hinweis darauf zu sehen, dass Personalmarketing und Produktmarketing zwei verschiedene Paar Schuhe sind. Während der Kunde bei Produkten offenkundige Übertreibungen noch ganz gut erträgt, reagieren Bewerber auf nicht glaubwürdige Angaben in Stellenanzeigen mit Ablehnung.

Kanning, Dressler und Winkelmann (in Vorb.) untersuchten die Auswirkung des *Duzens* in Stellenanzeigen. Hierbei zeigte sich, dass die Ansprache der Bewerber mit Du zwar auf das Image des Arbeitgebers, nicht aber auf die Bewerbungsbereitschaft Einfluss nimmt. Auf der Ebene der Auszubildenden erzeugt das Du den Eindruck, es handele sich um ein Unternehmen mit lockerer und dynamischen Organisationskultur, während das Sie den Eindruck einer besonders hochwertigen Ausbildung verspricht und für ein Unternehmen spricht, auf das die Mitarbeiter stolz sein können. Es konnte keine generelle Präferenz für Duzen oder Siezen festgestellt werden. Jenseits von Ausbildungsstellen zeigte sich, dass ein Duzen mit zunehmendem Alter der Bewerber negativ bewertet wurde.

Einer weitaus spitzfindigeren Frage gehen Thorsteinson und Highhouse (2003) nach. Sie untersuchen, ob es einen Unterschied macht, wenn in einer Anzeige die Vorzüge einer Bewerbung hervorgehoben werden („Was kann ich gewinnen, wenn ich mich bewerbe?") oder die Verantwortlichen versuchen, den Kandidaten ein schlechtes Gewissen einzureden („Welche Chance verpasse ich, wenn ich mich nicht bewerbe?"). In der Werbung ist die letztere Strategie durchaus nicht unbekannt. Älter Leser erinnern sich vielleicht noch an Werbung für Waschmittel oder Kaffee, bei denen man den Hausfrauen einreden wollte, sie seien nicht fürsorglich genug, wenn sie sich für das falsche Produkt entscheiden. Ein anderes Beispiel sind die „Werbebotschaften" auf Zigarettenpackungen. Hier wird die Gefahr des Rauchens und nicht der Zugewinn an Lebensqualität durch Abstinenz herausgestellt. Die Ergebnisse der Studie von Thorsteinson und Highhouse (2003) sind eindeutig. Werden die Vorzüge einer Bewerbung in den Vordergrund gestellt, so erscheint den potenziellen Bewerbern das Unternehmen attraktiver. Zudem wirkt die Anzeige auch seriöser. Von der negativen, sicherlich eher exotischen Strategie der Bewerbersprache ist also abzuraten.

Empfehlungen für die Praxis

- Bieten Sie den Bewerbern auf Ihrer Unternehmenswebsite zusätzliche Informationen zum Unternehmen sowie konkrete Beschreibungen der Arbeitsinhalte und -bedingungen an, die Sie aus Platz- und Kostengründen nicht in der Stellenanzeige unterbringen können.
- Beschreiben Sie die Anforderungen der Stelle so differenziert, dass die Leser der Anzeige eine realistische Vorstellung bekommen und sich bewusst für oder gegen eine Bewerbung entscheiden können.
- Nutzen Sie die Beschreibungen Ihrer Ansprüche an die Bewerber, um unqualifizierte Personen von einer Bewerbung abzuschrecken.
- Versorgen Sie den potenziellen Bewerber mit spezifischen Informationen über den Arbeitgeber, die Arbeitsaufgaben sowie das Arbeitsumfeld. Die Bewerber müssen eine plastische Vorstellung davon bekommen, mit wem sie es zu tun haben und was ggf. auf sie zukommt. Globale Charakterisierungen, wie sie sich üblicherweise in Stellenanzeigen finden, helfen hier nicht weiter. All dies gilt nur, wenn Sie qualifizierte Personen anziehen und weniger qualifizierte Personen von einer Bewerbung abhalten wollen.
- Greifen Sie bei der Beschreibung Ihrer Vorzüge als Arbeitgeber auf die Ergebnisse von Analysen zu Arbeitsmotiven und spezifischen Bedürfnissen der potenziellen Bewerber zurück. Lügen Sie dabei nicht. Versprechen Sie nichts, was Sie später nicht halten können.
- Achten Sie bei aller Notwendigkeit, die Vorzüge des Arbeitgebers herauszustellen, darauf, dass die Angaben noch glaubwürdig sind und die Realität widerspiegeln.
- Ziehen Sie durch den Einsatz von Farbe, graphischen Elemente und Bildern die Aufmerksamkeit auf Ihre Stellenanzeige.
- Achten Sie darauf, dass die zentralen Informationen schnell zu erfassen sind.
- Suchen Sie gering qualifizierte Mitarbeiter und hatten bislang das Problem, nicht genügend Personen für Ihr Unternehmen zu interessieren, arbeiten Sie mit großen Stellenanzeigen, um Aufmerksamkeit auf sich zu ziehen.
- Setzen Sie Fotos von realen Mitarbeiter ein, die positiv wirken und eine Ähnlichkeit zur Zielgruppe der gewünschten Bewerber aufweisen.
- Beachten Sie bei der Formulierung einer Stellenanzeige, dass keine Diskriminierung im Sinne des AGG vorliegt. In der Regel bedeutet dies, dass explizit Frauen und Männer angesprochen werden und explizit keine Lichtbilder angefordert werden.
- Duzen Sie die Bewerber nur dann, wenn das Du tatsächlich Ihrer Unternehmenskultur entspricht und Sie eher jüngere Menschen ansprechen wollen.
- Geben Sie genau an, wie und bis wann die Bewerbung erfolgen soll.
- Nennen Sie einen Ansprechpartner, bei dem man sich vor der Bewerbung telefonisch erkundigen kann, sofern Sie nicht mit einer sehr großen Zahl von Bewerbern rechnen.

5.7 Verdeckte Stellenanzeigen

Verdeckte Stellenanzeigen sind eine ungewöhnliche Variante herkömmlicher Anzeigen, bei der die Arbeitgeber anonym bleiben. Der potenzielle Bewerber erfährt die üblichen Informationen über die Anforderungen der Stelle, die gewünschten Qualifikationen des zukünftigen Mitarbeiters und einige absichtlich unpräzise gehaltene Informationen über den Arbeitgeber (z. B. Branche, Region des Firmensitzes). Die Bewerbungsunterlagen werden z. B. an eine Personalberatungsfirma oder eine Rechtanwaltskanzlei geschickt, die im Auftrag des Unternehmens agiert. Erst wenn der Kandidat in die nähere Auswahl kommt und beispielsweise zum Einstellungsinterview eingeladen wird, offenbart der Arbeitgeber seine Identität. Die Gründe für dieses merkwürdig erscheinende Gebaren können vielfältig sein (vgl. Felser, 2010; Moser & Sende, 2014):

- Der Arbeitgeber möchte eine zentrale Position im Unternehmen neu besetzen, der derzeitige Stelleninhaber weiß aber noch gar nicht, dass er umgesetzt oder entlassen werden soll. Der Arbeitgeber will hierdurch erreichen, dass zum Zeitpunkt der Umbesetzung/Kündigung sofort ein Nachrückkandidat am nächsten Tag die Stelle übernehmen kann. Hierdurch kommt es weder zu einer vorübergehenden Vakanz, noch besteht für den bisherigen Stelleninhaber die Möglichkeit, seinen Arbeitgeber durch kontraproduktives Verhalten zu schädigen. Ein solches Vorgehen dürfte eigentlich nur dann gerechtfertigt sein, wenn die Beziehung zum derzeitigen Stelleninhaber zerrüttet ist. Die Wirkung nach außen auf potenzielle Bewerber sowie nach innen auf die Mitarbeiter, die früher oder später von dem Coup erfahren werden, dürfte nicht gerade positiv sein. Das Vorgehen spricht nicht für ein gutes Arbeitsklima.
- Der Arbeitgeber oder die gesamte Branche hat ein schlechtes Image, weil ein Skandal in den Medien diskutiert wurde, die gesellschaftliche Stimmung generell gegen bestimmte Produkte eingestellt ist (z. B. Waffen) und/oder Berührungsängste existieren (z. B. Arbeit auf einem Schlachthof). In diesen Fällen hofft der Arbeitgeber auf den sog. Foot-in-the-door-Effekt (Freedman & Fraser, 1966). Fühlt sich ein interessanter Bewerber durch die Fakten der Ausschreibung angezogen und nimmt die Mühe einer Bewerbung auf sich, so hat das Unternehmen bei ihm bildlich gesprochen den Fuß in der Tür. Die Hemmschwelle, zu einem Einstellungsgespräch in der Firma zu erscheinen, ist nun weitaus geringer. Zum einen hat der Arbeitgeber ja offenbar Interessantes zu bieten, zum anderen hat der Bewerber bereits ein Investment getätigt.
- Der Arbeitgeber kann sich aufgrund seiner überaus großen Attraktivität von Bewerbern kaum retten und möchte den Bewerberpool deutlich reduzieren. Aus diagnostischer Sicht ist dieses Vorgehen nicht zu empfehlen, da die Gefahr besteht, dass hierdurch die falschen Bewerber abgeschreckt werden. Besser wäre es, in der Stellenanzeige durch die Formulierung sehr anspruchsvoller Anforderungen die Masse der Bewerber zu reduzieren oder sie durch den Einsatz von Methoden des E-Assessments (s. u.) nach sinnvollen Kriterien auf einen handlichen Umfang zu reduzieren.

Eine systematische Forschung zu verdeckten Stellenanzeigen ist nicht existent. Moser und Sende (2014) zitieren eine ältere Studie von Eckstein (1987), der zufolge qualifizierte Bewerber verdeckte Stellenanzeigen ablehnen. Dies erscheint sehr plausibel. Warum sollten sich auch qualifizierte Bewerber, die ohnehin gute Chancen auf dem Arbeitsmarkt haben, auf ein solches Spielchen einlassen? In jedem Falle ist bei diesem Vorgehen mit einer sehr selektiven Bewerberstichprobe zu rechnen, bei der auch viele gute Kandidaten von einer Bewerbung absehen. Verdeckte Stellenanzeigen sollten daher nur in Ausnahmefällen zur Anwendung kommen.

Empfehlungen für die Praxis

- Verzichten Sie wenn möglich auf versteckte Stellenanzeigen.
- Gehen Sie bei massiven Imageproblemen eher den Weg des Headhuntings.

5.8 E-Recruitment

Der Begriff des E-Recruitments bezeichnet die Anwerbung von Bewerbern über das Internet (vgl. Felser, 2010; Moser & Sende, 2014). Bisweilen wird auch die computergestützte Vorauswahl der Bewerber z. B. mit psychologischen Testverfahren unter diesem Begriff subsummiert (vgl. Kanning, 2004). Da es sich hierbei aber schon um eine Bewertung der angeworbenen Kandidaten handelt („E-Assessment"), wird dieser Aspekt erst in ▶ Kap. 6 behandelt. Naturgemäß ist die Forschung zum E-Recruitment jüngeren Datums. Noch Anfang des Jahrhunderts ließen sich kaum wissenschaftliche Publikationen zu diesem Thema finden (Bartram, 2000). In der Praxis hat das E-Recruitment inzwischen einen wahren Siegeszug angetreten.

Die Möglichkeiten, das Internet zum Zwecke des Personalmarketings einzusetzen, sind vielfältig. Sie reichen von allgemeinen *Jobportalen* (z. B. Stepstone oder Monster) und berufsfeldspezifische Portale (z. B. Psychjob) über die *unternehmenseigene Website* bis hin zur Anwerbung von Bewerbern über *soziale Netzwerke* (z. B. Trost, 2012). Bei letzteren kann unterschieden werden zwischen Netzwerken, die primär der privaten Interaktion dienen (z. B. Facebook), und solchen, die auf einen Austausch im beruflichen Kontext anzielen (z. B. Xing). In der Studie von Weitzel et al. (2015) zeigt sich, dass 90 % der befragten Unternehmen die eigene Unternehmenswebsite zur Anwerbung von Bewerbern nutzen (▶ Abb. 5.4). Jobportale liegen bei immerhin 70 %, während die sozialen Netzwerke auf gerade einmal 28 % kommen.

Betrachten wir die *Effizienz*, also das Verhältnis der ausgeschriebenen Stellen zu den über das jeweilige Medium besetzten Stellen, so zeigt sich, dass die Nutzung allgemeiner Jobportale die effizienteste Variante des E-Recruitings darstellt, gefolgt von Stellenanzeigen auf der Unternehmenswebsite und der Nutzung sozialer Netzwerke (▶ Abb. 5.4).

Personalmarketing über Jobportale ist fast dreimal so wirkungsvoll wie die Anwerbung von Bewerbern über soziale Netzwerke (▶ Abb. 5.4). Jattuso und Sinar (2003) konnten allerdings zeigen, dass E-Recruitment auf spezifischen Portalen zu einer qualifizierteren Bewerberstichprobe führt als Werbung in allgemeinen Jobbörsen. Ein grundlegender Vorteil von Jobbörsen im Vergleich zu klassischen Zeitungsanzeigen liegt in der systematischeren Darstellung der Anforderungen an zukünftige Stelleninhaber. Marchal, Mellet und Rieucan (2007) vergleichen Zeitungsanzeigen mit Anzeigen in Jobportalen und zeigen, dass in letzteren sehr viel häufiger auf die notwendige Berufserfahrung, das gewünschte Bildungsniveau sowie das zu erwartende Gehalt eingegangen wird. Für die Bewerber ist dies wichtig. Nur wenn der Arbeitgeber einen klare Vorstellung davon hat, wen er sucht bzw. was er investieren möchte und dies auch offen kommuniziert, können auf Seiten der Bewerber sinnvolle Entscheidungen für bzw. gegen eine Bewerbung getroffen werden. Im günstigsten Fall steigert dies die Quote der tatsächlich geeigneten Bewerber. Die größere Transparenz wirkt sich dann mittelbar auch zugunsten des Arbeitgebers aus.

Unternehmenswebsites sind mehr als doppelt so wirkungsvoll wie soziale Netzwerke (▶ Abb. 5.4). Interessant wäre dabei die Unterscheidung zwischen privaten und berufsbezogenen sozialen Netzwerken. Leider liegen hierzu keine Erkenntnisse vor. Wahrscheinlich sind letztere effizienter, da viele Menschen das Personalmarketing in primär privat genutzten Netzwerken eher als lästige Werbung betrachten, während berufsbezogene Netzwerke ja u. a. auch von vornherein dem Zweck dienen, die eigene beruflichen Kariere zu beflügeln. Insofern mag so mancher Versuch der Nutzung sozialer Netzwerke bisweilen auch imageschädigend wirken. Caers und Castelyns (2011) fanden denn auch heraus, dass Arbeitgeber berufsbezogenen sozialen Netzwerken den Vorrang geben.

Die besonders hohe Effizienz der Jobportale ergibt sich zweifelsohne aus der Tatsache, dass sie gezielt von Menschen aufgesucht werden, die nach einer Stelle suchen. Bei Unternehmenswebsites ist das in nicht ganz so starkem Maße der Fall. Unternehmen, die weitgehend unbekannt sind – und dies gilt für die überwiegende Mehrheit –, können durch alleiniges Marketing auf der eigenen Website kaum Bewerber ansprechen, weil nur wenige Kandidaten die Internetseite des Unternehmens aufsuchen. Gerade für diese Unternehmen eignet sich das Personalmarketing auf der eigenen Website mithin nicht als isolierte Methode, sondern bedarf der Ergänzung mit anderen Formen des Personalmarketings.

Bei Stellenanzeigen in Jobportalen, in Zeitungen, Imagekampagnen oder sonstigen Wegen gilt es, die Bewerber auf die eigenen Internetseiten aufmerksam zu machen. Gelangen die Kandidaten erst einmal auf diese Seite, kann sich hier ein besonderer Nutzen entfalten, der weit über herkömmliche Stellenanzeigen hinausreicht. Das Problem herkömmlicher Stellenanzeigen besteht in ihrer Kürze, die sich wiederum aus den hohen Kosten ergibt. Wenn ein Unternehmen in einer überregionalen Zeitung für 50 Quadratzentimeter schon mehrere tausend Euro zahlen muss, werden sich die meisten Unternehmen zwangsläufig auf die wesentlichsten Angaben beschränken. Damit die Bewerber einerseits aber das Unternehmen und die fragliche Stelle hinreichend gut kennenlernen können und sich andererseits auch gezielt auf Stellen bewerben, zu denen sie selbst passen, benötigen sie sehr viel mehr Informationen. Diese Informationen könnte die Unternehmenswebsite ohne weiteres zum Nulltarif bieten. Wer sein Unternehmen sowie die Anforderungen an zukünftige Mitarbeiter hier differenziert beschreibt, maximiert damit sicherlich nicht die Anzahl der Bewerber, er maximiert aber den Anteil derjenigen, die wissen, worauf sie sich einlassen und selbst glauben, dass sie die Richtigen für die Stelle sind. Dies wiederum erhöht die Wahrscheinlichkeit, eine geeignete Person zu finden. Bei der Gelegenheit ließe sich übrigens generell ein Blick auf die Gestaltung der eigenen Website werfen. Die potenziellen Bewerber werden wohl, wenn sie schon einmal den Weg hierher gefunden haben, auch ein wenig in die Breite schauen. Grundsätzlich sollten sich Unternehmen für E-Recruitment daher nur dann entscheiden, wenn sie bereit sind, in professionelle Internetseiten zu investieren. Ungünstig gestaltete Unternehmenswebsites können letztlich mehr schaden als nutzen (z. B. Konrath & Rack, 2006).

Moser und Sende (2014) beschreiben jenseits der bereits angesprochenen Nutzung des Internets noch vier weitere Formen:

- Blogs: Hier berichten z. B. Mitarbeiter eines Unternehmens oder auch Bewerber aus einem laufenden Bewerbungsprozess heraus über ihre Erfahrungen mit dem Unternehmen. Durch die Beschreibung positiver Erfahrungen sollen die Leser der Blogs zu einer Bewerbung angeregt werden.
- Podcastings: Das Unternehmen produziert Audio- und / oder Videodateien mit informativen und unterhaltsamen Inhalten zur Imageförderung, in denen u. a. auf Ausbildungsplätze oder Karrierewege im eigenem Unternehmen hingewiesen wird. Die Beträge haben in gewisser Weise einen spielerischen Charakter und können z. B. „mal eben" auf dem Smartphone angeschaut werden.
- RSS-Feed: Vergleichbar zu einem Nachrichtenticker werden die Abonnenten eines RSS-Feeds immer wieder mit neuen Informationen über ein Unternehmen (und ggf. einen laufenden Bewerbungsprozess) informiert. Dabei können sie z. B. auch auf Podcasts u. ä. aufmerksam machen.
- Wikis: Hierbei handelt es sich um Informationssysteme, die – vergleichbar zu Wikipedia –von den Lesern selbst mit gestaltet werden können. Hierin besteht natürlich eine gewisse Gefahr für ein Unternehmen, dass auch unliebsame Informationen ausgetauscht oder vielleicht gezielt zur Schwächung des Personalmarketings in Umlauf gebracht werden können.

Über die Verbreitung und den Nutzen derartiger Systeme ist bislang nichts bekannt. Letztlich handelt es sich um eine Ergänzung des bestehenden Methodenspektrums und sicherlich nicht um Alternativen. Im Gegensatz zu Stellenanzeigen werden Blogs und Wikis nicht vollständig durch das Unternehmen kontrolliert. Unzufriedene Mitarbeiter, entlassene Mitarbeiter oder auch Konkurrenten können die Marketingbemühungen in ihr Gegenteil verkehren. Die Offenheit des Systems mag manches Unternehmen dazu verführen, Teilnehmer zu erfinden. Gemeint sind hiermit imaginäre zufriedene Mitarbeiter, die sich aus vermeintlich freien Stücken an einem Blog beteiligen, oder Bewerber, die in höchsten Tönen das Unternehmen lobpreisen, obwohl es sich hierbei um Dummies handelt, hinter denen ein Mitarbeiter des Personalmarketings oder ein bezahlter User sitzt. Entsprechende Betrugsversuche sind beispielsweise aus dem Hotelgewerbe bekannt. Dies geht nur so lange gut, bis die Sache auffliegt. Besser wäre es, das Unternehmen zu einem tatsächlich guten Arbeitgeber zu entwickeln oder aber die

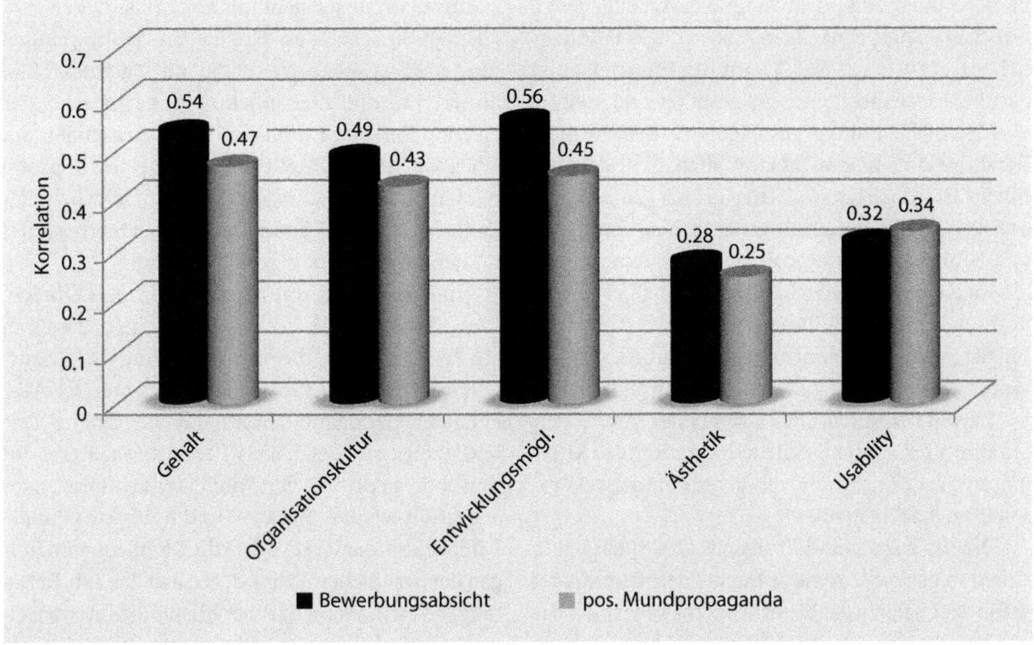

Abb. 5.8 Bedeutung von Websiteinhalten und Websitegestaltung (Ergebnisse von Cober et al., 2003)

Finger von offenen Systemen des Personalmarketings zu lassen.

Nun stellt sich die Frage, wie die Internetseiten, über die das E-Recruitment ablaufen soll, zu gestalten sind. Hierbei sind mehrere Aspekte zu bedenken (z. B. Cober, Brown, Levy, Cober & Keeping, 2003; Göritz & Moser, 2002):

- Inhalte: Welche Informationen über die Stelle, die Arbeitsbedingungen, den Arbeitgeber, erwünschte Qualifikationen u. ä. werden vermittelt?
- Usability: Wie einfach lassen sich die Internetseiten bedienen? Gibt es Probleme mit bestimmten Browsern? Ist die Schriftgröße hinreichend? Stimmen die Kontraste?
- Ästhetik: Sind die Informationen übersichtlich gestaltet? Arbeiten die Internetseiten mit Visualisierungen? Werden Farben eingesetzt? Vermitteln die Internetseiten rein optisch ein positives Bild des Arbeitgebers?
- Interaktion: Kann der Leser die Seiten nur passiv nutzen oder z. B. in Form von Hyperlinks individuell interessierende Informationen abrufen? Ist es möglich, direkt über die Internetseite Kontakt zum Unternehmen aufzunehmen und ggf. sogar in Form eines Bewerbungsformulars die Bewerbung über die Internetseite abzuwickeln? Besteht die Möglichkeit, über einen unverbindlichen Selbsttest die eigene Eignung zu testen?

Eine Studie von Cober et al. (2003) zeigt, dass sowohl der Inhalt als auch die Gestaltung einer Internetseite Einfluss auf die wahrgenommene Attraktivität eines Arbeitgebers nehmen (► Abb. 5.8). Die Bereitschaft, eine entsprechende Stelle anzunehmen, aber auch die Bereitschaft, im Freundeskreis positiv über die Stelle bzw. den Arbeitgeber zu sprechen, korrelieren signifikant mit den Angaben zum Gehalt, einer Beschreibung der Organisationskultur sowie den Möglichkeiten, sich bei dem Arbeitgeber weiterentwickeln zu können (Websiteinhalte). Gleiches gilt für die Ästhetik sowie die Usability der Website. Mithilfe hierarchischer Regressionsanalysen konnten die Autoren zeigen, dass die Gestaltung der Internetseiten für sich allein genommen eine deutlich geringere Bedeutung hat als Inhalte der Internetseite. Die Absicht, sich auf eine entsprechende Stelle zu bewerben und im Bekanntenkreis positiv über den Arbeitgeber zu sprechen, hängt primär davon ab, ob die Stelle inhaltlich attraktiv erscheint. Wenn die Internetseiten darüber hinaus auch noch gut gestaltet sind, steigert dies den Effekt. Eine gut gestaltete Internetseite ohne attraktive Angebote wirkt zwar auch, der Effekt der Inhalte ist jedoch bis zu viermal größer (26 % vs. 6 % bezogen auf die Bewerbungsbereitschaft und 20 % vs. 6 % bezogen auf die positive Mundpropaganda).

Zu einem ähnlichen Ergebnis gelangen Konrath und Rack (2006). In ihrer Studie erweist sich der Inhalt realer Unternehmenswebsites als bedeutsamer für die wahrgenommene Arbeitgeberattraktivität als das Layout der Seiten. Die Usability der Internetseiten nimmt in dieser Studie keinen Einfluss. Allerdings war die Stichprobe mit gerade einmal 65 Personen auch recht klein.

Braddy, Meade und Kroustalis (2008) fanden in einem Experiment positive Effekte der Attraktivität sowie der Usability der Unternehmenswebsite auf das Arbeitgeberimage. Je attraktiver die Website gestaltet wurde und je besser die Usability ausfiel, desto mehr veränderte sich die wahrgenommene Arbeitgeberattraktivität in den Augen der Studienteilnehmer (Studierende) zum Positiven.

Allen, Biggane, Pitts, Otondo und Scotter (2013) untersuchen mit verschiedenen Methoden die Wirkung von Inhalt und Gestaltung. Die Blickrichtungsanalyse zeigt, dass die Navigationsleiste der Internetseite sowie Hyperlink-Texte wesentlich mehr Aufmerksamkeit auf sich ziehen als der Standardtext. In der gedanklichen Auseinandersetzung der Probanden kommt den Inhalten jedoch deutlich mehr Bedeutung zu als den Gestaltungselementen einer Website. Gleiches gilt für die Frage, wie die Probanden den Arbeitgeber bewerten und ob sie sich dort bewerben würden.

Eine weitreichende Form der *Interaktivität von Recruiting-Websites* untersuchen Dineen, Ash und Noe (2002). In ihrem Experiment ermöglichen sie den Besuchern einer Unternehmenswebsite, einen Online-Test zu bearbeiten, der Auskunft über die Passung zum fraglichen Unternehmen gibt. Nach der Bearbeitung des Tests erhalten die Probanden unmittelbar ein Feedback über ihre Passung, das entweder positiv oder negativ ausfällt. Zum einen zeigt sich, dass die Probanden das Feedback ernst nehmen. Ein positives Feedback geht mit einer positiveren subjektiven Einschätzung der eigenen Passung einher, ein negatives Feedback mit einer negativeren. Zum anderen nimmt die subjektive Einschätzung der eigenen Passung Einfluss auf die Attraktivität der ausgeschriebenen Stelle. Wer sich selbst für geeignet hält, findet die ausgeschriebene Stelle bzw. das dahinterstehende Unternehmen auch interessanter im Hinblick auf eine eigene Bewerbung.

In diesem Zusammenhang konnten Dineen, Ling, Ash und DelVeccio (2007) zeigen, dass sich ein Feedback über die eigene Eignung für die ausgeschriebene Stelle positiv auf die Dauer der Auseinandersetzung mit den Inhalten der Online-Stellenanzeige auswirkt. Das Feedback basierte auf Fragebögen, die von den Studienteilnehmern zuvor ausgefüllt werden mussten, und bezog sich auf die Fähigkeiten, die Werte sowie die Rahmenbedingungen der beruflichen Tätigkeit (Gehalt, Urlaub, Reisetätigkeit etc.). Wenn darüber hinaus die Internetseiten ästhetisch ansprechend gestaltet waren, erhöhte sich der Effekt noch einmal geringfügig. Für das Erinnern der Inhalte war die Ästhetik der Seite wichtiger als das Feedback. Mit anderen Worten: Wenn die potenziellen Bewerber den Eindruck haben, dass sie zu der fraglichen Stelle passen könnten, schenken sie der Stellenanzeigen auch mehr Aufmerksamkeit. Die Inhalte werden umso besser im Gedächtnis verankert, je ästhetisch ansprechender die Website gestaltet ist. Beides zusammen erzeugt mithin die besten Effekte. Die Ästhetik bezog sich dabei auf den Einsatz von Farben und Bildern sowie die Verwendung verschiedener Schrifttypen.

Jenseits der Hinweise auf bestimmte Fachkompetenzen, Soft Skills, Rahmenbedingungen der beruflichen Tätigkeit, Unternehmenswerte u. ä. können auf den Internetseiten auch direkt *Mitarbeiter des Unternehmens zu Wort kommen* und aus ihrem Arbeitsalltag berichten. Van Hoyer und Lievens (2007) vergleichen die Wirkung solchermaßen gezielt durch den Arbeitsgeber gesteuerter Mitarbeiterurteile mit solchen, die frei im Internet kursieren. Letztere finden sich z. B. auf firmenunabhängigen Bewertungsportalen, auf denen Mitarbeiter anonym über unterschiedlichste Arbeitgeber berichten. Frei im Netz zu findende Mitarbeiterurteile erscheinen den Probanden glaubwürdiger als solche, die sich auf den

Internetseiten des Arbeitgebers finden lassen. Erstere beeinflussen denn auch signifikant die wahrgenommene Attraktivität des Arbeitgebers in den Augen potenzieller Bewerber. Der Effekt ist jedoch nicht so stark, dass hiermit auch eine erhöhte Bereitschaft zur Bewerbung resultiert. Die höhere Glaubwürdigkeit frei verfügbarer Informationen ist nachvollziehbar, zeugt aber auch von einer gewissen Blauäugigkeit. Zum einen ist damit zu rechnen, dass manche Arbeitgeber auch in offenen Bewertungsportalen ihr Image gezielt zu manipulieren versuchen, indem sie ihre Werbebotschaften als individuelle Meinungsäußerung einzelner Mitarbeiter oder Kunden tarnen. Zum anderen führen negative Informationen im Sinne eines „negativity bias" (z. B. Cacioppo, Cacioppo & Gollan, 2014) leicht dazu, dass die Leser einen stark verzerrten Eindruck von dem Unternehmen bekommen. Der „negativity bias" besagt, dass wir negative Informationen in unserer Urteilsbildung stärker gewichten als positive. Bedenken wir, dass wahrscheinlich unzufriedene Mitarbeiter und Kunden sich eher im Internet über ein Unternehmen auslassen als zufriedene, so entsteht ein deutlich verzerrtes Bild der Realität.

Neben der offensiven Variante des E-Recruitments, bei der ein Arbeitgeber sich selbst und seine Arbeitsplätze anpreist, existiert auch eine indirekte Variante. Hierbei sucht der Arbeitgeber auf einer Online-Stellenbörse nach Stellengesuchen. Über die Effizienz dieser Variante ist bislang nichts bekannt. Zu bedenken ist sicherlich, dass nur ein vergleichsweise kleiner Anteil qualifizierter Personen seine Daten im Sinne eines expliziten Stellengesuchs ins Netz stellt. Der wichtigste Grund, der auf Seiten der Bewerber gegen eine solche Praxis spricht, ist die Furcht, dass der derzeitige Arbeitgeber Wind von der Sache bekommen könnte, wie eine Studie von Westaby (2004) zeigt.

Empfehlungen für die Praxis

- Veröffentlichen Sie Ihre Stellenanzeigen in Online-Jobportalen und zusätzlich auch noch auf Ihrer Unternehmenswebsite.
- Geben Sie, wenn möglich, berufsgruppenspezifischen Jobportalen den Vorzug gegenüber allgemeinen Jobportalen. Beides lässt sich natürlich auch kombinieren.
- Nutzen Sie dabei den finanziellen Vorteil der Unternehmenswebsite, und stellen Sie den Arbeitsplatz ausführlich dar. Zudem sollten Sie differenziert beschreiben, wen Sie suchen, und die üblichen Leerformeln („Teamfähigkeit", „Führungsstärke", „Engagement") etc. meiden.
- Sofern Sie auch soziale Netzwerke nutzen möchten, empfehlen sich hierfür eher explizit berufsbezogene Netzwerke.
- Setzen Sie keine offenen Systeme des Personalmarketings (Blogs, Wikis) ein, wenn zu befürchten ist, dass darüber negative Informationen über das Unternehmen, die fraglichen Stellen o. ä. in Umlauf gebracht werden. Dies dürfte z. B. in Zeiten harter Tarifauseinandersetzungen oder eines öffentlichen Skandals der Fall sein.
- Sofern Sie Mitarbeiter auf Ihren Internetseiten zu Wort kommen lassen, achten Sie darauf, dass die Meinungsäußerungen glaubwürdig erscheinen und nicht offenkundig dem Sprachgebrauch Ihrer Marketingabteilung entsprechen.
- Legen Sie mehr Wert auf die Inhalte der Websites als auf deren Ästhetik (Einsatz von Farben, Bildern, verschiedenen Schrifttypen etc.) und Usability. Idealerweise ist aber beides professionell aufgestellt.
- Ermöglichen Sie den potenziellen Bewerbern auf Ihrer Website einen Selbsttest, mit dem sie ihre ungefähre Eignung für die Stelle überprüfen können. Hierzu bieten sich z. B. einige spezifische Fachfragen an.

5.9 Rekrutierungsveranstaltungen

Bei Rekrutierungsveranstaltungen finden sich viele potenzielle Bewerber an einem Ort zusammen und haben die Möglichkeit, sich persönlich über die Stellenangebote von Arbeitgebern zu informieren. Dabei treffen sie unmittelbar mit Firmenvertretern zusammen, so dass ein erstes wechselseitiges Kennenlernen möglich ist. Zu unterscheiden sind dabei verschiedene Varianten (vgl. Felser, 2010):

- *Hochschulmessen*: Das sind Veranstaltungen die entweder von einzelnen Hochschulen selbst oder in Kooperation mit privaten Veranstaltern durchgeführt werden. Sie sind oft durch regionale mittelständische Unternehmen geprägt, die hier mit Messeständen auftreten und Studierenden sowie frischen Absolventen Möglichkeiten zum persönlichen Gespräch bieten. Die Art der Interaktion reicht von unverbindlichen Gesprächen über die Rahmenbedingungen eines Praktikums oder eines Traineeprogramms bis hin zu zuvor vereinbarten Gesprächen, die bereits einen Auswahlcharakter haben könnten. Neben Firmenvertretern finden sich oft auch die Hochschulen selbst als Anbieter wieder und werben für Master-, berufsbegleitende oder Auslandsstudiengänge.
- *Offene Rekrutierungsmessen*: Hierbei handelt es sich um Veranstaltungen, die unabhängig von einer bestimmten Hochschule durchgeführt werden und oft auch ein breiteres überregionales Spektrum an Arbeitgebern Raum zur Selbstdarstellung bieten. Die Unterschiede zu Hochschulmessen sind ansonsten sehr fließend. In der Regel sind es ein- bis zweitägige Events, bei denen potenzielle Bewerber mit den Vertretern unterschiedlicher Unternehmen zusammentreffen. Der Marketingaufwand, der bei manchen dieser Messen von einzelnen Firmen betrieben wird, ist mitunter gewaltig. Bei großen Messen wird das Ganze noch abgerundet durch zentrale Vorträge zu berufsrelevanten Themen sowie Angebote von Beratungsunternehmen, die die Bewerbungsunterlagen der Messebesucher auf die richtige Außendarstellung hin untersuchen. Vergleichbar zu Hochschulmessen sind die Zielgruppen nahezu ausschließlich Berufseinsteiger.
- *Bewerbertage*: Hierbei handelt es sich um Veranstaltungen, die von Großunternehmen durchgeführt werden. Die Teilnehmer werden in der Regel aufgrund ihrer biographischen Daten grob vorausgewählt, so dass für das Unternehmen eine größere Effizienz gewahrt ist. Im Gegensatz zu den zuvor beschriebenen Messen bleibt zudem die Konkurrenz gewissermaßen ausgesperrt. Die Kosten sind allerdings erheblich höher im Vergleich zur Teilnahme an einer Rekrutierungsmesse. Neben den Möglichkeiten, das Unternehmen näher kennenzulernen und individuelle Gespräche zu führen, werden hier auch schon Bausteine eines Auswahlverfahrens (Assessment Center-Übungen, Planungsaufgaben, Testverfahren u. ä.) implementiert.

Der große Vorteil von Rekrutierungsveranstaltungen ist ohne Zweifel das direkte Gespräch zwischen Vertretern des Unternehmens und potenziellen Bewerbern. Da Bewerber – wie später noch zu zeigen sein wird – über die Ansprechpartner des Unternehmens einen subjektiven Eindruck vom Arbeitgeber ausbilden, steht und fällt die Effektivität von Rekrutierungsveranstaltungen mit dem eingesetzten Personal. Felser (2010) empfiehlt, Menschen einzusetzen, die den potenziellen Bewerbern ähnlich sind, authentisch auftreten und über ihr Unternehmen gut informiert sind.

Empfehlungen für die Praxis

- Sofern Sie Ihr Unternehmen auf einer offenen Rekrutierungsmesse präsentieren, bedenken Sie, dass den potenziellen Bewerbern ein unmittelbarer Vergleich zu konkurrierenden Unternehmen hier besonders leicht fällt. Unternehmen, die im Vergleich zur Konkurrenz in vielen Parametern schlechter abschneiden, schaden sich wahrscheinlich selbst eher durch eine solche Marketingstrategie.
- Achten Sie bei der Auswahl des Personals darauf, dass die Mitarbeiter sich so gut im Unternehmen auskennen, dass sie vielfältige Fragen beantworten können und insgesamt eine positive Wirkung auf andere Menschen haben.

◘ **Tab. 5.4** Spezifische Maßnahmen des Personalmarketings sowie des Employer Brandings an Schulen und Hochschulen (in Anlehnung an Moser & Sende, 2014)

Personalmarketing an Schulen	Personalmarketing an Hochschulen
• Vorträge an Schulen (z. B. über Ausbildungsmöglichkeiten) • Sponsoring zusätzlicher Ausstattung (z. B. der Bibliothek oder von Sportgeräten) • Sponsoring besonderer Veranstaltungen (z. B. Schulfeste) • Spenden von Schulpreisen • Betriebsbesichtigungen • Veranstaltung von Planspielen • Bereitstellung von Praktikumsplätzen • etc.	• Vorträge an Hochschulen • Freistellung von Lehrbeauftragten • Unterstützung studentischer Vereine • Sponsoring besonderer Veranstaltungen (z. B. Absolvententage) • Ausschreibung von Wissenschaftspreisen oder Preisen für Examensarbeiten • persönlicher Kontakt zu Lehrenden • Kooperation bei Forschungsprojekten • Unterstützung von Examensarbeiten (z. B. Kooperation bei Datenerhebungen) • Bereitstellung von Praktikumsplätzen • etc.

5.10 (Hoch-)Schulmarketing

Das (Hoch-)Schulmarketing richtet sich gezielt an Absolventen von Schulen und Hochschulen. Es versteht sich nicht als Alternative zu den zuvor genannten Strategien, sondern ergänzt das Angebot vielmehr um einige Methoden, die spezifisch für Schulen und Hochschulen sind. In Anlehnung an Moser und Sende (2014) könnend dabei die in ► Tab. 5.4 aufgelisteten Maßnahmen verstanden werden. Viele dieser Maßnahmen sind im engeren Sinne nicht dem Personalmarketing, sondern dem Employer Branding zuzuordnen, da sie ganz allgemein zum Ziel haben, ein positives Arbeitgeberimage aufzubauen, ohne dass die Rezipienten schon als Bewerber zu betrachten wären. Es geht eher darum, in positivem Sinne bekannt zu werden, damit die Rezipienten, wenn sie in einigen Monaten oder Jahren auf den Arbeitsmarkt strömen, das fragliche Unternehmen im Blick haben.

Kanning, Schmalbrock und Wild (2009) befragten mehr als 300 Studierende zur ihrer Wahrnehmung verschiedener Maßnahmen des Hochschulmarketings. Den höchsten Bekanntheitsgrad erzielt die Bereitstellung von Praktikumsplätzen (► Abb. 5.9). Sie findet auch die größte Zustimmung bei den Studierenden. Auf den Plätzen 2 und 3 der Bekanntheit folgen die Unterstützung von Examensarbeiten sowie Unternehmenspräsentationen in den Hochschulen. Beide Optionen finden die gleiche Zustimmung. Kontakte zur Professoren sind vielen Studierenden hingegen nicht bekannt und spielen für sie auch keine Rolle.

Studien zum Personalmarketing an Schulen liegen nicht vor. Insgesamt gibt es kaum Erkenntnisse darüber, wie (Hoch-)Schulmarketing effektiv oder gar effizient betrieben werden kann. Hier zeichnet sich noch eine großer Forschungsbedarf ab, wie übrigens in vielen Feldern des Personalmarketings, wenn man einmal von der Gestaltung von Stellenanzeigen absieht.

Empfehlungen für die Praxis

- Stellen Sie Kontakte zu lokalen Schulen her, um sich im Kreise potenzieller Azubi-Bewerber bekannt zu machen. Erfolgversprechend scheinen hier neben Schülerpraktika vor allem Vorträge vor Abschlussklassen, in denen Sie über Berufsfelder und Ausbildungsmöglichkeiten informieren.
- Hochschulmarketing betreiben Sie am besten, indem Sie Praktikumsplätze bereitstellen, Examensarbeiten unterstützen und Ihr Unternehmen durch Vorträge in Universitäten und Fachhochschulen bekannt machen.

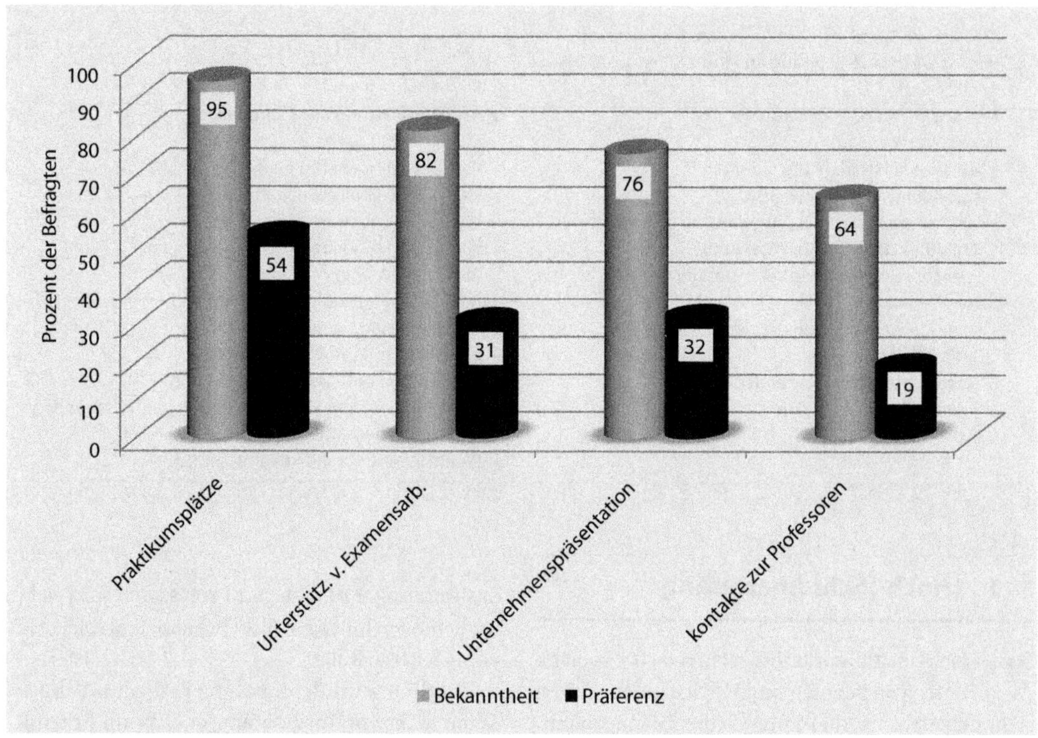

Abb. 5.9 Hochschulmarketing aus Sicht von Studierenden (nach Kanning et al., 2009)

5.11 Ansprache besondere Zielgruppen

Die Ansprache besonderer Zielgruppen lässt sich einordnen in das inzwischen viel diskutierte Thema der *Diversity* am Arbeitsplatz. Der Begriff „Diversity" beschreibt zunächst einmal nichts anderes als die Heterogenität der Menschen, die zusammen arbeiten. Die Heterogenität kann sich auf alle möglichen Merkmale beziehen, die Menschen voneinander unterscheiden: Geschlecht, Alter, ethnischer Hintergrund, religiöse oder weltanschauliche Orientierung, Persönlichkeitsmerkmale, Ausprägung sozialer Kompetenzen, Intelligenz, Arbeitsmotive, Berufserfahrung und vieles mehr. Insofern ist Diversity keineswegs eine neues Thema, sondern schon immer Bestandteil des Arbeitsalltags zahlloser Menschen. Zu einem „Modethema" ist Diversity geworden, weil man sich aus der Vielzahl der Variablen einige wenige herausgegriffen hat, denen eine besondere gesellschaftspolitische Bedeutung zugeschrieben wird. Betroffen sind vor allem das Geschlecht sowie die ethnische Herkunft. Analysen der Verteilung der Geschlechter oder ethnischer Gruppen zeigen, dass insbesondere Frauen und Menschen mit Migrationshintergrund in manchen Berufen, von allem aber in Führungspositionen, quantitativ unterrepräsentiert sind. Hieraus erwächst die Forderung, diese als ungerecht erlebten Verteilungsunterschiede möglichst weitgehend zu nivellieren, also Diversity herzustellen (z. B. Liberman, 2013; Thomas & Plaut, 2008). Andere Autoren sehen grundsätzlich einen Vorteil heterogener Arbeitsgruppen, weil sie sich hiervon beispielsweise kreative Impulse versprechen.

Diese Sichtweise ist aus zwei Perspektiven problematisch (vgl. Kanning 2015c). Zum einen wird implizit unterstellt, Frauen und Männer würden sich ebenso grundsätzlich wie deutlich unterscheiden. Sofern sich Unterschiede zwischen beiden Gruppen empirisch belegen lassen, handelt es sich allerdings immer um Mittelwerte der jeweiligen Gruppen. Um diese Mittelwerte herum existiert eine breite

■ **Tab. 5.5** Effekte von Diversity im beruflichen Kontext (aus Kanning, 2015c)

Team-Diversity im Hinblick auf:	Teamleistung	Leistungseffizienz	Kreativität und Innovation
fachliche Zusammensetzung (Marketing, Finanzen, Personalwesen etc.)	.12	.03	.18
fachlicher Ausbildungshintergrund	-.03	-.02	.23
Bildungsniveau	-.01		
Dauer der Zugehörigkeit zur Organisation	.04		
Dauer der Zusammenarbeit im Team	-.04		
ethnischer Hintergrund	-.14	-.04	-.18
Geschlecht	-.06	-.09	-.16
Alter	-.03		

Streuung. Es gibt z. B. viele Männer, die sozial orientierter sind als viele Frauen, obwohl Frauen im Mittelwert eine höhere soziale Orientierung aufweisen. Anzunehmen, dass Arbeitsteams aus Frauen und Männern zwangsläufig heterogener sind als gleichgeschlechtliche Teams, ist somit ein Trugschluss. Er entsteht letztlich durch eine stereotype Sicht auf beide Berufsgruppen. Zudem kommen Studien, die sich mit der Frage beschäftigen, ob heterogene Gruppen grundsätzlich von Vorteil sind, zu sehr ernüchternden Ergebnissen (Webber und Donahue, 2001; Wegge, 2014; Kanning, 2015c). In ▶ Tab. 5.5 finden sich die Ergebnisse einer Metaanalyse von Bell, Villado, Lukasik, Belau und Briggs (2011). Sie verdeutlicht, dass, sofern sich überhaupt Effekte finden lassen, diese äußerst klein ausfallen. Wahrscheinlich ist die Heterogenität, die von der Persönlichkeit der Menschen ausgeht, viel bedeutsamer als die Heterogenität, die sich aus der Zugehörigkeit zu bestimmten sozialen Gruppen ergibt (Kanning, 2015c).

Unabhängig von der Frage, ob Diversity an sich vorteilhaft ist oder aus gesellschaftspolitischen Gründen angestrebt wird, kann ein Arbeitgeber den Versuch unternehmen, gezielt solche Gruppen anzusprechen, die sich bislang für seine Stellen nicht interessiert haben. Hierdurch vergrößert sich der Bewerberpool – und das bei gelungenem Personalmarketing auch im Sinne einer erhöhten Grundquote geeigneter Kandidaten. Aus einer nüchternen Perspektive heraus betrachtet wäre das Ziel also nicht, per se mehr Frauen, Männer, Alte oder Junge einzustellen, sondern den Pool der geeigneten Bewerber zu vergrößern, indem man Personengruppen gezielt anspricht, die sich bislang von den Stellenanzeigen des Unternehmens kaum angesprochen gefühlt haben.

Die Unterrepräsentanz einzelner Personengruppen in bestimmten Berufsfeldern hat sicherlich viele Gründe. Einige davon sind, dass sich die Betroffenen von entsprechenden Stellen nicht angezogen fühlen, weil sie z. B. glauben, dass sie hier unerwünscht sind, keine faire Chance im Auswahlverfahren haben oder ihre spezifischen Bedürfnisse hier nicht hinreichend befriedigt werden (vgl. Cordner & Cordner, 2011). Die bisherige Forschung in diesem Feld ist sehr überschaubar und bezieht sich meist auf die forcierte Ansprache von Frauen im Vergleich zu Männern.

Gaucher, Friesen und Kay (2011) untersuchten in einer Reihe von Studien den Gebrauch von Wörtern, die eher dem männlichen oder weiblichen Stereotyp zuzuordnen sind. Zu ersteren zählen sie Wörter, wie „aktiv, analytisch, autonom, Wettbewerb, Hierarchie, Intellekt oder logisch", zu letzteren „emotional, empathisch, loyal, sensitiv oder Verständnis". In einer Analyse von fast 500 Stellenanzeigen stellen sie fest, dass in Berufen, die eher von Männern dominiert werden, Begriffe der ersten Art stärker vertreten sind als in Berufen, die von Frauen dominiert werden. Stereotyp weibliche Begriffe treten in beiden Gruppen gleich häufig auf. Werden in einer fingierten Stellenanzeige mehr stereotyp männliche Begriffe verwendet als weibliche, so erwarten die Rezipienten, dass bei diesem Arbeitgeber mehr Männer als Frauen angestellt sind und umgekehrt. Darüber hinaus finden Frauen Organisationen sowie die ausgeschriebene Stelle attraktiver, wenn in den Stellenanzeigen vermehrt stereotyp weibliche Begriffe verwendet werden, und fühlen sich stärker mit der Organisation verbunden. Männern lassen sich durch die Verwendung der Worte nicht signifikant beeinflussen. Ein verstärkter Einsatz vermeintlich weiblicher Begriffe fördert somit die positive Einstellung weiblicher Bewerber, ohne dass Männer von einer Bewerbung abgeschreckt werden. Wer verstärkt weibliche Bewerber ansprechen möchte, könnte mithin die Verwendung der Wörter in der Stellenanzeige entsprechend überdenken.

In eine ähnliche Richtung zielt die Studie von Winter (1996). Bei ihm geht es um Motive bzw. deren Befriedigung, die in Stellenanzeigen angesprochen werden. Unterschieden wird zwischen sog. extrinsischen und intrinsischen Motiven. Erstere zielen auf Sicherheit und materielle Belohnung ab, die mit einer Stelle verbunden sind, letztere auf die Möglichkeit, sich selbst durch die berufliche Tätigkeit weiterzuentwickeln. In einem Experiment wird untersucht, welchen Einfluss die Betonung extrinsischer vs. intrinsischer Bedürfnisbefriedigung auf die Wahrnehmung der Stellenanzeige hat und ob es von Bedeutung ist, ob diese Motive gleich am Anfang des Textes oder erst später angesprochen werden. Frauen bewerten Stellenanzeigen positiver, wenn sie intrinsische Motive ansprechen, während Männer Stellenanzeigen positiver bewerten, wenn sie die Befriedigung extrinsischer Motive hervorheben. Unabhängig vom Geschlecht werden Stellenanzeigen positiver bewertet, wenn intrinsische Motive recht früh im Text angesprochen werden, während extrinsische Motive eher später auftauchen sollten. Zu bedenken ist dabei, dass die Probanden keine realen Bewerber waren, sondern Studierende, die sich in die Rolle von Bewerber hineinversetzen sollten. Bei realen Bewerbern dürfte sicherlich noch eine Rolle spielen, in welcher wirtschaftlichen Situation sie sich befinden. Je schlechter ihre wirtschaftliche Situation ist, desto eher dürfte bei vielen der Selbstverwirklichungsgedanke in den Hintergrund treten. Ganz grundsätzlich ist es aber sicherlich nicht falsch, beide Bedürfnisarten explizit anzusprechen, sofern die Stelle tatsächlich dazu geeignet ist, beide zu befriedigen.

Walker, Feild, Bernerth und Beeton (2012) untersuchen den Einfluss von Mitarbeiterfotos auf Recruitment-Websites. Unterschieden wird, ob in einer Gruppe von vier Mitarbeitern alle hellhäutig oder jeweils zur Hälfte hell- bzw. dunkelhäutig sind. Letztere wird von den Autoren als ein explizierter Hinweis auf ethnische Heterogenität der Belegschaft interpretiert. Im Ergebnis dieses Laborexperiments zeigt sich, dass die Website mit hell- und dunkelhäutigen Mitarbeitern bei allen Rezipienten unabhängig von ihrer eigenen Hautfarbe mehr Aufmerksamkeit findet und mehr Inhalte der Website erinnern werden konnten. In einem zweiten Experiment konnte das Ergebnis repliziert werden. Ob die verstärke Aufmerksamkeit bzw. das bessere Erinnern von Inhalten auch zu einem veränderten Bewerbungsverhalten führt, kann die Studie leider nicht sagen. Gleichwohl lässt sich zumindest in den USA beobachten, dass die Darstellung von Mitarbeiter-Diversität im Hinblick auf ethnische Herkunft und Geschlecht im Laufe der Jahre deutlich zugenommen hat, da sich die Verantwortlichen hiervon eine verstärke Ansprache unterrepräsentierter Gruppen versprechen (Avery & McKay, 2006). Nach einer Studie von Perkins, Thomas und Taylor (2000) sowie Avery, Hernandez und Hebl (2004) bewerten Vertreter unterrepräsentierter Gruppen entsprechende Arbeitgeber tatsächlich positiver. Darüber hinaus hat es sich als sinnvoll erwiesen, bereits in der Stellenanzeige explizit auf Chancengleichheit für alle Bevölkerungsgruppe hinzuweisen (Avery & McKay, 2006). So können z. B. Brown, Cober, Keeping und Levy (2006) zeigen, dass bei entsprechenden Hinweisen die Bewerbungsbereitschaft unter Angehörigen der betroffenen Gruppen ansteigt.

Empfehlungen für die Praxis

- Sofern Sie vermehrt Frauen ansprechen möchten, verwenden Sie in Stellenanzeigen in stärkerem Maße Wörter, die dem weiblichen Stereotyp entsprechen.
- Sofern Sie vermehrt Frauen ansprechen möchten, sollten Sie in der Stellenzeige die Möglichkeiten zur Befriedigung

intrinsischer Motive betonen, und zwar möglichst weit oben im Text.
- Sofern Sie vermehrt Männer ansprechen möchten, sollten Sie die Möglichkeiten zur Befriedigung extrinsischer Motive betonen.
- Unabhängig vom Geschlecht ist es sinnvoll, beide Kategorien von Motiven anzusprechen, und zwar die intrinsischen am Anfang und die extrinsischen weiter unten im Text.
- Sofern Sie die Heterogenität Ihrer Belegschaft steigern wollen, sollten Sie die Stellenanzeigen mit Mitarbeiterfotos ausstatten, auf denen die Heterogenität der Belegschaft deutlich zum Ausdruck kommt.
- Weisen Sie explizit darauf hin, dass in Ihrem Unternehmen die Herkunft der Mitarbeiter für deren Erfolg unerheblich ist, sondern dass die Leistung jedes Einzelnen entscheidend ist.

Auswahl und Gestaltung von Personalauswahlmethoden

U.P. Kanning, *Personalmarketing, Employer Branding und Mitarbeiterbindung*,
DOI 10.1007/978-3-662-50375-1_6

Die Personalauswahl dient in erster Linie dazu, die für eine bestimmte Stelle passenden Personen in der Gruppe der Bewerber zu identifizieren. Erst in zweiter Linie ist das Auswahlverfahren selbst auch ein Instrument des Personalmarketings, da die Bewerber über das Auswahlverfahren einen Eindruck von ihrem potenziellen Arbeitgeber gewinnen. Dass man sich auch als Arbeitgeber Gedanken darüber machen sollte, wie das eigene Auswahlverfahren auf die Bewerber wirkt, hat sich zumindest in größeren Unternehmen inzwischen herumgesprochen. Allerdings neigen viele Entscheidungsträger in den Unternehmen nun dazu, sprichwörtlich „das Kind mit dem Bade auszugießen", indem sie sehr viel mehr Aufmerksamkeit auf die Wirkung ihres Auswahlverfahrens legen als auf dessen diagnostische Qualität. Besonders deutlich kommt dies in einer Studie von König, Klehe, Berchtold und Kleinmann (2010) zum Ausdruck.

In ihrer Untersuchung gehen sie der Frage nach, von welchen Kriterien sich Personaler leiten lassen, wenn sie ihre Auswahlverfahren gestalten. ▶ Abb. 6.1 gibt den zentralen Ausschnitt der Ergebnisse wieder. Das wichtigste Kriterium ist aus Sicht der Personalpraktiker erstaunlicherweise die vermutete Reaktion der Bewerber. Um Verfahren, die bei Bewerbern nicht gut gelitten sind (z. B. Leistungstests), machen die Verantwortlichen lieber einen Bogen und setzen stattdessen auf unstrukturierte Interviews, die von der breiten Masse der Bewerber eher akzeptiert werden. Fast gleichauf mit den vermuteten Bewerberreaktionen liegen die absoluten Kosten. Je teurer ein Verfahren ist, desto seltener wird es eingesetzt. Viel sinnvoller wäre es natürlich, die Kosten-Nutzen-Relation zu bedenken und nicht einfach das billigste Verfahren auszuwählen. So sind beispielsweise hoch strukturierte Einstellungsinterviews ohne Zweifel kostspieliger als unstrukturierte Einstellungsgespräche, ihre Prognosekraft übersteigt die unstrukturierten Verfahren dafür aber auch um ein Vielfaches (vgl. Huffcutt & Arthur, 1994). Bei wichtigen Stellen werden sich die Mehrkosten eines strukturierten Vorgehens daher in Windeseile amortisiert haben. Auf Platz 3 liegt die Verbreitung einer Auswahlmethode. Offensichtlich fühlen sich die Verantwortlichen besonders sicher, wenn sie sich weitgehend so verhalten wie ihre Kollegen in anderen Unternehmen. Leider hat dies zur Folge, dass nicht immer die besten Verfahren zum Einsatz kommen. Besonders eklatant ist dies bei Testverfahren. Zu den Tests, die in Deutschland bevorzugt zum Einsatz kommen, zählen sehr viele, die aus wissenschaftlicher Sicht nicht zu empfehlen sind (Hossiep, Schecke & Weiß, 2015; Kanning, 2015a). Erst auf Platz 4 findet sich das eigentlich wichtigste Kriterium, die Validität. Sie ermöglicht eine Aussage darüber, wie gut sich mit einer bestimmten Methode der berufliche Erfolg prognostizieren lässt. Würden Ärzte mehrheitlich so agieren wie die hier untersuchten Personaler, so würden sie nicht in erster Linie wirksame Medikamente verschreiben, sondern solche, die gut schmecken.

Im Folgenden sollen zunächst einmal die wichtigsten Prinzipien guter Personalauswahl kurz zusammengefasst wiedergegeben werden. Dies erscheint notwendig, um im weiteren Verlauf die Prioritäten der Personalauswahl nicht aus dem Blick zu verlieren. Erst wenn sichergestellt ist, dass die eingesetzten Verfahren tatsächlich in der Lage sind, geeignete Bewerber zu identifizieren, rückt die Frage, wie das Verfahren aus Sicht des Personalmarketings zu gestalten ist, in den Fokus.

6.1 Prinzipien guter Personalauswahl

Gute Personalauswahl ist keineswegs eine Frage von „Menschenkenntnis", „Bauchgefühl", „Intuition" oder „Lebenserfahrung". Zahlreiche Studie zeigen, dass wir andere Menschen in systematischer Weise verzerrt wahrnehmen, wenn wir unserer eigenen Urteilskraft blind vertrauen (Kanning, 1999, 2015a; Kanning Hofer & Schulze Willbrenning, 2004). Hier einige Beispiele für klassischen Fehler der Personenbeurteilung:

- *Halo-Effekt:* Wir nehmen Menschen weniger vielfältig wahr, als sie es de facto sind. Statt vielleicht zehn oder 15 Eigenschaften eines Menschen zu differenzieren, greifen wir uns ein einzelnes Merkmal heraus, das in unserer Wahrnehmung die gesamte Person überstrahlt. Die einzelne Information erscheint uns so bedeutungshaltig, dass wir schnell das Gefühl haben, sehr viel über diesen Menschen zu wissen. Diese Überstrahlung der gesamten Persönlichkeit durch ein einzelnes Merkmal kann von positiver Natur sein („halo" = engl.

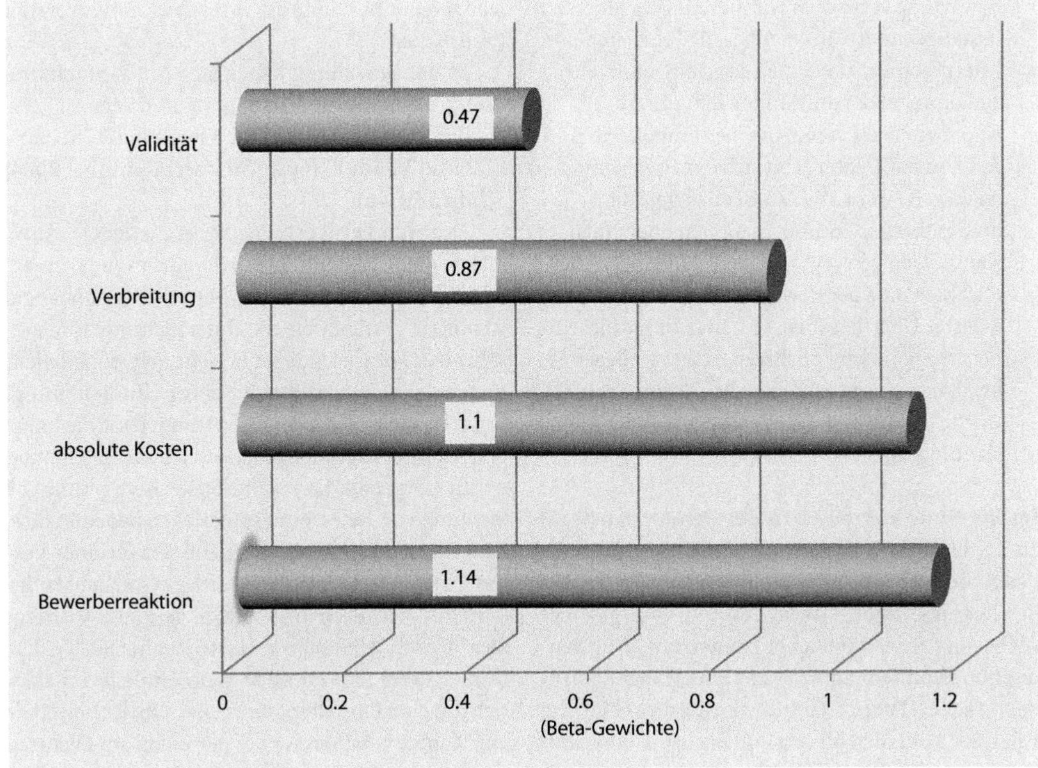

Abb. 6.1 Bedeutung verschiedener Kriterien bei der Gestaltung von Auswahlverfahren aus der Sicht von Personalpraktikern (nach König, Klehe, Bechtold & Kleinmann, 2010)

Heiligenschein; Thorndike, 1920) oder fällt, wie in unserem Beispiel (s. u.), negativ aus. Der Überstrahlungseffekt hindert den Betrachter letztlich daran, sich differenziert mit einem Individuum auseinanderzusetzen. Ein Beispiel: Wir erfahren, dass ein Bewerber eine große Lücke in seinem Lebenslauf aufweist. Aufgrund des Halo-Effekts glauben wir, dass er nur wenig leistungsmotiviert und zielstrebig ist, sich entweder gar nicht oder nur sprunghaft für etwas begeistern lässt, unzuverlässig ist und daher leicht in Konflikte mit anderen Menschen gerät. Das alles „erschließen" wir uns von nur einem einzigen Merkmal.

- *Attraktivitätseffekt:* Der Attraktivitätseffekt ist eine besondere Form des Halo-Effekts, der sich auf die physische Attraktivität eines Menschen bezieht. Zahlreiche Studien zeigen, dass gut aussehende Menschen von uns im Hinblick auf viele unterschiedliche Eigenschaften ebenfalls als besonders positiv wahrgenommen werden, obwohl diese Eigenschaften gar nichts mit dem Aussehen eines Menschen zu tun haben (z. B. Schuler & Berger, 1979; Watkins & Johnston, 2001). So erleben wir attraktive Menschen z. B. als intelligenter, teamfähiger oder fachkompetenter im Vergleich zu weniger gut aussehenden Personen. Bewerbungsmappen, die Fotos von gut aussehenden Kandidaten beinhalten, führen eher zu einer Einladung als Mappen mit durchschnittlich aussehenden Personen, und zwar selbst dann, wenn die Unterlagen identisch sind.
- *Erwartungseffekt:* Ausgehend von einer Vorinformation, die wir z. B. den Bewerbungsunterlagen entnommen haben, bilden wir eine Erwartung über einen Menschen aus, noch ehe wir ihn persönlich kennengelernt haben. Diese

Erwartung versuchen wir nun im Folgenden zu bestätigen und nutzen dabei alle Freiheiten der Interpretation, um am Ende zu einem Ergebnis zu kommen, das am Anfang in unserem Kopf bereits feststand. In einem simulierten Assessment Center zeigt sich der Erwartungseffekt z. B., wenn die AC-Beobachter mit manipulierten Vorinformationen über einen Kandidaten versorgt werden. Glauben AC-Beobachter, dass der Bewerber ein hoch qualifizierter Überflieger ist, so bewerten sie dieselbe Person signifikant positiver als ihre Kollegen, bei denen eine gegenteilige Erwartung erzeugt wurde (Kanning & Klinge, 2005; Wenderdel & Kanning, 2008).

Im Ergebnis kommt es in der Personalauswahl zu Fehlentscheidungen, die weder im Interesse des Arbeitgebers, noch im Interesse der Bewerber liegen können. Menschen mit Übergewicht (O'Brien, Latner, Ebneter & Hunter, 2012), ausländischen Familiennamen (Kaas und Manger, 2010) oder Akzent (Fuertes, Gottdiener, Martin, Gilbert & Giles, 2012) werden oft voreilig abgelehnt, ohne dass sie eine reelle Chance gehabt hätten, ihre tatsächliche Eignung unter Beweis zu stellen. Im Gegenzug erscheinen uns Menschen mit maskulinem Körperbau führungsstärker als kleine schmächtige Bewerber (Sczesny & Stahlberg, 2002). Ähnlich dürfte es sich bei Männern mit rasiertem Schädel verhalten. Zumindest wirken sie auf ihr Gegenüber besonders dominant (Mannes, 2013). Gut aussehende Menschen habe es grundsätzlich leichter, nicht aber besonders gut aussehende Frauen, wenn sie sich in klassischen Männerdomänen bewerben (Braun, Peus & Frey, 2012). Die Entscheidungsträger sind nicht etwa dumm oder faul, sie verlassen sich nur ganz einfach auf ihre eigene Wahrnehmung, so wie wir es im Alltag ständig machen. Wenn dieselben Menschen eine Partybekanntschaft oder einen Taxifahrer falsch einschätzen, sind die Konsequenzen jedoch recht bedeutungslos, verglichen mit einer fehlgeleiteten Personalauswahlentscheidung. Aus diesem Grunde empfiehlt sich in der Personalauswahl eine gesunde Skepsis gegenüber der eigenen Urteilsbildung. Es geht darum, Methoden einzusetzen, die den Entscheidungsträgern dabei helfen, eine möglichst gute Entscheidung zu treffen, die weitgehend bereinigt ist von subjektiv verzerrten Eindrücken.

In der Forschung haben sich seit Jahrzehnten drei grundlegende Prinzipien guter Personalauswahl international etabliert: Objektivität, Reliabilität und Validität (ausführlicher: Kanning, 2004; Schuler, 2014a).

Das grundlegendste Prinzip ist das der *Objektivität* (► Abb. 6.2). Die Objektivität drückt aus, inwieweit die Untersuchung eines Bewerbers unabhängig ist von der Person, die die Untersuchung durchgeführt hat. Die Objektivität bezieht sich jedoch nicht nur auf die Durchführung einer Untersuchung, sondern auch auf deren Auswertung sowie die Interpretation der Ergebnisse im Hinblick auf die Eignung der Bewerber für die vakante Stelle. Bezogen auf die Sichtung von Bewerbungsunterlagen bedeutet dies, dass es unerheblich sein muss, ob sie von einer Vertreterin des Personalwesens, dem Personalchef oder dem direkten Fachvorgesetzten gesichtet wurden. Der Mensch, der hinter den Unterlagen steht, bleibt ja in allen drei Fällen derselbe. Ganz ähnlich verhält es sich mit dem Einstellungsinterview. Ob der Bewerber am Montag von Frau A oder per Zufall am Dienstag von Frau B befragt werden würde, darf für das Ergebnis keine Rolle spielen. Zu erreichen ist eine hohe Objektivität nur dann, wenn die Vorgehensweise verbindlich geregelt ist und es sehr klare Kriterien zur Bewertung der Bewerber gibt, die möglichst wenig Interpretationsspielraum lassen. Ein Beispiel für ein Kriterium mit hoher Objektivität bei der Sichtung von Bewerbungsunterlagen ist die Festlegung einer bestimmten Durchschnittsnote im Abiturzeugnis, der Abschluss einer bestimmten Ausbildung oder der Besuch einer konkreten Weiterbildungsmaßnahme. Die so beliebte Interpretation des Anschreibens oder des Lebenslaufes im Hinblick auf die Deutung der Persönlichkeit eines Bewerbers ist hingegen das genaue Gegenteil von Objektivität. Sie lässt dem einzelnen Leser der Unterlagen extrem viel Entscheidungsspielraum. Im Einstellungsinterview lässt sich eine hohe Objektivität erzielen, indem im Vorfeld ein Leitfaden erstellt wird, in dem die meisten Fragen stehen, die der Reihe nach allen Bewerbern in gleicher Weise gestellt werden müssen. Darüber hinaus muss bei jeder Frage feststehen, wie die Antworten zu bewerten sind (vgl. Kanning et al., 2008). Letztlich bleibt bei der Sichtung von Bewerbungsunterlagen

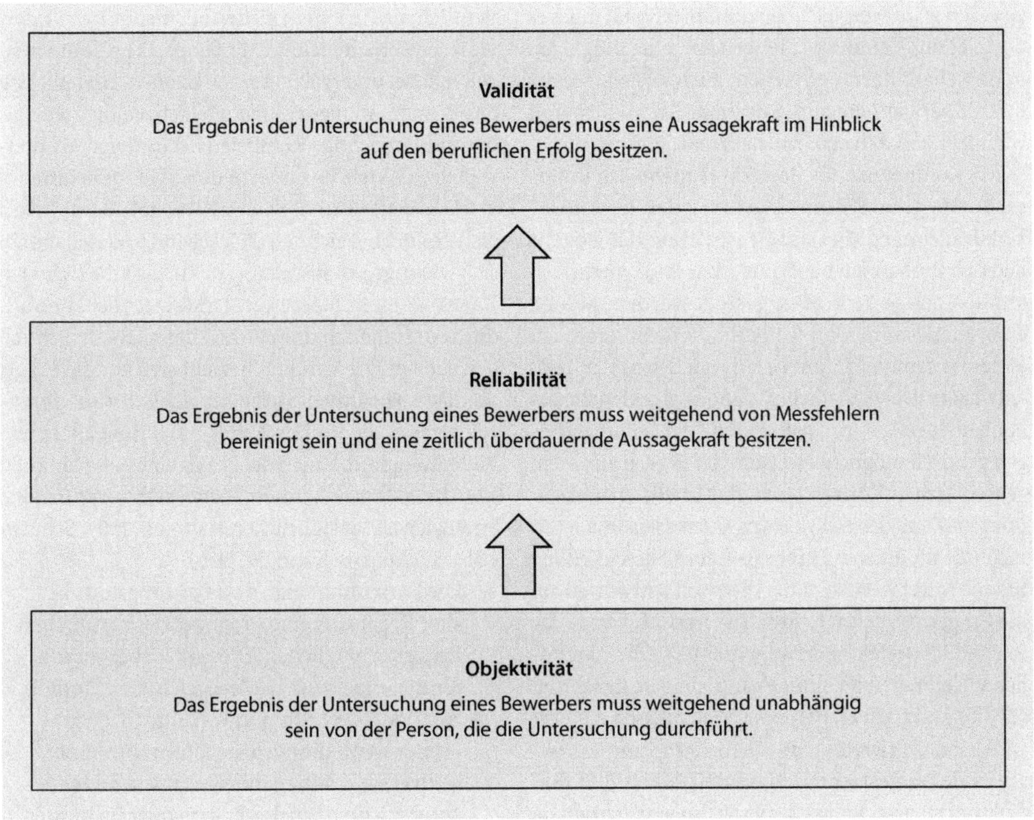

Validität
Das Ergebnis der Untersuchung eines Bewerbers muss eine Aussagekraft im Hinblick auf den beruflichen Erfolg besitzen.

Reliabilität
Das Ergebnis der Untersuchung eines Bewerbers muss weitgehend von Messfehlern bereinigt sein und eine zeitlich überdauernde Aussagekraft besitzen.

Objektivität
Das Ergebnis der Untersuchung eines Bewerbers muss weitgehend unabhängig sein von der Person, die die Untersuchung durchführt.

Abb. 6.2 Prinzipien guter Personalauswahl

oder dem Einstellungsinterview immer noch ein gewisser Interpretationsspielraum, zudem können den beteiligten Personen z. B. durch Unachtsamkeit Fehler unterlaufen. Perfekt ist die Objektivität allenfalls bei einem computergestützten Verfahren, bei dem der Rechner auch gleich noch die Auswertung und Interpretation übernimmt. Da sich aber nun einmal nicht alle erfolgsrelevanten Merkmale eines Bewerbers allein über Computertests messen lassen, wird man zwangsläufig auch Verfahren zum Einsatz bringen, deren Objektivität suboptimal bleibt. Hier muss es das Ziel sein, durch ein hohes Maß an Standardisierung, gepaart mit einer guten Schulung des Auswahlpersonals, so viel Objektivität wie möglich zu erzielen. Soweit es möglich ist, sollten zudem immer mehrere Diagnostiker zur Tat schreiten, um einen Kandidaten einzuschätzen. Die Bewerbungsunterlagen werden dann z. B. von zwei Personen unabhängig voneinander gesichtet. Im Interview erfolgt eine Bewertung der Antworten durch mindesten zwei unabhängige Interviewer/Beisitzer. Erst nachdem die Untersuchung durchgeführt wurde, tauschen sich die Diagnostiker aus und legen ein Gesamtergebnis fest.

Eine hohe Objektivität bietet für sich allein jedoch noch keine Gewähr für eine richtige Auswahlentscheidung. Das zweite Prinzip, das Berücksichtigung finden muss, ist das der *Reliabilität*. Grundsätzlich ist jede Untersuchung durch Messfehler verunreinigt. Im Interview könnte es z. B. passieren, dass ein Bewerber eine Frage nicht richtig verstanden hat, sich aber nicht traut, erneut nachzufragen. Ebenso kann eine kurze Unaufmerksamkeit im Assessment Center (AC) dazu beitragen, dass der Bewerber ein Argument des Rollenspielers überhört und daher keine überzeugenden Gegenargumente vorbringen kann, die für eine besonders gute Bewertung durch die AC-Beobachter wichtig gewesen wäre. Vergleichbar zur Objektivität muss es das Ziel der Verantwortlichen sein, eine möglichst hohe Reliabilität zu erreichen, auch wenn sie letztlich nie perfekt sein wird. Eine hohe Reliabilität wird vor allem dadurch erreicht, dass man jede interessierende Kompetenz des Bewerbers mehrfach untersucht. Ein gutes Beispiel hierfür ist der Persönlichkeitsfragebogen. Bei der Bearbeitung des Bogens fällt den Probanden häufig auf, dass ihnen mehrfach ähnlich gelagerte Fragen gestellt werden. Manch einer denkt nun, man wolle ihn kontrollieren, ein anderer vermutet Inkompetenz auf Seiten der Testentwickler. Der eigentliche Grund liegt in den Bemühungen, Messfehler zu reduzieren. In einem Fragebogen gehören möglicherweise zwölf Fragen zu einem gemeinsamen Konzept, z. B. der Leistungsmotivation. Im Zuge der Auswertung interessiert man sich nicht für die einzelne Frage, sondern ausschließlich für den Mittelwert, der über die zwölf Antworten auf die Fragen berechnet wird. Theoretisch würde die Reliabilität perfekt sein, wenn der Bewerber unendlich viele Fragen zu einer Kompetenz beantwortet. Da dies praktisch nicht möglich ist, müssen die Entwickler des Fragebogens einen Kompromiss zwischen der angestrebten Maximal-Reliabilität und der zumutbaren Länge des Fragebogens schließen. Dies geschieht auf der Basis empirischer Studien, die im Rahmen der Entwicklung des Fragebogens durchgeführt wurden. Bei jedem seriösen Fragebogen oder Leistungstest ist die Reliabilität in Form einen Koeffizienten angegeben. Fehlt ein solcher Zahlenwert, oder legen die Anbieter des Verfahrens nicht offen, wie sie genau die Reliabilität berechnet haben, so ist von einem Einsatz des Verfahrens ausdrücklich abzuraten. Letztlich haben nicht nur Fragebögen und Leistungstests eine Reliabilität, sondern alle Methoden der Personalauswahl. Übertragen wir das Prinzip der Reliabilitätssteigerung auf Einstellungsinterviews oder Assessment Center, so ist auch hier zu empfehlen, jede Kompetenz mehrfach zu untersuchen. Geht es z. B. um die Teamfähigkeit der Bewerber, so sollten im Verlauf des Interviews mindesten drei Fragen zu dieser Kompetenz gestellt werden. Die Antwort zu jeder Frage wird auf einer Skala von z. B. ein bis fünf Punkten bewertet, so dass nach Abschluss des Interviews der Mittelwert über die Fragen berechnet werden kann. Anlog verhält es sich beim Assessment Center. An dieser Stelle wird deutlich, das in einem vielleicht einstündigen Interview schwerlich mehr als fünf oder sechs Kompetenzen reliabel untersucht werden können. Hier gilt also das Prinzip „weniger ist mehr“: Lieber einige wenige, besonders wichtige Kompetenzen messgenau untersuchen, als viele unscharf in den Blick zu nehmen.

Das dritte Prinzip guter Personalauswahl wird als *Validität* bezeichnet. Objektivität und Reliabilität sich wichtige Voraussetzung dafür, dass die richtigen Bewerber identifiziert werden können, erst die Validität sorgt jedoch dafür, dass dies auch tatsächlich der Fall ist. Die Validität bezieht sich auf die Frage, ob das Auswahlverfahren tatsächlich Kompetenzen erfasst, die für den Erfolg am Arbeitsplatz von Bedeutung sind. Um in der Praxis eine hohe Validität gewährleisten zu können, bieten sich verschiedene Strategien an (ausführlicher: Kanning, 2004; Schuler, 2014a; Schuler & Kanning, 2014):

1. Die Forschung zeigt, dass Leistungstests in aller Regel eine gute Prognose des beruflichen Erfolgs ermöglichen. Dies gilt insbesondere für die Intelligenz (Hülsheger, Maier, Stumpp, & Muck, 2006; Schmidt & Hunter, 1998). Immer wenn die einzustellenden Bewerber noch einiges lernen müssen (Auszubildende, Trainees, Quereinsteiger etc.) oder im beruflichen Alltag komplexe Probleme rational lösen müssen (Führungskräfte, Ingenieure, Controller etc.) ist der Einsatz von Intelligenztests zu empfehlen.
2. Testverfahren sollten nur dann eingesetzt werden, wenn deren Validität durch mehrere empirische Studien belegt wurden. Die Testautoren müssen dabei genau aufdecken, wie ihre Studien gestaltet waren. Dabei wird man in der Regel nicht erwarten können, dass Studien zu genau der Fragestellung vorliegen, die den Anwender interessiert. Es sollten jedoch grundsätzlich empirische Belege für die Aussagekraft des Verfahrens existieren.
3. Bei Einstellungsinterview ist grundsätzlich hoch strukturierten Verfahren der Vorrang vor weitgehend unstrukturierten Vorstellungsgesprächen alter Prägung zu geben (Huffcutt & Arthur, 1994).
4. Assessment Center sind methodisch komplexer als es auf den ersten Blick erscheint. Aussagekräftige Ergebnisse sind vor allem dann zu

erzielen, wenn die Beobachter für ihre Aufgabe geschult wurden, keine Vorinformationen über die Kandidaten haben, sich während des Assessment Centers nicht über die Bewerber austauschen, jede Kompetenz mehrfach untersucht wird, pro Übung nicht mehr als drei Kompetenzen einzuschätzen sind, die Bewerber gegen geschulte Rollenspieler (statt gegen Mitbewerber) antreten, klare Kriterien zur Bewertung der Kandidaten vorliegen und kein persönlicher Kontakt zwischen Beobachtern und Bewerbern vorliegt (Boltz, Kanning & Hüttemann, 2009; Kanning, Pöttker & Gelléri, 2007).

5. Im Interview sowie im Assessment Center sollten Fragen bzw. Übungen eingesetzt werden, die eine große inhaltliche Nähe zu den Aufgaben des Arbeitsplatzes aufweisen. Hierdurch simuliert man klassische Arbeitsproben, denen nachweislich eine sehr große Prognosekraft im Hinblick auf den beruflichen Erfolg zukommt (Schmidt & Hunter, 1998).

Empfehlungen für die Praxis

- Die Entscheidungsträger sollten ihrer eigenen Urteilsbildung mit einer gesunden Skepsis begegnen und nicht blind darauf vertrauen, dass sie keinen Urteilsfehlern unterliegen.
- Legen Sie verbindliche Kriterien zur Bewertung der Kandidaten fest. Die Kriterien sollten möglichst wenig Interpretationsspielraum lassen. Sie müssen von allen Personen, die als Entscheidungsträger an dem Verfahren teilnehmen, verbindlich eingehalten werden und für alle Bewerber in gleicher Weise gelten.
- Sorgen Sie dafür, dass die Personen, die für die Personalauswahl eingesetzt werden, zuvor geschult werden.
- Stellen Sie sicher, dass die Beurteilung der Bewerber durch mehrere Personen vorgenommen wird, die voneinander unabhängig arbeiten, sich in ihrem Urteil also nicht gegenseitig beeinflussen.
- Achten Sie darauf, dass jede Kompetenz mehrfach untersucht wird, damit sich Messfehler reduzieren lassen.
- Setzen Sie Leistungstests ein.
- Achten Sie bei der Auswahl von Fragebögen darauf, dass deren Aussagekraft durch mehrere empirische Studien transparent belegt wurde.
- Simulieren Sie im Einstellungsinterview bzw. im Assessment Center – vergleichbar zu einer Arbeitsprobe – reale Situationen aus dem Berufsalltag.
- Achten Sie bei der Durchführung von Assessment Centern auf die folgenden Punkte: Schulung der Beobachter, keine Vorinformationen über die Kandidaten, kein Austausch zwischen den Beobachtern über die Bewerber, kein persönlicher Kontakt zwischen Beobachtern und Bewerbern, maximal drei Kompetenzen pro übung einschätzen lassen, Einsatz geschulter Rollenspieler.

6.2 Personalauswahl als Instrument des Personalmarketings

Bildlich gesprochen ist das *Personalauswahlverfahren die Visitenkarte eines jeden Unternehmens*. Dies gilt insbesondere für kleine und mittelständische Unternehmen, aber auch für große Unternehmen, die der Öffentlichkeit weitgehend unbekannt sind. Die meisten Unternehmen in Deutschland haben weder ein positives noch ein negatives Image – sie haben gar kein Image. Stellenanzeigen derartiger Unternehmen können zwar dabei helfen, auf sich aufmerksam zu machen. Letztlich bleiben sie für die Bewerber aber oftmals eine „black box". Die Bewerber wissen nicht so recht, worauf sie sich mit einer Bewerbung bei einem solchen Arbeitgeber einlassen. Dies gilt umso mehr, wenn sich im Internet keine aussagekräftigen Informationen finden lassen und die Bewerber auch niemanden kennen, der in dem fraglichen Unternehmen arbeitet. In diesen Fällen bleibt den Bewerbern fast nichts anderes übrig, als sich über das Auswahlverfahren einen Eindruck zu verschaffen. Vereinfacht ausgedrückt, glauben die Bewerber, dass der Arbeitgeber ebenso strukturiert, verlässlich, professionell oder freundlich ist, wie sie es im Auswahlverfahren erlebt haben. Sicherlich ist dies irrational. Bewerber verhalten sich diesbezüglich allerdings nicht viel anders als Personaler, die glauben, dass die Gestaltung einer Bewerbungsmappe die Persönlichkeit des Bewerbers spiegelt (vgl. Kanning, 2014b). Bewerber unterliegen letztlich den gleichen Urteilsfehlern wie die Gegenseite. So konnten z. B. Vieten und Kanning (2012) finden, dass Bewerber einen Arbeitgeber positiver bewerten, wenn sie im Einstellungsinterview von einer gut aussehenden Person befragt wurden. Kanning und Heilen (in Druck) fanden, dass sich das Alter der Interviewer positiv auf die Einstellung der Bewerber gegenüber dem Arbeitgeber auswirkt. Zum Teil wirkt bereits die Ankündigung einer bestimmten Auswahlmethode in der Stellenanzeige anziehend oder abschreckend auf die Bewerber (Reeve & Schultz, 2004). Daraus ist natürlich nicht der Schluss zu ziehen, dass man die Gestaltung des Auswahlverfahrens primär an den Wünschen der Bewerber orientieren sollte (s. u.).

Es gibt zahlreiche Studien, die zeigen, dass sich das subjektive Erleben der Bewerber in einem Auswahlverfahren in vielfältiger Weise auswirkt und dass diese Auswirkungen von zentraler Bedeutung für den Arbeitgeber sind (Ababneh, Hackett & Schat, 2014; Hausknecht, Day & Thomas, 2004; Schinkel, Vianen & Dierendonck, 2013; Truxillo, Steiner & Gilliland, 2004):

- Der Arbeitgeber wird umso positiver bewertet, je fairer das Auswahlverfahren erscheint.
- Die Bewerber empfehlen einen Arbeitgeber mit größerer Wahrscheinlichkeit anderen Menschen, wenn sie den Eindruck hatten, man sei im Auswahlverfahren gut mit ihnen umgegangen.
- Die Leistung im Auswahlverfahren steigt, wenn das Vorgehen des Arbeitgebers professionell erscheint.
- Bei einem als unfair erlebten Auswahlverfahren ziehen die Bewerber mit größerer Wahrscheinlichkeit ihre Bewerbung zurück.
- Je positiver das Auswahlverfahren erlebt wird, desto größer ist die Bereitschaft, ein Stellenangebot anzunehmen.
- Bei einem als fair erleben Verfahren steigt zudem die Wahrscheinlichkeit für eine erneute Bewerbung, nachdem der Kandidat zuvor eine Absage erhielt.
- Neue Mitarbeiter zeigen zumindest vorübergehend eine stärkere Verbundenheit mit ihrem Arbeitgeber, wenn sie einen positiven Eindruck vom Auswahlverfahren gewinnen konnten.

Sollte man vor diesem Hintergrund als Arbeitgeber die Bewerber mit den sprichwörtlichen Samthandschuhen anfassen? Kann der Arbeitgeber nur dann einen positiven Eindruck erzeugen, wenn er die Bewerber möglichst wenig fordert? Eine Metaanalyse von Chapman, Uggerslev, Carroll, Piasentin und Jones (2005) zeichnet ein ganz anderes Bild. Die Bereitschaft, ein Stellenangebot anzunehmen, hängt selbstverständlich damit zusammen, welche Merkmale die angebotene Stelle aufweist, also ob sich der Bewerber z. B. den Aufgaben gewachsen fühlt und sie interessant findet (▶ Abb. 6.3). Ebenso spielt es eine Rolle, wie er die Eigenschaften des Arbeitgebers einschätzt, also ob z. B. das Unternehmen aufgrund seiner Größe genügend Aufstiegsmöglichkeiten bietet. Die subjektive Bewertung des Auswahlprozesses ist jedoch bedeutsamer. Dies gilt umso mehr, wenn man die Wirkung des Auswahlpersonals – also etwa Freundlichkeit und Professionalität – mit berücksichtigt. All dies bedeutet jedoch nicht, dass die Bewerber mehrheitlich ein möglichst anspruchsloses Verfahren durchlaufen wollen. Den größten Einfluss auf die Bereitschaft, ein Stellenangebot anzunehmen, hat nach der Studie von Chapman et al. (2005) die Frage, ob die Bewerber das Gefühl hatten, im Auswahlverfahren ihre Leistungsfähigkeit unter Beweis stellen zu können. Vor allem gute und leistungsstarke Bewerber haben viel in ihre Ausbildung investiert, waren mitunter über viele Jahre hinweg leistungsmotiviert und engagiert, haben sich weitergebildet und ihren bisherigen Arbeitgebern Nutzen gebracht. Wenn sie nun in unprofessionellen Auswahlverfahren erleben, dass sich im Grunde niemand tatsächlich für ihre Kompetenzen interessiert, sondern dass die Verantwortlichen nach Gutsherrenart diejenigen einstellen, die ihnen ein gutes Gefühl verschaffen, so ist dies nicht sehr befriedigend. Leistungsstarke Bewerber wollen nicht eingestellt werden, weil sie irgendjemandem gefallen, sondern weil der Arbeitgeber erkannt hat, wie gut sie sind. Natürlich wird es auch Bewerber geben, die

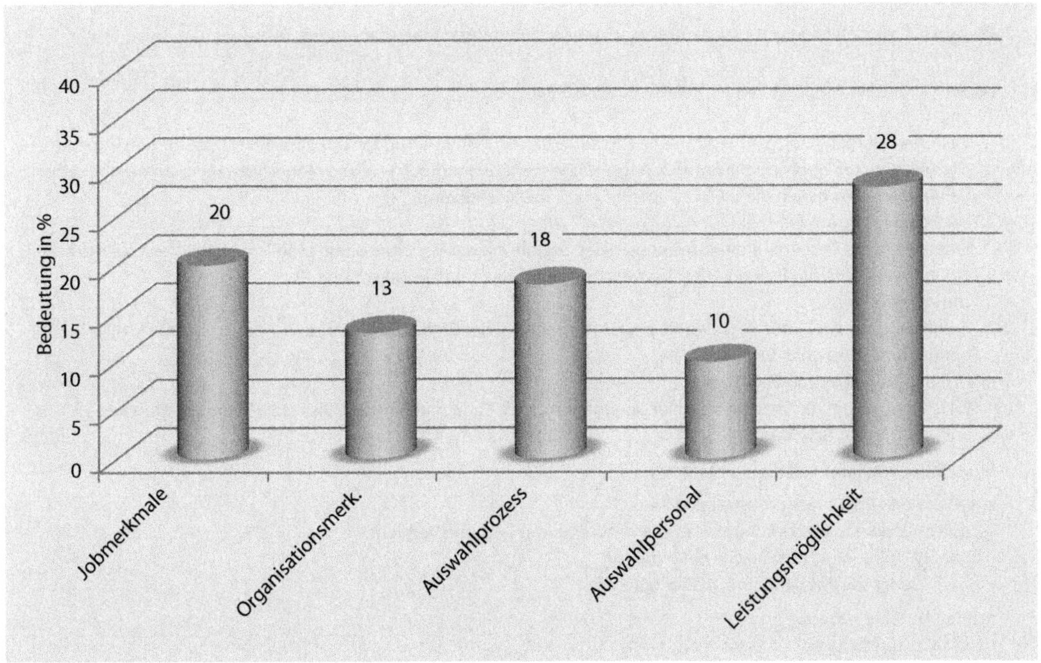

Abb. 6.3 Faktoren, die auf die Bereitschaft, ein Stellenangebot anzunehmen, Einfluss nehmen (nach Chapman et al., 2005)

gut damit leben können, aufgrund ihres Aussehens oder anderer Nebensächlichkeiten eingestellt zu werden, dies sind aber nicht unbedingt die größten Leistungsträger.

Wir haben gesehen, dass es wichtig ist, sich Gedanken über das Erleben der Bewerber zu machen. Doch wovon hängt es ab, ob die Bewerber einen positiven Eindruck von einem Auswahlverfahren gewinnen? In der Forschung wird in diesem Zusammenhang zwischen Fairness und Akzeptanz unterschieden

Der Begriff der *Fairness* bezieht sich auf die Frage, inwieweit bestimmte Personengruppen wie z. B. Frauen vs. Männer oder Alte vs. Junge in systematischer Weise durch Personalauswahlverfahren diskriminiert werden. Als Indikator für Diskriminierung gilt systematisch schlechteres Abschneiden der einen Gruppe im Vergleich zur anderen. Dabei gehen die Vertreter dieses Ansatzes davon aus, dass in der Realität zwischen den Gruppen keine Unterschiede existieren, sondern diese Unterschiede erst durch den Einsatz einer bestimmten Methode erzeugt werden. Unter dem Strich zeigen Metaanalysen kaum eine systematische Diskriminierung (Überblick: Kanning, in Druck a). So schneiden z. B. Frauen in Intelligenztests in gleicher Weise ab wie Männer (Hough, Oswald & Ployhart, 2001). Ältere Menschen unterschieden sich nur geringfügig in der Ausprägung grundlegender Persönlichkeitsmerkmale von jüngeren (Hough, Oswald & Ployhart, 2001). Eine Ausnahme bildet der Vergleich zwischen verschiedenen ethnischen Bevölkerungsgruppen in den USA. Hier schneiden Afroamerikaner häufig schlechter in Testverfahren ab (Dean, Roth & Bobko, 2008; Hough, Oswald & Ployhart, 2001; Roth & Bobko, 2000).

Das Konzept der *Akzeptanz* fragt danach, wie Bewerber ein Auswahlverfahren subjektiv erleben. In der amerikanischen Literatur wird folgerichtig auch von der „wahrgenommenen Fairness" gesprochen (Hausknecht et al., 2004). Seit etwa 30 Jahren beschäftigt sich die Forschung mit den Determinanten der wahrgenommen Fairness eines Auswahlverfahren (Görlich & Schuler, 2014). In diesem Zusammenhang sind verschiedene Modelle entwickelt worden. ► Tab. 6.1 gibt einen Überblick über die prominentesten Ansätze. Die Akzeptanz hängt von sehr vielen Faktoren ab, die sowohl auf der Seite des Bewerbers

6

Tab. 6.1 Modelle der Akzeptanz von Personalauswahlverfahren (nach Kanning, in Druck a)

Soziale Validität (Schuler & Stehle, 1983; Schuler, 2014a)

1. Information
   Bewerber werden informiert über die Arbeitsaufgaben und Anforderungen der vakanten Stelle, zudem über die Organisation und individuelle Entwicklungsmöglichkeiten. Hierdurch wird die Möglichkeit geschaffen, sich selbst bewusst für oder gegen die Stelle zu entscheiden (Selbstselektion).
2. Partizipation/Kontrolle
   Beteiligung der Arbeitnehmervertretung an der Gestaltung des Verfahrens und Möglichkeit der Bewerber, durch eigenes Verhalten das Ergebnis des Auswahlverfahrens beeinflussen zu können
3. Transparenz
   Aufklärung der Bewerber über den Ablauf des Verfahrens, der Entscheidungsfindung, der an der Auswahl beteiligten Personen u. ä.
4. Urteilskommunikation/Feedback
   Erklärung, warum die Entscheidung für oder gegen einen Kandidaten gefallen ist, und Aufzeigen etwaiger Entwicklungsmöglichkeiten

Modell von Gilliland (Gilliland, 1993, 1995)

zugrunde gelegte Gerechtigkeitsvorstellung:

- Equity – Jeder soll das bekommt, was er aufgrund seiner Leistung verdient.
- Equality – Alle sollen das Gleiche bekommen.
- Need – Jeder soll das bekommt, was er benötigt.

Art der Auswahlprozedur:

- Anforderungsbezug des Auswahlverfahrens
- Möglichkeit, Leistung zu zeigen
- Möglichkeit zur Korrektur
- Konsistenz der Untersuchungsbedingungen
- Feedback
- Transparenz im Hinblick auf die Auswahlprozedur
- Ehrlichkeit gegenüber den Bewerbern
- respektvoller Umgang mit den Bewerbern
- Zweiweg-Kommunikation
- Angemessenheit der Fragen, die im Laufe des Auswahlverfahrens gestellt werden

Modell von Hausknecht et al. (Hausknecht, Day & Thomas, 2004)

1. Merkmale des Bewerbers
   Berufserfahrung, Auswahlerfahrung, Persönlichkeit, Demographie
2. Merkmale des Auswahlverfahrens
   prozedurale Gerechtigkeit, respektvoller Umgang mit dem Bewerber, Information, Länge des Verfahrens, Wahrung der Privatsphäre, Transparenz, Schwierigkeitsniveau, Ergebnis des Verfahrens
3. Merkmale der Stelle
   Anforderungen der Stelle, Job-Stereotype, Attraktivität des Arbeitsplatzes, Einhaltung von Bestimmungen
4. Merkmale der Organisation
   Geschichte, Ressourcen, Selektionsrate

als auch auf der Seite des Arbeitgebers liegen. *Auf Seiten des Arbeitgebers* haben sich vor allem zwei Aspekte als einflussreich erwiesen (Hausknecht et al., 2004):

- Das Auswahlverfahren sollte offensichtlich etwas mit den Anforderungen der ausgeschriebenen Stelle zu tun haben. Die Bewerber im Interview nach ihren Hobbys zu fragen, wäre mithin weitaus ungünstiger als die Simulation eines Kundengesprächs im Assessment Center.
- Das Auswahlverfahren sollte in der Lage sein, den beruflichen Erfolg auf der ausgeschriebenen Stelle zu prognostizieren. Bewerber honorieren Auswahlverfahren, die qualitativ gut sind. Ob sie tatsächlich zutreffend entscheiden können, welche Verfahren dies sind, steht auf einem anderen Blatt.

Auf Seiten des Bewerbers ist bedeutsam, wie der Kandidat in dem Auswahlverfahren abgeschnitten hat. Je positiver das Ergebnis ausfällt, desto mehr Akzeptanz findet das Verfahren (Kanning, 2011a; Rolland & Steiner, 2007; Schinkel et al., 2013). Hierin spiegelt sich eine selbstwertdienliche Sicht auf das Leben (vgl. Kanning, 2000). Die meisten Menschen haben ein positives Selbstkonzept und versuchen, diese Sichtweise aufrechtzuerhalten. Alles, was dem eigenen Selbstwert dient, wird gern akzeptiert und für richtig befunden. Bei Kritik an der eigenen Person oder gar einem Scheitern in einer Prüfungssituation wird die Verantwortung eher bei anderen gesucht. Im Zweifelsfall war also das Auswahlverfahren schlecht, wenn es die eigene Genialität nicht zum Vorschein gebracht hat. Ein zweiter Aspekt stimmt hoffnungsfroher: Je häufiger ein Bewerber Erfahrungen mit einer bestimmten Auswahlmethode gesammelt hat, desto größer fällt die Akzeptanz aus (Kanning, 2016a). Hierin wiederum spiegelt sich der bekannte Mere-Exposure-Effekt (Bornstein, 1989), demzufolge Dinge, die uns bekannt und vertraut sind, im Allgemeinen mehr Zuspruch erfahren. Für die Praxis bedeutet dies, dass mittelfristig auch solche Verfahren Akzeptanz finden können, die heute eher selten eingesetzt werden, aufgrund der hohen Validität aber verstärkt zum Einsatz kommen sollten. Das beste Beispiel hierfür ist der Intelligenztest. Letztlich haben es die Unternehmen selbst in der Hand, diagnostisch gute Auswahlverfahren durchzuführen und zu etablieren.

Inzwischen setzen sich zahlreiche Studien mit der Akzeptanz einzelner Methoden auseinander. ► Abb. 6.4 gibt einen Überblick über die Ergebnisse. Insgesamt zeigt sich, dass Interviews und Arbeitsproben eine besonders hohe Zustimmung bei den Bewerbern finden. Testverfahren und Fragebögen liegen eher im Mittelfeld. Die geringste Zustimmung erfahren absurde Methoden wie etwa die Graphologie oder die Aushebelung eines Auswahlverfahrens durch den Einsatz persönlicher Beziehungen. In den folgenden Abschnitten werden die wichtigsten Punkte noch einmal aufgegriffen, wenn es um die Frage geht, wie sich die einzelnen Bausteine eines Auswahlverfahrens so gestalten lassen, dass sie auch im Sinne des Personalmarketings Früchte tragen.

Empfehlungen für die Praxis

- Betrachten Sie das Personalauswahlverfahren als die Visitenkarte Ihres Unternehmens.
- Verzichten Sie nicht darauf, Ihre Bewerber im Auswahlverfahren kritisch auf deren Eignung hin zu untersuchen. Ein anspruchsvolles Auswahlverfahren müssen nur leistungsschwache Bewerber fürchten.
- Achten Sie darauf, dass der Anforderungsbezug Ihres Auswahlverfahrens für die Bewerber deutlich wird.
- Erklären Sie den Bewerbern Auswahlverfahren, die aus der Sicht von Laien eher merkwürdig erscheinen (z. B. Intelligenztests).
- Machen Sie deutlich, dass alle Bewerber exakt gleich behandelt werden.
- Stellen Sie Transparenz her: Wie sind Sie zu den Anforderungen gekommen? Wie läuft das Verfahren ab? Wie und wann kommen Sie zu einer Entscheidung?
- Informieren Sie die Bewerber über die Arbeitsaufgaben, die Anforderungen sowie die Rahmenbedingungen des Arbeitsplatzes.
- Geben Sie den Bewerbern die Möglichkeit, selbst Fragen zu stellen.
- Bieten Sie den Bewerbern ein Feedback zu deren Abschneiden im Auswahlverfahren an.

6.3 Kommunikation im Bewerbungsprozess

Das oberste Ziel der Kommunikation im Bewerbungsprozess ist es, Transparenz herzustellen und den Bewerbern zu signalisieren, dass der Arbeitgeber professionell und fair vorgeht. Dies gilt für den gesamten Prozess der Personalauswahl bis hin zur Unterbreitung eines Stellenangebotes.

Die Kommunikation mit dem Bewerber beginnt bei der *Stellenausschreibung*. Auf die Gestaltung von Stellenanzeigen wurde bereits eingegangen. Im Sinne der Transparenz sind hier vor allem zwei Aspekte zu bedenken. Zum einen können bereits in der

Fruhner & Schuler (1987, zit. nach Schuler, 2014a) (Rangordnung)	**Steiner & Gilliland (1996)**[1]		**Kanning (2011a)**[1] (bez. auf Assessment Center)
Interview	Interview	5.39	Interview (5.94)
Arbeitsprobe	Lebenslauf	5.37	Selbstvorstellung (5.80)
Praktikumsleistung	Arbeitsprobe	5.26	Präsentation (5.44)
Zeugnisnoten			Gruppendiskussion (5.30)
Eignungstest	Biogr. Fragen	4.59	Rollenspiel (5.23)
Lebenslauf	Leistungstest	4.50	
Handschrift	Referenz	4.38	Planungsaufgabe (4.67)
Losverfahren	Pers.-Test	3.50	Stegreifrede (4.61)
			Pers.-Test (4.15)
	Glaubw.-T.	3.41	Leistungstest (4.19)
	Beziehungen	3.29	Konstruktionsaufgabe (4.03)
	Graphologie	1.95	

Hausknecht et al. (2004)[2] (Metaanalyse)	**Anderson et al. (2008)**[1] (Metaanalyse)
Interview (3.84)	Arbeitsprobe (5.38)
Arbeitsprobe (3.61)	Interview (5.22)
Lebenslauf (3.57)	
Referenz (3.29)	Lebenslauf (4.97)
Leistungstest (3.11)	Leistungstest (4.59)
	Referenzen (4.36)
Pers.-Test (2.83)	Biographischer Fragebogen (4.28)
Biographischer Fragebogen (2.81)	Pers.-Test (4.08)
Pers. Kontakt (2.51)	
Glaubwürdigkeitstest (2.47)	Glaubwürdigkeitstest (3.69)
Graphologie (1.69)	Beziehungen (2.59)
	Graphologie (2.33)

Erläuterung: 1 = siebenstufige Skala (1-7); 2 = fünfstufige Skala (1-5)

Abb. 6.4 Akzeptanz verschiedener Auswahlmethoden (nach Kanning, in Druck e; Zahlen = Mittelwerte)

Anzeige Hinweise zum Auswahlprozess gegeben werden (z.B. In welchem Zeitraum läuft die Personalauswahl? Gibt es Besonderheiten, die dieses Auswahlverfahren von herkömmlichen unterscheidet?). Zum anderen sollten immer konkrete Ansprechpartner genannt werden, bei denen die Bewerber nähere Auskünfte einholen können. Dieselben Ansprechpartner könnten auch im Verlauf des Auswahlverfahrens aktiv sein, wenn es beispielsweise darum geht, einen Termin für ein Einstellungsinterview abzusprechen.

Nachdem ein Bewerber seine Unterlagen eingereicht hat, beginnt die direkte Kommunikation mit dem einzelnen Bewerber. Als erstes erwartet der Bewerber eine *Eingangsbestätigung* (▶ Abb. 6.5). Leider muss er darauf in aller Regel recht lange warten. Eine Befragung von 999 Menschen zu ihren Erfahrungen im Bewerbungsprozess ergab eine durchschnittliche Wartezeit von abenteuerlichen 12,6 Tagen (Kanning, 2016a). Wer nun denkt, dies wären vor allem Erfahrungen älterer Bewerber, die vor vielen Jahren zum letzten Mal eine Stelle gesucht haben, irrt. Menschen, die sich in den vergangenen fünf Jahren beworben haben, mussten im Durchschnitt 12,5 Tage auf ein Lebenszeichen des Arbeitgebers warten. Bei Menschen, deren

Sehr geehrte....,

vielen Dank für Ihr Interesse an unserem Unternehmen. Ihre Bewerbungsunterlagen sind wohlbehalten bei uns angekommen.

Bis zum 1. April werden wir die Unterlagen sämtlicher Bewerberinnen und Bewerber gesichtet haben. Spätestens am 2. April erhalten Sie von uns eine Information darüber, ob wir Sie gern zu einem strukturierten Einstellungsinterview einladen möchten. Die Interviews werden in der Woche vom 20. bis zum 25. April stattfinden und terminlich individuell abgestimmt.

Am Montag, den 28. April erhalten die besten Kandidatinnen und Kandidaten dann eine Einladung zum Assessment Center, das am 15. und 16. Mai stattfinden wird.

Die Einstellung ist zum 1. September vorgesehen.

In der Zwischenzeit stehe ich Ihnen sehr gern als Ansprechpartnerin zur Verfügung. Am besten erreichen Sie mich per Mail unter xxx@yyy.com.

Einstweilen wünsche ich Ihnen eine gute Zeit und verbleibe

mit freundlichen Grüßen

XXX

Abb. 6.5 Beispiel für eine schriftliche Eingangsbestätigung

letzte Bewerbung mehr als fünf Jahre zurücklag, waren es 13,1 Tage. Offenbar hat der viel beschworene „war for talents“ hier noch keine Spuren hinterlassen. Bei den meisten Unternehmen herrscht kein Bewusstsein dafür, dass die Geschwindigkeit ihrer Reaktionen als Ausdruck von Wertschätzung und Interesse gewertet werden kann. Insbesondere jungen Menschen, die jeden Tag in sozialen Netzwerken aktiv sind und hier erfahren, dass z. T. in wenigen Sekunden – oder doch zumindest nach wenigen Minuten – eine Reaktion auf ihre Aktivitäten erfolgt, müssen zwölf Tage Wartezeit wie eine Ewigkeit erscheinen. Im Zeitalter der E-Mail ist auch schwer zu verstehen, warum viele Unternehmen so lange benötigen, um eine einfache Eingangsbestätigung zu senden. Eigentlich sollte es den Verantwortlichen möglich sein, an Wochentagen innerhalb von 24 Stunden und zum Wochenende hin innerhalb von maximal 72 Stunden per Mail eine Eingangsbestätigung zu senden. Da es sich hierbei um einen einfachen Formbrief handelt, in dem nicht auf den einzelnen Bewerber eingegangen wird, liegt der Arbeitsaufwand bei wenigen Sekunden. Onlinegestützte Rekrutierungs- und Vorauswahlsysteme, bei denen die Interessenten einen Bewerbungsfragebogen ausfüllen, könnten eine automatisch erstellte Eingangsbestätigung versenden (s. u.). Rückmeldungen in Briefform dürften mehr und mehr der Vergangenheit angehören, zumal auch die Papierbewerbungen immer weiter abnehmen. Mehr als 90 % der Unternehmen akzeptieren heute Bewerbungen per E-Mail und sehen darin auch einen gleichwertigen Ersatz zur klassischen Papierbewerbung (Kanning, 2015b).

Neben der Bestätigung des Eingangs der Bewerbungsunterlagen geht es im Kommunikationsprozess darum, die Bewerber über das weitere Vorgehen zu informieren. Auch hier gibt es noch viel Nachholbedarf. In der Studie von Kanning (2016a) berichten z. B. gerade einmal 33 % der Befragten, dass sie explizit darüber informiert wurden, wann mit einer konkreten Entscheidung zu rechnen sei. In einem professionell aufgestellten Verfahren muss der Arbeitgeber Transparenz nicht fürchten, im Gegenteil – sie gereicht ihm zu einem Wettbewerbsvorteil. Eine transparente Kommunikation umfasst z. B. die folgenden Punkte (vgl. auch Kanning, Pöttker & Klinge, 2008):

- Zu welchem Zeitpunkt wird eine Entscheidung über die Vorauswahl der Bewerber getroffen? Statt der üblichen Information „Wir melden uns" sollte ein konkreter Termin genannt werden. Wenn das Unternehmen selbst noch nicht weiß, wann dies der Fall sein wird, spricht dies eher für eine schlechte Planung als für Flexibilität. Im Notfall ist es immer noch möglich, den Termin durch eine erneute Mail etwa aufgrund unerwartet großer Bewerberzahlen nach hinten zu schieben.
- Wie sieht das weitere Vorgehen aus? In welchen Schritten erfolgt die endgültige Auswahl der Kandidaten? Eigentlich müssen die Verantwortlichen schon zu Beginn des Verfahrens einen klaren Plan von den einzelnen Auswahlschritten haben.
- Welche Zeitfenster müssen sich die Bewerber, die in die nächste Runde kommen, freihalten? Muss ausnahmsweise ein Termin abgesagt werden, so sollte dies möglichst frühzeitig mit Begründung und Entschuldigung erfolgen. Letztlich gilt auch hier wie für den gesamten Bewerbungsprozess: Man begegnet dem Bewerber mit der gleichen Freundlichkeit, die man selbst auch vom Bewerber erwartet.

Im Falle einer interessanten *Initiativbewerbung*, für die es derzeit noch keinen freien Arbeitsplatz gibt, wird der Bewerber gefragt, ob man die Unterlagen einstweilen behalten darf, um sich z. B. in einem halben Jahr wieder zu melden. Hierbei handelt es sich um ein sog. „Eisschreiben", bei dem der Bewerber bildlich gesprochen „auf Eis gelegt" wird. Nach Ablauf des angekündigten Zeitraums sollte dann aber auch tatsächlich eine solche Meldung erfolgen.

► Abb. 6.5 gibt Anregungen für die schriftliche Kommunikation mit den Bewerbern (ausführlicher: Kanning, Pöttker & Klinge, 2008). Letztlich ist es keine große Kunst, ein gutes Schreiben zu verfassen. Dabei hilft es, sich in die Lage eines sehr gut qualifizierten Bewerbers zu versetzen und zu überlegen, was dieser wohl erwarten würde, um sich wertgeschätzt zu fühlen und um sein weiteres Vorgehen planen zu können.

Empfehlungen für die Praxis

- Sprechen Sie bereits in der Stellenanzeige Besonderheiten Ihres Auswahlverfahrens – soweit vorhanden – an.
- Geben Sie immer einen Ansprechpartner an, bei dem sich die (potenziellen) Bewerber im Vorfeld einer Bewerbung bzw. im Verlauf des Auswahlprozesses informieren oder ihrerseits wichtige Informationen hinterlassen können.
- Stellen Sie auch während des weiteren Auswahlprozesses den Bewerbern einen Ansprechpartner zur Seite (z. B. für Terminabsprachen oder Nachfragen des Bewerbers).
- Reagieren Sie auf eingehende Bewerbungen wenn möglich innerhalb von 24 Stunden mit einer Eingangsbestätigung per Mail. Entscheiden Sie sich für eine Rückmeldung auf dem Postweg, sollte die Rückmeldung noch in derselben Woche erfolgen.
- Klären Sie die Bewerber frühzeitig über die weiteren Auswahlschritte sowie die hierfür vorgesehenen Zeitfenster auf.
- Melden Sie sich frühzeitig, wenn Sie Termine nicht einhalten können.

Die bislang angesprochenen Punkte beziehen sich auf den Prozess der Personalauswahl. Darüber hinaus gehört zu einer transparenten Kommunikation mit den Bewerbern, dass ihnen eine realistische Vorstellung davon vermittelt wird, was bei einer etwaigen Einstellung auf sie zukommt. In der amerikanischen Forschung wird dies als „realistic job preview" bezeichnet. Im Deutschen würde man von einer *realistischen Tätigkeitsinformation* (Schuler, 2002) sprechen. Die Tätigkeitsinformation kann in verschiedenen Phasen des Auswahlprozesses erfolgen: bereits vor der Bewerbung (etwa über die Internetseiten des Unternehmens), nach der ersten Vorauswahl der Bewerber in Form eines Telefongesprächs, als Baustein innerhalb des Einstellungsinterviews oder während des Assessment Centers. Je früher im Prozess der Personalauswahl die Tätigkeitsinformation erfolgt, desto weniger muss der Bewerber investieren, um ggf. zu dem Schluss zu gelangen, dass die Stelle nicht gut zu ihm passt. Andererseits mag eine spätere Information auch im Sinne des „Foot-in-the-door-Effekts“ (Cialdini, Vincent, Lewis, Catalan, Wheeler & Darby, 1975) wirken. Hat der Bewerber bereits etwas in das Auswahlverfahren investiert, so lohnt es sich für ihn umso mehr, am Ball zu bleiben und nicht frühzeitig aus dem Verfahren auszusteigen. Möglicherweise erkennt er ja erst im weiteren Verlauf des Verfahrens, dass eine Stelle, die auf den ersten Blick mäßig attraktiv erschien, viel mehr zu bieten hat. Ob sich besonders qualifizierte Bewerber hierauf einlassen, ist allerdings fraglich. In der Regel ist daher zu empfehlen, die Tätigkeitsinformation möglichst früh im Prozess der Personalauswahl zu integrieren.

Da der Arbeitgeber nicht immer wissen kann, welche spezifischen Informationen den einzelnen Bewerber interessieren, ist es zudem ratsam, den Bewerbern auch die Möglichkeit zu geben, selbst Fragen zu stellen. Viele Arbeitgeber geben zu diesem Zweck beispielsweise schon in der Stellenanzeige einen Ansprechpartner an. Wenn es sich hierbei tatsächlich um eine Person handelt, die inhaltlich den Arbeitsplatz gut kennt und offen sprechen darf, erfüllt dies sehr gut die Anforderungen, die an eine realistische Tätigkeitsinformation zu stellen sind. Alternativ hierzu bietet sich ein Telefongespräch an, das der Arbeitgeber nach der Sichtung der Bewerbungsunterlagen initiiert, oder aber im Einstellungsinterview wird hierfür Platz eingeräumt. Findet kein Interview, sondern gleich ein Assessment Center statt, könnte man parallel zu den AC-Übungen den Bewerbern die Gelegenheit geben, in einer Pause ein Gespräch mit einem Firmenvertreter zu führen, der Auskunft gibt und all ihre Fragen beantwortet. Wichtig ist dabei, dass den Bewerbern klar ist, dass in diesem Gespräch keine Bewertung erfolgt, sondern dass es sich tatsächlich um eine reine Serviceleistung handelt. Dasselbe gilt für das Interview. Langjährige Interviewer müssen sich also von der Tradition lösen, Unkenntnisse des Bewerbers in Bezug auf den Arbeitgeber als mangelndes Interesse oder schlechte Vorbereitung zu werten (vgl. Kanning, 2015a).

Alternativ zum persönlichen Gespräch besteht die Möglichkeit, eine realistische Tätigkeitsinformation in schriftlicher Form oder per Video zu geben (z. B. Phillips, 1998). Der Videofilm mag durchaus ein besonders plastisches Bild der Arbeitsbedingungen zeichnen. Es ist aber sicherlich im Interesse der Bewerber, wenn sie zusätzlich auch noch Fragen stellen können. Denkbar wäre der Einsatz von Filmen und Texten in einem frühen Stadium des Auswahlprozesses, um die Ansprüchen großer Bewerbermengen zu erfüllen, während nach den ersten Auswahlschritten einer sehr viel kleineren Gruppe die Möglichkeit persönlicher Rückfragen gegeben wird.

Ziel der realistischen Tätigkeitsinformation ist es, den Bewerber in die Lage zu versetzen, selbst bewusst entscheiden zu können, ob er aufgrund seiner Kompetenzen für die ausgeschriebene Stelle geeignet ist und ob sie auch zu seinen Arbeitsmotiven und spezifischen Bedürfnissen passt. Letztlich geht es also um Selbstselektion. Die Selbstselektion des Bewerbers („Will ich dort arbeiten?“) ist gewissermaßen die zur Perspektive des Arbeitgebers spiegelbildliche Sicht auf das Auswahlverfahren („Wollen wir mit X zusammenarbeiten?“). Beide, die Selbstselektion durch den Bewerber und die Fremdselektion durch den Arbeitgeber, ergänzen einander. Wenn beide Seiten zu einer positiven Entscheidung gelangen, sollte damit die Grundlage für eine gute und dauerhafte Zusammenarbeit gelegt sein. Gleichwohl wird der Arbeitgeber – ein qualitativ gutes Auswahlverfahren vorausgesetzt – diese Frage sehr viel gründlicher abgesichert für sich beantworten können als der Bewerber.

Eine Metaanalyse von Earnest, Allen und Landis (2011) konnte zeigen, dass sich die realistische Tätigkeitinformation positiv auf die wahrgenommene Vertrauenswürdigkeit des Arbeitgebers auswirkt. Je höher die wahrgenommene Vertrauenswürdigkeit, desto geringer ist die Wahrscheinlichkeit, dass der Bewerber nach seiner Anstellung freiwillig das Unternehmen wieder verlässt. Die realistische Tätigkeitsinformation führt aber auch dazu, dass die Bewerber (überzogen) optimistische Erwartungen an den Arbeitgeber nach unten korrigieren, so dass er ihnen nachher weniger positiv erscheint. Je nach Kriterium – Attraktivität des Arbeitgebers, wahrgenommene Vertrauenswürdigkeit, Erwartungshaltung – erweisen sich mal videogestützte, mal geschriebene oder persönlich vermittelte Tätigkeitinformationen als einflussreicher. Dies spricht letztlich für eine Kombination verschiedener Medien (Film, Text, Gespräch) bzw. verschiedener Kommunikationskanäle (Internet, Broschüre, Gespräch). In allen Fällen ist der Effekt besonders groß, wenn die realistische Tätigkeitsinformation erst nach der Auswahlentscheidung erfolgt. Aus Sicht des Bewerbers ist dies natürlich ein sehr später Zeitpunkt. Gemäß dem Motto „Besser spät als nie" sollte aber spätestens bei der Unterbreitung eines Stellenangebotes bzw. der Vertragsverhandlungen Einblick in die Realität des Arbeitsplatzes und der Arbeitsbedingungen gewährt werden.

Empfehlungen für die Praxis

- Geben Sie den Bewerbern im Verlauf des Auswahlverfahrens einen realistischen Einblick in den Berufsalltag der ausgeschriebenen Stelle.
- Setzen Sie die realistische Tätigkeitsinformation in der Regel möglichst früh im Verlauf des Verfahrens ein.
- Kombinieren Sie, wenn möglich, Filme mit persönlich mitgeteilten Informationen.
- Geben Sie den Bewerbern die Möglichkeit, selbst Fragen zu den Tätigkeiten zu stellen. Bewerten Sie die Fragen nicht. Die realistische Tätigkeitsinformation ist eine Serviceleistung gegenüber den Bewerbern und kein Instrumentarium zur Untersuchung irgendwelcher Kompetenzen oder Motive.

6.4 Bewerbungsunterlagen und E-Assessment

Von der Art und Weise, wie ein Unternehmen die Bewerbungsunterlagen sichtet, bekommen die Bewerber naturgemäß nichts mit. Sie können sich vornehmlich einen Eindruck über die Ratgeberliteratur verschaffen, und diese Literatur zeichnet ein geradezu verheerendes Bild (Kanning 2015a). In den Augen der Ratgeberliteratur (z. B. Hesse & Schrader, 2012) deuten Personalverantwortliche so ziemlich alles, was sich deuten lässt:

- Wie lange hat es zwischen der Ausschreibung der Stelle und dem Zeitpunkt der Bewerbung gedauert, bis der Kandidat aktiv geworden ist? Spricht eine schnelle Reaktion für eine hohe Bedürftigkeit, eine langsame Reaktion hingegen für Unentschlossenheit?
- Welche Farbe hat der Briefumschlag, mit dem eine klassische Bewerbungsmappe eingesandt wird? Spricht ein weißer Briefumschlag für einen Kandidaten, der edel und rein ist?
- Welche Briefmarke verwendet der Bewerber? Deutet eine Sonderbriefmarke auf soziales Engagement hin?
- Wurde ein hochwertiges Papier – möglichst mit Wasserzeichen – verwendet? Verbirgt sich hierhinter ein Mensch mit feinen Umgangsformen und klassischen Werten?
- Hat der Bewerber – sofern er seine Unterlagen per Mail einreicht – darauf geachtet, alle Dokumente in einer Datei zusammenzufassen oder muss der Personaler viele Dateien einzeln herunterladen? Könnte es so sein, dass Personen der ersten Art überlegter und strukturierter arbeiten als Personen der zweiten Art?
- Ist die Mappe besonders hochwertig und sagt dies etwas über die Qualität des Bewerbers nach dem Prinzip „Hinter einer guten Mappe steckt ein guter Bewerber" aus?
- Ist das Bewerbungsfoto professionell und stellt einen positiv eingestellten Menschen dar?
- Ist das Anschreiben nicht länger als eine Seite, frei von Fehlern und drückt klar aus, warum der Kandidat sich gerade in diesem Unternehmen bewirbt?
- Wird im Anschreiben der Name des Ansprechpartners genannt?
- Weist der Lebenslauf eine stringente Struktur auf und ist er ohne Lücken?
- Wurde der Lebenslauf mit einem Datum versehen und unterschrieben?
- Betreibt der Bewerber eine Sportart und wenn ja, spiegelt sich hierin seine

Leistungsmotivation oder seine soziale Kompetenz?
- Zeigt der Bewerber freiwilliges soziales Engagement? Verfügt er deshalb über ausgeprägtere soziale Kompetenzen?
- Welche Ausbildungen und Weiterbildungen hat der Kandidat absolviert? Mit welchem Erfolg hat er abgeschnitten?
- Wie bewerten frühere Arbeitgeber den Kandidaten?

Die Realität der Bewerbungsmappensichtung sieht nicht ganz so schlimm aus wie die Ratgeberliteratur für Bewerber es vermuten lässt. Nur knapp 3 % der Personalverantwortlichen achten z.B. auf die Qualität der Briefmarken. Dennoch wird auf viele „Nebensächlichkeiten" wert gelegt. So interessieren sich beispielsweise 78 % der Unternehmen für die Qualität der Mappe und 27 % für die Qualität des Papiers (Kanning, 2016b). Die Qualität des Bewerbungsfotos erscheint 53 % der Unternehmen aussagekräftig, und 39 % sehen es nicht gern, wenn ein Anschreiben länger als eine Seite ausfällt. Die meisten der Kriterien, die in der Ratgeberliteratur genannt werden, sind formaler Natur. Ihre Deutung ist in höchstem Maße spekulativ und spiegelt lediglich die übliche Personalauswahlfolklore wieder. Aus wissenschaftlicher Sicht sind sie nicht zu empfehlen.

Bewerbungsfotos bergen die Gefahr eines Attraktivitätseffektes (s. o.). Mehrere Studien zeigen, dass wir dazu neigen, gut aussehende Menschen systematisch zu überschätzen (Schuler & Berger, 1979; Watkins & Johnston, 2001). Wir erleben sie als sozial kompetenter, intelligenter und fachlich geeigneter und laden sie eher zum Einstellungsinterview ein als Menschen, die nur durchschnittlich aussehen. Abgesehen von Berufen, in denen das Aussehen eine wichtige Rolle spielt, empfiehlt es sich daher, Bewerbungsfotos zu ignorieren oder besser noch, schon in der Stellenanzeige darauf hinzuweisen, dass keine Fotos mitgeschickt werden sollten.

Nicht einmal die so beliebten *Lücken im Lebenslauf* haben sich als valide erwiesen (Frank & Kanning, 2014). Die Länge der Lücken im Lebenslauf sagt nur dann etwas aus, wenn die Gründe für das Zustandekommen bekannt sind, und auch dann sind die Lücken nur in wenigen Fällen ein Indikator für die Gewissenhaftigkeit oder Zielstrebigkeit eines Menschen. Am besten ignorieren die Personaler die Lücken und verschaffen sich mithilfe psychologischer Testverfahren oder einem guten Einstellungsinterview einen Eindruck von den tatsächlichen Kompetenzen des Bewerbers, als unbekümmert zu spekulieren.

Sportliche Aktivitäten verraten nichts über die sozialen Kompetenzen eines Menschen (Kanning & Kappelhoff, 2012). Mannschaftsportler sind nicht sozial kompetenter als Menschen, die alleine joggen gehen oder sportliche Aktivitäten ganz meiden. Auch die Häufigkeit sportlicher Betätigungen oder die Dauer in Jahren ist weitgehend unerheblich. Wahrscheinlich liegt dies daran, dass heute die überwiegende Mehrheit der Menschen Sport treibt. Je mehr Menschen einer Sportart nachgehen, desto vielfältiger ist auch die Gruppe dieser Menschen im Hinblick auf ihre Persönlichkeit und desto unwahrscheinlicher ist es, dass von sportlichen Aktivitäten auf bestimmte Kompetenzen geschlossen werden kann. Anders sieht es hingegen aus, wenn wir explizit Leistungssportler in den Blick nehmen. Hier zeigen sich signifikant höhere Werte in der Leistungsmotivation (Gahlmann & Kanning, in Vorb.).

Soziales Engagement geht mit geringfügig höheren sozialen Kompetenzen einher (Kanning & Woike, 2015). Dies gilt allerdings nicht für die gesamte Bandbreite sozialer Kompetenzen (Kanning, 2009). Menschen, die sich sozial engagieren, haben eine positivere Einstellung zu anderen Menschen und wollen andere unterstützen. Sie sind gleichzeitig aber auch offensiver in der Durchsetzung ihrer eigenen Interessen als Menschen, die sich nicht sozial engagieren.

Die *Führungserfahrung* gehört ebenfalls zu den klassischen Kriterien der Personalauswahl. Die grundlegende Idee ist auf den ersten Blick sehr plausibel. Menschen, die seit einigen Jahren andere führen, können hierbei Erfahrungen sammeln, die ihnen dabei helfen, bessere Führungskräfte zu werden. Allerdings setzt ein solcher Lernprozess zwei Dinge voraus. Zum einen müssen die Betroffenen ein Feedback zur Qualität ihres Führungsverhaltens erhalten, zum anderen müssen sie bereit sein, etwas zu lernen. Der erste Punkt stellt ein grundlegendes Problem dar. In der Regel werden Mitarbeiter ihrer eigenen Führungskraft kein offenes und ehrliches Feedback geben, zumal wenn sie das Verhalten des Vorgesetzten als sehr defizitär wahrnehmen, denn dann fürchten sie eventuell negative Konsequenzen. Die Vorgesetzten der Führungskräfte erfahren wiederum zu wenig über das Führungsverhalten, als dass sie ein wertvolles Feedback geben könnten. Als dritte Quelle des Feedbacks bleibt noch die Selbstreflexion der Betroffenen, die individuell sehr unterschiedlich ausgeprägt sein dürfte. Kanning und Fricke (2013) konnten in eine Studie mit mehr als 800 Personen zeigen, dass erfahrene Führungskräfte in einer Potenzialanalyse zur Messung des Führungsverhaltens keineswegs besser abschnitten als junge Nachwuchsführungskräfte. Im Mittelwert geht Erfahrung also nicht mit Lerneffekten einher. Auch wenn einzelne Personen sicherlich im Laufe der Jahre bessere Führungskräfte werden, dürften andere stagnieren und wieder andere sogar schlechter werden, weil sie sich nicht mehr anstrengen, nachdem sie die angestrebte Position erklommen haben. Da die Bewerbungsunterlagen leider nicht erkennen lassen, zu welcher Gruppe ein Bewerber gehört, ist das Kriterium der Führungserfahrung für sich allein genommen leider nicht aussagekräftig. Unabhängig vom Thema Führung zeigt die Forschung, dass die Dauer der Berufserfahrung in einem geringfügigen Zusammenhang zur beruflichen Leistung steht. Viel aussagekräftiger als die Dauer ist die Vielfalt der Aufgaben, mit denen die Bewerber in der Vergangenheit betraut wurden (Quinones, Ford & Teachout, 1995). Wer jahrelang tagein tagaus immer dieselben Aufgaben erledigt, kann nach einiger Zeit nichts mehr lernen, da es gar nichts Neues an seinem Arbeitsplatz zu lernen gibt.

Über die Validität der meisten *formalen Kriterien*, die in der Ratgeberliteratur genannt werden und tatsächlich auch zum Einsatz kommen – Kanning (2014b) fand beispielsweise, dass mehr als 85 % der Unternehmen Tipp- und Grammatikfehler im Anschreiben sowie Flecken in der Mappe deuten –, ist nichts bekannt, da sie bislang nicht Gegenstand wissenschaftlicher Untersuchungen waren. Dennoch erscheint ihre Interpretation wenig ratsam. Am Beispiel der Tippfehler wird dies schnell deutlich. Offenbar sehen Personaler Tippfehler als Ausdruck mangelnder Gewissenhaftigkeit und geringer Anstellungsmotivation. Die viel naheliegendere Interpretation wäre jedoch, dass der Verfasser nicht fehlerfrei schreiben kann und auch in seinem Bekanntenkreis niemanden hat, der seine Fehler korrigieren könnte. Die eigentlich wichtige Frage ist: „Spielt die Rechtschreibefähigkeit eines Menschen auf der ausgeschriebene Stelle überhaupt eine Rolle für den Berufserfolg?". Wird diese Frage mit „nein" beantwortet, so sind Tippfehler kein sinnvolles Kriterium der Personalauswahl.

Ganz grundsätzlich kann an dieser Stelle festgehalten werden, dass die Bewerbungsunterlagen ein recht stumpfes Schwert der Personalauswahl sind. Sie eignen sich in erster Linie dazu, etwas über intellektuelle und fachliche Kompetenzen sowie die Berufserfahrung herauszubekommen. In beiden Fällen handelt es sich um valide Informationen (Schmidt & Hunter, 1998; Schuler, 2014c; Quinones, Ford & Teachout, 1995). Prinzipiell beinhalten die Bewerbungsunterlagen auch verborgene Informationen über die Persönlichkeit eines Menschen. Die Personaler sind mit ihren interpretativen Methoden jedoch nicht in der Lage, diese Informationen zutreffend zu identifizieren (Cole, Feild, Giles & Harris, 2009).

Neben der klassischen Papier-Bewerbung sind für die meisten Unternehmen *E-Mail-Bewerbungen* ein inzwischen etabliertes Instrument (Kanning, 2015b). Fast alle Einschränkungen, die soeben für die Papier-Bewerbung diskutiert wurden, gelten in gleicher Weise für die E-Mail-Bewerbung. Letztlich ändert sich ja nur das Medium, nicht aber der Inhalt. Hier wie dort gestalten die Bewerber die Unterlagen frei nach den Vorgaben der Ratgeberliteratur und liefern damit die Vorlage für mehr oder minder beliebige Spekulationen. Ein klein wenig besser dürfte die Validität der E-Mail-Bewerbung gegenüber der Papier-Bewerbung abschneiden, da z. B. das Papier, der Briefumschlag oder die Briefmarke als Objekt der Spekulation wegfallen.

Aus Sicht des Personalmarketings bieten E-Mail-Bewerbungen jedoch einen großen Vorteil. Sie erleichtern die Arbeit des Bewerbers erheblich und senken seine Kosten. Sofern Fotos versendet werden, handelt es sich lediglich um Dateien. Die Kosten für die Bewerbungsmappe entfallen ebenso wie der Gang zur Post. Mindestens ebenso bedeutsam ist jedoch die Symbolkraft der E-Mail-Bewerbung. Im Alltag der meisten Bewerber haben E-Mails und vergleichbare elektronische Kommunikationsformen den Brief schon lange abgelöst. Arbeitgeber, die keine E-Mail-Bewerbungen zulassen, zeigen damit, dass

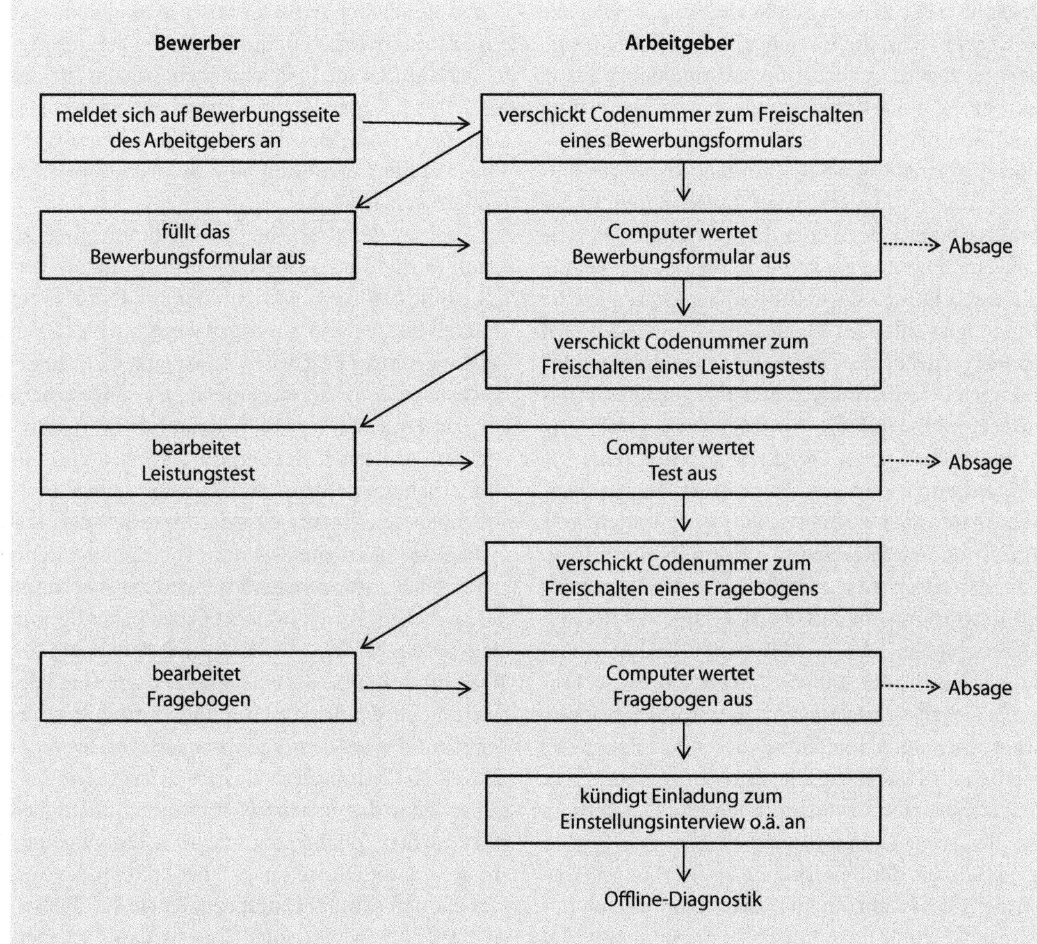

Abb. 6.6 Prozess des E-Assessments zur Vorauswahl der Bewerber

sie noch nicht in der gesellschaftlichen Gegenwart angekommen sind.

Wie seriös Unternehmen Bewerbungsunterlagen sichten, erfahren die Bewerber in der Regel nicht. Insofern kommt diagnostischen Fehlern, die bei der Sichtung der Unterlagen unterlaufen, auch keine Funktion für das Personalmarketing zu. Anders sieht es aus, wenn Methoden des E-Recruitments – genauer gesagt des E-Assessments – zum Einsatz kommen.

E-Assessment liegt vor, wenn der Arbeitgeber die Vorauswahl seiner Bewerber zumindest teilweise computergestützt über das Internet laufen lässt (vgl. Kanning, 2004). ► Abb. 6.6 beschreibt den Prozess des E-Assessments in einer sehr weitgehenden Variante. Letztlich kann jeder Arbeitgeber selbst entscheiden, wie umfassend er die Möglichkeiten nutzen möchte.

Im ersten Schritt meldet der Bewerber, der zuvor beispielsweise die Internetseite des Unternehmens besucht hat, seine Bewerbung an und bekommt daraufhin per Mail einen Code zugeschickt, mit dem er sich auf der Bewerbungsseite einloggen kann. Hier begegnet ihm ein Bewerbungsformular. Das Bewerbungsformular erfasst alle Informationen, die für die Besetzung der fraglichen Stelle bedeutsam sind. Das Vorgehen ist somit sehr anforderungsbezogen. Informationen, die keine Aussagekraft haben, werden erst gar nicht erfasst und können daher die Beurteilung auch nicht beeinflussen. Hierin liegt ein großer Vorteil gegenüber der klassischen Bewerbung, bei der die Bewerber (bzw. die Ratgeberliteratur für Bewerber) festlegen, welche Informationen abgeliefert werden. Will sich der Personaler bei der Bewertung des Kandidaten nur auf die wirklich aussagekräftigen Informationen beschränken, so muss er sehr diszipliniert und selektiv zur Tat schreiten. In der Praxis ist dies jedoch eher die Ausnahme. Da viele Unternehmen erst gar keine differenzierten Anforderungsanalysen durchführen, betrachten sie die Unterlagen „aus dem Bauch heraus" und lassen sich dabei von nebensächlichen oder gar validitätsmindernden Informationen leiten. Die gezielte Gestaltung eines Bewerbungsformulars zwingt die Verantwortlichen fast schon dazu, sich differenzierte Gedanken zu den Anforderungen zu machen. Wie später noch zu zeigen sein wird, finden viele Unternehmen aber selbst hier noch einen Weg, das Verfahren auszuhöhlen. Inhaltlich geht es im Bewerbungsformular um Fakten zur Person: Demographie, Schul- und Berufsausbildung, Weiterbildungen, Art und Umfang der Berufserfahrung, Gehaltsvorstellungen, frühestmöglicher Vertragsbeginn u. ä. Die interessierenden Zeugnisse werden als Datei beigelegt, auf ein Anschreiben, Selbstcharakterisierungen oder eine Darstellung der Bewerbungsgründe wird verzichtet.

Nachdem der Bewerber den Bewerbungsbogen ausgefüllt hat, entscheidet der Computer, ob der Kandidat die Mindestanforderungen erfüllt hat oder bereits in diesem frühen Stadium des Auswahlverfahrens ausscheiden muss. Der Bewerber erhält innerhalb weniger Sekunden ein Feedback und muss nicht wie bei papiergestützten Bewerbungen fast zwei Wochen auf die Eingangsbestätigung warten. Während Unternehmen mit klassischen Bewerbungsmappen gewissermaßen noch mit der Postkutsche reisen, fliegt die Konkurrenz bereits mit dem Düsenjet. Für den Bewerber ergibt sich aber noch ein weiterer Vorteil. Auch die Bewerbung selbst nimmt weitaus weniger Zeit in Anspruch und ist im Vergleich zur klassischen Bewerbungsmappe nahezu kostenlos. Der Bewerber spart vor allem die Zeit für die Anfertigung des Anschreibens. Folgt man den Empfehlungen der Ratgeberliteratur, so müssen Bewerber allein für das Anschreiben mehrere Stunden Arbeit investieren, denn letztlich geht es darum, dem potenziellen Arbeitgeber einzureden, dass er ein Traumarbeitgeber und der Bewerber der perfekte Kandidat sei. In den meisten Fällen ist beides natürlich gelogen. Überzeugendes Lügen kostet aber Zeit, zumindest bis man sich aufgrund der Vielzahl der Bewerbungen zum professionellen Lügner entwickelt hat.

Kommt der Bewerber eine Runde weiter, so erhält er mit dem positiven Feedback zur Bewerbung eine Codenummer, mit der er sich auf einer anderen Internetseite einloggen kann, um hier einen Leistungstest zu bearbeiten. Dies muss nicht sofort geschehen. Sinnvollerweise gibt man den Bewerbern ein paar Tage Zeit, bis die Codenummer ihre Gültigkeit verliert. Natürlich kann die Codenummer nur einmal benutzt werden, um Testwiederholungen vorzubeugen. Die Gefahr, dass der Bewerber den Test nicht selbst bearbeitet, sondern von seinem intelligentesten Freund ausfüllen lässt, wird später gebannt, indem diejenigen, die zu einem persönlichen Termin eingeladen werden, vor Ort eine Parallelform des Tests durchführen. Bei einem deutlichen Abfall der Leistung im Vergleich zur Online-Testung scheidet der Kandidat aus dem Verfahren aus. Da Bewerber abstrakten Leistungstests eher reserviert gegenüberstehen, ist an dieser Stelle wichtig, die Sinnhaftigkeit eines solchen Verfahrens zu erläutern. Dies geschieht am besten mit Hinweisen auf die Validität des Verfahrens, den Anforderungsbezug sowie die Objektivität. Wichtig ist zudem der Hinweis, dass die Untersuchungsbedingungen möglichst optimal gestaltet werden sollen: ausgeschlafen sein, für Störungsfreiheit sorgen, Instruktionen genau lesen, Übungsaufgaben sorgfältig bearbeiten. Nachdem der Bewerber den Test bearbeitet hat, wertet erneut der Computer den Test aus und gibt in wenigen Sekunden eine Rückmeldung an den Bewerber.

Nun folgt der nächste Schritt der automatisierten Vorauswahl. Erneut wird eine Codenummer ausgegeben, mit der sich der Kandidat zu einem frei gewählten Termin einloggen kann, um einen Fragebogen auszufüllen. Je nach Anforderungen der Stelle könnte es sich hierbei z. B. um Skalen zur Messung der Leistungsmotivation, sozialer Kompetenz, Gewissenhaftigkeit o. ä. handeln. Die Gefahr der positiv verzerrten Selbstdarstellung besteht grundsätzlich beim Einsatz von Fragebögen und ist kein spezifisches Problem der Online-Diagnostik. Die

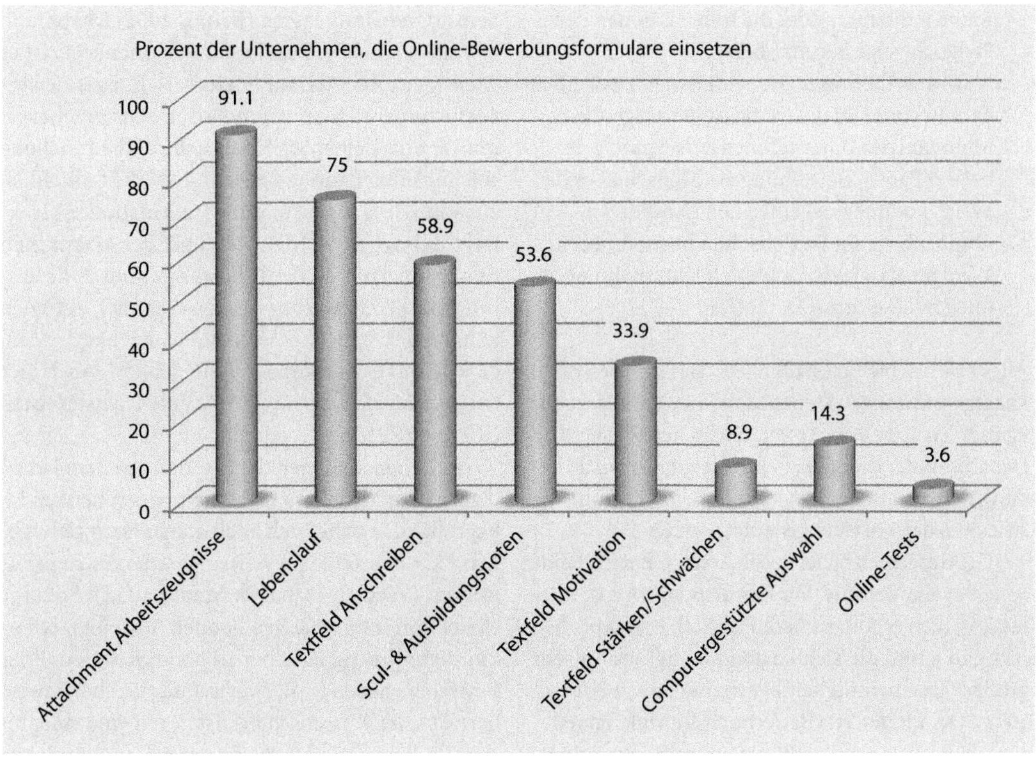

Abb. 6.7 Praxis des E-Assessments in deutschen Unternehmen (nach Kanning, 2015b)

Diagnostik bietet verschiedene Gegenmaßnahmen, die hier wie dort zu ergreifen sind (vgl. Kanning, 2004, 2011b). Nach der computergestützten Auswertung erhält der Bewerber erneut eine Rückmeldung über sein Abschneiden. An dieser Stelle endet das E-Assessment. In den nachfolgenden Schritten (z. B. telefonisches Kurzinterview, Einstellungsinterview, Assessment Center) kommt es zu einer persönlichen Begegnung mit Vertretern des Unternehmens.

Kanning (2015b) konnte in einer Befragung von mehr als 240 Personalern zeigen, dass knapp 50 % der Unternehmen mit mehr als 500 Mitarbeitern Online-Bewerbungsformulare einsetzen. In Unternehmen mit bis zu 200 Mitarbeitern spielte diese Option der Personalauswahl jedoch kaum eine Rolle. Selbst wenn Bewerbungsformulare zum Einsatz kommen, werden aber deren Chancen sehr oft nicht genutzt. Die Verantwortlichen übertragen vielmehr die diagnostischen Schwächen der klassischen Bewerbungsmappensichtung auf das neue Medium (► Abb. 6.7):

- 59 % der Anwender erwarten auch im E-Assessment noch ein Anschreiben, das in ein Textfeld eingefügt wird. Naturgemäß ist die Objektivität bei der Interpretation von Anschreiben deutlich eingeschränkt (Kanning, 2004, 2015a).
- 34 % bitten die Bewerber, in einem gesonderten Feld ihre Motivation zur Bewerbung darzulegen. Dies kommt einer direkten Aufforderung zur sozial erwünschten Selbstdarstellung gleich. Überspitzt könnte man sagen, dass der Bewerber belohnt wird, wenn er artig dem Arbeitgeber einzureden versucht, dass er der Beste für die ausgeschriebene Traumstelle sei.
- Immerhin 9 % erwarten sogar die Darstellung der eigenen Stärken und Schwächen in einem gesonderten Textfeld. Unverständlicherweise glauben die Verantwortlichen wohl daran, dass die Bewerber hier ganz brav die Wahrheit sagen und nicht einfach nur die Empfehlungen der

Ratgeberliteratur oder die Informationen der Stellenanzeige herunterbeten.
- Nur 14 % überlassen die Vorauswahl tatsächlich dem Rechner. In der weitaus überwiegenden Mehrzahl der Unternehmen entscheidet wie bei der Papier-Bewerbung ein Mensch über das Weiterkommen des einzelnen Kandidaten.
- Online-Tests sind die absolute Ausnahme. Weniger als 4 % der befragten Unternehmen nutzen diese sinnvolle Option.

Alles in allem bleibt festzuhalten, dass E-Assessment im engeren Sinne in Deutschland nur vor einer sehr kleinen Gruppe von Arbeitgebern betrieben wird. Der Computer dient bei den meisten nur zur Erhebung der klassischen Bewerberdaten, die dann wie zu Zeiten der Vorväter gedeutet werden.

Grundsätzlich bietet das E-Assessment für beide Seiten große Vorteile. Für den Arbeitgeber ist interessant, dass er mit größeren Bewerberstichproben rechnen kann, die sich kostengünstig und in sehr großer Geschwindigkeit bearbeitet lassen (Bruns, 2002). Der Einsatz von Bewerbungsformularen reduziert dabei die Anzahl wahllos versandter Bewerbungen, die insbesondere bei E-Mail-Bewerbungen zu erwarten sind (Rust & Parages, 2002). Im Hinblick auf den Aufwand, den der Bewerber betreiben muss, steht das Bewerbungsformular zwischen der klassischen Bewerbungsmappe und einer E-Mail-Bewerbung. Die Tatsache, dass ein Arbeitgeber E-Assessment einsetzt, vermittelt dem Bewerber das Bild eines effizient arbeitenden Unternehmens, das seine Zeit nicht über Gebühr in Anspruch nimmt und zumindest im Rahmen der Auswahl rationalen Entscheidungsprinzipien folgt. Dies dürfte in den meisten Fällen einem Imagegewinn gleichkommen (Bartam, 2000). Voraussetzung hierfür ist allerdings, dass alles technisch reibungslos läuft und die gesamte Prozedur für die Bewerber leicht zu bedienen ist (Sinar, Rexynolds & Paquet, 2003). Darüber hinaus spart ein solches Vorgehen dem Bewerber Kosten, und er muss nicht wochenlang auf Ergebnisse warten.

Manchen Bewerbern erscheinen computergestützte Bewerbungsformulare allerdings recht unpersönlich, da sie im Gegensatz zur klassischen Bewerbung kein Foto senden sollen, keine Möglichkeiten der individuellen Gestaltung ihrer Informationen haben und Textfelder oft weniger Platz zur Selbstdarstellung lassen (Bruns, 2002; Chapmann & Webster, 2003). Für diesen Personenkreis ist es wichtig, explizit darauf hinzuweisen, dass Bewerberformulare einen diagnostisch sehr viel besseren Weg darstellen, weil man sich auf die Erhebung solcher Informationen beschränkt, die tatsächlich auswahlrelevant sind und alle Informationen objektiver betrachtet werden als es bei der klassischen Bewerbungsmappe der Fall ist. Zumindest die leistungsstarken Bewerber werden dies auch einsehen können. Letztlich ist es wohl nur eine Frage der Zeit, bis sich das E-Assessment breit etabliert. Auch hier mag der Mere-Exposure-Effekt gute Dienste leisten (Kanning 2016a).

In Zeiten, in denen das Internet aus dem Leben der meisten Menschen nicht mehr wegzudenken ist, liegt die Idee nahe, sich auch gleich noch tiefergehend über einzelne Bewerber im Internet zu informieren (Ziegler, Danay & Maaß, 2012). Solange es sich um Internetseiten handelt, die einen offenkundigen Bezug zum beruflichen Schaffen eines Bewerbers haben (z. B. Hochschulseiten bei Bewerbern aus der Wissenschaft), ist gegen eine entsprechende *Internetrecherche* prinzipiell nichts einzuwenden. Anders sieht es bei sozialen Netzwerken wie etwa Facebook aus, die in erster Linie der privaten Kommunikation dienen. Neben einem ethischen Problem – der Bewerber hat ein Anrecht auf ein Privatleben und muss seinem Arbeitgeber gegenüber nicht alles über sich preisgeben – gibt es auch diagnostische Probleme. Die beliebig gesammelten Informationen dürften in der Regel keinen eindeutigen Bezug zu den Anforderungen der ausgeschriebenen Stelle aufweisen. Zudem lassen sie sich nicht eindeutig interpretieren. Der mühsame Versuch, die Vorauswahl der Kandidaten durch den Einsatz verbindlicher und valider Auswahlkriterien auf ein diagnostisch ernstzunehmendes Niveau zu heben, wird hier ad absurdum geführt. Im schlimmsten Fall wird jemand abgelehnt, weil dem Betrachter die Urlaubsfotos des Kandidaten nicht gefallen. Mit professioneller Personalauswahl hat dies nichts zu tun. Eine Umfrage von Caers und Castelyns (2011) zeigt, dass Personalern berufsbezogene Netzwerke wie LinkedIn aussagekräftiger erscheinen als private soziale Netzwerke. Dennoch werden auch letztere genutzt, um sich zusätzliche Informationen zu verschaffen. Klare Regeln, welche Informationen auszusuchen sind und wie sie interpretiert werden müssen, existieren nicht. Unter anderem erhoffen Personaler sich, von der Betrachtung der Bilder etwas über die Persönlichkeit der Bewerber zu erfahren. Eine solche Praxis ist nicht viel besser als würden sich die Personaler an klassischen Stereotypen orientieren – Frauen können demnach gut zuhören und Männer wären durchsetzungsstark. Spricht sich dergleichen erst einmal unter den Bewerbern herum, ist mit einem Imageschaden für den Arbeitgeber zu rechnen. In Deutschland recherchieren etwa ein Viertel bis ein Drittel der Unternehmen im Internet, um mehr über ihre Bewerber zu erfahren (Kanning, 2016b; Ziegler, Danay & Maaß, 2012).

Empfehlungen für die Praxis

- Ermöglichen Sie Ihren Bewerbern (ggf. alternativ zur klassischen Papier-Bewerbung) eine Bewerbung per E-Mail. Die E-Mail-Bewerbung sollte dabei auch in der Außendarstellung als ein gleichwertiger Ersatz gelten.
- Setzen Sie Methoden des E-Assessments ein. Sofern Sie E-Assessment nutzen, sollte dies die klassische Papier-Bewerbung sowie die Bewerbung per E-Mail ersetzen.
- Erfassen Sie mithilfe von Bewerbungsformularen nur die Informationen, die für die Auswahl der Kandidaten in Bezug auf die Anforderungen der Stelle tatsächlich relevant sind. Erleichtern Sie den Bewerbern damit die Arbeit, und zeigen Sie, dass in Ihrem Unternehmen die Eignung der Kandidaten rational und fair ermittelt wird.
- Verzichten Sie daher auf Anschreiben oder andere Formen der Selbstdarstellung des Bewerbers.
- Erklären Sie den Bewerbern, warum die Restriktionen in der Gestaltung, die mit dem Einsatz von Bewerbungsformularen einhergehen, im Sinne des Bewerber sind (objektivere Auswahl nach validen Kriterien).
- Ggf. können Sie ein einzelnes Textfeld für Anmerkungen zur Verfügung stellen, damit Bewerber auf Besonderheiten hinweisen können, die sich aus den Zeugnissen u. ä. nicht so ohne weiteres erschließen lassen. Weisen Sie aber explizit darauf hin, dass dieses Feld nicht der „Selbstbeweihräucherung" oder dem „Einschleimen" dienen solle.
- Begründen Sie den Einsatz von Leistungstests und Fragebögen, über deren Anforderungsbezug, die Objektivität der Auswertung sowie die Validität des Verfahrens.Achten Sie darauf, dass Ihr E-Assessment auch auf unterschiedlichen Browsern stets technisch einwandfrei funktioniert und die Bedienung möglichst selbsterklärend ist.
- Verzichten Sie auf eine Recherche in sozialen Netzwerken, um mehr über einzelne Bewerber zu erfahren. Dies gilt insbesondere für Netzwerke, die von ihrer Grundausrichtung her privaten Zwecken dienen.

6.5 Testverfahren und Fragebögen

Testverfahren und Fragebögen sind seit vielen Jahren etablierte Instrumente der Personalauswahl, werden im Vergleich zu Einstellungsinterviews in Deutschland jedoch weitaus seltener eingesetzt (Schuler et al., 2007). Dies gilt sicherlich auch deshalb, weil sich Praktiker bei der Auswahl ihrer Methoden nur eingeschränkt von der Validität der Verfahren leiten lassen (► Abb. 6.1; König, Klehe, Bechtold & Kleinmann, 2010). Leistungstests arbeiten meist mit sehr abstrakten Aufgaben, die per Augenschein nichts mit dem Berufsalltag zu tun haben. So müssen die Bewerber z. B. Zahlenreihen ergänzen (1, 3, 5, 7, ?) oder Wortassoziationspaare bilden („Hund" verhält sich zu „Welpe", wie „Kuh" zu „?"). Fragebögen stehen in dem Ruf, von den Bewerbern allzu leicht zu deren Vorteil manipuliert zu werden. Beide Einstellungen sind im Kern zutreffend, sprechen bei näherer Betrachtung aber nicht gegen den Einsatz der Methode.

Leistungstests arbeiten zwar meist mit sehr abstrakten Aufgaben, weisen aber dennoch sehr hohe

Werte der prognostischen Validität auf (Ones & Dilchert, 2009; Schmidt & Hunter, 1998). Selbst bei der Betrachtung verschiedenster Berufe wie z. B. Polizist, Kraftfahrer, Kaufmann und Ingenieur ergeben sich gute bis sehr gute Befunde (Hülsheger et al., 2006; Salgado et al., 2003). Der Einsatz von Leistungstests empfiehlt sich in besonderer Weise, wenn die einzustellenden Mitarbeiter noch viel lernen (Azubis, Trainees, Quereinsteiger) oder im Berufsalltag komplexe kognitive Aufgaben bewältigen müssen. Letzteres gilt u. a. für Führungskräfte (Kanning, 2015e), die z. B. in einer schwierigen Entscheidungssituation mit vielen unklaren Parametern die rational beste Lösung finden oder in Verhandlungen die Schwächen in der Argumentation des Gegenübers erkennen müssen. In den USA wird die wichtige diagnostische Funktion kognitiver Leistungstests bei der Auswahl von Führungskräften sehr viel besser erkannt als in Deutschland. Während sich dort fast 50 % der zukünftigen Spitzenführungskräfte im Zuge der Personalauswahl einem solchen Test unterziehen müssen (Thornton, Hollenbeck & Johnson, 2010), gilt dies in Deutschland für nicht einmal 1 % der Fälle (Schuler et al., 2007). Wahrscheinlich glauben die Verantwortlichen in den Unternehmen, dass Bewerber mit abgeschlossenem Studium sowie einem gewissen Alter und Grad der Berufserfahrung geradezu zwangsläufig sehr intelligent sein müssen. Amerikanische Studien bestätigen dies nicht. Zwar liegt der Intelligenzquotient von Spitzenführungskräften signifikant höher als in der Normalbevölkerung, die Unterschiede zwischen den einzelnen Personen sind aber fast so groß wie in der Normalbevölkerung (Ones & Dilchert, 2009). Bei Führungskräften der unteren Führungsebene sind die Unterschiede noch geringer. Ein weiteres Argument gegen den Einsatz von Leistungstests liefert ihre geringe Akzeptanz bei den Bewerbern (▶ Abb. 6.4). Leistungstests bewegen sich im mittleren Bereich des Bewertungsspektrums aller Auswahlverfahren. Bei Laien – und die allermeisten Bewerber sind diagnostische Laien – ist ein solches Urteil angesichts des hohen Abstraktionsniveaus der Aufgaben keine Überraschung. Die Personalverantwortlichen sollten sich hingegen von den empirischen Fakten leiten lassen. Konkret bedeutet dies, dass kognitive Leistungstests eingesetzt werden sollten, den Bewerbern deren Einsatz aber sorgfältig erklärt werden muss. Zumindest bei der Auswahl der Auszubildenden ergibt sich jedoch noch eine Alternative zu sehr abstrakten Testverfahren. Sog. Hybridverfahren arbeiten mit Aufgaben, in denen sich der Berufsalltag ein Stück weit widerspiegelt (Görlich & Schuler, 2010; Schuler, Höft & Hell, 2014). Statt mit abstrakten geometrischen Aufgaben die Konzentrationsfähigkeit zu messen, müssen die Bewerber hier z. B. Fehler in Abschriften von Kundenadressen finden. Wann immer es sich anbietet, ist solchen Verfahren der Vorzug zu geben, sofern sie sich als gleich valide oder sogar als valider im Vergleich zu Intelligenztest erweisen.

Fragebögen unterscheiden sich von Leistungstests dahingehend, dass sie den Bewerbern eine Selbstbeschreibung bzw. eine Selbsteinschätzung abverlangen. Hierbei stellen sich immer zwei Probleme. Zum einen kann das Selbstbild des Kandidaten von der Realität abweichen, zum anderen kann er die Ergebnisse aktiv verfälschen, indem er sich bei jeder Frage überlegt, welche Antwort vorteilhafter wäre, und dementsprechend falsche Angaben macht. Die Validität von Persönlichkeitsfragebögen liegt unter der von Leistungstests, ist aber dennoch hinreichend hoch, dass vieles für ihren Einsatz spricht (Hossiep & Mühlhaus, 2015; Schuler, Höft & Hell, 2014). Seit vielen Jahrzehnten beschäftigt sich die Forschung mit der Frage, inwieweit Bewerber die Ergebnisse von Testverfahren verfälschen und welche Konsequenzen sich daraus ergeben (Kanning, 2003; 2011). Zunächst zeigt sich, dass Bewerber die Möglichkeiten zur positiv verzerrten Selbstdarstellung nutzen, die ihnen Fragebögen offerieren. Allerdings sind nicht alle Formen von Fragebogenitems davon in gleicher Weise betroffen (Kanning & Kuhne, 2006). Das Ausmaß der Verfälschbarkeit liegt bei klassischen Persönlichkeitsfragebögen zwischen 0.5 und 0.9 Standardabweichungen (Viswesvaran & Ones, 1999), wobei die Bewerber in der Regel nicht maximal verfälschen, sondern meist nur moderat (Smith & Ellingson, 2002). Durch diese Verfälschungsbemühungen wird die Validität der Fragebögen zwar nicht nachweisbar gemindert (Ones & Viswesvaran, 1998; Ones, Viswesvaran & Reiss, 1996), wohl aber verändert sich die Rangreihenfolge der Bewerber (Christiansen et al., 1994; Herzberg, 2004). Eine Möglichkeit, sich hiergegen zu wehren, ist der Einsatz von Kontrollskalen, mit denen sich das Ausmaß der Selbstdarstellung abschätzen lässt (ausführlicher: Kanning, 2004, 2011). Da die Fragen in aller Regel keinen direkten

Bezug zu den Arbeitsaufgaben des Berufsalltags aufweisen, erscheinen sie sowohl den Arbeitgebern als auch den Bewerbern zu Recht sehr abstrakt, was – zu Unrecht – grundlegende Zweifel an der Sinnhaftigkeit der Verfahren weckt. Viel größer ist jedoch das Problem, dass in der Praxis sehr häufig Verfahren Verwendung finden, deren Qualität bestenfalls fraglich ist (vgl. Hossiep et al., 2015; Kanning, 2015a). Sofern wissenschaftlich abgesicherte Verfahren zum Einsatz kommen – und nur diese sollte ein seriöser Arbeitgeber verwenden –, ist es aus Gründen des Personalmarketings notwendig, den Bewerbern die Sinnhaftigkeit ihres Einsatzes zu erklären.

Empfehlungen für die Praxis

- Setzen Sie Leistungstest und Testverfahren zur Personalauswahl ein, sofern sich die konkreten Instrumente in empirischen Studien als valide erwiesen haben.
- Bevorzugen Sie bei Leistungstests Hybridverfahren, also Tests, die in der inhaltlichen Gestaltung der Aufgaben berufsrelevante Themen aufgreifen. Sie besitzen eine höhere Akzeptanz bei den Bewerbern.
- Begründen Sie den Einsatz von Leistungstests und Fragebögen über deren Anforderungsbezug, die Objektivität der Auswertung sowie die Validität des Verfahrens.

6.6 Arbeitsprobe

Arbeitsproben gehören zu den simulationsorientierten Verfahren der Personalauswahl, also zu jenen Methoden, mit denen die berufliche Realität eines Arbeitsplatzes in der Personalauswahl in wichtigen Ausschnitten nachgestellt wird (Schuler, 2014a; Kanning & Schuler, 2014). Ursprünglich stammen Arbeitsproben aus dem Handwerk und wurden hier wahrscheinlich schon vor Jahrhunderten eingesetzt, um die Eignung eines Bewerbers zu prüfen. Auch heute haben sie noch völlig zu Recht einen hohen Stellenwert. Nach Schuler et al. (2007) werden sie von fast 45 % der deutschen Unternehmen eingesetzt. Die prognostische Validität gilt seit vielen Jahren als belegt (vgl. Schmidt & Hunter, 1998). Allerdings eignet sich die Arbeitsprobe bei einfachen beruflichen Aufgaben besser zur Prognose des Berufserfolgs als bei komplexen (Roth, Bobko & McFarland, 2005). Letztlich hat dies wohl vor allem damit zu tun, dass bei einfachen Aufgaben (z. B. Servieren in einem Lokal) eine realitätsgetreue Simulation leichter fällt und darüber hinaus die Probeaufgabe auch sehr viel eher einen repräsentativen Ausschnitt aus dem Berufsalltag darstellt (Kanning & Schuler, 2014). Komplexere Arbeitsausgaben verlangen demnach eine Simulation von mehreren Szenarien, was letztlich in einem Assessment Center mündet (s. u.).

Neben der guten Validität von Arbeitsproben zählt die Augenscheinvalidität zu den Stärken des Ansatzes. Alle Beteiligten können unmittelbar per Augenschein erkennen, dass die Arbeitsprobe etwas mit dem realen Berufsleben zu tun hat. So ist es nur folgerichtig, dass sie auch im Hinblick auf die Bewerberakzeptanz zu den besten Methoden gehört (► Abb. 6.4). Allenfalls Berufsanfänger, die noch keinen Einblick in den Berufsalltag haben, müssten explizit auf den hohen Praxisbezug hingewiesen werden. Wann immer dies möglich ist, sollten sich die Verantwortlichen mithin überlegen, Arbeitsproben zum Einsatz zu bringen.

Eine Abwandlung der Arbeitsprobe stellt der *Situational Judgment Test* (SJT) dar. Im Gegensatz zur Arbeitsprobe erlebt der Bewerber die Arbeitssituation hier nicht am eigenen Leib. Die Situationen werden lediglich in Form eines Videofilms oder eines kurzen Textes erläutert. Anschließend hat der Bewerber Gelegenheit, aus einer Liste von Verhaltensalternativen diejenige auszuwählen, die seinem eigenen Verhalten in der geschilderten Situation am ehesten entsprechen würde bzw. die er für die jeweils Beste hält (Kanning, 2013b). Das berufliche Verhalten kann beim SJT also nicht direkt beobachtet werden, sondern wird aus dem Antwortverhalten des Bewerbers im Test erschlossen. Dennoch erweisen sich SJTs als gute Instrumente zur Prognose des beruflichen Erfolgs (McDaniels, Finnegan, Morgeson & Ployhart, 2005; McDaniels, Whetzel, Hartmann & Nguyen, 2007). Videogestützte Verfahren schneiden dabei besser ab als rein textbasierte Varianten (Christian, Edwards & Bradley, 2010). Dies ist wahrscheinlich auf die größere Nähe zur beruflichen Realität zurückzuführen. Ein Film präsentiert auf einen Blick zahlreiche Details einer Situation (z. B. die Mimik von Gesprächspartnern), die in einer textbasierten Fassung fehlen, weil die Beschreibung ansonsten zu langatmig werden würde.

Auch hinsichtlich der Akzeptanz sind SJTs zu empfehlen (Chan & Schmitt, 1997; Richman-Hirsch, Olson-Buchanan & Drasgow, 2000). Die besten Akzeptanzwerte erreichen vollständig videogestützte Verfahren, die noch dazu interaktiv aufgebaut sind (Kanning, Grewie, Hollenberg & Hardouche, 2006): Zunächst sehen die Bewerber einen Film, in dem eine Berufssituation dargestellt wird (z. B. ein Konflikt mit einem aufgebrachten Kunden). Anschließend werden zwei kurze Filme eingespielt, die alternative Reaktionen darstellen, die der Bewerber in dieser Situation zeigen könnte (z. B. eskalierend vs. deeskalierend). Nachdem der Bewerber sich für eine der beiden Alternativen entschieden hat, entwickelt sich die Situation unterschiedlich weiter. Dabei reagiert der Kunde im Film gewissermaßen auf das Verhalten des Bewerbers. Nachdem der Bewerber sich diesen Film angesehen hat, werden ihm erneut zwei Verhaltensalternativen präsentiert, aus denen er nun abschließend eine Wahl treffen muss. Danach folgen weitere Szenarien, die nach dem gleichen Prinzip aufgebaut sind. Vollständig videogestützte, interaktive SJTs weisen die größtmögliche Nähe zur klassischen Arbeitsprobe auf. Der Aufwand, der mit ihrer Entwicklung verbunden ist, ist allerdings auch maximal.

Empfehlungen für die Praxis

- Setzen Sie Arbeitsproben ein. Bei komplexeren beruflichen Tätigkeiten empfiehlt sich ein Assessment Center.
- Erläutern Sie Berufsanfängern ggf., dass es sich tatsächlich um Aufgaben handelt, die so oder so ähnlich im Berufsalltag auf sie zukommen können.
- Sofern Sie einen Situation Judgment Tests einsetzen, sollte videogestützten Verfahren der Vorzug gegeben werden. Achten Sie bei der Auswahl darauf, dass die Szenarien tatsächlich eine große inhaltliche Nähe zum fraglichen Arbeitsplatz aufweisen.

6.7 Einstellungsinterview

Das Einstellungsinterview ist neben der Sichtung der Bewerbungsunterlagen die einzige Auswahlmethode, die in nahezu jedem Auswahlverfahren zum Einsatz kommt (Schuler et al., 2007). Die Forschung zum Einstellungsinterview ist sehr umfangreich (vgl. Schuler, 2002; 2014c). Aussagekräftige Einstellungsinterviews sind mit vertretbarem Aufwand ohne tiefgreifende diagnostische Kenntnisse vergleichsweise leicht zu entwickeln. Umso erstaunlicher ist es, dass viele Unternehmen von diesen Möglichkeiten kaum Gebrauch machen (Kanning 2015a). Gute Einstellungsinterviews sind vor allem durch folgende Merkmale gekennzeichnet (vgl. Huffcutt & Arthur, 1994; Kanning et al., 2008; Schuler, 2014c):

- Grundlage der Interviewentwicklung bildet eine empirische Anforderungsanalyse. Nur wenn bekannt ist, welche Kompetenzen für den Erfolg auf dem vakanten Arbeitsplatz bedeutsam sind, kann das Interview gezielt auf die Untersuchung dieser Kompetenzen zugeschnitten werden.
- Auf der Basis der Anforderungsanalyse wird ein Interviewleitfaden entwickelt. Der Interviewleitfaden legt die meisten Fragen, die gestellt werden, verbindlich fest, so dass allen Bewerber weitestgehend dieselben Fragen gestellt werden. Nur hierdurch kann später auch ein Vergleich der Bewerber untereinander erfolgen. Die Abweichung von dieser Standardisierung ergibt sich aus der Tatsache, dass hin und wieder Nachfragen zu stellen sind und im Einzelfall z. B. auch Fragen zum Lebenslauf gestellt werden müssen.
- Jede Kompetenz wird mit mehreren, voneinander unabhängigen Fragen erfasst. Hierdurch erhöht sich die Reliabilität (s. o.) der Untersuchung.
- Zu jeder Frage wurde im Vorhinein festgelegt, wie die Antworten zu bewerten sind. Hierzu eignen sich in besonderer Weise sog. verhaltensverankerte Beurteilungsskalen, bei denen z. B. auf einer Skala von eins bis fünf Punkten definiert wird, bei welcher Antwort wie viele Punkte zu vergeben sind.
- Es kommen situative Fragen zum Einsatz. Hierbei schildert der Interviewer Situationen

aus dem Berufsalltag und bittet den Bewerber, zu beschreiben, wie er die Situationen bewertet und wie er sich jeweils verhalten würde.

- Es kommen biographische Fragen zum Einsatz, solange sie einen Bezug zu den zukünftigen Arbeitsaufgaben haben. Statt also nach Hobbys zu fragen, bittet man den Bewerber z. B., schwierige Situationen aus seiner Berufsbiographie zu schildern und seine Einstellungen bzw. sein Verhalten in diesen Situationen zu erläutern.
- Die Bewertung der Antworten wird von mehreren unabhängigen Personen vorgenommen. Neben dem Interviewer könnte man zu diesem Zweck einen Beisitzer einsetzen, der sich voll und ganz auf die Antworten des Bewerber konzentrieren kann, während der Interviewer zusätzlich zum Fragenstellen und Bewerten für eine zwischenmenschlich angenehme Atmosphäre sorgen muss.
- Es geht nicht nur darum, Informationen über den Bewerber einzuholen, sondern auch darum, Informationen über die Stelle, die Rahmenbedingungen der Arbeit u. ä. zu erstellen. Ziel dieser Strategie des „*realistic job preview*" (s.o.; Landis, Earnest & Allen, 2014; Schuler, 2002) ist es, dem Bewerber eine gute Grundlage für seine Entscheidung zu geben, ob er nach einem etwaigen Angebot tatsächlich den Arbeitsplatz übernehmen möchte. Insgesamt sollte der Redeanteil des Bewerbers im Interview aber deutlich über dem des Interviewers liegen. Schließlich ist es das primäre Ziel des Interviews, Informationen über den Bewerber zu erhalten. Nach einer Studie von Kanning (2016a) liegt der durchschnittliche Redeanteil des Interviewers bei fast 55 % der Zeit, was sicherlich nicht mehr im Sinne der eigentlichen Zielrichtung des Interviews ist. Alternativ ließe sich auch ein Informationsgespräch mit dem Interview koppeln. Findet dies vor dem Interview statt, sollte eine andere, kundige Person das Gespräch übernehmen, damit Interviewer und Beisitzer nicht durch den vorherigen Kontakt zum Bewerber beeinflusst werden.
- Insbesondere wenn kein Informationsgespräch angedacht ist, ist es wichtig, dass auch der Bewerber Fragen an den Interviewer stellen darf.
- Nach dem Interview werten die „Beobachter" zunächst jeder für sich allein das Interview aus, ehe sie sich austauschen, um gemeinsam die abschließende Bewertung vorzunehmen.
- Die Entscheidung für oder gegen den Kandidaten erfolgt zunächst über einen Vergleich mit dem Anforderungsprofil der Stelle.
- Anschließend werden diejenigen Bewerber, die alle Mindestanforderungen erfüllen, untereinander verglichen, so dass letztlich unter den Geeigneten die am besten geeignete Person identifiziert wird.

Einstellungsinterviews finden unter Bewerbern eine sehr hohe Akzeptanz (► Abb. 6.4), was nicht zuletzt darauf zurückzuführen ist, dass Interviews aufgrund ihrer starken Verbreitung und ihrer langen Tradition nicht mehr in Frage gestellt werden (Kanning, 2016a). Allerdings haben meisten Bewerber vor allem unstrukturierte Interviews kennengelernt. ► Abb. 6.8 gibt die Ergebnisse einer Befragung von mehr als 850 Bewerbern wieder. In weniger als 30 % der Fälle lag dem Interview ein Leitfaden zugrunde. In nur etwa 10 % der Fälle wurden Punktwerte vergeben. In nur 60 % der Fälle fertigte der Interviewer Notizen zu den Antworten an. Angesichts dieser Ergebnisse wundert es kaum, dass viele Bewerber das Interview als leicht zu manipulieren ansahen. In etwa 50 % der Fälle hatten sie den Eindruck, dass die Fragen so leicht waren, dass zu erkennen war, welche Antwort zu einer guten Bewertung führen würde. 40 % erlebten den Interviewer als leicht beeinflussbar. Gleichwohl hatte die Mehrheit den Eindruck, dass sich die Interviewer vorbereitet haben (70 %) und heben die positive Gesprächsatmosphäre hervor (> 70 %), wobei die Interviewer ihnen professionell erschienen (> 60 %). Mit anderen Worten: Bewerber erwarten keine hoch strukturierten Interviews. Wer nun aber qualitativ gute Einstellungsinterviews im eigenen Unternehmen einsetzen möchte – und dies bedeutet Abkehr vom so weit verbreiteten unstrukturierten Interview –, der muss etwas dafür tun, dass die Bewerber das Verfahren ebenfalls als sinnvoll ansehen. Vergleichbar zum Intelligenztest muss der Interviewer dem einzelnen Bewerber vor Beginn des Gesprächs erläutern, was nun auf ihn zukommt und

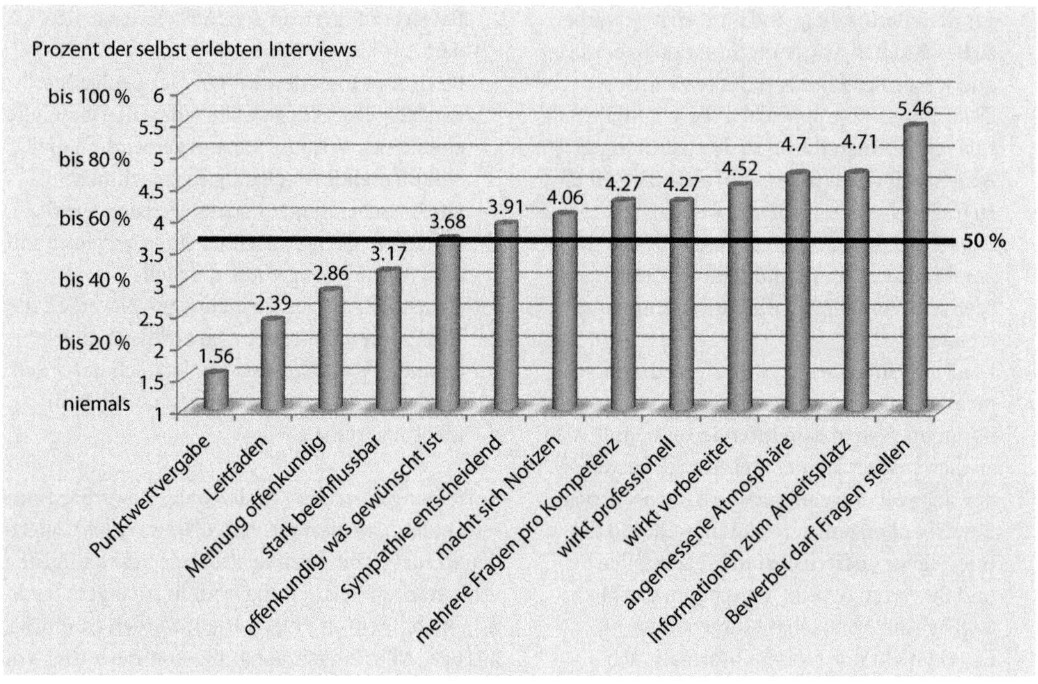

Abb. 6.8 Bewerbererfahrungen im Interview (Kanning, 2015a, S. 174)

warum dies nicht nur für den Arbeitgeber, sondern auch für den Bewerber sinnvoll ist:

- Grundlage der Auswahlentscheidung sind die realen Anforderungen der Stelle.
- Alle Bewerber erhalten dieselben Fragen.
- Alle Bewerber werden nach exakt denselben Kriterien bewertet.
- Am Ende zählen die Kompetenzen des Einzelnen und nicht das „Gefallen". Eine positive Entscheidung bedeutet definitiv, dass die betreffende Person für die Stelle geeignet ist.
- Hierdurch schützt man nicht nur das Unternehmen, sondern auch die Bewerber sowie die Kollegen vor Fehlbesetzungen.

► Abb. 6.9 bezieht sich auf dieselbe Studie und gibt die zehn Interviewfragen wieder, die den Bewerbern am sinnvollsten erschienen. Besonders gut schneiden vor allem solche Fragen ab, die offensichtlich etwas mit den beruflichen Aufgaben zu tun haben, also Fragen nach Berufserfahrung, Fachkompetenz und Fachwissen. ► Abb. 6.10 zeigt gewissermaßen spiegelbildlich die Fragen, die in den Augen der Bewerber überhaupt nicht sinnvoll sind. Hierbei handelt es sich zum einen um sehr private Fragen ohne Bezug zum Arbeitsplatz (Partnerschaft, Buchlektüre, sportliche Aktivitäten etc.), zum anderen um Fragen, die allzu leicht zu durchschauen sind („Was sind Ihre größten Schwächen?" „Wie würde Ihr Vorgesetzter Sie charakterisieren?").

Empfehlungen für die Praxis

- Setzen Sie hoch strukturierte Einstellungsinterviews ein.
- Erläutern Sie den Bewerbern vor Beginn des Interviews, was auf sie zukommt und warum ein strukturiertes Vorgehen für alle Seiten von Vorteil ist.
- Achten Sie darauf, dass in Ihren Fragen der Anforderungsbezug zur vakanten Stelle deutlich wird. Dies spricht u. a. für den Einsatz situativer Fragen.
- Vermitteln Sie den Bewerbern eine realistische Sichtweise auf den vakanten Arbeitsplatz und die Arbeitsbedingungen.

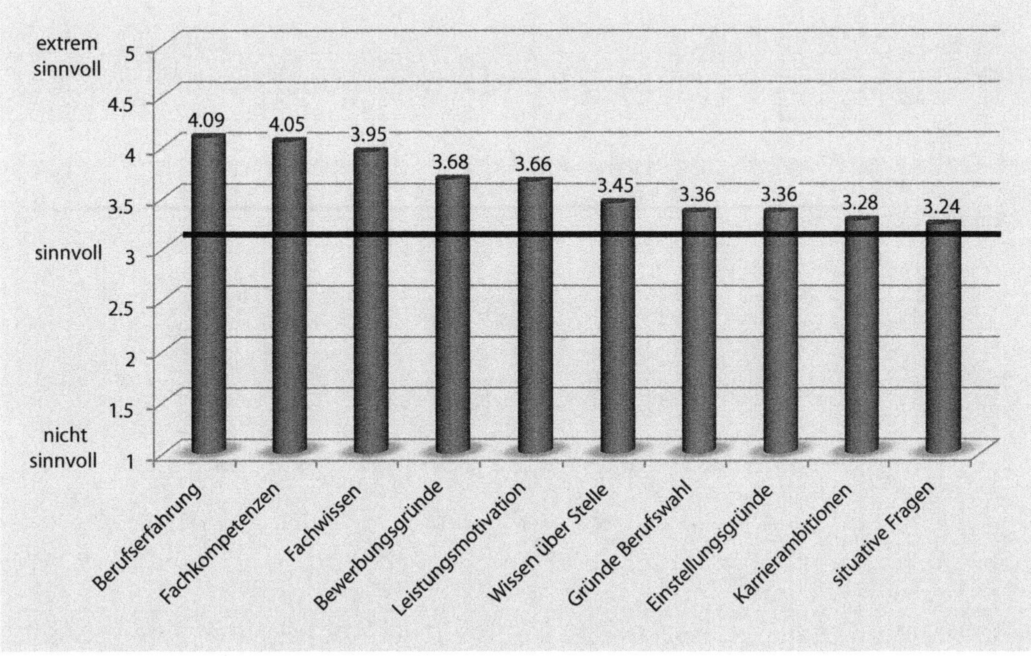

Abb. 6.9 Zehn sinnvolle Interviewfragen aus Sicht der Bewerber (Kanning, 2015a, S. 177)

Dies ließe sich auch außerhalb des eigentlichen Interviews (z. B. durch ein vorgeschaltetes (Telefon-)Gespräch) leisten, wenn ansonsten das Interview zu lange dauern würde.

- Geben Sie den Bewerbern ausreichend Gelegenheit, selbst Fragen zu stellen.
- Bieten Sie den Bewerbern an, dass sie nach Abschluss des gesamten Verfahrens in einem Feedback erfahren, wie sie im Einzelnen abgeschnitten haben.

6.8 Assessment Center

Assessment Center (AC) sind recht aufwändige diagnostische Verfahren, bei denen mehrere in der Regel bereits vorausgewählte Bewerber zu einer ein- bis zweitägigen Veranstaltung eingeladen werden, in der neben Testverfahren und Interviewtechnik vor allem Verhaltensübungen wie z. B. Rollenspiele zum Einsatz kommen. Assessment Center haben sich seit vielen Jahren etabliert und werden zunehmend eingesetzt (Kanning et al., 2007; Schuler et al., 2007). Die prognostische Validität hängt in sehr starkem Maße davon ab, inwieweit diagnostische Qualitätskriterien in der Praxis auch tatsächlich umgesetzt werden. Leider ist dies nur ansatzweise gegeben (Boltz, Kanning & Hüttemann, 2009; Kanning, Pöttker & Gelléri, 2007). Prognostisch valide Assessment Center sind insbesondere durch die folgenden Merkmale gekennzeichnet (vgl. Kanning 2004; Kanning & Schuler 2014; Schuler, 2007):

- Das AC beruht auf einer Anforderungsanalyse.
- Jede Kompetenz wird in voneinander unabhängigen Übungen mehrfach untersucht.
- Die Übungen simulieren vergleichbar zu einer Arbeitsprobe berufsrelevante Situationen.
- Die Bewertung des Verhaltens erfolgt nach verbindlich festgelegten Kriterien unter Einsatz von verhaltensverankerten Beurteilungsskalen.
- Die Bewertung der Kandidaten erfolgt ausschließlich in den Übungen und nicht in den Pausenzeiten.

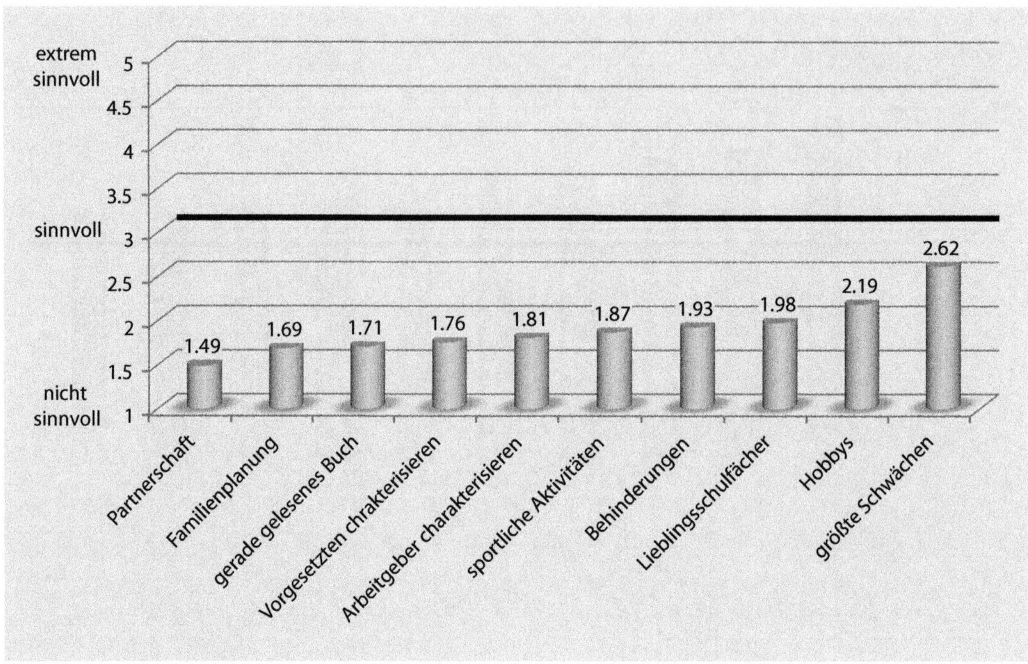

Abb. 6.10 Zehn sinnlose Interviewfragen aus Sicht der Bewerber (Kanning, 2015a, S. 176)

- Die Beobachter werden für ihre Aufgabe geschult.
- In jeder Übung müssen die Beobachter maximal drei Kompetenzen bewerten.
- Während des Assessment Centers unterhalten die Beobachter sich nicht über die Kandidaten, so dass jeder unbeeinflusst von seinen Kollegen die Bewertungen vornimmt.
- Die Beobachter erhalten keine Vorinformationen über die Bewerber, damit sich die Bewertung ausschließlich auf das beobachtete Verhalten bezieht und nicht etwa durch Erwartungseffekte verzerrt wird.
- Zwischen den Übungen haben die Beobachter keinen persönlichen Kontakt zu den Bewerbern, damit sich ihre Bewertungen ausschließlich auf das Verhalten in den Übungen beziehen.
- In den Übungen werden geschulte Rollenspieler eingesetzt, so dass Bewerber nicht gegeneinander antreten müssen.
- Die Verhaltensübungen werden durch valide Testverfahren und ggf. durch ein strukturiertes Interview ergänzt.
- Die Einzelbewertungen werden in einer moderierten Beobachterkonferenz zusammengetragen. Der Moderator achtet darauf, dass die Beobachter sich in ihrer Argumentation an den tatsächlichen Anforderungen orientieren und einzelne Personen (z. B. Vorgesetzte) diese nicht dominieren.

Alle klassischen AC-Übungen schneiden in der Wahrnehmung der Bewerber positiv ab (► Abb. 6.11). Dies gilt insbesondere für solche Übungen, in denen der einzelne Bewerber als Individuum im Fokus steht und ein hoher Bezug zu den Anforderungen des Arbeitsplatzes deutlich wird.

Allerdings erleben viele Bewerber im Assessment Center Dinge, die auf eine bedenkliche Praxis hindeuten (Kanning 2016a) und nicht dazu beitragen, das Vertrauen in die Methode bzw. in den Arbeitgeber zu stärken:

- In 57 % der Fälle haben die Bewerber den Eindruck, dass sie auch in den Pausenzeiten beobachtet werden.
- In 46 % der Fälle haben sie nicht den Eindruck, dass die Übungen tatsächlich

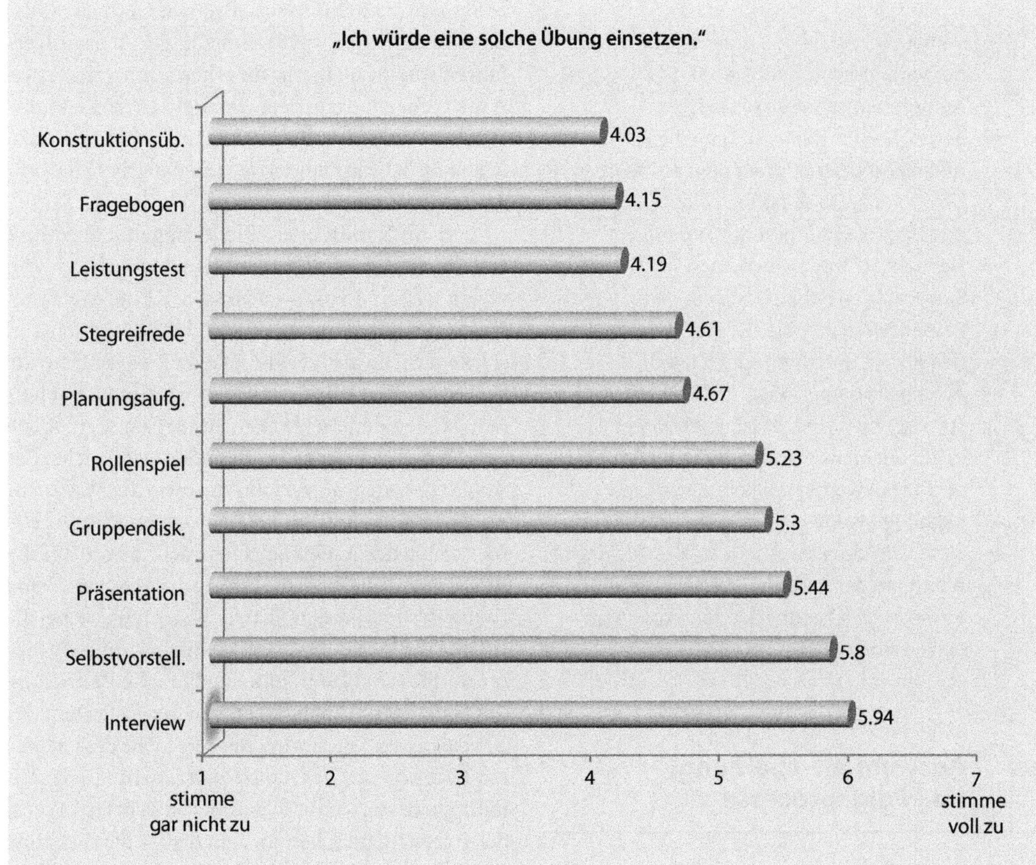

Abb. 6.11 Akzeptanz von AC-Übungen (nach Kanning, 2011)

einen Bezug zu den Anforderungen der Stelle aufweisen.

- In 48 % der Fälle werden sie zu Beginn des Assessment Centers nicht darüber aufgeklärt, was im Laufe des Tages auf sie zukommt bzw. wie das AC methodisch ablaufen wird.
- In 47 % der Fälle gibt es während des Verfahrens persönliche Kontakte zu einzelnen Beobachtern.
- In 42 % der Fälle haben die Bewerber den Eindruck, dass sich die Beobachter zwischen den Übungen über ihre Bewertungen der Bewerber austauschen.

Um als Arbeitgeber die an sich hohe Akzeptanz eines Assessment Centers im Sinne des Personalmarketings nutzen zu können, ist es notwendig, die Bewerber über das Vorgehen aufzuklären. Dies geschieht am besten nach der Begrüßungsrunde. Wer ein qualitativ gutes Assessment Center konzipiert hat, braucht sich vor Transparenz nicht zu fürchten. Zudem erhält der Arbeitgeber so die Chance, den Bewerbern die Furcht vor gruseligen AC-Geschichten zu nehmen, die bisweilen im Internet oder in der Ratgeberliteratur verbreitet werden (vgl. Kanning, 2015a).

Empfehlungen für die Praxis

- Klären Sie die Bewerber zu Beginn des Assessment Centers über die methodischen Prinzipien sowie über den Ablauf des Verfahrens auf.

- Verdeutlichen Sie den Anforderungsbezug des Verfahrens, indem Sie auf die Anforderungsanalyse hinweisen.
- Setzen Sie nur solche Übungen ein, die offenkundig Situationen des Berufsalltags simulieren (also keine Türme basteln lassen oder Mondlandungen simulieren).
- Nehmen Sie keine verdeckten Bewertungen der Bewerber in den Pausenzeiten vor. Dies ist ethisch bedenklich und methodisch falsch.
- Achten Sie darauf, dass für die Bewerber stets deutlich wird, dass das Verfahren in hohem Maße standardisiert abläuft und alle Bewerber vollkommen gleich behandelt werden.
- Bieten Sie den Bewerbern an, dass sie nach Abschluss des gesamten Verfahrens in einem kurzen Feedback erfahren, wie sie im Einzelnen abgeschnitten haben.

6.9 Auswahlentscheidung und Folgeprozesse

Am Ende des Auswahlprozesses steht eine Entscheidung für oder gegen einzelne Kandidaten. Unter den Kandidaten, die für eine Stelle geeignet erscheinen, wird ggf. eine Rangreihenfolge aufgestellt, da der bestplatzierte Kandidat das Stellenangebot möglicherweise nicht annehmen wird. In diesem Fall würde man dem Zweitplatzierten die Stelle anbieten, gefolgt vom Drittplatzieren etc. Ein fairer Umgang mit den Kandidaten erfordert, dass dieser Prozess möglichst schnell abläuft, so dass die schlechter platzierten Bewerber nicht zu lange auf eine endgültige Entscheidung warten müssen. Um die Wahrscheinlichkeit für ein derartiges Nachrücken gering zu halten, empfiehlt es sich, bei besonders attraktiven Kandidaten schon im Einstellungsinterview nachzufragen, ob eine realistische Chance besteht, dass sie im Falle einer positiven Auswahlentscheidung tatsächlich die Stelle antreten würden. Mehrere Studien zeigen, dass sich die *Geschwindigkeit*, mit der ein Auswahlverfahren abläuft, positiv auf die Annahme eines Stellenangebotes auswirkt (Becker, Connolly & Slaughter, 2010; Rynes, Bretz & Gerhart, 1991; Schuler & Moser, 1993). Ein zügiges Auswahlverfahren spricht nicht nur für einen gut organisierten Arbeitgeber, es reduziert vor allem auch die Wahrscheinlichkeit, dass die interessanten Kandidaten in der Zwischenzeit alternative Stellenangebote bekommen und annehmen.

Ob ein Kandidat ein Stellenangebot annimmt oder nicht, hängt neben der Geschwindigkeit von vielen weiteren Faktoren ab (s. u.). Eine Metaanalyse von Chapman et al. (2005) hat gezeigt, dass in starkem Maße auch Faktoren eine Rolle spielen, die auf den ersten Blick ein wenig irrational erscheinen. Neben den *Merkmalen des Arbeitgebers* sowie den *Merkmalen der zu besetzenden Stelle* spielen der *Ablauf des Auswahlverfahrens* sowie die *Wahrnehmung des Auswahlpersonals* eine wichtige Rolle. Die Merkmale der Arbeit beziehen sich sowohl auf die *Bezahlung* als auch auf die Inhalte der Tätigkeit. Beide Faktoren sind von signifikanter Bedeutung, wobei die Inhalte der Arbeit deutlich wichtiger sind. Schwoerer und Rosen (1989) untersuchten die Bedeutung des Gehalts in Abhängigkeit von der Sicherheit des Arbeitsplatzes. Sie fanden, dass die Höhe des Gehalts die *Unsicherheit des Arbeitsplatzes* ein Stück weit kompensieren kann. Mit anderen Worten: Wenn der Arbeitsplatz schon unsicher ist, sollte die Höhe des Gehalts eine gewisse wirtschaftliche Sicherheit bieten. Umgekehrt vermag eine hohes Ansehen der Stelle bzw. des Arbeitgebers für ein geringeres Gehalt zu entschädigen (Cable & Turban, 2003). Tetrick, Weathington, Da Silva und Hutcheson (2010) untersuchten in einer experimentellen Studie verschiedene monetäre Faktoren. Dabei zeigte sich, dass die Höhe des Gehalts, die Menge der Urlaubstage, eine vom Arbeitgeber bezahlte Krankenversicherung sowie eine Rentenversicherung einen signifikanten Einfluss darauf hatten, ob die Probanden ein Stellenangebot annehmen würden. Die letzten beiden Punkte sind für US-Amerikaner sicherlich sehr viel relevanter als für Deutsche, da dort das Sozialsystem bei weitem nicht so stark ausgebaut ist. Kranken- und Rentenversicherungen sind in Deutschland ein Selbstverständlichkeit. Erwartungsgemäß war für verheiratete Probanden das Gehalt wichtiger als für Nicht-Verheiratete, was darauf hindeutet, dass mit der Stelle eine Familie oder Partnerschaft finanziert werden muss und daher im Mittelwert auch mehr Geld von

Nöten ist. Menschen mit einem hohen Leistungsanspruch war die Höhe des Gehalts hingegen weniger wichtig (siehe auch Kirchgeorg & Lorbeer, 2002). Ihnen geht es in stärkerem Maße darum, Leistung zu zeigen. Zudem wissen sie, dass sie aufgrund der eigenen Leistungsstärke ohnehin sehr viel leichter ein gutes Gehalt erzielen werden. In einer Stichprobe von 170 Studierenden aus Deutschland nennen 55 % der Befragten u. a. das Gehalt, wenn sie nach attraktiven Arbeitgebermerkmalen gefragt werden (Watze, 2003). Im Ranking liegt die Vergütung auf Platz fünf hinter Betriebsklima, Weiterbildungsmöglichkeiten, Aufgabenvielfalt/anspruchsvolle Tätigkeit und Aufstiegschancen.

Ein anderer Faktor ist der *Standort des Unternehmens* (Moser & Sende, 2014). In einer Zeit, in der viele Menschen wieder in die Städte ziehen, sind hier insbesondere Unternehmen in abgelegenen Gebieten, die weniger Möglichkeiten zur Freizeitgestaltung bieten oder für Familienangehörige lange Fahrtzeiten zum Arbeitsplatz oder zur Schule bedeuten, im Nachteil. Eigentlich wäre zu wünschen, dass sich die Kandidaten hierüber schon vor der Bewerbung im Klaren sind, letztlich mögen sie aber auch erst am Ende des Prozesses nach Abwägungen aller Fakten inklusive Stellenangebot eine vollständig rationale Entscheidung treffen. Schließlich wissen sie insbesondere bei kleineren und mittelständischen Unternehmen im Vorhinein nicht, worauf sie sich einlassen. Boswell, Roehling, LePine und Moynihan (2003) konnten in einer Längsschnittstudie zeigen, dass sich die Kriterien der Bewerber im Verlauf des Bewerbungsprozesses verändern. Während die Arbeitsinhalte eine durchgängig hohe Bedeutung haben, steigt die Bedeutung des Arbeitsortes zum Ende des Verfahrens deutlich an. Wahrscheinlich geht es am Anfang erst einmal darum, sich auf eine interessante Stelle zu bewerben. Je ernster die Lage aber wird – also je wahrscheinlicher der Arbeitgeber tatsächlich eine Stelle anbietet –, desto differenzierter denken die Bewerber darüber nach und reflektieren auch ganz lebenspraktische Aspekte einer Anstellung bei gerade diesem Arbeitgeber. Hierin spiegelt sich die Tatsache wider, dass die Entscheidung für oder gegen eine Bewerbung nicht von Anfang an ein vollständig rationaler Prozess ist (Larsen & Phillips, 2002). Manche Bewerber sind zu Beginn des Entscheidungsprozesses damit überfordert, die Komplexität der zu berücksichtigenden Informationen zu verarbeiten, andere sind hierzu nicht ausreichend motiviert. Im Laufe des Verfahrens ändert sich dies bei vielen Bewerbern. Sie hatten genügend Zeit, über alles nachzudenken und Vergleiche mit Alternativen anzustellen und müssen spätestens bei einem Stellenangebot eine folgenschwere Entscheidung treffen. Dies mag die Motivation, sich reflektierter mit der Materie auseinanderzusetzen, deutlich steigern.

Zu guter Letzt kann die Absage eines Bewerbers auch damit zu tun haben, dass er de facto gar nicht an einem neuen Anstellungsverhältnis interessiert ist (Moser & Sende, 2014). Manche Kandidaten wollten vielleicht nur ihren *Marktwert testen*, weil sie sich mittelfristig einen Wechsel vorstellen können. Andere benötigen ein Stellenangebot, um bei ihrem derzeitigen Arbeitgeber eine bessere Ausgangsposition für anstehende Gehaltsverhandlungen zu haben. Allerdings scheint der Anteil der Menschen, die sich aus rein strategischen Gründen bewerben, eher gering zu sein. In einer Stichprobe von 1.600 „high level"-Managern konnten Boswell, Boudreau und Dunford (2004) gerade einmal 5 % strategische Bewerber identifizieren.

Kommt es zu einer Absage, so empfiehlt sich ein Gespräch mit dem Kandidaten (Moser & Sende, 2014). Möglicherweise gelingt es noch, ihn wieder umzustimmen. Zumindest erfährt man aber etwas über die Beweggründe. Sofern sie etwas mit dem eigenen Auswahlprozess zu tun haben sollten, liegt hierin eine potenzielle Quelle, um Ideen zur Optimierung des eigenen Vorgehens generieren zu können.

Die Befunde der verschiedener Studien verdeutlichen zweierlei: Zum einen können sich die Merkmale, die mit der Übernahme einer neuen beruflichen Aufgabe verbunden sind (Gehalt, Prestige, Sicherheit etc.), einander wechselseitig kompensieren. Zum anderen unterscheiden sich die Menschen dahingehend, was ihnen wie wichtig ist. Beides zusammengenommen spricht dafür, im Zuge des Auswahlverfahrens auch die *Arbeitsmotive* der Bewerber zu untersuchen (Kanning, in Druck), um später beim Vertragsabschluss die Prioritäten richtig setzen zu können. Dies gilt natürlich nur für außertariflich Beschäftigte, bei denen entsprechende Spielräume für Vertragsverhandlungen vorliegen.

Sofern es zu expliziten *Gehaltsverhandlungen* kommt, empfiehlt es sich übrigens, selbst mit einem eigenen Angebot die Verhandlungen zu eröffnen und nicht ein Gegenangebot abzuwarten. Wahrnehmungspsychologisch betrachtet setzt das erste Angebot einen Bezugsanker, an dem sich dann die nachfolgende Diskussion orientiert (Felser, 2010). Das Ergebnis der Verhandlungen wird maßgeblich vom ersten Angebot beeinflusst (Galinsky & Mussweiler, 2001).

Faktoren, von denen es abhängt, ob ein Stellenangebot angenommen wird, sind:

- Der Bewerber will seinen Marktwert testen.
- Geschwindigkeit der Auswahlverfahrens
- Bezahlung
- Sicherheit des Arbeitsplatzes
- freiwillige Sozialleistungen
- Arbeitsinhalte
- Image des Arbeitgebers
- Image der Branche
- geographische Lage des Arbeitsortes
- Fairness des Auswahlverfahrens
- Stellenbezug des Auswahlverfahrens
- Sympathie bzgl. des Auswahlpersonals
- Passung des Stellenangebots zu Motiven
- Qualität alternativer Stellenangebote

Bewerber, die eine *Absage* erhalten, werden in der Regel enttäuscht sein. Gesetzt den Fall, der Bewerber hält sich selbst für geeignet – dies dürfte meist der Fall sein –, stellt die Absage eine Bedrohung des Selbstwertes dar, dem das Individuum begegnen muss (vgl. Kanning, 2000). Eine klassische Selbstwertstrategie besteht darin, die Ursachen für das unangenehme Ereignis nicht in der eigenen Person zu sehen, sondern anderen die Schuld zu geben. Im Falle der Personalauswahl ist dies besonders leicht, da der Arbeitgeber das Verfahren zu verantworten hat. Wenn der Arbeitgeber einen Bewerber ablehnt, so liegt dies aus Sicht des Kandidaten also nicht primär an der mangelnden Eignung des Kandidaten, sondern daran, dass der Arbeitgeber die sehr wohl vorhandene Eignung nicht als solche erkannt hat. Die Ergebnisse mehrerer Studien sprechen für die Existenz einer solchen Selbstwertstrategie. Kanning (2011) konnte zeigen, dass AC-Übungen umso positiver bewertet werden, je positiver der Bewerber nach eigener Wahrnehmung in ihnen abgeschnitten hat. Ähnliches konnten Schinkel, van Vianen und van Dierendonck (2013) für Einstellungsinterviews sowie Bernerth, Feild, Giles und Cole (2006) für Testverfahren nachweisen. Schinkel et al. (2013) fanden zudem, dass sich abgelehnte Bewerber wohler fühlen, wenn sie sich selbst einreden konnten, das Verfahren sei nicht fair gewesen (siehe auch Schinkel, van Dierendonck, van Vianen & Ryan, 2011). Auch wenn der abgelehnte Bewerber einen subjektiv stimmigen Weg findet, mit dem enttäuschenden Ergebnis umzugehen, kann der Arbeitsgeber mit dieser Perspektive nicht zufrieden sein. Da der abgelehnte Bewerber sich ungerecht behandelt fühlt, ist damit zu rechnen, dass er diese Meinung auch anderen mitteilt. Im schlimmsten Falle erreicht er im Internet damit eine große Aufmerksamkeit, die letztlich das Image des Arbeitgebers zu schädigen vermag.

Aus diesem Grunde empfiehlt es sich, abgelehnten Bewerbern ein *Feedbackgespräch* anzubieten. Dies wird bei Verfahren mit sehr vielen Bewerbern sicherlich schwer zu realisieren sein, wenn wir die ersten Auswahlschritte – nach der Sichtung der Bewerbungsunterlagen oder nach der Online-Testdiagnostik – betrachten. Die Menge der Kandidaten ist hier einfach zu groß. Je weniger Personen in den nachfolgenden Auswahlschritten übrig bleiben, desto leichter ist dies aber zu bewältigen. Dies gilt insbesondere für das Assessment Center, in das ja auch die Bewerber viel Zeit investieren. Gilliland et al. (2010) konnten zeigen, dass abgelehnte Bewerber sehr viel positiver reagieren, wenn man ihnen verdeutlicht, dass der Auswahlentscheidung ein ausgereiftes Auswahlverfahren zugrunde lag und dass die ausgewählte Person ausgesprochen gut zur Stelle passt. Dies wirkt sich positiv auf die wahrgenommene Fairness des Verfahrens, die Bereitschaft, das Unternehmen weiterzuempfehlen sowie die Bereitschaft, sich erneut hier zu bewerben, aus. Hilfreich ist erfahrungsgemäß für viele abgelehnten Bewerber auch, wenn sie erfahren, dass sie durchaus alle Anforderungen der Stelle erfüllt haben, dass aber der ausgewählte Kandidat noch stärkere Ausprägungen der relevanten Kompetenzdimensionen aufweist. Das Problem ist also weder das Verfahren, noch der abgelehnte Bewerber. Es hat nur deshalb nicht gereicht, weil sich zufällig ein noch besserer Kandidat beworben hat. Je mehr Kandidaten im Pool sind, desto eher wird man ein solches Feedback in Form eines kurzen

Textes per Mail verschicken müssen. Je kleiner die Gruppe ausfällt, desto wahrscheinlicher ist die Möglichkeit eines kurzen Gesprächs. Dabei sollte selbstverständlich auch der ausgewählte Bewerber ein Feedbackgespräch erhalten. Die Inhalte des Feedbacks sollten sich auf die folgenden Punkte beziehen:

- Welche Kompetenzen wurden untersucht?
- Wie kam es zur Auswahl dieser Kompetenzen?
- Nach welchem Prinzip wurde die Bewertung vorgenommen (z. B. Normierung bei Tests, Verhaltensbeobachtung auf einer fünfstufigen Skala beim AC)?
- Wo lagen die Mindestanforderungen?
- Wie hat der Kandidat im Einzelnen abgeschnitten?
- Kann man ihm Tipps geben, in welche Richtung er sich weiter qualifizieren könnte?

All dies setzt natürlich voraus, dass überhaupt ein qualitativ hochwertiges Verfahren durchgeführt wurde. Vermeiden sollte man Rückmeldungen im Stil „Wir fanden, Sie passen nicht zur Kultur unseres Hauses". Damit offenbart man allzu deutlich, dass die Kandidaten offenkundig aus dem Bauch heraus – und damit willkürlich – ausgewählt wurden.

Empfehlungen für die Praxis

- Klären Sie bei besonders attraktiven Kandidaten bereits im Vorfeld, ob sie im Falle einer positiven Auswahlentscheidung tatsächlich die Stelle antreten würden.
- Sorgen Sie für schnelle Abläufe im gesamten Auswahlverfahren, von der Bewerbung bis zur endgültigen Auswahlentscheidung, der Unterbreitung eines Stellenangebotes und ggf. den Verhandlungen.
- Sorgen Sie dafür, dass auch zweit- oder drittplatzierte Bewerber möglichst schnell erfahren, ob eine realistische Chance besteht, die Stelle zu bekommen.
- Untersuchen Sie im Rahmen des Auswahlprozesses die Arbeitsmotive und konkreten Bedürfnisse der Kandidaten, um Ihr Stellenangebot möglichst weitgehend auf das Individuum zuschneiden zu können.
- Sofern Sie Gehaltsverhandlungen führen, empfiehlt es sich, mit einem eigenen Angebot in die Verhandlung zu gehen und nicht dem Bewerber den ersten Schritt zu überlassen.
- Bieten Sie zumindest den Kandidaten, die in der letzten Auswahlrunde dabei waren, ein Feedbackgespräch an, in dem Sie transparent begründen, wie Sie zu Ihrer Entscheidung gelangt sind. Dies schließt die untersuchten Kompetenzen sowie das Abschneiden der Kandidaten auf diesen Kompetenzen ein.
- Führen Sie ein Gespräch mit Kandidaten, die nach erfolgtem Stellenangebot absagen, um sie ggf. umstimmen zu können bzw. um deren Gründe verstehen zu können. Möglicherweise lässt sich aus der Begründung etwas für das zukünftige Vorgehen lernen.

Evaluation des Personalmarketings

U.P. Kanning, *Personalmarketing, Employer Branding und Mitarbeiterbindung*,
DOI 10.1007/978-3-662-50375-1_7

Nachdem Maßnahmen zum Personalmarketing eingesetzt wurden und über ein Auswahlverfahren die ersten Stellen besetzt sind, ist es an der Zeit, den Erfolg der Maßnahmen zu evaluieren. Während wir in der Analysephase den Soll-Zustand mit dem damaligen Ist-Zustand verglichen haben (► Abschn. 4.3), geht es jetzt um zwei Vergleiche (► Abb. 7.1): Zum einen um den Vergleich zwischen dem gegenwärtigen Ist-Zustand und dem Soll-Zustand, zum anderen um den Vergleich zwischen dem gegenwärtigen Ist-Zustand und dem damaligen Ist-Zustand. Im Kern geht es dabei um die Frage, inwieweit sich die Situation gegenüber dem damaligen Zustand im Sinne einer Annäherung an das Soll verbessert hat. Im Wesentlichen werden dabei viele Fragen erneut gestellt, die seinerzeit bereits in der Soll-Ist-Analyse interessierten:

- Bewerben sich inzwischen genügend Menschen mit einer bestimmten Qualifikation auf die ausgeschriebenen Stellen?
- Ist das Unternehmen mit seinen Stellenangeboten im Markt der Bewerber hinreichend bekannt?
- Wie ist das Arbeitgeberimage? Konnte es ggf. verbessert werden? Wie wirkt es sich auf die Größe und Zusammensetzung der Bewerbergruppe aus?
- Wo liegen weiterhin Schwächen und Stärken bezogen auf das Image?
- Inwieweit ist das Unternehmen in der Lage, die Bedürfnisse der Bewerber zu befriedigen?
- Inwieweit muss und kann das Unternehmen sich weiter verändern, damit es den Bedürfnissen der Bewerber besser entgegenkommt?

Darüber hinaus können die Bewerber Auskünfte in Bezug auf das durchlaufene Auswahlverfahren inklusive des Personalmarketings bzw. des Employer Brandings beantworten. Dies bezieht sich z. B. auf die folgenden Punkte:

- Wie sind die Bewerber auf das Unternehmen aufmerksam geworden?
- Wie erlebten sie das Personalmarketing? Welche Verbesserungsvorschläge haben sie?
- Hat das Unternehmen schnell auf ihre Bewerbung reagiert?
- Wurden Fragen schnell und adäquat beantwortet?
- Wurden Termine eingehalten?
- Wurden die Bewerber über den Sinn der eingesetzten Methoden informiert?
- Fühlten sie sich im Prozess der Personalauswahl wertschätzend behandelt?

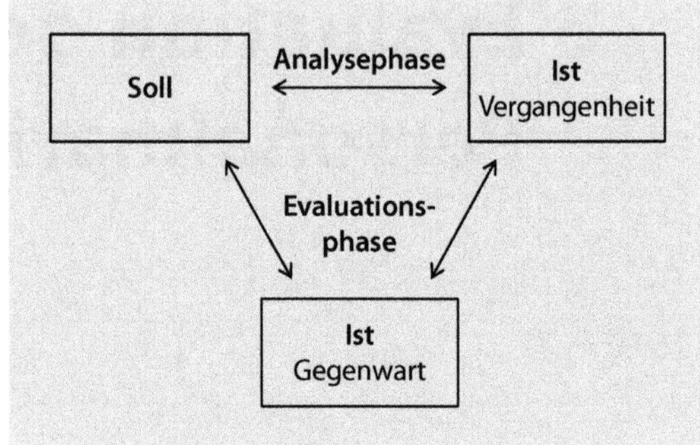

Abb. 7.1 Aufgaben der Evaluation

Die Evaluation erfolgt in Form einer anonymen (Online-)Befragung, sodass sichergestellt ist, dass die Probanden auch ehrlich antworten, wenn sie nach ggf. erfolgter Einstellung in einem Abhängigkeitsverhältnis zum Arbeitgeber stehen. Im Fokus der Befragung stehen die neu eingestellten Mitarbeiter. Ebenso gut lassen sich aber auch alle in der Analysephase befragten Personengruppen (z. B. potenzielle Bewerber, Interessierte) und jetzt auch abgelehnte Bewerber sowie Personen, die ihre Bewerbung zurückgezogen haben oder ein Stellenangebot nicht angenommen haben, in die Evaluation einbeziehen. Auch hier gilt es wiederum, Aufwand und Nutzen gegeneinander abzuwägen. Nicht jede Befragung, die denkbar ist, fördert auch zwingend notwendige Erkenntnisse zu Tage. Ziel der Evaluation ist es letztlich, Hinweise auf zukünftig notwendige Schritte zur Optimierung des Personalmarketings (bzw. des Employer Brandings) zu bekommen.

Empfehlungen für die Praxis

- Evaluieren Sie Ihre Maßnahmen des Personalmarketings.
- Legen Sie insbesondere Wert auf die Wahrnehmung derjenigen, die sich bei Ihnen beworben haben.
- Achten Sie insbesondere bei der Befragung von Bewerbern bzw. neu eingestellten Mitarbeitern darauf, dass die Daten anonym erhoben werden.
- Fragen Sie die Bewerber nicht nur nach ihrem Erleben der eigentlichen Marketingmaßnahmen, sondern auch nach ihrer Wahrnehmung des Auswahlverfahrens.
- Verstehen Sie Äußerungen der Bewerber nicht als Vorgaben, sondern lediglich als Anregungen. Es ist nicht die vornehmste Aufgabe eines Auswahlverfahrens, den Bewerbern Freude zu bereiten.

Personalmarketing – Fazit

U.P. Kanning, *Personalmarketing, Employer Branding und Mitarbeiterbindung*,
DOI 10.1007/978-3-662-50375-1_8

Gutes Personalmarketing hat vergleichsweise wenig mit klassischer Werbung zu tun. Es geht nicht darum, potenziellen Bewerbern eine Arbeitgeberqualität vorzugaukeln, die de facto nicht vorhanden ist. Auch wenn der Gedanke für so manches Unternehmen verführerisch ist, langfristig ergibt sich aus plumper Werbung kein Vorteil, da die neu eingestellten Mitarbeiter schon bald die Realität am eigenen Leib erfahren werden. Gutes Personalmarketing versetzt einen Arbeitgeber vielmehr in die Lage, reale Vorzüge vorteilhaft in Szene zu setzen. Basiert die Auswahl und Gestaltung der Personalmarketingmaßnahmen auf einer gründlichen Analyse, so liefern sie zudem wichtige Hinweise darauf, wie sich ein Arbeitgeber ggf. neu aufstellen und Arbeitsbedingungen verändern muss, um ein attraktiverer Arbeitgeber werden zu können. Zentrale Richtschnur ist dabei ein Soll-Ist-Vergleich zwischen den Bedürfnissen der Bewerber auf der einen Seite und den realen Arbeitsbedingungen auf der anderen Seite. Ziel des Personalmarketings ist es zudem nicht, die Anzahl der Bewerber einfach zu maximieren. Wer die grundlegenden Prinzipien der Personalauswahl verstanden hat, begreift, dass es letztlich nicht auf die Menge der Bewerber, sondern auch auf die Zusammensetzung der Bewerberstichprobe ankommt. Im schlimmsten Fall schadet das Personalmarketing dem Unternehmen sogar, wenn es vor allem ungeeignete Kandidaten zu einer Bewerbung animiert und damit die Wahrscheinlichkeit für eine richtige Personalauswahlentscheidung reduziert. Personalmarketing ist kein Selbstzweck, sondern dient dazu, den Pool der Bewerber vorteilhaft zu beeinflussen, damit am Ende eine treffende Personalauswahlentscheidung steht. Dabei muss sich das Personalmarketing letztlich in den Dienst einer qualitativ hochwertigen Personalauswahl stellen. Zwar kann auch das Personalauswahlverfahren im Sinne einer Personalmarketingmaßnahme wirken – das Auswahlverfahren ist eine Visitenkarte eines Unternehmens –, im Vordergrund steht jedoch die prognostische Validität. Überall dort, wo die prognostische Validität in einem Konflikt zur Akzeptanz des Verfahrens steht, sind Arbeitgeber gut beraten, den Bewerbern das diagnostische Vorgehen transparent zu erklären und zu verdeutlichen, dass gute Personalauswahl im Interesse aller Beteiligten ist. Bei allen Chancen, die gutes Personalmarketing in sich birgt, muss leider auch erkannt werden, dass nicht alle Nachwuchsprobleme mit Mitteln des Personalmarketings gelöst werden können. Bisweilen ist es wohl zielführender, den eigenen Nachwuchs langfristig im Unternehmen heranzubilden, als ihn auf dem freien Markt zu suchen.

Employer Branding

Employer Branding ist ein sehr junger Ansatz der Personalarbeit, der seine Ursprünge nicht im Personalwesen, sondern im Marketing hat (Edwards, 2005; Lievens, van Hoye & Anseel, 2007). In der Forschung nimmt die Auseinandersetzung damit Anfang der 2000er Jahre Fahrt auf. In der Praxis erlebt das Employer Branding seit etwa zehn Jahren einen Boom (Kriegler, 2015), was sich u. a. an zahlreichen Buchpublikationen und Artikeln in Praxiszeitschriften ablesen lässt. Bei genauer Sicht fällt allerdings auf, dass vieles, was heute unter dem Label „Employer Branding" vermarktet wird, im Grunde nichts anderes ist als Personalmarketing.

Der Begriff des Employer Brandings bezieht sich auf alle Bemühungen eines Arbeitgebers, sich als besonders attraktiv zu präsentieren. Dabei geht es im Gegensatz zum Personalmarketing nicht um eine konkrete Stelle, die akut zu besetzen wäre, sondern um ein dauerhaft positives Image des Arbeitgebers. Im Vergleich zu konkreten Maßnahmen des Personalmarketings ist das Employer Branding langfristig und strategisch angelegt (Edwards, 2010). Je nach Perspektive steht das Employer Branding im Dienste des Personalmarketings oder aber das Personalmarketing im Dienste des Employer Brandings (► Kap. 1).

Grundlagen des Employer Brandings

U.P. Kanning, *Personalmarketing, Employer Branding und Mitarbeiterbindung*,
DOI 10.1007/978-3-662-50375-1_9

Im Folgenden geht es um grundlegende Aspekte. In einem ersten Schritt wird verdeutlicht, was Employer Branding in einem engeren und in einem weiteren Sinne bedeutet und welche Ziele damit verbunden sind. Von zentraler Bedeutung ist dabei der Begriff der „Marke", auf den in einem zweiten Schritt ausführlich einzugehen ist. Im Zentrum stehen dabei die zahlreichen Facetten einer Marke, die im Prozess des Employer Brandings potenziell in den Blick zu nehmen sind. Der dritte und letzte Abschnitt arbeitet schließlich die Grenzen der Übertragbarkeit des aus dem Marketing entlehnten Markenbegriffs auf einen Arbeitgeber oder eine ganze Organisation heraus. Zudem werden grundlegende Probleme des Employer Brandings, wie etwa die unklare Beziehung zwischen Organisations- und Arbeitgeberimage oder die Vielgestaltigkeit des Markenimages in den Augen unterschiedlicher Personengruppen (z. B. Mitarbeiter oder Bewerber), diskutiert.

9.1 Definitionen und Ziele

Aus der Sicht des Employer Brandings wird ein Arbeitgeber (Employer) als eine Marke (Brand) betrachtet, die auf dem Markt der Arbeitnehmer möglichst vorteilhaft zu platzieren ist. Sofern das Unternehmen weitgehend unbekannt ist, impliziert das Employer Branding auch die *Erschaffung einer Marke* bzw. die *Verbesserung eines Markenimages* bei Arbeitgebern mit unvorteilhaften Markeneigenschaften (Kriegler, 2015).

Vom Employer Branding erhofft man sich eine positive Wirkung sowohl nach innen als auch nach außen (Backhaus & Tikoo, 2004; Chhabra & Sharma, 2011). *Nach innen* richtet sich das Employer Branding an die bestehende Mitarbeiterschaft. Die Mitarbeiter sollen eine positive emotionale Beziehung zu ihrem Arbeitgeber aufbauen, was letztlich der Qualität ihrer Arbeit sowie der dauerhaften Bindung an den Arbeitgeber zugutekommen mag. Von zentraler Bedeutung ist hierbei das Konzept der sozialen Identität, auf das in ► Kap. 13 noch ausführlicher eingegangen wird. Der Begriff der sozialen Identität meint, dass die Mitarbeiter sich selbst als Mitglied einer Gruppe – in diesem Fall ihres Arbeitgebers – sehen und ihren Selbstwert u.a. über ihre Zugehörigkeit zu dieser Gruppe definieren. In der Folge werden sie sich für diese einsetzen und ein positives Image der Gruppe nach außen tragen. Employer Branding kann dabei im besten Falle als ein Motor wirken, der den Aufbau einer sozialen Identität fördert (Turban & Cable, 2003; Edwards, 2010). Anschließend fördert die soziale Identität ihrerseits den Prozess des Employer Brandings, indem sie die Mitarbeiter aktiv für ein gutes Arbeitgeberimage engagiert.

Nach außen wirkt die Marke auf potenzielle Bewerber, die sich – wenn alles gut geht – von der Markenkraft des Arbeitgebers angezogen fühlen und sich daher mit umso größerer Wahrscheinlichkeit tatsächlich bewerben. Vor dem Hintergrund des Wettbewerbs um gute und hoch qualifizierte Mitarbeiter (► Kap. 1) ist das Employer Branding somit eine wichtige strategische Investition, denn wenn alles gut läuft werden viele geeignete Personen auf dem Arbeitsmarkt zu einer Bewerbung animiert, und gleichzeitig wird dafür gesorgt, dass die guten Mitarbeiter, die sich bereits im Unternehmen befinden, hier auch bleiben und nicht bei der ersten sich bietenden Gelegenheit zur Konkurrenz wechseln.

Im klassischen Marketing geht es im Prozess des Brandings darum, ein Produkt nicht nur als positiv, sondern auch als einzigartig darzustellen (Backhaus & Tikoo, 2004; Cable & Turban, 2003). Hintergrund hierfür ist die oft vorherrschende Vielzahl konkurrierender Produkte, die bei nüchterner Betrachtung mehr oder minder austauschbar sind. Verdeutlichen wir uns das Phänomen am Beispiel von Waschmitteln. Ob man seine Kleidung mit Persil, Ariel oder Sunil wäscht, dürfte für den Normalverbraucher im Ergebnis kaum einen Unterschied machen. Selbst wenn das eine Produkt dem anderen in klinischen Tests vielleicht überlegen sein sollte, sind die Unterschiede im Alltag wahrscheinlich kaum wahrnehmbar. Wenn die Produkte sich aber kaum noch unterscheiden, gibt es auch keinen rationalen Grund mehr das Produkt A zu kaufen und das Produkt B im Regal stehen zu lassen. Im Fall der Waschmittel könnte man z. B. ganz einfach das preisgünstigste Produkt wählen oder nach dem Zufallsprinzip zugreifen. Damit dies nicht geschieht, bemüht sich die Marketingabteilung im Zuge des Brandings darum, die Einzigartigkeit eines bestimmten Produktes zu kreieren. Die Marke an sich wird dabei zu einem Kapital, dessen Wirkung über das eigentliche Produkt hinausreicht („brand equity"; Cable & Truban, 2003). Im Kern geht es also

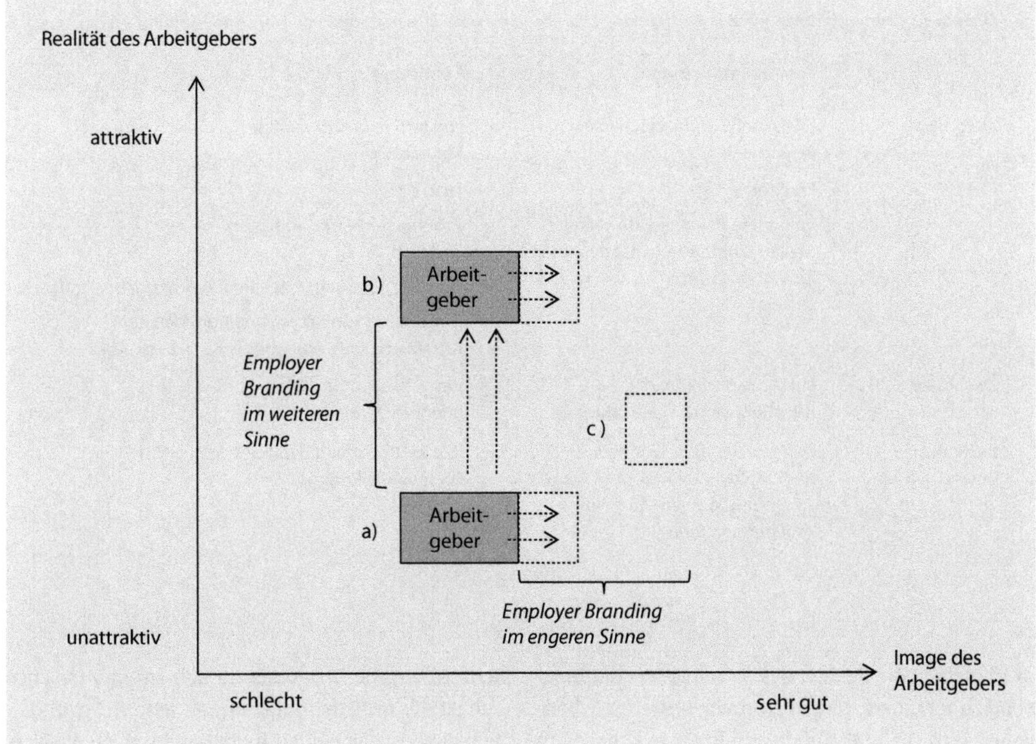

Abb. 9.1 Employer Branding im engeren und weiteren Sinne

um das Image einer Marke und nicht um deren tatsächliche Merkmale. Waschmittel A steht anschließend für eine besonders hohe Ergiebigkeit, Waschmittel B für makellose Reinheit und Waschmittel C für hohen Umweltschutz, auch wenn de facto alle in etwa gleich ergiebig, reinlich und umweltschonend sind. Es geht darum, ein möglichst lukratives Marktsegment mit dem eigenen Produkt zu erschließen. Mittelfristig kann es dabei durchaus zu Verschiebungen kommen, wenn Marktsegmente sich verändern und es z. B. mit einem Mal wichtiger ist, die Umweltkarte auszuspielen. Insofern verändert sich über die Zeit hinweg auch der Inhalt dessen, wofür die Marke steht. Der Prozess des Brandings bewegt sich aber nicht im luftleeren Raum, denn letztlich wird es kaum möglich sein, das Image einer Marke völlig losgelöst von ihren realen Merkmalen zu kreieren. Ein gutes Beispiel hierfür ist die Marke Audi. In den 70er-Jahren waren Audi-Fahrzeuge absolut langweilige Autos, die von älteren Herren mit Hut gefahren wurden, die sich keinen Mercedes leisten konnten. Allein durch Marketingmaßnahmen hätte man den langen Weg zur Premium-Marke sicherlich nicht geschafft. Hierzu war auch eine tatsächliche Veränderung des Produktes von Nöten. Ganz ähnlich dürfte es sich beim Employer Branding verhalten. Die Realität des Unternehmens gibt den Marketingvertretern Handlungsspielräume, die es zu nutzen gilt. Wer darüber hinaus das Markenimage eines Arbeitgebers verbessern möchte, muss ein Stück weit die Realität verändern. Manche Autoren subsummieren auch diesen Prozess der Veränderung der Realität unter dem Begriff des Employer Brandings (z. B. Kriegler, 2015).

▶ Abb. 9.1 verdeutlicht diesen Sachverhalt. Employer Branding *im engeren Sinne* beschreibt den Versuch, das Image einer Arbeitgebermarke durch eine gezielte Kommunikationsstrategie möglichst positiv zu gestalten (Fall a). Employer Branding *im weiteren Sinne* umfasst auch jene Maßnahmen, die

Tab. 9.1 Gemeinsamkeiten und Abgrenzungen zwischen Personalmarketing und Employer Branding

	Personalmarketing	Employer Branding
Zielgruppe	potenzielle und tatsächliche Bewerber	zukünftige und derzeitige Mitarbeiter
Ziele	konkret geeignete Personen auf vakante Stellen aufmerksam machen und zur Bewerbung anregen	abstrakt Arbeitgebermarke aufbauen und festigen Bindung der Mitarbeiter an den Arbeitgeber festigen (Gestaltung von Arbeitsbedingungen, um Attraktivität des Arbeitgebers zu steigern)
Zeithorizont	kurz- bis mittelfristig (Wochen, Monate, 1-2 Jahre)	mittel- bis langfristig (mehrere Jahre)
Beziehung untereinander	transportiert u. a. Ergebnisse des Employer Brandings in Form von Informationen über die Arbeitgebermarke	legt z. T. Inhalte und die Gestaltung des Personalmarketings fest

dazu dienen, die Realität des Arbeitgebers dahingehend zu verändern, dass er zu einem besseren Arbeitgeber wird (Fall b). Auf diesen Prozess kann dann wieder ein Employer Branding im engeren Sinne aufsetzen. Die tatsächliche Veränderung ist dabei nicht ausschließlich eine Aufgabe des Employer Brandings, sondern sehr viel stärker noch ein Aufgabe der Personal- und Organisationsentwicklung (Martin, Beaumont, Doig & Pate, 2004). Man denke hier z. B. an Führungskräfteschulungen, die darauf ausgerichtet sind, das Führungsverhalten positiv zu beeinflussen, oder an Entscheidungsprozesse innerhalb des Unternehmens, die verkürzt werden, um den Mitarbeitern mehr Entscheidungsfreiräume zu geben. Das Employer Branding kann hierzu den Anstoß geben: Es kann die notwendigen Prozesse durch kommunikative Maßnahmen gegenüber der Belegschaft begleiten und Evaluationsdaten zur Verfügung stellen. Ob in den Unternehmen diese Tätigkeiten unter dem Label „Employer Branding“ oder besser gleich als integrativer Bestandteil der Personal- und Organisationsentwicklung geführt wird, ist letztlich eine Frage der (personellen) Struktur der Personalabteilung.

Darüber hinaus kann es die Aufgabe des Employer Brandings sein, ein *Arbeitgeberimage zu erschaffen* (Fall c). Die meisten Arbeitgeber sind so klein und unbekannt, dass sie zumindest nach außen kein Arbeitgeberimage ausstrahlen. In einem solchen Fall ist die Aufgabe mithin noch sehr viel grundlegender als in den beiden zuvor beschriebenen Fällen. Auch diese Aufgabe können wir dem Employer Branding im engeren Sinne zuschreiben.

Die Gemeinsamkeiten und Abgrenzungen zwischen Personalmarketing und Employer Branding werden in ► Tab. 9.1 verdeutlicht.

Die *Zielgruppen* beider Ansätze überschneiden sich. Während das Personalmarketing potenzielle und tatsächliche Bewerber in den Fokus nimmt, bezieht sich das Employer Branding nicht nur auf zukünftige, sondern auch auf die derzeitigen Mitarbeiter. Zukünftige Mitarbeiter sollen erfahren, dass der Arbeitgeber attraktive Angebote für sie bereithält, derzeitige Mitarbeiter sollen eine positive soziale Identität ausbilden.

Die *Ziele* des Personalmarketings sind sehr konkret. Es geht darum, den Pool der Bewerber dahingehend positiv zu beeinflussen, dass sich gut qualifizierte Personen auf die ausgeschriebenen Stellen bewerben. Hierzu ist es notwendig, sie auf entsprechende Stellen aufmerksam zu machen und deren Attraktivität zu verdeutlichen. Die Ziele des Employer Brandings sind demgegenüber abstrakter. Es geht nicht um das Recruiting für eine konkrete Stellenausschreibung, sondern darum, die wahrgenommene

Attraktivität eines Arbeitgebers generell zu forcieren. Der Arbeitgeber soll als attraktiv und möglichst einzigartig erscheinen. Insofern dient das Employer Branding den Zwecken des Personalmarketings, ohne sich jedoch auf den Bewerbungsprozess zu beschränken. Dies wird schon daran deutlich, dass sich das Employer Branding auch auf die derzeitigen Mitarbeiter bezieht und beispielsweise deren Bindung an den Arbeitgeber festigen möchte, um die Fluktuation möglichst gering zu halten. Eine weitergehende Definition des Employer Brandings umfasst zudem auch die Veränderung von Arbeitsbedingungen, damit der Arbeitgeber tatsächlich ein attraktiver Arbeitgeber wird bzw. über die Zeit hinweg bleibt.

Der *Zeithorizont* ergibt sich aus den unterschiedlichen Zielen. Beim Personalmarketing ist er kurz- bis mittelfristig angelegt. Die Stellenanzeige, die in der nächsten Woche erscheint, muss gestaltet, und die Unternehmenswebseite mit differenzierten Informationen bestückt werden. Im Vorfeld wurden die Arbeitsmotive und Bedürfnisse der Zielgruppe erfasst, um zielgruppenspezifisch argumentieren zu können. Das Employer Branding ist demgegenüber mittel- bis langfristig konzipiert. Aufbau und Festigung einer Arbeitgebermarke sind nun einmal Ziele, die nicht in wenigen Monaten zu erreichen sind. Kriegler (2015) nennt beispielsweise einen Zeithorizont von fünf Jahren.

Beide Prozesse sind z. T. aufeinander bezogen. Das Personalmarketing transportiert zu einem Teil die Inhalte der Arbeitgebermarke, die im Zuge des Employer Brandings kreiert wurden. Die Inhalte sind jedoch nicht identisch mit der Arbeitgebermarke, da beispielsweise auch Informationen über die konkreten Anforderungen einer Stelle vermittelt werden müssen. Das Employer Branding liefert arbeitgebermarkenbezogene Inhalte und legt darüber hinaus auch manche Gestaltungselemente fest. Man denke hier z. B. an die Verwendung eines Logos, bestimmter Farben oder Schrifttypen.

9.2 Merkmale einer (Arbeitgeber-) Marke

Unter einer Marke wird gemeinhin ein Name, ein Symbol, ein Design oder eine Kombination derselben verstanden, die mit einem bestimmten Produkt oder einer Serviceleistung assoziiert werden und das Produkt bzw. die Serviceleistung hierdurch einzigartig erscheinen lassen (Cascio, 2014; Davies, 2006). Ein beliebiges Papiertaschentuch wäre demnach nur ein Produkt, das mehr oder weniger gut seine Zwecke erfüllen kann. Zu dem Markenprodukt „Tempo" wird es, wenn die (potenziellen) Kunden hiermit eine bestimmte Qualität, eine Tradition und vielleicht auch eine bestimmte Werbebotschaften verbinden. Wesentlich ist dabei, dass viele Kunden diese Assoziation teilen und dies ggf. auch dann, wenn sie keinerlei persönliche Erfahrungen mit dem Produkt sammeln konnten. Die meisten Menschen werden z. B. in Sekundenschnelle bestimmte Merkmale mit einem Rolls Royce verbinden, obwohl die wenigsten schon einmal in einem solchen Auto gefahren sind, ja die meisten werden wahrscheinlich noch nie einen Rolls Royce in natura gesehen haben. Der Begriff der Marke impliziert zudem eine positive Bewertung, mehr noch, er ist mit einer positiven Abgrenzung zu alternativen Produkten und Dienstleistungen verbunden. Eine drittklassige Schokocreme ist keine Marke, obwohl sie sich doch deutlich, aber eben negativ von bekannten Marken wie etwa „Nutella" abgrenzt. Ein negatives Image beschreibt vielleicht ein markantes Produkt, aber noch keine Marke – zumindest nicht im Sinne der üblichen Verwendung des Begriffes.

Grundlagen der Markenbildung sind zum einen *konkrete Merkmale* eines Produktes oder einer Dienstleistung (Lievens & Highhouse, 2003).[1]Ein Joghurt beinhaltet z. B. bestimmte Zutaten (Obst, Nüsse, Zucker, Aromen etc.) und weist eine bestimmte Kalorienzahl auf. Diese Merkmale sind leicht objektivierbar und haben für den Kunden eine bestimmte Nützlichkeit, wobei sich die Kunden dahingehend unterscheiden, wie nützlich das Produkt ist. Ein kalorienreduzierter Joghurt ist nicht für jedermann gleich attraktiv. Zudem wird die Marke durch *symbolische Merkmale* geprägt (Lievens

1 Lievens und Highhouse (2003) verwenden den Begriff „instrumental". Die deutsche Übersetzung „Nützlichkeit" erscheint hier aber wenig geeignet, da auch symbolische Merkmale einen Nutzen für den Kunden haben können. Man denke z. B. an das Prestige, dass mit einer bestimmten Armbanduhr oder einer Markenhandtasche verbunden sein kann.

& Highhouse, 2003). Hiermit sind Zuschreibungen von Merkmalen gemeint, die einen sehr abstrakten Charakter haben und nur locker mit den konkreten Merkmalen assoziiert werden. So könnten die Kunden einen Joghurt z. B. als „jung" oder „dynamisch" erleben, obwohl beide Begriffe nüchtern betrachtet wenig geeignet sind, um ein Milchprodukt zu charakterisieren. Auch die symbolischen Merkmale unterlegen einer subjektiven Sichtweise. Nicht jeder Kunde wird den Joghurt X als gleichermaßen jung und dynamisch erleben, und nicht jedem Kunden ist es gleich wichtig, einen Joghurt zu erwerben, der mit entsprechenden Assoziationen verbunden ist.

Davis (2006) hebt vier Merkmale einer Marke hervor. Eine Marke ermöglicht demnach eine deutliche *Differenzierung* eines Produktes oder einer Dienstleistung von alternativen Anbietern. Dies deckt sich mit dem schon erwähnten Punkt der Einzigartigkeit bzw. der Abgrenzung. Darüber hinaus regt die Marke zur *Loyalität* an. Vor die Wahl gestellt, im Supermarkt ein alternatives Waschmittel zu kaufen und 50 Cent zu sparen, entscheidet sich der loyale Kunde für sein präferiertes Markenprodukt, weil er z. B. glaubt, dass sein Produkt den höheren Preis durchaus rechtfertigt, oder weil er nicht einmal auf die Idee kommt, eine Kosten-Nutzen-Analyse anzustellen. Überdies schafft die Marke eine *Zufriedenheit* und darf die gesteckten Erwartungen nicht enttäuschen. Wenn dann noch eine *emotionale Bindung* erzielt wird und der Kunde z. B. seinen Lada trotz aller Schwächen liebt, hat die Marke die in sie gestellten Aufgaben erfüllt.

Übertragen wir die Merkmale einer Produktmarke auf eine Arbeitgebermarke, so ergibt sich das folgende Bild (▶ Tab. 9.2). Ein Arbeitgeber versucht, sich bereits durch seinen Namen mehr oder weniger deutlich aus der Masse hervorzuheben und Assoziationen bei potenziellen Bewerbern zu wecken. Bei traditionellen Firmennamen, die seit hundert und mehr Jahren existieren (z. B. Siemens, Daimler, Krupp) ist dies sehr leicht möglich. Gerade kleine und mittelständische Unternehmen, die den Namen des Firmengründers führen, aber nur lokal bekannt sind, haben es zwangsläufig schwerer. Als Symbole können vor allem Firmenlogos, aber auch die Architektur von Gebäuden dienen. Design wird heute meist mit „Corporate Design" gleichgesetzt. Dies ist der Versuch, durch die Verwendung von einheitlichen Briefköpfen, Farben, Schrifttypen, Dienstkleidung, Anstecknadeln, Aufklebern auf Firmenfahrzeugen u.ä. bei jeder sich bietenden Gelegenheit deutlich zu machen, wer dazugehört. Damit verbindet sich die Hoffnung, dass gute Merkmale einzelner Produkte oder positive Erfahrungen, die Menschen mit einzelnen Vertretern des Unternehmens gesammelt haben, das gesamte Unternehmen überstrahlen. Dasselbe gilt allerdings auch für negative Erfahrungen.

Die Möglichkeit, sich als Arbeitgeber von anderen Arbeitgebern positiv abzugrenzen, ist die Kernaufgabe des Employer Brandings. Letztlich kann die Abgrenzung über jede Eigenschaft eines Arbeitgebers erfolgen, sofern es denn Merkmale gibt, über die eine solche Abgrenzung möglich ist. Klassischerweise geschieht dies über eine lange Firmengeschichte. Geht es dem Unternehmen seit hundert Jahren gut, so vermittelt es den Eindruck von wirtschaftlicher Sicherheit und Solidität. Stellt das Unternehmen Produkte her, die in aller Welt bekannt und vielleicht sogar begehrt sind, strahlt der Glanz der Produkte auch auf den Arbeitgeber und dessen Arbeitsplätze ab.

Loyalität zeigt sich vor allem in wirtschaftlich schwierigen Zeiten oder im Falle eines Abwerbeangebotes. Mitarbeiter, die ein hohes Maß an Loyalität für ihren Arbeitgeber empfinden, werden ihn auch dann nicht verlassen, wenn sie ein monetär attraktiveres Angebot von einem anderen Arbeitgeber erhalten. Steht sein Arbeitgeber in den Medien unter Beschuss, so setzt er sich aus freien Stücken für den Arbeitgeber ein.

Eine einflussreiche, aber keineswegs notwendige, Bedingung für Loyalität ist die Zufriedenheit. Wenn der Arbeitgeber die Bedürfnisse seiner Mitarbeiter im Wesentlichen erfüllt, resultiert Arbeitszufriedenheit, die letztlich Loyalität zur Folge haben kann. Loyalität kann aber auch im Zustand aktueller Unzufriedenheit entstehen, beispielsweise weil sich der Arbeitnehmer wie in einer guten Partnerschaft verpflichtet fühlt, auch dann zu seinem Arbeitgeber zu stehen, wenn es einmal nicht so gut läuft.

Im günstigsten Fall fühlt sich der Arbeitnehmer emotional mit seinem Arbeitgeber verbunden (affektives Commitment; ▶ Kap. 13). Er mag seinen Arbeitgeber und entwickelt z. B. Verständnis für widrige

Tab. 9.2 Merkmale einer Arbeitgebermarke im Vergleich zu einem Produkt

Merkmal	Produkt (Beispiel Automarke)	Arbeitgeber
Name, Symbol, Design	Jaguar, springende Raubkatze, Coupé-Form, charakteristische Scheinwerfer, Rückleuchten etc.	X AG, Firmenlogo, Verwendung bestimmter Farben bei Firmenfahrzeugen, Briefköpfen etc. „Corporate Design"
positive Abgrenzung	kleiner Automobilhersteller, Fahrzeugen begegnet man eher selten im Straßenverkehr, Premiumhersteller etc.	100 Jahre erfolgreiche Firmengeschichte ohne betriebsbedingte Kündigungen, Weltmarktführer, hoher Bekanntheitsgrad etc.
Loyalität	Kunde denkt bei nächstem Autokauf nicht einmal darüber nach, zu einer anderen Marke zu wechseln	Mitarbeiter verteidigt seinen Arbeitgeber gegen Angriffe von außen; bleibt Unternehmen treu, auch wenn attraktive Alternativangebote vorliegen
Zufriedenheit	Produkt passt zu den Bedürfnissen oder übertrifft sie	Mitarbeiter arbeitet gern bei seinem Arbeitgeber
emotionale Bindung	Kunde freut sich, wenn er sein Auto sieht, kauft zusätzliche Artikel wie Schlüsselanhänger oder Schirme mit Logo	Mitarbeiter fühlt z. B. in wirtschaftlich schwierigen Zeiten mit seinem Arbeitgeber; entwickelt Commitment
konkrete Merkmale	Leistung, Verbrauch, Kosten, Wiederverkaufswert	Lohn, Arbeitszeiten, freiwillige soziale Leistungen, Aufstiegsmöglichkeiten etc.
symbolische Merkmale	Gefühl von sportlicher Eleganz, britischer Automobiltradition und Distinguität	Gefühl von Tradition, Verlässlichkeit und sozialer Verantwortung etc.

Umstände, die es dem Arbeitgeber nicht erlauben, optimale Arbeitsbedingungen zu schaffen.

Das Kriterium der objektiven Merkmale eines Arbeitgebers bezieht sich nicht auf dessen Produkte, sondern auf die Arbeitsbedingungen. Hier sind viele Aspekte zu nennen, die von den (potenziellen) Mitarbeitern je nach Persönlichkeit und Lebenssituation recht unterschiedlich bewertet werden können: Arbeitslöhne, leistungsbezogene Bezahlung, freiwillige Sozialleistungen, Arbeitszeitregelungen, Weiterbildungs- und Aufstiegsmöglichkeiten, Auslandseinsätze, Entscheidungsspielräume, Büroausstattung, Alter des Maschinenparks, Kantine, Dienstwagen, Führungsspanne, Elternzeitregelungen, Heimarbeit, Betriebskindergarten, Altersteilzeit etc.

Die symbolischen Merkmale sind sehr viel schwammiger. Es ist das Gefühl von Innovation oder Tradition, von Dynamik oder Stagnation, von wirtschaftlicher Power und sozialer Verantwortung, das ein Arbeitgeber ausstrahlt, unabhängig davon, ob diese emotional geprägten Empfindungen die Realität korrekt widerspiegeln oder nicht.

Gerade die symbolischen Merkmale einer Arbeitgebermarke haben verhältnismäßig viel Aufmerksamkeit auf sich gezogen. Lievens et al. (2007) unterscheiden bezogen auf das Militär fünf Dimensionen:

- *Aufrichtigkeit:* Ist der Arbeitgeber verlässlich? Steht er zu seinem Wort? Traut er sich, auch unangenehme Dinge offen auszusprechen?
- *Spannung:* Bietet der Arbeitgeber Abwechslung? Hat die Zusammenarbeit mit ihm Erlebnischarakter? Werden die Emotionen angesprochen?
- *Kompetenz:* Wirkt der Arbeitgeber fähig? Weiß er die Kompetenz seiner Mitarbeiter zu schätzen?
- *Anspruch:* Ist der Arbeitgeber konfliktfähig? Kann man hier Klartext reden? Werden die Mitarbeiter gefordert?
- *Prestige:* Hat der Arbeitgeber ein hohes Ansehen? Vermittelt er das Gefühl von Größe? Kann man stolz darauf sein, bei ihm zu arbeiten?

Bezogen auf das Bankwesen (Lievens & Highhouse, 2003) wird die Dimension „Spannung" getauscht gegen:

- *Innovation:* Agiert der Arbeitgeber auf der Höhe der Zeit? Hält er mit neuen Entwicklungen Schritt oder steht gar an der Spitze solcher Entwicklungen?

In späteren Publikationen bleibt die Facette „Innovation" erhalten (Hoye, Bas, Cromheecke & Lievens, 2013).

Gomes und Neves (2010) unterscheiden in Anlehnung an Backhaus (2004) acht Dimensionen, wobei keine explizite Trennung zwischen konkreten und symbolischen Merkmalen vorgenommen wird. Mit Ausnahme der Organisationsgröße, die leicht zu objektivieren ist, handelt es sich wohl vornehmlich um symbolische Merkmale: soziale Verantwortung des Arbeitgebers, Kundenorientierung, Kundenzufriedenheit, Organisationsklima, Verantwortung der Arbeitnehmer, Work-Life-Balance, Verantwortung der Stakeholder, Organisationsgröße.

Ito, Brotheridge und McFarland (2013) differenzieren die konkreten Merkmale explizit aus, ohne aber Anspruch auf Vollständigkeit erheben zu können: absolutes Gehalt, Gehalt im Vergleich zu Arbeitsplätzen bei anderen Arbeitgebern, Arbeitsplatzsicherheit, Entwicklungsmöglichkeiten, Beförderungsmöglichkeiten.

Turban und Cable (2003) verwenden den Begriff der Unternehmensreputation und nennen u. a. fünf weitere Facetten, die den konkreten Merkmalen zugeordnet werden können: finanzielle Leistungskraft eines Unternehmens, Unternehmensgröße, Medienpräsenz, Branche, Werbeaufwand.

Die symbolischen Merkmale werden bisweilen auch als Facetten einer *Markenpersönlichkeit* oder *Organisationspersönlichkeit* bezeichnet (z. B. Rampl & Kenning, 2012). Das mit Abstand differenzierteste Modell unter diesem Label legt Davis (2006) vor. Hier werden fünf grundlegende Dimensionen unterschieden, die jeweils noch einmal in mehrere Facetten aufgeteilt werden. Im Unterschied zu allen anderen Modellen werden diesmal auch negative Merkmale berücksichtigt:

- Verträglichkeit: fröhlich, freundlich, offen, aufrichtig, betroffen, beständig, unterstützend, liebenswürdig, ehrenhaft, zuverlässig, vertrauensvoll, sozial verantwortlich
- Unternehmertum: cool, trendy, jung, einfallsreich, aktuell, aufregend, innovativ, extravertiert, wagemutig
- Kompetenz: zuverlässig, sicher, fleißig, anspruchsvoll, leistungsorientiert, führend, technisch, gemeinschaftlich
- Chic: charmant, stylisch, elegant, angesehen, exklusiv, kultiviert, versnobt, elitär
- Rücksichtslosigkeit: arrogant, aggressiv, egoistisch, nach innen gerichtet, autoritär, kontrollierend

Cable und Yu (2006) adaptieren das bekannte Modell der Werte von Schwartz (1992) und unterscheiden acht Facetten des Organisationsimages:

- Macht
- Leistung
- Anregung
- Tradition
- Selbstbezug
- Universalität
- Mildtätigkeit (Benevolenz)
- Konformität

Braddy, Meade und Kroustalis (2006) beziehen sich in ihrem Modell auf die wahrgenommene *Organisationskultur* eines Arbeitgebers. Auch dieses Konstrukt kann in die Gruppe der vorgestellten Konzepte eingeordnet werden, wobei konkrete und symbolische Merkmale auftreten, jedoch nicht explizit voneinander getrennt werden. Sie unterscheiden neun Facetten:

- Innovation; Bereitschaft, etwas Neues auszuprobieren und Risiken einzugehen
- leistungsbezogene Bezahlung
- Unterstützung; wichtige Informationen unter den Organisationsmitglieder teilen und gute Leistung anerkennen
- Ergebnisorientierung; hohe Erwartungen an Mitarbeiter stellen und Leistung fördern, wobei letztlich das Ergebnis zählt
- Präzision; auf Details achten und analytisch vorgehen
- Teamorientierung; Zusammenarbeit zwischen den Mitarbeitern fördern
- Aggression; Wettbewerb ins Zentrum stellen
- Entschlossenheit; Werte vertreten, berechenbar sein
- Diversity; Vielfalt wertschätzen

Scheidegger und Müller (2015) geben einen Überblick über mehrere Studien, die sich mit Facetten der Arbeitgeberattraktivität beschäftigen (Baslevent & Kirmanoglu, 2013; Grund, 2009; Juergensen, 1978; Lieb, 2003; Turban, Eyring & Campion, 1993; Warr, 2008). Sie listen nicht weniger als 20 Merkmale auf:

- Inhalte der Arbeitstätigkeit
- Arbeitskollegen
- Reputation des Arbeitgebers
- Gehalt
- Aufstiegsmöglichkeiten
- Arbeitsplatzsicherheit
- Möglichkeit, eigene Kompetenzen einbringen zu können
- Standort
- Vorgesetzte
- Autonomie
- Arbeitswegdauer
- Arbeitsbedingungen
- Work-Life-Balance
- Möglichkeit, in Kontakt zu anderen Menschen zu treten
- Benefits (Urlaub, Pension, freiwillige Sozialleistungen)
- Verantwortung übernehmen können
- Arbeitsbelastung
- Ansehen des Jobs
- Nutzen für die Gesellschaft
- Reisemöglichkeiten

In einer eigenen Studie von Scheidegger und Müller (2015), in der die relative Bedeutsamkeit derartiger Merkmale mittels Conjoint-Analyse in einer Stichprobe berufstätiger Fachkräfte aus dem industriell-gewerblichen Sektor untersucht wurde, stellen sich zehn Kriterien als besonders wichtig für die Wahl eines Arbeitgebers heraus. Das Merkmal auf Rangplatz 1 ist fast doppelt so bedeutsam wie jedes einzelne der Merkmale auf den nachfolgenden Rangplätzen. Hier die Rangplätze im Einzelnen:

1. Lohn und Zusatzleistungen
2. Wechselmöglichkeiten innerhalb des Unternehmens
3. Verhältnis zu Vorgesetzten
4. Image der Produkte
5. fachlich herausfordernde Arbeitsaufgaben
6. normale zeitliche Arbeitsbelastung
7. Betriebsklima
8. direkte Kundenkontakte
9. Aufgabenvielfalt
10. wirtschaftlicher Erfolg des Unternehmens

Grund (2009) untersuchte fast 5.000 Arbeitnehmer aus Deutschland, die ihren Arbeitsplatz gewechselt haben. Dabei interessierte ihn, hinsichtlich welcher Arbeitgebermerkmale sie sich durch einen solchen Wechsel verbessern konnten. Aus der Häufigkeit der Verbesserungen erschließt Grund indirekt die Bedeutsamkeit der Merkmale. Dabei ergibt sich die folgende Rangfolge:

1. Gehalt
2. Art der Tätigkeit
3. Beförderungsaussichten
4. Arbeitsplatzsicherheit
5. Sozialleistungen
6. Arbeitszeitregelungen
7. Arbeitsbelastung
8. Arbeitswegdauer

Fassen wir die zahlreichen Versuche zur Beschreibung einzelner Dimensionen einer Arbeitgebermarke zusammen, so ergibt sich ein bunter Strauß plausibler Vorschläge, denen man ohne viel Anstrengung noch viele weitere hinzufügen könnte (▶ Tab. 9.3). Im Grunde ließe sich jedes Persönlichkeitsmodell aus der Psychologie auf die Arbeitgebermarke übertragen. Was bislang fehlt, ist eine fundierte Theorie oder besser noch, eine über Faktorenanalysen empirisch abgeleitete Taxonomie grundlegender Dimensionen.

In der Forschung, die sich mit der Beeinflussbarkeit des Organisations- oder Arbeitgeberimages beschäftigt, wird letztlich nicht zwischen vielen Dimensionen differenziert. In aller Regel laufen die Untersuchungen auf *Globaleinschätzungen* hinaus, bei denen es am Ende darum geht, wie positiv oder negativ eine Organisation bzw. ein Arbeitgeber insgesamt bewertet wird.

9.3 Grenzen und Probleme

So einfach die Übertragung der Konzeption einer Produktmarke auf die Arbeitgebermarke auf den ersten Blick auch sein mag, schnell treten doch auch die Grenzen und potenziellen Probleme einer solchen Übertragung zu Tage.

Tab. 9.3 Mögliche Dimensionen einer Arbeitgebermarke

Konnotation	konkret	abstrakt
positiv	Anspruch[1] Organisationsgröße[3,6] Wirtschaftskraft des Arbeitgebers[10] Work-Life-Balance[3,10] Gehalt[4,10,11] Arbeitsplatzsicherheit[4,10,11] Entwicklungsmöglichkeiten[4,10] Beförderungsmöglichkeiten[4,10,11] finanzielle Leistungskraft[6] Medienpräsenz[6] Branche[6] Werbeaufwand[6] Diversity[8] leistungsbezogene Bezahlung[8] Leistung[9] Arbeitsinhalte[10,11] Vielfalt der Arbeitsaufgaben[10] Sozialleistungen[10,11] Arbeitszeitregelungen[11] Arbeitsbelastung[11] Arbeitsort[10,11] Kollegen[10] Vorgesetzte[10] Kontaktmöglichkeiten[10] Autonomie[10] Entscheidungsspielräume[10] Reisemöglichkeiten[10] Ansehen des Jobs[10] weitere denkbare Punkte: Büroausstattung Alter des Maschinenparks Kantine Dienstwagen Führungsspanne Altersteilzeit etc.	Aufrichtigkeit[1] Spannung[1] Kompetenz[1] Prestige/Reputation[1,10] Image der Produkte[10] Innovation[2,8] soziale Verantwortung[3,10] Kundenorientierung[3] Kundenzufriedenheit[3] Organisationsklima[3] Verantwortungsgefühl der Mitarbeiter[3] Verantwortung der Stakeholder[3] Vertrauenswürdigkeit[7] Unterstützung[8] Ergebnisorientierung[8] Präzision[8] Teamorientierung[8] Entschlossenheit[8] Anregung[9] Tradition[9] Universalität[9] Mildtätigkeit[9] Nachhaltigkeit Verträglichkeit (fröhlich, freundlich, offen, aufrichtig, betroffen, beständig, unterstützend, liebenswürdig, ehrenhaft, zuverlässig, vertrauensvoll, sozial verantwortlich)[5] Unternehmertum (cool, trendy, jung, einfallsreich, aktuell, aufregend, innovativ, extravertiert, wagemutig)[5] Kompetenz (zuverlässig, sicher, fleißig, anspruchsvoll, leistungsorientiert, führend, technisch, gemeinschaftlich)[5] Chic (charmant, stylisch, elegant, angesehen, exklusiv, kultiviert, versnobt, elitär)[5] etc.
negativ	Arbeitsbelastung[10] weitere denkbare Punkte: Branche Produktion in Billiglohnländern Umweltverschmutzung etc.	Rücksichtslosigkeit (arrogant, aggressiv, egoistisch, nach innen gerichtet, autoritär, kontrollierend)[5] etc. Aggression[8] Macht[9] Selbstbezug[9] Konformität[9]

Erläuterung: [1]Lievens et al. (2007), [2]Lievens und Highhouse (2003), [3]Gomes und Neves (2010), [4]Ito et al. (2013), [5]Davis (2006), [6]Turban und Cable (2003), [7]Klotz, Da Motta Veiga, Buckley und Gavin (2013), [8]Braddy et al. (2006), [9]Cable & Yu (2006), [10]Scheidegger & Müller, (2015), [11]Grund (2009)

In ► Kap. 2 wurde bereits darauf hingewiesen, dass der eigene Arbeitgeber *kein beliebiges Produkt* darstellt, das man heute kauft und morgen in der Ecke liegen lässt. Selbst mit langlebigen Produkten, die nur alle paar Jahre (Automobil) oder vielleicht nur einmal im Leben (Haus) angeschafft werden, ist ein Arbeitgeber nicht ohne weiteres vergleichbar. Im Unterschied zu den meisten Produkten hat der Arbeitgeber im Leben vieler Menschen einen weitaus höheren Stellenwert. Schließlich verbringt man einen Großteil seiner Lebenszeit am Arbeitsplatz. Ereignisse des Berufslebens strahlen zudem bis weit in das Privatleben aus. Einerseits kann man den Arbeitgeber nicht so leicht wie Produkte des täglichen Bedarfs abstoßen, wenn sie nicht mehr gefallen, andererseits sind die meisten Menschen an einen bestimmten Arbeitgeber aber auch nicht so fest gebunden, wie an ein gerade fertiggestelltes Eigenheim, das noch über Jahrzehnte hinweg abbezahlt werden muss. Hinzu kommt die besondere Möglichkeit, dem eigenen Arbeitgeber zu schaden, wenn man mit ihm unzufrieden ist, ihn aber nicht so ohne weiteres heute oder morgen verlassen kann. Auch hierin unterscheidet sich das Produkt Arbeitgeber von Produkten im landläufigen Sinne. All dies sollte die Verantwortlichen für das Employer Branding zu einem bedachten Vorgehen animieren. Es geht nicht darum, das eigene Unternehmen schön zu reden und im Marketing die Realität so weit zu verzerren, wie man es aus der Produktwerbung gewohnt ist (vgl. Cushen, 2011). Kurzfristig mag dies bisweilen zu einem Anstieg der Bewerberzahlen führen, mittelfristig können aber die Schäden überwiegen, wenn Mitarbeiter nach einigen Monaten enttäuscht die eigene Leistung reduzieren und z. T. das Unternehmen verlassen. Hinzu kommt die Gefahr einer negativen Mundpropaganda als Reaktion auf ein überzogenes Marketing. Wenn die Bewerber und Mitarbeiter merken, dass der Arbeitgeber nicht glaubwürdig ist, wird damit das zuvor so mühsam aufgebaute Markenimage wieder zerstört. Klotz et al. (2013) sehen in der Vertrauenswürdigkeit die Kernkompetenz der Reputation eines Arbeitgebers.

In der Literatur wird z. T. nicht zwischen *Organisationsimage* und *Arbeitgeberimage* differenziert (z. B. Gomes & Nemes, 2010). Bei genauerer Betrachtung erscheint eine solche Differenzierung aber sinnvoll. Viele Kunden eines Unternehmens haben eine subjektive Vorstellung davon, über welche Merkmale ein bestimmtes Unternehmen verfügt, ohne sich jedoch jemals Gedanken darüber gemacht zu haben, wie das Unternehmen als Arbeitgeber zu bewerten ist. Andere Kunden können beides gleichsetzen, wieder andere differenzieren deutlich zwischen beiden Feldern. Sie lieben vielleicht die Produkte des Unternehmens und schätzen die geringen Preise. Niemals würden sie aber in diesem Unternehmen arbeiten wollen, weil sie sich darüber im Klaren sind, dass die geringen Preise u.a. auf geringe Löhne und geringe Sozialleistungen zurückzuführen sind. Für manche Mitarbeiter eines Unternehmens mag das Organisationsimage völlig identisch sein mit dem Arbeitgeberimage, weil sie nicht darüber nachdenken. ► Abb. 9.2 verdeutlicht die verschiedenen Beziehungen zwischen Organisations- und Arbeitgeberimage. Auch wenn beide in der Regel korreliert sein dürften, beträgt der Zusammenhang in einer größeren Population wohl niemals 100 %. Für die Praxis bedeutet dies, dass die Verantwortlichen sich mit der Unterscheidung auseinandersetzen müssen. Soll es bei Employer Branding im Wortsinne „nur" um die Arbeitgebermarke gehen oder auch um das Organisationsimage? Inwieweit stehen beide in einem partiellen Widerspruch zueinander? Kann die Arbeitgebermarke von einem guten Organisationsimage profitieren?

Hinzu kommt, dass das jeweilige Image in *verschiedenen Gruppen* durchaus unterschiedlich ausfallen kann (Gatewood, Gowan & Lautenschlager, 1993). Dies gilt nicht nur für den Vergleich zwischen Organisationsmitgliedern und potenziellen Bewerbern, sondern auch für verschiedene Bewerbergruppen. Für ein maßgeschneidertes Employer Branding sollten sich die Verantwortlichen also darüber im Klaren sein, auf welche Personengruppen sich ihre Bemühungen richten.

Auf einen weiteren wichtigen Punkt weist Felser (2010) hin. Während die Gestalter einer Werbekampagne bei einem Produkt alle Fäden in der Hand haben, um ein bestimmtes Image kreieren zu können, spielen bei der Entwicklung einer Arbeitgebermarke noch *viele weitere Personen* eine Rolle, die nicht so ohne weiteres „auf Kurs" zu bringen sind. Die Rede ist von den Mitarbeitern, Kunden, Zulieferfirmen und ähnlichen Gruppen, die einen direkten Kontakt zur Organisation haben. Auch wenn es bei diesem Blick gar nicht immer direkt um

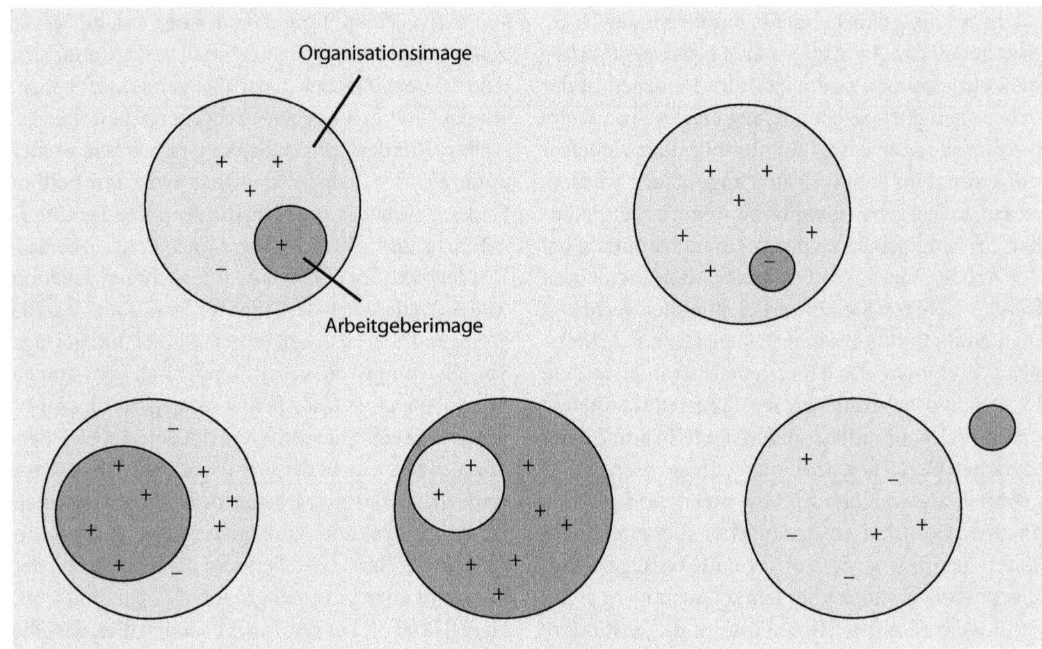

Abb. 9.2 Mögliche Beziehungen zwischen Organisations- und Arbeitgeberimage

die Rolle einer Organisation als Arbeitgeber geht, können doch auch diese Gruppen ein Stück weit das Ansehen der Organisation als Ganzes und damit auch das Image als Arbeitgeber mit beeinflussen. Die Mitarbeiter sind in diesem Zusammenhang die wichtigsten Markenbotschafter für das Arbeitgeberimage, weil sie über Informationen aus erster Hand verfügen (Felser, 2010).

Ziel des Employer Brandings ist es, eine gewisse *Einzigartigkeit des Arbeitgebers* zu kreieren, aber ist dies auch realistisch? Wie viele bekannte Autohersteller gibt es in der Welt? Vielleicht 20. Für jeden einzelnen ist es nicht sehr schwer, etwas zu finden, das seine Produkte einzigartig erscheinen lässt. Sportlichkeit, Eleganz, Leistung, Familienfreundlichkeit, Geländegängigkeit, Tradition und viele weitere Merkmale existieren, hinsichtlich derer man sich von der Konkurrenz abheben kann. Bei Arbeitgebern sieht die Sachlage deutlich anders aus. In Deutschland existieren mehr als 3,6 Mio. Unternehmen. Die meisten dieser Arbeitgeber beschäftigen maximal neun Mitarbeiter. Unternehmen mit mehr als 250 Beschäftigten machen weniger als ein Prozent aus (▶ Tab. 9.4). Die schiere Masse der Arbeitgeber übersteigt bei weitem die Anzahl der Merkmale, über die sie sich voneinander differenzieren können. Es erscheint bestenfalls theoretisch denkbar, dass diese vielen Arbeitgeber tatsächlich alle in irgendwelchen bedeutsamen Punkten Einzigartigkeit besitzen. Die Realität dürfte jedoch ganz anders aussehen. Die allermeisten Menschen arbeiten in „No-Name-Unternehmen", die sich in keiner Weise nennenswert positiv aus der Masse hervorheben und dies mit großer Wahrscheinlichkeit auch nach massiven Investitionen ins Employer Branding nicht tun werden. Eine Firma wie Porsche muss eigentlich nichts unternehmen, um als Organisation Einzigartigkeit auszustrahlen. Die Jedermann GmbH hat hingegen keine realistische Chance, jemals einzigartig zu werden. Dies bedeutet nicht, dass die meisten Arbeitgeber sich keine Gedanken über das Bild, das sie in der Öffentlichkeit als Organisation oder als Arbeitgeber vermitteln, machen sollten, die Ziele sollten jedoch realistisch bleiben. Das Ziel muss es sein, ein attraktiver Arbeitgeber zu sein bzw. zu werden und dies offen nach außen zu kommunizieren. „Einzigartigkeit" ist für die meisten Unternehmen weder real erreichbar noch glaubwürdig kommunizierbar.

Tab. 9.4 Unternehmen in Deutschland im Jahre 2012 (nach Angaben des Statistischen Bundesamtes, 2015b)

Unternehmensart	Definition		Prozentualer Anteil an allen Unternehmen
	Mitarbeiteranzahl	Jahresumsatz	
Kleinstunternehmen	1-9	- 2 Mio.	80,8
Kleine Unternehmen	10-49	- 10 Mio.	15,4
Mittlere Unternehmen	50-249	- 50 Mio.	3,0
Großunternehmen	> 250	> 50 Mio.	0,7

Wer sich ein wenig tiefergehend mit der Literatur zum Employer Branding beschäftigt, der wird schnell feststellen, dass wir heute nur sehr wenig über den Prozess wissen, über den ein Unternehmen zu einer Arbeitgebermarke wird. Die meisten Publikationen beziehen sich trotz anders lautender Überschriften gar nicht auf Employer Bran*ding* (also auf den Prozess, der zu einer Arbeitgebermarke führt), sondern auf die Bedeutung der Arbeitgebermarke (Employer *Brand*). Die Marke existiert dabei schon bzw. wird im Experiment künstlich erzeugt. Hier gibt es für die Forschung in den nächsten Jahren noch viel nachzuholen. Einstweilen sind wir bei der Gestaltung des Brandings auf wenige abgesicherte Erkenntnisse und viele Plausibilitätsbetrachtungen angewiesen.

Empfehlungen für die Praxis

- Nutzen Sie die Auseinandersetzung mit dem Konzept des Employer Brandings dazu, sich ernsthaft mit Ihrer Attraktivität als Arbeitgeber bzw. Ihrem Bild als Arbeitgeber, das Sie nach außen ausstrahlen, auseinanderzusetzen.
- Glauben Sie nicht, dass die Probleme eines unattraktiven Arbeitgebers gelöst werden, indem man sich als attraktiven Arbeitgeber vermarktet.
- Berücksichtigen Sie bei der Untersuchung Ihrer Arbeitgebermarke nicht nur positive Merkmale, sondern verschließen Sie die Augen nicht davor, dass Ihr Unternehmen vielleicht auch negative Assoziationen weckt.
- Berücksichtigen Sie bei Ihrer Auseinandersetzung mit dem Arbeitgeberimage auch das Organisationsimage.
- Bedenken Sie, dass nicht nur die Verantwortlichen für das Employer Branding das Image einer Organisation bzw. eines Arbeitgebers prägen, sondern auch die eigenen Mitarbeiter, Zulieferer, Kunden etc.
- Legen Sie spezifische Zielgruppen für das Employer Branding fest. Es ist unwahrscheinlich, dass alle Menschen einen bestimmten Arbeitgeber als gleichermaßen attraktiv erleben. Dies ist auch gar nicht notwendig, da für den Arbeitgeber auch nur bestimmte Personengruppen attraktiv sind.
- Setzen Sie sich realistische Ziele für Ihr Employer Branding. Es liegt in der Natur der Sache, dass die meisten Arbeitgeber zwar gute, aber keineswegs einzigartige Arbeitgeber sein können.

9.4 Antezedenzien eines positiven Images

Als Nächstes stellt sich nun die Frage, wie sich das Image eines Arbeitgebers beeinflussen lässt bzw. von welchen Faktoren das Arbeitgeberimage abhängt. Im Fokus stehen dabei solche Einflussfaktoren, die sich im Sinne eines gezielten Employer Brandings beeinflussen lassen. In einer Abhandlung über Employer

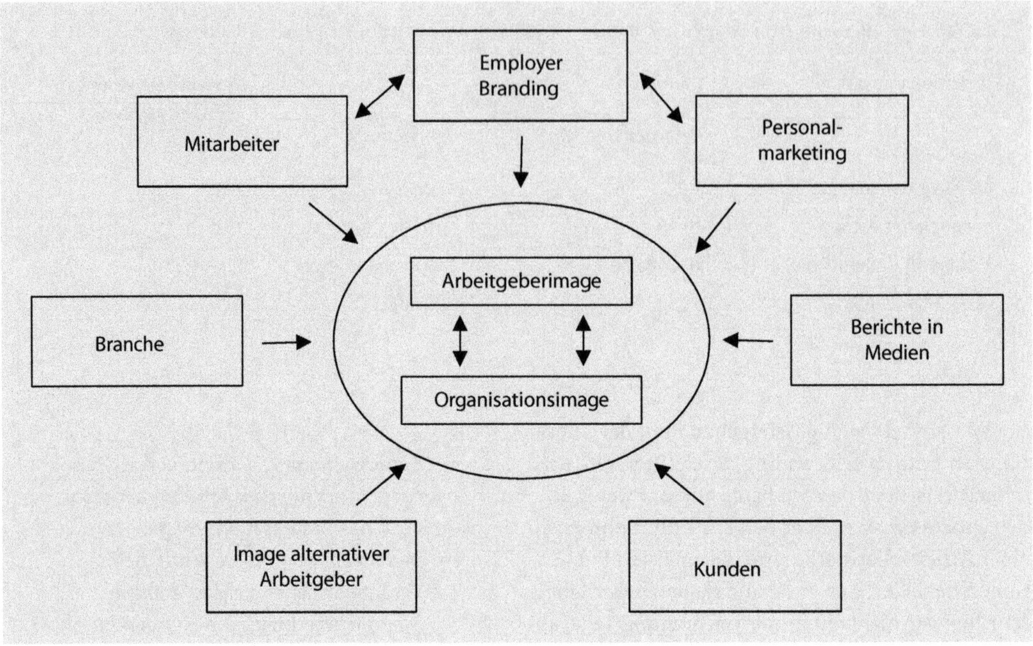

Abb. 9.3 Bedeutung des Employer Brandings im Kontext vielfältiger Einflussquellen

Branding besteht leicht die Gefahr, das Arbeitgeberimage als vollständig oder doch zumindest weitgehend durch das Employer Branding beeinflussbar anzusehen. Um derartigen „Allmachtsphantasien" vorzubeugen, verdeutlicht ► Abb. 9.3 die Vielfalt möglicher Einflussquellen.

Im Zentrum steht das *Arbeitgeberimage*, das – wie wir gesehen haben – in einer noch zu klärenden Beziehung zum Image der gesamten Organisation steht. Gehen wir im Folgenden einmal davon aus, dass in der Regel wechselseitige Beziehungen zwischen beiden bestehen, das *Organisationsimage* also auf das Image als Arbeitgeber einwirkt und umgekehrt.

Ein funktionierendes *Employer Branding* nimmt in erster Linie Einfluss auf das Arbeitgeberimage und mittelbar sicherlich auch auf das Organisationsimage – zumindest bei jenen Menschen, die entweder schon Mitglieder der Organisation sind oder es werden wollen. Zudem beeinflusst das Employer Branding das Personalmarketing, indem es z. B. bestimmte Inhalte festlegt, die u.a. auch mittels Personalmarketing nach außen kommuniziert werden (s.o.). Ähnlich verhält es sich mit Stilelementen zur Gestaltung von Stellenanzeigen.

Gleiches gilt für das *Personalmarketing*. Gerade bei unbekannten Arbeitgebern dürfte der erste Kontakt und damit auch die erste Gelegenheit, ein Arbeitgeberimage aufzubauen, über die Stellenanzeige oder Kontakte auf einer Bewerbermesse laufen. Eine tiefergehende Auseinandersetzung mag diesen Eindruck in der Folge noch verändern, im Kern ist es aber eine zentrale Aufgabe des Personalmarketings, erst einmal ein positives Arbeitgeberimage zu transportieren. Die Einflüsse des Personalmarketings auf das Employer Branding sind dabei sehr indirekter Natur. Letztlich trägt das Personalmarketing dazu bei, dass neue Mitarbeiter in die Organisation eintreten, die wiederum ihrerseits die Organisation und damit das Employer Branding verändern können.

Die *Mitarbeiter* selbst sind in diesem Spiel eine nicht zu unterschätzende Größe (Highhouse, Brooks & Gregarus, 2009). Sie erleben den Arbeitgeber aus erster Hand und können Widersprüche zwischen dem kommunizierten Arbeitgeberbild und den realen Umständen als solche enttarnen. Zudem werden sie auch mit Freunden und Bekannten über ihre Sicht auf ihren Arbeitgeber sprechen und hierdurch mittelbar sein Bild in der Öffentlichkeit beeinflussen. Je mehr Mitarbeiter der Meinung sind, dass das kommunizierte Arbeitgeberbild nicht der Realität entspricht, desto eher werden entsprechende Bemühungen des Employer Brandings ins Leere laufen. Insofern stellt sich erst gar nicht die Frage, ob die Mitarbeiter in das Employer Branding eingebunden werden müssen (▶ Kap. 12).

Jeder Arbeitgeber ist zwangsläufig in eine *Branche* eingebunden, die in der Öffentlichkeit einen mehr oder weniger guten Ruf genießt. Selbst wenn das Unternehmen kein prototypischer Vertreter seiner Branche ist, wird er von außen betrachtet mit ihr identifiziert. Dies gilt nicht nur für das Organisationsimage, sondern auch für das Arbeitgeberimage. Man denke in diesem Zusammenhang z. B. an den Wandel, den das Image der Bankenbranche in den vergangenen Jahren erfahren hat. Viele Menschen sehen heute in ihrem Bankberater keine Vertrauensperson mehr, sondern einen Verkäufer, dem man kritisch auf die Finger schauen muss und der von seinem Arbeitgeber in die Rolle des Verkäufers gedrängt wird. Ein noch dramatischeres Beispiel ist die Rüstungsindustrie. Viele Menschen werden sicherlich selbst dann nicht in einem Rüstungsunternehmen arbeiten wollen, wenn die Arbeitsbedingungen sehr viel besser wären als in anderen Branchen. Das einzelne Unternehmen ist also z. T. auch im Branchenimage gefangen und müsste ggf. gemeinsam mit anderen Vertretern seiner Branche Anstrengungen unternehmen, das Image seiner Branche zu verbessern.

Ein weiterer Baustein der Umwelt, in die ein Unternehmen eingebettet ist, sind Berichte in den *Medien* über einzelne Unternehmen oder ganze Branchen (Highhouse et al., 2009; Lee et al., 2013). In erster Linie dürften hiervon Großunternehmen betroffen sein, die im Gegensatz zu den meisten Kleinunternehmen eine realistische Chance haben, Gegenstand des Medieninteresses zu werden. Dabei muss keineswegs immer ein Skandal – wie etwa vor einigen Jahren im Hause Schlecker – vorliegen. Beinahe jede Woche finden sich auch ohne konkreten Anlass Dokumentationen im Fernsehen, die sich mit ausgewählten Unternehmen, der Qualität ihrer Produkte, den Produktionsbedingungen oder falschen Werbeversprechungen auseinandersetzen. Selbst wenn in Firma A ganz andere Bedingungen herrschen als in Firma B, die gerade bloßgestellt wurde, muss mit Imageeinbußen gerechnet werden. Als Beispiel könnten hier Berichte über Arbeitsbedingungen der Kassiererinnen bei Schlecker oder Aldi dienen, die sicherlich auch auf die wahrgenommenen Arbeitsbedingungen bei verwandten Firmen (Rossmann, Rewe) ausstrahlen, obwohl diese Unternehmen gar nicht thematisiert wurden. Bei kleineren Unternehmen mag die Lokalpresse eine Rolle spielen, wobei die Aktivitäten der Medien natürlich keineswegs immer eine potenzielle Gefahr für das Image eines Unternehmens darstellen müssen. Als Gegenbeispiel wären etwa Berichte über das Sponsoring eines Schulfestes oder eine Spendenaktion für ein Hospiz zu nennen.

Das Image eines konkreten Arbeitgebers mag zudem vom *Image alternativer Arbeitgeber* abhängen. Aus der Sicht eines Bewerbers stellen sich in der Regel immer mehrere Alternativen. Möglicherweise legt man eine Region fest und sucht in dieser Region nach attraktiven Arbeitgebern, oder aber die Branche ist fix und bundesweit wird nun nach alternativen Anbietern Ausschau gehalten. Da der Bewerber über die meisten Unternehmen aus erster Hand keine Informationen hat, läuft der Vergleich zwischen den Arbeitgebern über das Image. Vermitteln die Unternehmen A, B und C einen besseren Eindruck, so sinkt das Image des Unternehmens D, obwohl streng genommen die gesamte Einschätzung quasi im luftleeren Raum schwebt. Ein schwach ausgeprägtes oder nicht vorhandenes Image mag im Zweifelsfall auch wie ein negatives Image wirken.

Die letzte wichtige Einflussquelle, stellen die *Kunden* dar. Sie wirken als Multiplikatoren eines Organisationsimages und – mit Abstrichen – als Multiplikatoren eines Arbeitgeberimages. Während Mitarbeiter des Unternehmens vielleicht noch Zurückhaltung üben, wenn es um Missstände geht, weil sie Loyalität gegenüber ihrem Arbeitgeber empfinden oder negative Konsequenzen fürchten, dürften solche Motive bei Kunden weitaus geringer ausgeprägt sein.

Zahlreiche Publikationen und Studien beschäftigen sich mit einzelnen Variablen, die Einfluss auf das Arbeitgeberimage nehmen können.

Eine wichtige Voraussetzung für ein positives Arbeitgeberimage ist zunächst einmal die *Bekanntheit des Arbeitgebers* (Brooks, Highhouse, Russel & Mohr, 2003; Edwards, 2010). Wer völlig unbekannt ist, hat kein Image (s.o.) und damit auch kein positives (oder negatives) Arbeitgeberimage. Brooks et al. (2003) untersuchten in mehreren Experimenten, welchen Einfluss die Bekanntheit großer amerikanischer Unternehmen auf deren Image in den Augen von Studierenden hat. Im ersten Experiment zeigte sich, dass bekanntere Unternehmen durchweg positiver abschnitten als weniger bekannte Unternehmen und zwar bezogen auf ihre wahrgenommene Fairness und Ehrlichkeit als auch bezogen auf die Unternehmenskultur. Im zweiten Experiment ging es um die Frage, in welchen Unternehmen man lieber arbeiten würde. Hierzu sollten die Probanden bezogen auf drei bekannte vs. drei weniger bekannte Unternehmen aufschreiben, welche Gründe für oder gegen eine Beschäftigung sprechen. Im Ergebnis zeigte sich, dass sowohl bei bekannten als auch bei weniger bekannten Unternehmen mehr Argumente für als gegen eine Beschäftigung genannt werden konnten. Bei bekannten Unternehmen wurden aber insgesamt mehr Argumente generiert. Da nicht davon auszugehen ist, dass alle Argumente in gleicher Weise entscheidungsrelevant sind, führten sie ein drittes Experiment durch. Experiment 3 bezieht sich auf einen möglichen Bewerbungsprozess. Die Probanden durften auswählen, mit welchen Unternehmen sie gern ein Rekrutierungsinterview führen würden. Das Interview entspricht einem Gespräch, wie es häufig auf Rekrutierungsmessen abläuft, ist also noch kein Einstellungsinterview, ermöglicht aber beiden Seiten ein erstes Kennenlernen. Hier zeigte sich, dass den bekannteren Unternehmen der Vorzug gegeben wurde. Im vierten und letzten Experiment sollten fünf bekannte und fünf weniger bekannte Unternehmen in eine Rangfolge gebracht werden und zwar hinsichtlich der Frage, wie attraktiv oder unattraktiv die Unternehmen als Ganzes erscheinen. In der Rangliste der attraktiven Unternehmen dominierten die bekannten Unternehmen. In der Rangfolge der unattraktiven waren es die unbekannteren. Insgesamt zeigen die Experimente von Brooks et al. (2003), dass die Unternehmen von ihrem reinen Bekanntheitsgrad profitierten. Bekannte Unternehmen hatten ein insgesamt positiveres Image und wurden von potenziellen Bewerbern im Personalauswahlprozess bevorzugt. Offenbar beziehen sich die Vorteile sowohl auf das Organisationsimage als auch auf das Arbeitgeberimage. Schon vor mehr als 100 Jahren hat Titchener (1910) erkannt, dass Dinge, die wir kennen und uns vertraut sind, positiver bewertet werden als Dinge, die uns fremd sind. Das später als Mere-Exposure-Effekt (Zajonc, 1968) bezeichnete psychologische Phänomen lässt sich auch auf die Einstellung gegenüber Unternehmen und potenziellen Arbeitgebern übertragen.

Viele Unternehmen, insbesondere größere, die sich bewusst um ihr Image kümmern, unternehmen aktiv etwas, um ein positives Image aufzubauen oder zu festigen. Dies lenkt unsere Aufmerksamkeit auf die Frage der *Glaubwürdigkeit* eines Unternehmens in seiner Selbstdarstellung. Cable und Yu (2006) untersuchten, wie sich das Image eines Arbeitgebers in Abhängigkeit von der Art und Weise verändert, wie Bewerber über das Unternehmen bzw. die vakanten Stellen informiert werden. Dabei unterscheiden sie drei Wege der Information: Unternehmenswebseiten, Bewerbertage, die von einstellenden Unternehmen organisiert werden, und firmenunabhängige Internetportale, auf denen jeder, der dies möchte, Informationen über ein Unternehmen verbreiten kann. Die Teilnehmer der Studie waren Absolventen einer Hochschule, die sich in der Phase der Arbeitsplatzsuche befanden. Zunächst wurden sie gebeten, einen Fragebogen zur Erfassung des Organisationsimages auszufüllen. Anschließend wurden die drei Gruppen mit jeweils einer Informationsquelle (Unternehmenswebseite, Besuch eines Bewerbertages und eines firmenunabhängigen Internetportals) konfrontiert. Im Anschluss wurden sie gebeten, die Glaubwürdigkeit der erhaltenen Informationen einzuschätzen und erneut den Fragebogen zum Organisationsimage auszufüllen. Zunächst zeigte sich, dass das unabhängige Portal die schlechtesten Glaubwürdigkeitswerte erzielt hat, während zwischen der Unternehmenswebseite und dem Bewerbertag keine Unterschiede bestanden. Möglicherweise resultiert das schlechte Ansehen des unabhängigen Portals aus der Tatsache, dass die Identität der Informationsquellen im Verborgenen liegt. Extrem positive Informationen könnten ebenso gezielt manipuliert worden sein wie extrem negative. Sicherlich rechnet man auch bei Unternehmenswebseiten und

Bewerbertagen nicht mit objektiven Informationen, die Quelle sowie die Richtung der Manipulationsversuche ist jedoch eindeutig identifizierbar. Das Image der Organisation nach der Informationsmaßnahme korrelierte hoch mit dem Image vor der Maßnahme und wurde durch die eingesetzten Maßnahmen nur mäßig verändert. Gleichwohl lassen sich Effekte in eine entsprechende Richtung belegen. Auf sechs von acht Imagedimensionen zeigte sich zudem ein signifikanter Einfluss der wahrgenommenen Glaubwürdigkeit. Der Einfluss einer Maßnahme zur Steigerung des Images ist umso größer, je glaubwürdiger die Informationsquelle erscheint. Allerdings ist die Glaubwürdigkeit auch durchaus ein zweischneidiges Schwert. Haben potenzielle Bewerber ein positiv verzerrtes Image, so führen Informationsmaßnahmen, die als glaubwürdig angesehen werden, auch zu einer Korrektur nach unten. Letztlich ist auch dies im Interesse des Arbeitgebers. Zukünftige Mitarbeiter, die mit zu positiven Erwartungen ins Unternehmen einsteigen, würden zwangsläufig frustriert werden (Edwards, 2010). Da ist es schon besser, wenn sie von vornherein eine realistisch positive Erwartung dessen haben, wofür die Organisation steht. Neben den Inhalten, die über die verschiedenen Kommunikationskanäle vermittelt werden, sollten sich die Unternehmen also Gedanken darüber machen, wie sie die Glaubwürdigkeit ihrer Informationen auf ein möglichst hohes Niveau bringen können.

Eine Publikation von Highhouse, Hoffmann, Greve und Collins (2002) zeigt, durch welche Maßnahmen die Glaubwürdigkeit gesteigert werden kann. In zwei Studien untersuchen sie den Einfluss von Statistiken und Anekdoten. Studie 1 arbeitet mit einer Recruitment-Broschüre, die in drei Untersuchungsbedingungen unterschiedlich manipuliert wurde. In Bedingung A wird ausschließlich mit Statements zur Selbstdarstellung der Unternehmenswerte gearbeitet. In Bedingung B werden die Aussagen durch anekdotische Schilderungen eines Mitarbeiters untermauert. In Bedingung C ersetzen statistische Zahlen die Anekdoten. Untersucht wird zum einen, wie glaubwürdig den Probanden die Informationen erscheinen und zum anderen, wie attraktiv der Arbeitgeber nach der Lektüre der Broschüre ist. Im Ergebnis zeigt sich, dass die Überzeugungskraft der Broschüre am größten ist, wenn Kennzahlen als Beleg vorgelegt wurden. In diesem Fall erreicht die Broschüre den höchsten Glaubwürdigkeitswert und gleichzeitig der Arbeitgeber den höchsten Attraktivitätswert. Beide sind zudem positiv miteinander korreliert: Je glaubwürdiger die Aussagen sind, desto positiver das Image. Den signifikant schlechtesten Wert erzielt die Untermauerung der Aussagen mit Anekdoten. Möglicherweise wirken die Aussagen der Mitarbeiter zu offenkundig manipulativ. In einem zweiten Experiment konnte gezeigt werden, dass Berichte in Tageszeitungen über das Unternehmen und seine Werte als glaubwürdiger im Vergleich zu Unternehmensbroschüren wahrgenommen werden. Die Zeitung strahlt eine größere Unabhängigkeit aus. Hinzu kommt, dass in Zeitungsartikeln die anekdotischen Schilderungen von Mitarbeitern zu positiveren Imageeffekten geführt haben als in der Broschüre. Auch dies mag darauf zurückzuführen sein, dass die Leser davon ausgehen, dass es sich um unabhängige Recherchen der Journalisten und nicht um ein Produkt der Marketingabteilung eines Unternehmens handelt. In diesem Fall ergibt sich aus den Anekdoten der Mitarbeiter sogar ein größerer Effekt auf das Arbeitgeberimage: Nach der Lektüre des Artikels aus einer Tageszeitung wurde das Arbeitgeberimage am positivsten bewertet, wenn der Artikel mit Anekdoten arbeitete. Im Falle der Broschüren ging die größte Überzeugungskraft von den Statistiken aus.

In diesem Zusammenhang stellt sich die Frage, inwieweit die Vermittlung von *Werten*, die über das eigentliche Unternehmensziel hinausgehen, eine Bedeutung für das Image hat. Sehen wir einmal von Non-Profit-Organisationen ab, so besteht das Kernziel der meisten Arbeitgeber darin, profitabel zu arbeiten. Wie sieht es aber mit Werten wie soziale Verantwortung oder Umweltschutz aus? Auch wenn man subjektiv den Eindruck bekommen kann, dass diese Werte in der öffentlichen Diskussion in den letzten Jahren an Bedeutung gewonnen haben und zunehmend mehr Unternehmen diese Werte auch explizit ansprechen, wissen wir über die Bedeutung für das Image nur sehr wenig.

Turban und Greening (1997) untersuchen, inwieweit die wahrgenommene soziale Verantwortung von Unternehmen deren Organisations- und Arbeitgeberimage beeinflusst. Zu diesem Zweck greifen sie zunächst auf eine Datenbank zurück, in der amerikanische Unternehmen von unabhängiger

Stelle hinsichtlich ihrer sozialen Verantwortung bewertet werden. Das Konzept der sozialen Verantwortung wird dabei in fünf Dimensionen unterteilt, für die jeweils eigenständige Beurteilungen vorliegen: Beziehungen zur Kommune, Beziehungen zu den eigenen Mitarbeitern, Umweltschutz, Qualität der Produkte, Förderung von Frauen und Minoritäten. Für jedes der 160 untersuchten Unternehmen werden zusätzlich Einschätzungen von potenziellen Bewerbern eingeholt und zwar bezüglich des Organisations- und des Arbeitgeberimages. Als Kontrollvariablen fungieren die Profitabilität der Unternehmen sowie die Unternehmensgröße. Das Organisationsimage lässt sich zu 7 % über Größe und Profitabilität erklären und zu weiteren 7 % über die soziale Verantwortung. Beide Aspekte sind mithin gleich wichtig, bewegen sich aber auf einem niedrigen Niveau. Die Arbeitgeberattraktivität lässt sich zu 7 % über Profitabilität und Unternehmensgröße und zu weiteren 9 % über die soziale Verantwortung erklären. Ein Blick auf die einzelnen Dimensionen zeigt, dass nur die Profitabilität sowie die Qualität der Produkte für sich allein genommen einen signifikanten Einfluss auf die Arbeitgeberattraktivität nehmen. Werte wie Umweltschutz oder Minoritätenförderung nehmen also nur im Gesamtpaket der Werte Einfluss. Insgesamt unterstreichen die Daten die Bedeutung der sozialen Verantwortung. Die geringen Werte lassen vermuten, dass die Arbeitgeberattraktivität jedoch in viel stärkerem Maße von der Variablen abhängig ist, die hier gar nicht untersucht wurde: den Nutzen, den ein Arbeitgeber dem einzelnen Arbeitnehmer bringen kann. Viel wichtiger als die Werte ist wahrscheinlich, ob und inwieweit ein Arbeitgeber mir eine interessante Tätigkeit anbieten kann, ich gutes Geld verdiene, mich bei ihm weiterentwickeln kann etc.

Bauer und Aiman-Smith (1996) untersuchen den Einfluss von umweltbezogenen Statements in Unternehmensbroschüren. Interessant ist dabei, dass die individuelle Einstellung der Probanden zum Umweltschutz berücksichtigt wird. Die Studienteilnehmer werden nach dem Zufallsprinzip in eine von zwei Untersuchungsbedingungen gebracht: Sie lesen eine Unternehmensbroschüre, in der entweder explizit auf das Umweltschutzengagement des fiktiven Unternehmens eingegangen wird (Bedingung 1) oder nicht eingegangen wird (Bedingung 2). Anschließend bearbeiten sie einen Fragebogen, in dem u.a. das Image der Organisation, das Arbeitgeberimage sowie der eigene Bezug zu Umweltthemen erfragt werden. Die eigene Einstellung zur Umwelt hat keinen Einfluss auf die Beurteilung des Unternehmens, wohl aber auf die Bereitschaft, sich hier zu bewerben. Allerdings fiel der Effekt mit knapp 2 % Varianzaufklärung sehr gering aus. Durchgängig zeigte sich jedoch ein positiver Einfluss von Umweltschutz-Statements auf das Organisations- und Arbeitgeberimage (6,7–10,2 %).

Einen neuen Aspekt bringt die Studie von Braddy, Meade, Michaele und Fleenor (2009) in die Diskussion. Sie untersuchen die Wirkung der auf Karriereseiten dargestellten Organisationskultur unter Berücksichtigung der eigenen kulturellen Präferenzen der potenziellen Bewerber. Dabei unterscheiden sie zwischen Menschen, die starke oder nur geringe Kulturpräferenzen aufweisen. Bei Menschen mit geringer Kulturpräferenz ließ sich kein direkter Zusammenhang zwischen der dargestellten Organisationskultur und der subjektiv erlebten Attraktivität des Arbeitgebers feststellen. Bei Menschen mit starker Kulturpräferenz ergaben sich geringfügige Zusammenhänge. Sehr viel entscheidender war die Frage, inwieweit die Probanden glaubten, zu der Organisation zu passen. Bei Menschen mit geringer Kulturpräferenz wirkte sich die Darstellung der Organisationskultur negativ auf die erlebte Passung zur Organisation aus. Dies zeigt, dass zumindest bei einem Teil der potenziellen Bewerber die Darstellung der Organisationskultur kontraproduktiv wirkt.

Mehrere Studien beschäftigen sich mit der *Bedeutung symbolischer vs. konkreter Merkmale* (zusammenfassend: Van Hoye et al., 2013)

In der Studie von Lievens et al. (2007) untersuchen die Autoren, inwieweit symbolische Merkmale über konkrete Merkmale hinaus Einfluss auf das Image des Arbeitgebers unter Bewerbern nehmen. Im Ergebnis zeigte sich, dass konkrete Merkmale deutlich einflussreicher sind (43 % vs. 5 %), die symbolischen Merkmale aber durchaus über die objektiven Fakten hinaus noch einen signifikanten Varianzanteil aufklären. Dabei sind beide Eigenschaftsgruppen nicht unabhängig voneinander, was dafür spricht, dass die Bewerber ihre abstrakte Wahrnehmung des Arbeitgebers ein Stück weit von den faktischen Arbeitsplatzmerkmalen abhängig machen.

Zu einem ähnlichen Ergebnis gelangen Lievens und Highhouse (2003) bezogen auf das Bankenwesen. Hier lag der Einfluss der konkreten Merkmale bei 32 %, der Einfluss der symbolischen Merkmale bei 9 %. Vor allem die Kompetenzeinschätzung korrelierte mit den Fakten des Arbeitgebers. Gleichzeitig konnten sie aber auch zeigen, dass die untersuchten Kreditinstitute sich aus Sicht potenzieller Bewerber häufiger durch symbolische als durch konkrete Merkmale voneinander unterschieden. Dies unterstreicht den Gedanken, dass auf einem Markt gleich guter Arbeitgeber letztlich die symbolischen Merkmale den entscheidenden Punkt darstellen, auch wenn ihr Einfluss absolut gesehen eher gering ist.

Van Hoye et al. (2013) finden in einer Studie mit fast 20.000 Studierenden wirtschafts- oder ingenieurswissenschaftlicher Studiengänge sehr viel kleinere Effekte. Die konkreten Merkmale klärten 7,3 % der Organisationsattraktivität und die symbolischen Merkmale zusätzliche 5,8 % auf. Die geringen Effekte lassen sich möglicherweise auf das geringe Involvement der Befragten zurückführen. Bei realen Bewerbern mögen die Werte höher ausfallen. Auch hier zeigt sich, dass sich die Firmen mit der höchsten wahrgenommenen Attraktivität häufiger durch symbolische Merkmale (Innovation und Aufrichtigkeit) und seltener durch konkrete Merkmale (Anforderungen des Arbeitgebers) unterschieden.

Sarrica, Michelon, Bonnio und Ligorio (2014) finden eine Überlegenheit der symbolischen Eigenschaften gegenüber den konkreten im Hinblick auf die wahrgenommene Attraktivität einer Organisation. Allerdings beschäftigen sie sich in ihrer Studie mit einer Non-Profit-Organisation. Die Probanden arbeiteten im Gesundheitswesen. Möglicherweise mag es sich in diesem spezifischen Umfeld anders verhalten als in der Wirtschaft.

Für eine Dominanz der konkreten Merkmale spricht auch die Studie von Ito et al. (2013). Die Autoren beziehen sich auf Menschen, die bereits in einem Unternehmen arbeiten, und untersuchen deren Bereitschaft, das Unternehmen zu verlassen. Die Wechselbereitschaft wird in signifikant stärkerem Maße von konkreten Merkmalen des Arbeitgebers als von symbolischen Merkmalen beeinflusst. Beide Arten von Merkmalen sind untereinander aber positiv korreliert.

▶ Tab. 9.5 liefert eine Aufstellung von Merkmalen, die Einfluss auf das Image einer Organisation oder eines Arbeitgebers nehmen. In der Auflistung wird das zentrale Problem der Forschung deutlich. Bislang gibt es auch hier keine theoretische oder gar empirisch fundierte Taxonomie. Die Liste ließe sich beliebig erweitern. Sie überschneidet sich mit der Liste der Merkmale, die als konstituierend für ein Markenimage angesehen werden (▶ Tab. 9.5). Darüber hinaus bewegen sich die Merkmale auf sehr unterschiedlichen Abstraktionsniveaus. Besonders offensichtlich wird dies beim Begriff der „Organisationskultur". Er ist so allumfassend, dass man ohne weiteres das Entlohnungssystem, die Weiterbildungsmöglichkeiten oder die Möglichkeiten zum eigenverantwortlichen Arbeiten hierunter subsumieren könnte.

Wie auch immer – der derzeitige Stand des Wissens ist, dass das Image einer Organisation bzw. eines Arbeitgebers durch zahlreiche Merkmale beeinflusst wird. Vieles spricht dafür, dass die konkreten Fakten letztlich einflussreicher sind als symbolische Informationen, wenngleich symbolische Informationen im Wettbewerb zwischen Arbeitgebern, die allesamt sehr attraktive Arbeitsplätze und Arbeitsbedingungen anbieten, eine Abgrenzung untereinander ermöglichen und somit zur Differenzierung der Arbeitgeberangebote aus Sicht der (potenziellen) Mitarbeiter beitragen.

▶ Abb. 9.4 fasst die derzeitige Befundlage abstrakt zusammen. Das Fundament des Arbeitgeberimages bilden die Merkmale des *Arbeitgebers*. Hier sind viele einzelne Merkmale denkbar, u.a. die Größe eines Unternehmens (z. B. mittelständisch geprägt vs. internationaler Konzern), seine räumliche Verortung (z. B. Kleinstadt vs. Metropole), die Organisationsstruktur (z. B. wenige Hierarchieebenen mit kurzen Entscheidungswegen vs. steile Organisationsstruktur mit vielen Hierarchieebenen und langen Entscheidungswegen), sein Erfolg (z. B. gemessen über den Gewinn oder die Zufriedenheit der Kunden) und vielerlei Werte, von denen sich die Organisation in ihrem Handeln leiten lässt (z. B. freiwilliges soziales Engagement). Sicherlich gibt es auch noch weitere Facetten, die bedeutsam sind, von der Forschung bislang aber noch nicht in den Fokus genommen wurden.

Die Arbeitgebermerkmale können direkt oder vermittelt über die *Außendarstellung* der

Tab. 9.5 Merkmale, die Einfluss auf das Image einer Organisation bzw. eines Arbeitgebers nehmen

Merkmale	Quelle						
	A	B	C	D	E	F	G
Rahmenbedingungen							
Branche	x						
unabhängige Ratings		x					
Arbeitgeber							
Bekanntheitsgrad	x	x					
Unternehmensgröße	x						
Organisationsstruktur					x		
Ort/Region					x		
Profitabilität	x	x					
Erfolg**		x					
soziales Engagement	x	x					
konkrete Eigenschaften							x
symbolische Eigenschaften							x
Arbeitsumgebung							
Organisationskultur	x			x			
Weiterbildungsmöglichkeiten			x	x			
Karrieremöglichkeiten	x		x	x	x		
Arbeitsplatzsicherheit			x				
Fairness und Unterstützung		x					
Arbeitsplatz							
Arbeitsaufgaben				x			
Gehalt	x		x	x	x		
Autonomie				x			
Außendarstellung							
Organisationsimage*	x	x		x	x		
Glaubwürdigkeit		x					
persönliche Kontakte	x	x					
Recruitingprozess						x	

Erläuterung: A = Cable & Graham (2000), B = Erwards (2010), C = Comes & Neves (2010), D = Chhabra & Sharma (2011), E = Sarrica, Michelon, Bobbio & Ligorio, 2014), F = Allen, Van Scotter & Otondo (2004), G = Lievens et al. (2003, 2007); * Einfluss auf das Arbeitgeberimage; ** Erfolg einer Organisation, auch wenn sich dies nicht in einem größeren monetären Profit niederschlägt.

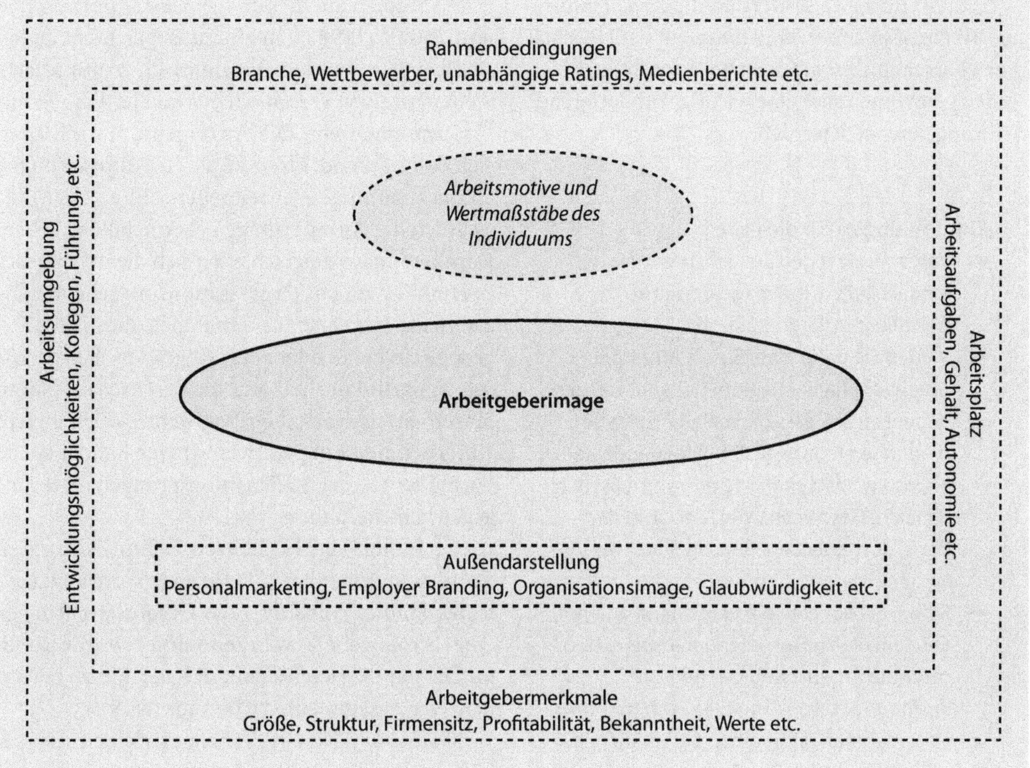

Abb. 9.4 Faktoren, die das Arbeitgeberimage beeinflussen

Organisation auf das Arbeitgeberimage wirken. Instrumente der Außendarstellung sind z. B. Maßnahmen des Employer Brandings sowie des Personalmarketings. Darüber hinaus kann ein Unternehmen durch seine Produkte oder Dienstleistungen nach außen wirken. Das Ausmaß sowie die Wirkung auf das Arbeitgeberimage hängen dabei in starkem Maße von der Glaubwürdigkeit der Informationen ab. Zudem ist zu bedenken, dass neben der intendierten Außendarstellung auch eine nicht beabsichtigte Außendarstellung durch Mitarbeiter oder Führungskräfte existieren kann.

Zu den Merkmalen des *Arbeitsplatzes* selbst bzw. dem Bild, das sich ein Bewerber von einem Arbeitsplatz machen kann, zählt alles, was einen Arbeitsplatz ausmacht, angefangen von den Arbeitsinhalten über das Ausmaß an Autonomie, mit der Aufgaben verrichtet werden können, bis hin zur Entlohnung.

Gleiches gilt für die nächste Gruppe von Einflussfaktoren, die *Arbeitsbedingungen*. Auch hier finden sich zahlreiche Facetten, die bislang noch nicht Gegenstand von Untersuchungen zum Arbeitgeberimage waren. Bedeutsam ist u. a. die Möglichkeit, sich selbst im Rahmen seiner beruflichen Tätigkeit (etwa durch Trainings) weiterentwickeln zu können, der Führungsstil des direkten Vorgesetzten oder die Zusammenarbeit mit den Kollegen.

All dies ist in übergeordnete *Rahmenbedingungen* eingebettet, die der Arbeitgeber z. T. nicht beeinflussen kann. So haben bestimmte Branchen bei vielen Menschen generell ein schlechteres Image als andere. Berichte in den Medien können dazu beitragen, dass das Image einer Branche oder auch das Image eines konkreten Arbeitgebers beeinflusst werden. Zudem können Wettbewerber oder unabhängige Ratings der Arbeitgeber eine Rolle spielen.

Erstaunlicherweise werden die *Arbeitsmotive und Wertmaßstäbe des Individuums* in der einschlägigen Forschung bislang nicht berücksichtigt. Einstweilen kann ihnen aber eine wichtige moderierende Wirkung unterstellt werden.

Empfehlungen für die Praxis

- Vergegenwärtigen Sie sich, dass die Möglichkeiten, Ihr Image gezielt zu beeinflussen, begrenzt sind.
- Sorgen Sie dafür, dass Sie als Arbeitgeber überhaupt (in der Region) bekannt werden.
- Bedenken Sie, dass die realen Arbeitsbedingungen (konkrete Aspekte) mindestens ebenso wichtig sind, wie die symbolischen Aspekte (Geschichte, Werte etc.). In der Regel dürftenerstere wichtiger sein als letztere.
- Sofern Sie auf einem Arbeitsmarkt agieren, auf dem die konkurrierenden Arbeitgeber sehrgute Arbeitsbedingungen zur Verfügung stellen (und dies auch für ihr Unternehmen gilt), sollten Sie versuchen, sich über symbolische Aspekte positiv abzuheben.
- Sofern Ihr Unternehmen besondere Werte vertritt, also sich z. B. in besonderer Weise fürden Umweltschutz einsetzt, sollte dies auch nach außen kommuniziert werden.
- Achten Sie darauf, dass Ihre Statements zur Außendarstellung glaubwürdig sind.
- Liefern Sie (wenn möglich) Belege dafür, dass Ihr Unternehmen sich in bestimmter Weise auszeichnet bzw. engagiert.

9.5 Konsequenzen eines positiven Images

Das Image einer Organisation als Ganzes bzw. als Arbeitgeber im Besonderen kann grundsätzlich sowohl auf potenzielle Bewerber als auch auf die gegenwärtigen Mitarbeiter wirken (Backhaus & Tokoo, 2004).

Wenden wir uns zunächst der *Bedeutung des Images für potenzielle Bewerber* zu. Eine der vielleicht ersten Studien auf diesem Gebiet stammt von Belt und Paolillo (1982). In einem Experiment legten sie ihren Probanden systematisch manipulierte Stellenanzeigen verschiedener lokaler Fast-Food-Unternehmen vor. Die Anzeigen unterschieden sich dahingehend, ob sie konkrete Anforderungen an die zukünftigen Arbeitgeber stellten oder hinsichtlich der Anforderungen eher nebulös blieben. Darüber hinaus unterschieden sich die Arbeitgeber in Hinblick auf das Organisationsimage. Differenziert wurde zwischen Unternehmen, die in der Zielgruppe ein hohes oder ein geringes Ansehen genossen. Erwartungsgemäß war die Bereitschaft, sich zu bewerben, signifikant größer, wenn es sich um ein Unternehmen mit positivem Image handelte. Die Formulierung der Stellenanforderungen hatte hingegen keinen Einfluss.

Zu einem vergleichbaren Befund gelangten Chhabra und Sharma (2011) in einer korrelativ angelegten Studie. Je positiver das Organisationsimage eines Arbeitgebers wahrgenommen wurde, desto größer war die Bereitschaft, sich bei ihm zu bewerben. Der Zusammenhang betrug etwa 9 %.

Gomes und Neves (2010) fanden einen sehr viel höheren Zusammenhang zwischen dem Arbeitgeberimage und der Bewerbungsbereitschaft (52 %). Allerdings ging es in ihrer Studie nicht um dauerhafte Arbeitsplätze, sondern nur um einen Ferienjob in einer simulierten Situation.

Turban und Cable (2003) untersuchten den Einfluss des Organisationsimages – sie sprechen von „Reputation" – auf die Anzahl der Bewerber, die ein Unternehmen auf sich zieht, sowie auf die Qualität der Bewerbergruppe. Hierzu führten sie zwei Untersuchungen mit Hochschulabsolventen durch, die sich direkt über den Career-Service ihrer Universität bei Unternehmen bewarben. In der ersten Studie handelte es sich um Berufsanfänger mit Bachelor-Abschluss, in der zweiten um berufserfahrene Absolventen mit Master-Abschluss. Die vom Career-Service zur Verfügung gestellten Daten erlaubten Aussagen darüber, wie viele Studierende sich bei einem bestimmten Unternehmen beworben haben und auf welchem Leistungsniveau sie sich bewegten. In Studie 1 wurde das Leistungsniveau über die Abschlussnoten, in Studie 2 über die Intelligenz der Studierenden operationalisiert. Da die Intelligenz, die Fachkompetenz und die Abschlussnoten im Studium ein guter Prädiktor für den beruflichen Erfolg eines Menschen darstellen (Cole, Feild & Giles, 2003; Görlich & Schuler, 2007; Schmidt & Hunter, 1998), ist es sinnvoll, die Qualität der Bewerbergruppe hierüber zu messen. Das jeweilige Organisationsimage der Unternehmen wurde über Rankings einer unabhängigen Institution operationalisiert („The 100 Best Companies to Work for in America"). In beiden Studien zeigt sich ein ähnliches Ergebnismuster: Neben der Branche sowie verschiedenen Fakten bezogen auf das Auswahlverfahren (z. B. Anzahl der Stellen, Anzahl der Interviews) nimmt die Reputation des Unternehmens einen signifikanten Einfluss auf die Menge der Bewerber. Je höher das Image, desto mehr Absolventen bewerben sich. In Studie 1 konnte zudem gezeigt werden, dass die Reputation Einfluss auf die Qualität der Bewerbergruppe nimmt. Je positiver das Image ausfällt, desto höher ist auch das Leistungsniveau der Bewerber. In Studie 2 zeigte sich allerdings kein Zusammenhang zur Intelligenz der Bewerber. Renommiertere Unternehmen hatten demzufolge zwar einen größeren Bewerberpool, aber keinen intelligenteren. Die Größe der Effekte bewegte sich im einstelligen Prozentbereich. Der Einfluss des Images war durchweg deutlich geringer als der Einfluss der übrigen Variablen.

Cable und Turban (2003) untersuchten in einer Simulation die Bedeutung des Images für die Bewerbungsabsicht von Studierenden. Es zeigte sich, dass die allgemeine Reputation eines Unternehmens (Organisationsimage; festgelegt über das Rating einer unabhängigen Institution) Einfluss auf die individuell wahrgenommene Reputation nahm und dies indirekt auch zu einer höheren Bewerbungsabsicht führte. Je positiver das Organisationsimage eines Unternehmens ausfiel, desto attraktiver erschien den Studienteilnehmern die ausgeschriebene Stelle sowie eine Mitgliedschaft in dem Unternehmen (Arbeitgeberimage). Beides wiederum nahm Einfluss auf die Bewerbungsabsicht. Interessanterweise konnte das subjektiv erlebte Organisationsimage nicht durch eine Marketinganzeige beeinflusst werden. Dies deutet darauf hin, dass ein Image längerfristig entwickeln werden muss und nicht kurzfristig leicht verändert werden kann.

Collins und einige seiner Kollegen (Collins, 2007; Collins & Han, 2004; Collins & Stevens, 2002) führen mehrere Studien durch, bei denen sie die Bedeutung des Arbeitgeberimages im Zusammenspiel mit verschiedenen Marketingmaßnahmen untersuchen.

Collins und Stevens (2002) untersuchen vier Marketingmaßnahmen in ihrer Bedeutung für die generelle Bereitschaft, sich in einem Unternehmen zu bewerben, sowie die tatsächliche Entscheidung, dies zu tun. Sie gehen damit einen Schritt weiter als die zuvor dargestellten Untersuchungen, die lediglich die Bewerbungsbereitschaft abfragen. Bei den Marketingmaßnahmen handelt es sich um allgemeine Maßnahmen zur Steigerung der Publicity (z. B. Medienpräsenz der Vorstandsmitglieder), Sponsoring, Mundpropaganda und stellenbezogene Maßnahmen (Stellenanzeigen, Rekrutierungsbroschüren). Bei fast allen Marketingmaßnahmen lassen sich positive Effekte nachweisen (▶ Kap. 11). Interessanterweise verschwinden diese Einflüsse jedoch vollständig, wenn zusätzlich das Organisations- und das Arbeitgeberimage in die Analyse einfließen. Beide Imageformen sind in ihrer Bedeutung so stark, dass sie die Marketingmaßnahmen komplett kompensieren. Mit anderen Worten: Verfügt ein Unternehmen bereits über ein positives Organisationsimage und stellt aus Sicht der Bewerber attraktive Arbeitsplätze zur Verfügung, so spielen die konkreten Marketingmaßnahmen keine Rolle mehr. Auch dieser Befund spricht dafür, dass es eher schwierig ist, einem bestehenden Image entgegenzuwirken bzw. dass die Imageveränderung eine langfristig anzulegende Aufgabe ist. In diesem Zusammenhang ist es wichtig, dass das Arbeitgeberimage sich auf konkrete Merkmale (Gehalt, Region, Entwicklungsmöglichkeiten etc.) und nicht auf symbolische Merkmale bezieht. Hier deutet sich erneut die Relevanz der Wahrnehmung konkreter, leicht zu objektivierender Merkmale im Vergleich zu nebulösen Assoziationen an (s.o.).

Zu ähnlichen Ergebnissen gelangt Collins (2007). Sowohl bezogen auf die Frage, ob ein Proband beabsichtigt, sich zu bewerben, als auch bezogen auf die Frage, ob er sich tatsächlich bewirbt, konnte ein dominierender Einfluss des Arbeitgeberimages festgestellt werden. Ähnlich bedeutsam wie das Arbeitgeberimage war der Bekanntheitsgrad des Unternehmens als Arbeitgeber sowie die Kenntnis konkreter Arbeitsbedingungen. Das allgemeinere Organisationsimage wurde in dieser Studie nicht untersucht. Die Ergebnisse sprechen insgesamt dafür, dass die

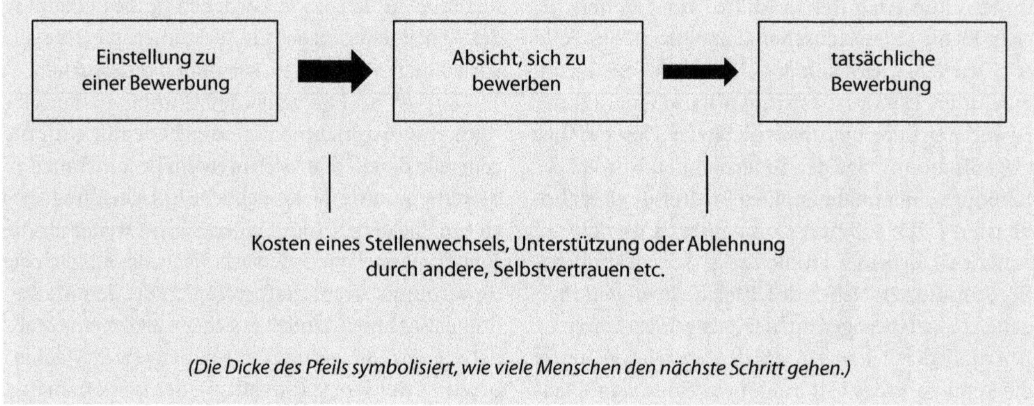

Abb. 9.5 Prozess von der Einstellung zu einer Bewerbung bis hin zur tatsächlichen Bewerbung

Fakten des Arbeitsplatzes sowie die Kenntnis dieser Fakten unter den potenziellen Bewerbern von zentraler Bedeutung sind. In der Studie überlagert die Kenntnis der Fakten den Einfluss, der von konkreten Marketingmaßnahmen (z. B. Sponsoring oder allgemeinen Rekrutierungsanzeigen) ausgeht.

Eine Studie von Collins und Han (2004) relativiert diese Befunde wieder ein wenig. Hier zeigte sich, dass Marketingmaßnahmen auch jenseits des Images Einfluss nehmen können. Diesmal wurden keine potenziellen Bewerber befragt, sondern die Daten verschiedener Unternehmen analysiert. Das Organisationsimage nahm einen signifikanten Einfluss auf die Größe des Bewerberpools. Dasselbe galt für die wahrgenommene Qualität der Bewerber aus Sicht der Unternehmen. Bei der Frage, welche Bewerber am Ende auch tatsächlich ein Stellenangebot erhalten haben, spielte das Organisationsimage keine Rolle mehr. Je mehr die Unternehmen in Marketing investiert haben, desto höher waren die akademischen Leistungen der eingestellten Bewerber sowie deren Berufserfahrung, und zwar jeweils unabhängig von der Frage, wie positiv das Image des Unternehmens war.

Highhouse, Lievens und Sinar (2003) unterscheiden zwei Facetten des Arbeitgeberimages: die Attraktivität, die ein Arbeitgeber für einen potenziellen Bewerber besitzt, und das Prestige, das mit einer etwaigen Anstellung bei diesem Arbeitgeber verbunden wäre. Die Autoren konnten zeigen, dass die Bewerbungsbereitschaft in sehr viel stärkerem Maße von der individuellen Attraktivität abhängt (r =.82 vs..10).

Zudem weisen sie auf eine wichtige Unterscheidung hin: Die Absicht einer Bewerbung ist nicht mit der tatsächlichen Bewerbung gleichzusetzen. Die sozialpsychologische Forschung zur klassischen Theorie von Ajzen und Fishbein (1980) bzw. Ajzen und Madden (1985) zeigt, dass sich über die Einstellung eines Menschen zu einem bestimmten Objekt sein Verhalten gegenüber diesem Objekt nur sehr unzureichend erklären lässt. Beispielsweise haben viele Menschen eine positive Einstellung zur gesunden Ernährung oder zum Umweltschutz, bleiben in ihrem Verhalten aber weit hinter ihren Einstellungen zurück. Die Einstellung zu einem Objekt beschreibt lediglich die grundlegende Haltung. Will man das Verhalten besser prognostizieren, so ist es wichtig, nach einer konkreten Verhaltensabsicht zu fragen (siehe auch Allen et al., 2004). Eine positive *Einstellung zu einer Bewerbung* fördert die Absicht, sich bei diesem Arbeitgeber auch zu bewerben. Die *Bewerbungsabsicht* wiederum steigert die Wahrscheinlichkeit einer tatsächlichen *Bewerbung* (▶ Abb. 9.5). Die Gründe dafür, dass ein positives Arbeitgeberimage nicht unmittelbar zur Bewerbung führt, sind vielfältig. Möglicherweise ist eine Bewerbung mit zu hohen „Kosten" verbunden, weil die Bewerbung als Illoyalität gegenüber dem derzeitigen Arbeitgeber aufgefasst wird oder Mitglieder der eigenen Familie davon überzeugt werden müssen, dass eine solche Bewerbung sinnvoll ist, obwohl sie im Falle eines

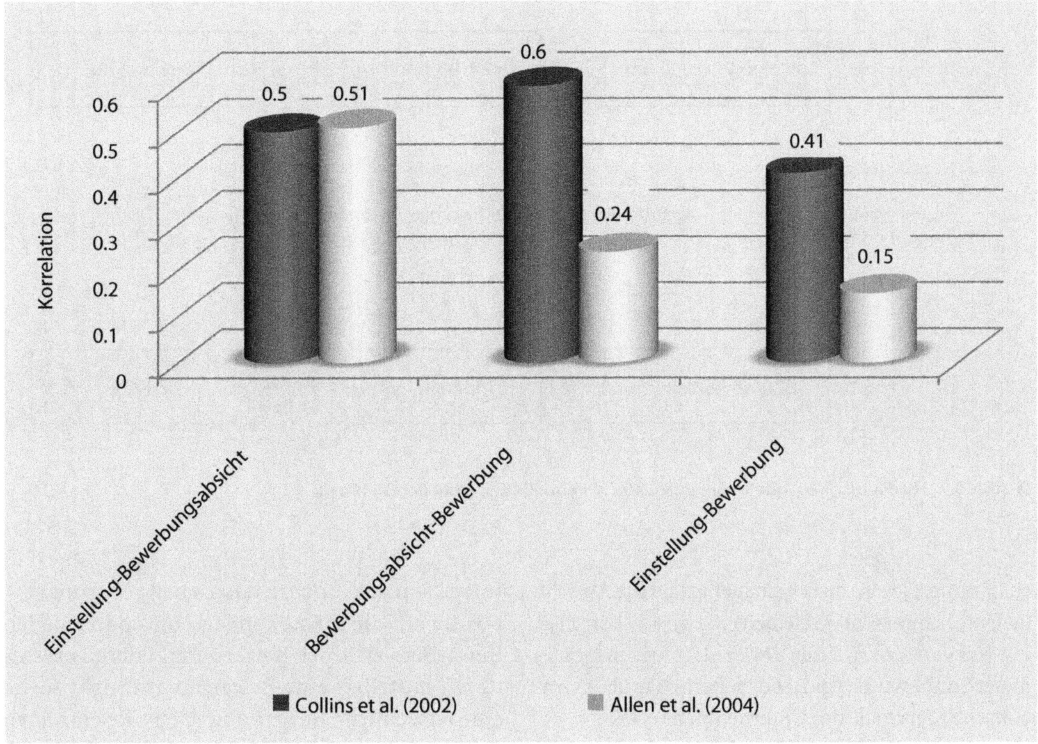

Abb. 9.6 Ergebnisse verschiedener Studien zum Zusammenhang zwischen Einstellung zu einer Bewerbung, Bewerbungsabsicht und tatsächlicher Bewerbung

positiven Ergebnisses mit einem Umzug der Familie verbunden wäre. Selbst wenn eine konkrete Bewerbungsabsicht bereits vorliegt, muss keine Bewerbung daraus resultieren, wenn der Betroffene z. B. kurz vor der Handlung zu dem Schluss kommt, dass sich der Aufwand aufgrund der zahlreichen gut qualifizierten Konkurrenten nicht lohnt oder man sich schlicht nicht zutraut, ein Einstellungsinterview erfolgreich zu absolvieren. Von Schritt zu Schritt wird die Gruppe dieser Personen kleiner. Bei weitem nicht alle Menschen, die eine positive Einstellung zu einer Bewerbung haben, bilden auch eine Bewerbungsabsicht aus, und von diesen wiederum entscheidet sich nur ein Teil tatsächlich für eine Bewerbung. ▶ Abb. 9.6 gibt die Ergebnisse verschiedener Studien wieder, bei denen der Zusammenhang zwischen den drei Variablen untersucht wurde. Es zeigt sich dabei jeweils, dass der direkte Zusammenhang zwischen der Einstellung und dem Bewerbungsverhalten geringer ausfällt als der Zusammenhang zwischen Einstellung und Bewerbungsabsicht bzw. Absicht und Bewerbungsverhalten.

Studien, die sich mit der Wirkung des Images auf die bereits im Unternehmen angestellten *Mitarbeiter* beschäftigen, beziehen sich auf die Zufriedenheit mit dem Arbeitgeber, das Commitment (die Verbundenheit der Mitarbeiter mit ihrem Arbeitgeber) und den dauerhaften Verbleib in der Organisation. Die drei Variablen sind nicht unabhängig voneinander (ausführlicher ▶ Kap. 13). Idealtypisch sollte eine höhere Arbeitszufriedenheit ein höheres Commitment zur Folge haben, und das Commitment sollte wiederum dafür sorgen, dass die Menschen auch dann bei ihrem Arbeitgeber bleiben, wenn sie auf attraktive Arbeitsplätze bei anderen Arbeitgebern wechseln könnten.

Davies (2006) konnte in einer Studie mit mehr als 800 Arbeitnehmern zeigen, dass deren Wahrnehmung des Arbeitgeberimages mit einer größeren Zufriedenheit und einem größeren Commitment

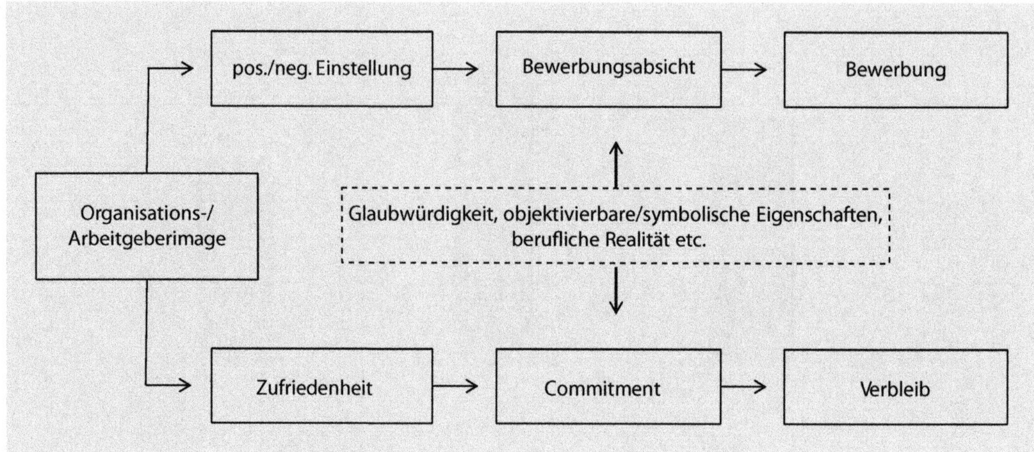

Abb. 9.7 Bedeutung des Arbeitgeberimages für potenzielle Bewerber und Mitarbeiter

einherging. Der Verbleib (genauer gesagt die Absicht, im Unternehmen zu verbleiben) war positiv korreliert mit vier von fünf Facetten des Arbeitgeberimages. In dieser Studie wurde das Arbeitgeberimage über symbolische Merkmale des Unternehmens erfasst.

Ito et al. (2013) berücksichtigen neben symbolischen Merkmalen auch konkrete Merkmale. Für beide Facetten des Arbeitgeberimages finden sie positive Zusammenhänge zur Arbeitszufriedenheit, zum Commitment und zur Absicht, im Unternehmen zu verbleiben. Werden die Probanden darüber hinaus aufgefordert, zu prognostizieren, ob sie tatsächlich im Unternehmen bleiben, gewinnen die konkreten Merkmale an Bedeutung. Dies deutet darauf hin, dass im Ernstfall, also wenn es darum geht, den Arbeitgeber tatsächlich zu verlassen, dies vor allem durch bessere Arbeitsbedingungen und nicht durch Symbole oder Werte erzielt werden kann.

Diese Sichtweise wird indirekt auch von Hanin, Stinglhamber und Delobbe (2013) unterstützt. Sie konnten zeigen, dass die Verbundenheit der Mitarbeiter mit ihrem Arbeitgeber direkt über deren erlebte Arbeitsrealität beeinflusst wird. Die Selbstdarstellung des Arbeitgebers zum Zeitpunkt der Einstellung wirkt hingegen nur dann positiv auf das Commitment, wenn die erzeugten Erwartungen durch die Realität auch erfüllt werden.

► Abb. 9.7 fasst die wichtigsten Erkenntnisse zusammen. Wenn alles gut läuft, wirkt ein Image – insbesondere das Arbeitgeberimage – positiv auf die Einstellungen eines potenziellen Bewerbers zu einer Bewerbung. Hieraus resultieren mittelbar eine Bewerbungsabsicht sowie eine tatsächliche Bewerbung. Über die einzelnen Schritte hinweg wird die Gruppe der Menschen, die bis zum Ende dabeibleiben, immer kleiner. Im Ergebnis steigt jedoch die Gruppe der Bewerber an und im besten Fall auch der prozentuale Anteil der Geeigneten unter den Bewerbern. Bezogen auf die Mitarbeiter des Unternehmens wirkt sich ein positives Image förderlich auf die Arbeitszufriedenheit, das Commitment sowie letztlich auch auf den dauerhaften Verbleib der Mitarbeiter aus. All dies ist natürlich eine stark vereinfachte Sicht. In der Realität werden zahlreiche Moderatorvariablen auf diesen Prozess einwirken und ihn positiv oder negativ beeinflussen. Die bisherige Forschung hat drei dieser Einflussvariablen zu Tage gefördert: Die im Zuge des Employer Brandings bzw. des Personalmarketings imagebildenden Inhalte müssen den Rezipienten zunächst einmal glaubwürdig erscheinen, um eine Wirkung entfalten zu können (z. B. Lee et al., 2013). Die konkreten Merkmale der Arbeitgebermarke sind in diesem Prozess von größerer Bedeutung als die symbolischen (Ito et al., 2013). Zu guter Letzt muss die Realität des beruflichen Alltags mit dem Image auch Schritt halten können (Hanin et al. 2013).

Prozess des Employer Brandings

U.P. Kanning, *Personalmarketing, Employer Branding und Mitarbeiterbindung*,
DOI 10.1007/978-3-662-50375-1_10

Vergleichbar zum Personalmarketing ist auch das Employer Branding ein Prozess, der in drei Schritten abläuft: Analyse, Intervention, Evaluation (▶ Abb. 10.1). Im Folgenden werden die drei Schritte der Reihe nach in ihren Grundzügen beschrieben.

In der *Analysephase* ist zunächst zu klären, welche *Inhalte die Arbeitgebermarke* trägt bzw. tragen soll. Zeichnet sich der Arbeitgeber primär dadurch aus, dass er offen für Veränderungen ist und sich flexibel an wandelnde Bedürfnisse der Mitarbeiter und Kunden anpasst? Hat die Work-Life-Balance einen hohen Stellenwert, oder bietet das Unternehmen vor allem denjenigen eine Chance, die eine berufliche Karriere anstreben? Ist gewährleistet, dass Leistung adäquat honoriert wird und der Arbeitgeber den Mitarbeitern durch Weiterbildungsmöglichkeiten hilft, ein höheres Leistungsniveau zu erklimmen? Von welchen Prinzipien lassen sich die Führungskräfte leiten? Die Inhalte der Arbeitgebermarke können sehr unterschiedlich sein. ▶ Tab. 9.3 gibt einen Überblick über die möglichen Dimensionen. Die Vielfalt stellt aber auch gleichzeitig das größte Problem dar. Aus einer pragmatischen Sicht heraus ist es wenig sinnvoll, die Arbeitgebermarke über 20 oder mehr Dimensionen zu definieren. In der Interventionsphase wird es kaum möglich sein, eine derart differenzierte Information an Bewerber und Mitarbeiter zu kommunizieren. Es geht vielmehr darum, die zentralen Punkte zu identifizieren. Die bisherige Forschung spricht dafür, den konkreten, leicht zu objektivierenden Merkmalen (Arbeitsbedingungen, Entwicklungsmöglichkeiten, Work-Life-Balance etc.) ein höheres Gewicht zu geben als den symbolischen Merkmalen (Tradition, Entschlossenheit, Verantwortung etc.). Gleichwohl bedeutet dies nicht, dass völlig auf symbolische Merkmale zu verzichten ist. Unternehmen, die den Anspruch der Abgrenzung der eigenen Arbeitgebermarke von alternativen Arbeitgebermarken ernsthaft verfolgen, werden oft symbolische Merkmale einsetzen müssen, da sie sich über konkrete Merkmale allein nicht hinreichend abgrenzen können. Doch wie identifiziert man die zentralen Merkmale? Hierzu gibt es mehrere Möglichkeiten (vgl. Kriegler, 2015; Trost, 2013), die isoliert oder in Kombination miteinander eingesetzt werden können (▶ Tab. 10.1):

Workshop: Der Einsatz eines Workshops stellt einen qualitativ-methodischen Ansatz dar, bei dem sich eine überschaubare Anzahl von Organisationsmitgliedern in der Regel über ein bis zwei Tage in einer Klausurtagung zusammenfinden und unter Anleitung eines Moderators gemeinsam etwas erarbeiten. Der Vorteil eines Workshops liegt darin, dass sich die Beteiligten direkt über ihre Sichtweisen austauschen und durch die Diskussion neue Gesichtspunkte zu Tage treten. Der Nachteil liegt in der geringen Anzahl von Menschen, die an einem solchen Workshop teilnehmen. Es ist schwer möglich, mehr als 15 Personen sinnvoll zu beteiligen. Insgesamt betrachtet liegt das Ergebnis der Analyse also in den Händen sehr weniger Menschen. Würde man einzelne Workshopteilnehmer durch andere Personen ersetzen, käme man möglicherweise zu einem anderen Ergebnis. Da das Thema Arbeitgeberimage für alle Organisationsmitglieder von unmittelbarer Bedeutung ist, sollte bei der Zusammensetzung des Workshops auch darauf geachtet werden, dass alle Interessengruppen des Unternehmens Einfluss nehmen können. Dies gilt für die Geschäftsführungsebene und die Führungskräfte ebenso wie für Vertreter der Personalabteilung sowie für Arbeitnehmervertreter. Die Heterogenität der Gruppe bildet die Basis dafür, dass unterschiedliche Sichtweisen einfließen können. Das hierarchische Gefälle innerhalb der Gruppe erlegt der freien Meinungsäußerung aber wieder Grenzen auf. Es liegt in der Natur der Sache, dass in solchen Runden die Äußerungen der Geschäftsführung sehr viel mehr Einfluss nehmen als die der anderen Teilnehmer. Selbst wenn dies nicht so wäre, kann es dominant auftretende Mitglieder geben, die ihrer Sichtweise sehr viel Gewicht geben. Der Gedanke, dass ein heterogen zusammengesetzter Workshop die Sichtweisen der gesamten Organisation abbildet, ist somit ein frommer Wunsch, der oft nicht die Realität widerspiegelt. Eine Lösung für dieses Problem ist die Durchführung mehrerer Workshops, in denen die Interessengruppen des Unternehmens jeweils für sich diskutieren (Kriegler, 2015). Anschließend wird das gemeinsame Ergebnis aller Workshops z. B. durch den Moderator formuliert, oder aber es gibt einen heterogen besetzten Abschlussworkshop, der im Anschluss an die Workshops der einzelnen Interessengruppen die Befunde integriert. Wie auch immer das Vorgehen im Einzelnen aussieht, im Vorfeld ist zu entscheiden, welche Aufgabenstellung

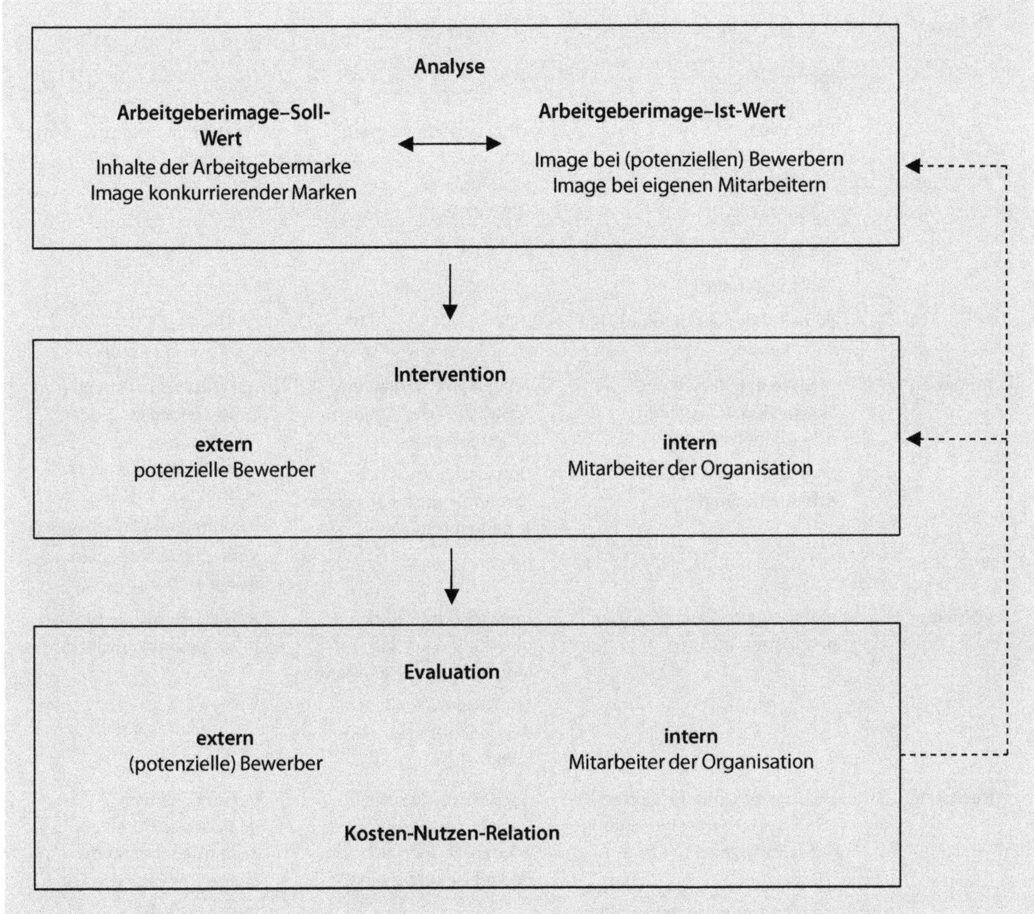

Abb. 10.1 Prozess des Employer Brandings

der Workshop bearbeiten soll. Geht es darum, den Status quo zu erfassen und die Merkmale zu identifizieren, die den Arbeitgeber heute schon repräsentieren, oder gilt es, die Grundzüge einer zukünftigen Arbeitgebermarke zu kreieren? Zur Entwicklung einer neuen Strategie bietet sich die Methode des Workshops in besonderer Weise an, denn hier geht es sehr viel eher um Diskussion und Kreativität als um die möglichst unverfälschte Beschreibung der Realität im Unternehmen.

Mitarbeiterbefragung: Das Ziel einer Befragung ist ein repräsentativer Blick auf die Meinung aller Beschäftigten eines Unternehmens. Im Gegensatz zum Workshop handelt es sich um einen quantitativen Ansatz, der einen umfassenden Einblick gewährt. Die Zielgruppe sind alle Beschäftigten eines Unternehmens. Dabei zählt die Meinung einer einzelnen dominanten Führungskraft ebenso viel wie die eines wortkargen Meisters. Die Meinung eines Produktionsarbeiters ist ebenso wichtig, wie die des Betriebsratsvorsitzenden. Die Aussagekraft der Befragung hängt entscheidend von der Entwicklung des verwendeten Fragebogens ab. Alles, was in der Entwicklungsphase übersehen wurde, kann später auch im Ergebnis der Befragung keine Bedeutung mehr erlangen. Daher ist es sinnvoll, den Fragebogen lieber zu breit als zu eng anzulegen, also auch solche Aspekte abzufragen, von denen die Entwickler denken, dass sie sich nach der Befragung als relativ unbedeutend erweisen werden. Dies herauszufinden

Tab. 10.1 Methoden zur Definition der Merkmale einer Arbeitgebermarke

	Methoden		
	Workshop	**Mitarbeiterbefragung**	**Analyse vorliegender Daten**
Zielgruppen	Geschäftsführung Führungskräfte Mitarbeiter Personalabteilung gemeinsam oder getrennt voneinander	alle Mitglieder der Organisation	keine
Aufgaben	Analyse der Stärken und Schwächen der eigenen Arbeitgebermarke Kreation einer zukünftigen Arbeitgebermarke	Analyse der Stärken und Schwächen der eigenen Arbeitgebermarke Unterstützung bei der Kreation einer zukünftigen Arbeitgebermarke	auf Widerspruchsfreiheit zu bestehenden Methoden, auf Strategien des Personalmanagements achten Arbeitgebermarke in bereits vorliegende Strategien integrieren
Vorteile	tiefergehende Diskussion der beteiligten Gruppen	repräsentativer Blick auf die Sichtweise aller Mitglieder der Organisation objektivierte Analyse der Bedeutung einzelner Merkmale	Arbeitgebermarke fügt sich in ein Gesamtkonzept ein
Nachteile	gruppendynamische Einflüsse schränken die freie Beteiligung der Teilnehmer ein die Teilnehmer repräsentieren die Mitarbeiterschaft nur sehr selektiv	nur die Facetten, die im Fragebogen abgefragt werden, können sich als bedeutsam erweisen	Restriktion durch vorliegende Daten und Konzepte schränkt die Freiheit, etwas Neues zu entwickeln, ein

ist Aufgabe der Befragung und nicht derjenigen, die den Fragebogen entwickeln. Die Liste potenziell relevanter Arbeitgebermerkmale in ▶ Tab. 9.2 kann als Anregung zur Entwicklung des Fragebogens dienen. Richtig ausgewertet ermöglicht die Mitarbeiterbefragung einen tiefergehenden Blick auf das Erleben der Mitarbeiter als ein Workshop. Leider werden die Möglichkeiten der statistischen Analyse in der Praxis nur selten genutzt. In der Regel gibt man sich damit zufrieden, Häufigkeitsdiagramme anzuschauen und sie per Augenschein zu interpretieren. Niedrige Säulen sprechen dann z. B. für Schwächen und hohe Säulen für Stärken des Arbeitgebers, ohne darauf zu achten, ob die Unterschiede überhaupt signifikant sind. Regressionsanalysen, die beispielsweise zeigen könnten, welche Bedeutung einzelne Facetten der Arbeitgebermarke für Arbeitszufriedenheit, Commitment oder Fluktuationsbereitschaft haben, werden erst gar nicht durchgeführt, weil das eigene methodische Know-how nicht ausreicht. Hier empfiehlt sich, externen Sachverstand einzuholen. Prinzipiell ist es natürlich auch möglich, Mitarbeiterbefragungen zum Zwecke der Entwicklung einer neuen Arbeitgebermarke einzusetzen. In diesem Fall geht es darum, herauszubekommen, was sich die Mitarbeiter für die Zukunft wünschen. Da die Kreation einer Arbeitgebermarke aber immer eine organisationsstrategische Entscheidung ist, wird man die

Ergebnisse der Mitarbeiterbefragung hier eher als Anregung und nicht als bindend verstehen.

Analyse vorliegender Daten: Hinweise auf die Arbeitgebermarke lassen sich mitunter auch aus bereits vorliegenden Daten eines Unternehmens ableiten. Dabei ist der Begriff „Daten" sehr weit auszulegen. Möglicherweise existiert bereits ein Leitbild, das Hinweise darauf gibt, wie die Arbeitsbedingungen für Mitarbeiter gestaltet werden (sollen) oder von welchen Prinzipien sich Führungskräfte leiten lassen (sollen). Anforderungsanalysen oder Kompetenzmodelle beschreiben, auf welche Eigenschaften bei der Personalauswahl schon heute geachtet wird. Personalentwicklungsstrategien beschreiben Karrierewege im Unternehmen, und Organisationsentwicklungskonzepte skizzieren Prioritäten bei der Veränderung von Strukturen und Prozessen im Unternehmen. Darüber hinaus könnten Ergebnisse früherer Mitarbeiterbefragungen interessant sein. Im besten Fall existieren bereits Evaluationsergebnisse zu früheren Maßnahmen des Employer Brandings oder des Personalmarketings. Letztlich muss im Einzelfall entschieden werden, welche Informationen tatsächlich bei der Definition der Arbeitgebermarke weiterhelfen. Wichtig ist in jedem Fall, dass die Arbeitgebermarke nicht im Widerspruch zu anderen Konzepten der Personal- und Organisationsentwicklung steht. Problematisch wäre hingegen, wenn die Vielzahl der bereits vorliegenden Konzeptionen den Spielraum zur Entwicklung einer ggf. neuen Arbeitgebermarke soweit einschränkt, dass letztlich nichts Neues entsteht.

Kombination verschiedener Methoden: Die skizzierten Methoden verstehen sich nicht als Alternativen, sondern können auch in Kombination miteinander eingesetzt werden (vgl. Kriegler, 2005). Mithilfe eines Workshops ließen sich z. B. die Inhalte eines Fragebogens zur Mitarbeiterbefragung festlegen. Nach erfolgter Auswertung der Ergebnisse werden dann wiederum unter Einbindung der Geschäftsführung in einem Workshop Schwerpunkte gesetzt und Strategien zur Umsetzung des Employer Brandings festgelegt. Bereits vorliegende Daten können gleichermaßen Gegenstand eines Workshops sein und bei der inhaltlichen Gestaltung des Fragebogens eine Rolle spielen.

Verfolgt ein Unternehmen ernsthaft das Ziel, sich als einzigartiger Arbeitgeber zu positionieren, so ist es unverzichtbar, etwas über das *Arbeitgeberimage konkurrierender Unternehmen* herauszufinden (▶ Abb. 10.1). Nur wer die Konkurrenz kennt, kann sich auch von ihr gezielt positiv abgrenzen. Quelle einer solchen Analyse sind vor allem (z. B. Trost, 2015):

- Imagebroschüren
- Auftritt auf der jeweiligen Unternehmenswebseite
- Stellenanzeigen
- Produktwerbung
- Befragung von neuen Mitarbeitern zu ihrem Eindruck von konkurrierenden Unternehmen

Methodisch handelt es sich dabei um eine qualitative Interpretation der Außenwirkung der Konkurrenz. Es geht nicht um die Frage, was die Unternehmen bezogen auf ihr Arbeitgeberimage transportieren möchten, sondern um das, was bei den Rezipienten ankommt. Insofern ist eine subjektiv geprägte Inhaltsanalyse durchaus legitim. Allenfalls ist darauf zu achten, dass mehrere Personen an dieser Analyse beteiligt sind und dass (sofern vorhanden) die Zielgruppen der Kampagnen berücksichtigt werden. Richtet sich das Employer Branding z. B. fast ausschließlich auf Auszubildende und Produktionsarbeiter, so ist es wenig sinnvoll, wenn sich allein die Personaler die Materialien anschauen. Vielmehr sollten u.a. auch eigene Mitarbeiter, die der Zielgruppe angehören, die Materialien interpretieren.

Liegen entsprechende Erkenntnisse vor, so geht es nun darum, die eigene Marke in Abgrenzung zu den Arbeitgebermarken der Konkurrenz zu gestalten. Das Ziel ist jedoch nicht Abgrenzung um jeden Preis. Die Richtschnur des gesamten Vorgehens ist die Analyse der eigenen Arbeitgebermarke und nicht die Arbeitgebermarke der Konkurrenz. Da sich die Arbeitsrealität eines Unternehmens nicht beliebig gestalten lässt und Employer Branding glaubwürdig die (zu verwirklichende) Realität der Bedingungen widerspiegeln soll (s.o.), ist hier zu einem bedachten Vorgehen zu raten. Je nachdem, wie groß die konkurrierenden Unternehmen sind, wird eine Abgrenzung eher über symbolische Merkmale des Arbeitgebers gelingen als über konkrete Merkmale. Großunternehmen unterscheiden sich oft nicht sehr stark hinsichtlich der konkreten Merkmale. Je kleiner die Unternehmen sind, desto größer dürften in der

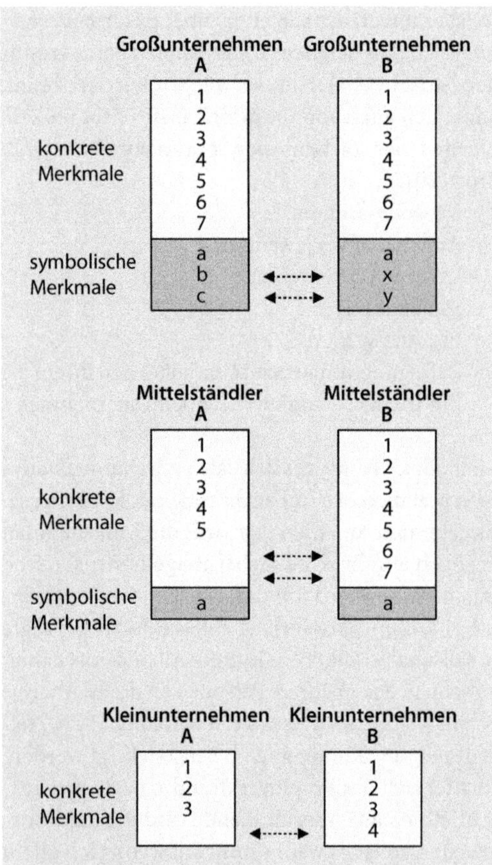

Abb. 10.2 Abgrenzung der Arbeitgebermarken konkurrierender Unternehmen

Regel auch die Spielräume im Bereich der konkreten Merkmale sein. Wer hier erkennt, dass die Konkurrenz schlichtweg mehr zu bieten hat, wird dies durch symbolische Merkmale kaum ausgleichen können und ist daher aufgerufen, die Arbeitsbedingungen im eigenen Unternehmen tatsächlich zu verbessern, um sich selbst glaubwürdig als attraktiver Arbeitgeber vermarkten zu können. ► Abb. 10.2 verdeutlicht den Sachverhalt.

Den nächsten Schritt in der Analysephase des Employer Brandings stellt die *Imageanalyse* dar (► Abb. 10.1). Während die beiden zuvor beschriebenen Schritte den Soll-Wert des Employer Brandings definieren (Welche Arbeitgebermarke will ein Unternehmen kommunizieren?), geht es bei der Imageanalyse um den Ist-Wert (Wie wird die Arbeitgebermarke des Unternehmens wahrgenommen?). Analog zum Employer Branding richtet sich die Imageanalyse sowohl nach außen als auch nach innen. Es geht also um die Frage, wie potenzielle Bewerber und Mitarbeiter die Arbeitgebermarke wahrnehmen und bewerten. Auf das Vorgehen bei der Durchführung einer Imageanalyse in Bezug auf potenzielle Bewerber wurde bereits in ► Kap. 4 (► Abschn. 4.2) eingegangen. Im besten Fall wird zur Imageanalyse, bezogen auf die derzeitigen Mitarbeiter, derselbe Fragebogen eingesetzt, so dass beide Gruppen gut miteinander zu vergleichen sind.

Im letzten Schritt der Analysephase geht es um einen *Soll-Ist-Vergleich*. In welchen Punkten erleben potenzielle Bewerber und Mitarbeiter die Arbeitgebermarke so, wie es von den Initiatoren beabsichtigt ist? Wo können Defizite festgestellt werden? Neben einem direkten Vergleich zwischen dem Soll-Image und dem Ist-Image sind die folgenden Fragen von Interesse:

- Über welche Informationskanäle informieren sich (potenzielle) Bewerber im Allgemeinen über einen Arbeitgeber?
- Welche Informationskanäle wurden bezogen auf das konkrete Unternehmen genutzt?
- Welche Informationen wurden hier gefunden und wie werden sie bewertet?
- Gibt es Verbesserungen für die Kommunikationspolitik, die von den potenziellen Bewerbern vorgeschlagen werden?

Die Ergebnisse des Soll-Ist-Vergleichs leiten über zur Phase der *Intervention* (► Abb. 10.1), auf die in ► Kap. 11 ausführlich eingegangen wird. Auch hier kann zwischen externen und internen Zielgruppen unterschieden werden, wobei sich die meisten Methoden letztlich an beide Zielgruppen richten. Der primäre Fokus liegt aber entweder eher bei der einen oder bei der anderen Gruppe. So können sich Imagebroschüren bzw. entsprechende Darstellungen auf den Unternehmenswebseiten in erster Linie an (potenzielle) Bewerber richten, im günstigsten Falle aber auch die Bindung der eigenen Mitarbeiter stärken, sofern sie sich mit dem hier präsentierten

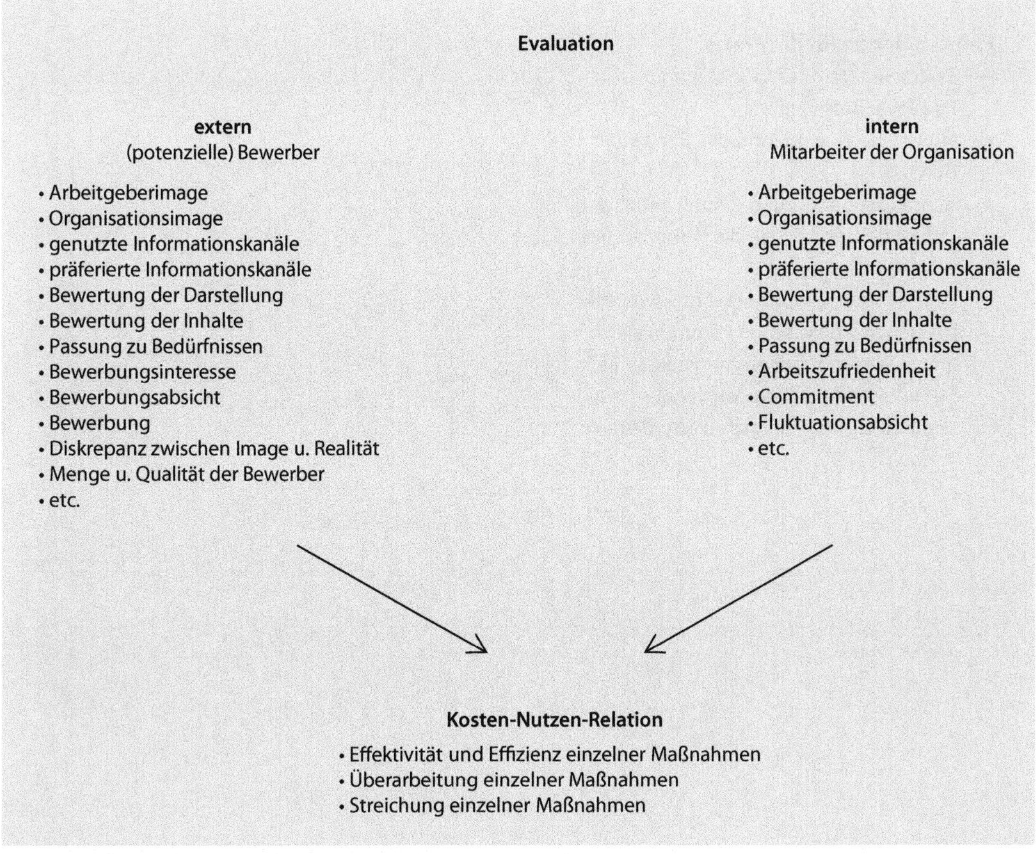

Abb. 10.3 Inhaltliche Themen der Evaluation

Image identifizieren können. Umgekehrt zielen Unternehmensleitbilder in erster Linie nach innen und beschreiben, welche Ziele gemeinsam verfolgt werden oder wie man miteinander umgehen möchte. Darüber hinaus beschreiben die Leitbilder aber auch für den potenziellen Bewerber symbolische Merkmale des Arbeitgebers, die ihn mehr oder weniger ansprechen können.

Die letzte Phase im Prozess des Employer Brandings stellt die *Evaluation* dar (▶ Abb. 10.1). Ziel der Evaluation ist es, die Wirkung des Employer Brandings zu untersuchen und Hinweise auf notwendige Verbesserungen zu finden. Zielgruppen sind dabei zum einen (potenzielle) Bewerber und zum anderen die eigenen Organisationsmitglieder. Je nachdem, ob das Employer Branding eher im Dienste des Personalmarketings steht oder der Mitarbeiterbindung dienen soll, stehen externe oder interne Rezipienten im Fokus der Aufmerksamkeit. ▶ Abb. 10.3 skizziert zentrale Fragen, die mithilfe der Evaluation beantwortet werden sollen. In der Phase der Evaluation stellt sich zudem die Frage, inwieweit die Aufwendungen für das Employer Branding gerechtfertigt sind. Man denke hier z. B. an Imagebroschüren. Entfalten sie keine gewünschte Wirkung, weil sie von potenziellen Bewerbern gar nicht wahrgenommen werden, so deutet dies auf Einsparpotenziale hin. Für die Durchführung einer Evaluation sei an dieser Stelle auf die Ausführungen in ▶ Kap. 6 verwiesen. Die hier formulierten Prinzipien gelten auch für die Evaluation des Employer Brandings.

Empfehlungen für die Praxis

- Evaluieren Sie Ihre Maßnahmen zum Employer Branding.
- Führen Sie eine quantitative Befragung durch.
- Achten Sie dabei auf die Anonymität der Probanden, damit sich die Befragten frei fühlen, Kritik zu üben.
- Nutzen Sie insbesondere die Hinweise auf Diskrepanzen zwischen kommuniziertem Image und wahrgenommener Realität im Hinblick darauf, die Inhalte des kommunizierten Images zu überdenken

Maßnahmen des Employer Brandings

U.P. Kanning, *Personalmarketing, Employer Branding und Mitarbeiterbindung*,
DOI 10.1007/978-3-662-50375-1_11

Will man erfolgreich Employer Branding betreiben, so ist zum einen die Kenntnis unterschiedlicher Methoden von Interesse, zum anderen wäre es wünschenswert, wenn abgesicherte Erkenntnisse über deren Wirkung vorlägen. In der Medizin ist es auch wenig hilfreich, zu wissen, dass Medikamente grundsätzlich bei einer Krankheit helfen können, wenn man nichts darüber erfährt, welche Medikamente dies im Einzelnen sind. Die Forschung zu den Methoden des Employer Brandings steckt noch in den Kinderschuhen. Über die Wirkung einzelner Maßnahmen ist wenig bekannt. Insofern sind wir einstweilen in starkem Maße auf Plausibilitätsbetrachtungen angewiesen.

Üblicherweise zielen die Maßnahmen des Employer Brandings darauf ab, ein positives Image als Arbeitgeber aufzubauen bzw. zu erhalten. Im ungünstigeren Falle kann es aber auch darum gehen, gegen ein Negativimage anzuarbeiten (Lee et al., 2013). Mohamed, Gardner und Paolillo (1999) übertragen das sozialpsychologische Konzept des Impression Managements auf die Selbstdarstellung eines Unternehmens. Zu unterscheiden sind dabei zunächst direkte und indirekte Strategien (▶ Tab. 11.1). Bei einem direkten Vorgehen versorgt das Unternehmen von sich aus die möglichen Rezipienten mit Informationen über positive und hervorstechende Merkmale des Unternehmens. Bei einem indirekten Vorgehen versucht man hingegen, positive Assoziationen zum eigenen Unternehmen über andere Personen oder Instanzen herzustellen. Ein gutes Beispiel hierfür wäre das Sponsoring einer attraktiven Sportveranstaltung. Beide Arten von Strategien können entweder offensiv oder defensiv vonstattengehen. Ein offensives Vorgehen liegt vor, wenn das Unternehmen ein positives Image stabilisieren oder aufbauen möchte, während defensive Strategien zum Einsatz kommen, wenn man sich gegen die Bedrohung durch ein negatives Image verteidigen will. Mit welchen Methoden dies geschehen kann, ist Gegenstand der folgenden Ausführung.

Die nachfolgend beschriebenen Methoden verstehen sich nicht als Alternativen, sondern können in Kombination miteinander eingesetzt werden. Dies erhöht wahrscheinlich die Wirkung, auch wenn hierzu keine Forschungsergebnisse vorliegen. Belegt ist hingegen, dass Botschaften, die konsistent über unterschiedliche Kommunikationskanäle (z. B. durch persönliche Gespräche, durch Video, auditiv sowie in Textform) vermittelt werden, den größten Effekt auf das Arbeitgeberimage haben (Allen van Scooter & Otondo, 2004). Hieraus lassen sich zwei grundlegende Überlegungen ableiten: Zum einen sollten unterschiedliche Kommunikationsformen miteinander kombiniert werden, zum anderen ist darauf zu achten, dass die Informationen, die über verschiedene Methoden des Employer Brandings transportiert werden, in sich konsistent sind und sich somit gegenseitig unterstützen.

Empfehlungen für die Praxis

- Kombinieren Sie verschiedene Methoden des Employer Brandings miteinander.
- Nutzen Sie verschiedene Kommunikationskanäle (Video, Audio, Text und ggf. auch den persönlichen Kontakt), um Ihre Botschaften zu übermitteln.
- Achten Sie darauf, dass die über die verschiedenen Kommunikationskanäle vermittelten Botschaften konsistent sind.

11.1 Imageanzeigen, Broschüren und Internetauftritt

Die ersten Methoden, die wir uns anschauen, lassen sich in einer gemeinsamen Gruppe zusammenfassen. Es geht jeweils darum, das Image über explizite *Werbemaßnahmen* zu gestalten. Dies kann über unterschiedliche Medien ablaufen:

- *Imageanzeigen* in Zeitungen, Zeitschriften oder im Internet
- *Imagebroschüren*, die z. B. in Hochschulen oder auf Absolventenmessen verteilt werden bzw. sich aus dem Internet herunterladen lassen
- *Internetauftritt* eines Arbeitgebers auf den eigenen Internetseiten

Inhaltlich bezieht man sich dabei entweder auf das Unternehmen mit seinen Produkten und Dienstleistungen oder spezifischer auf die Merkmale eines Unternehmens als Arbeitgeber. Ersteres zielt unmittelbar darauf ab, das Organisationsimage zu prägen, um hierüber mittelbar auch das Arbeitgeberimage

Tab. 11.1 Strategien der Selbstdarstellung eines Unternehmens

	indirekt	direkt
Defensiv	• sich von Kooperationspartner mit schlechtem Image distanzieren • negative Beziehungen zu positiven Organisationen herunterspielen • Eigenschaften von negativen Kooperationen herunterspielen • die positiven Eigenschaften von attraktiven Konkurrenten herunterspielen	• sich rechtfertigen • Darstellungen widersprechen • ungünstige Bedingungen vorschieben • sich für Fehler entschuldigen • Wiedergutmachung leisten • sich sozial engagieren
offensiv	• Sponsoring • sich von schwarzen Schafen abgrenzen • Kooperationspartner loben • schwarze Schafe brandmarken	sich darstellen als: • liebenswürdig • kraftvoll und mächtig • kompetent, effektiv und erfolgreich • ethisch vorbildlich • schützenswert (z. B. Non-Profit-Bereich)

beeinflussen zu können. Letzteres zielt hingegen direkt auf das Arbeitgeberimage und ist Gegenstand der nachfolgenden Betrachtung.

Bei Imageanzeigen und Imagebroschüren richten sich die Werbemaßnahmen primär an organisationsexterne Personen, also an potenzielle oder tatsächliche Bewerber. Es ist eher unwahrscheinlich, dass viele Mitarbeiter eines Unternehmens sich die Imageanzeigen ihres Arbeitgebers aufmerksam durchlesen oder sich Imagebroschüren aus dem Netz herunterladen. Bei denjenigen, die es dennoch tun, können auch Imageanzeigen und Imagebroschüren eine positive Wirkung entfalten. Der Internetauftritt richtet sich schon eher an beide Zielgruppen. Potenzielle Bewerber schätzen die Unternehmenswebseiten als eine wichtige Informationsquelle (Kanning et al., 2009; Thielsch et al., 2012). Mitarbeiter werden im Zuge ihrer alltäglichen Arbeit immer wieder mal auf die Internetseiten des Unternehmens oder das Intranet zurückgreifen müssen und können dabei auch mit gezielten Informationen versorgt werden. Da beide Personengruppen unterschiedliche Ziele verfolgen, wäre es sinnvoll, beide Gruppen auch mit moderat unterschiedlichen Informationen zu versorgen. So wird es für die meisten Mitarbeiter des Unternehmens nicht mehr von Interesse sein, etwas über die freiwilligen Sozialleistungen des Unternehmens oder die Ausschüttung von Boni zu erfahren, da ihnen dies schon bekannt sein dürfte. Für sie ist möglicherweise von größerem Interesse, welche Themenschwerpunkte auf der nächsten Mitarbeiterversammlung angesprochen werden.

Diese Überlegungen führen zu einem wichtigen Punkt, dem *zielgruppenbezogenem Vorgehen* beim Employer Branding (Trost, 2013). Auch wenn bereits auf übergeordneter Ebene die Definition der Arbeitgebermarke festgelegt wurde und somit auch, welche grundlegenden Botschaften vermittelt werden sollen, gilt es bei der konkreten Umsetzung, die spezifischen Interessen der unterschiedlichen Zielgruppen zu bedienen. Dabei spielt nicht nur die grobe Unterscheidung zwischen organisationsinternen und -externen Personen, sondern auch die Binnendifferenzierung innerhalb der Gruppe eine Rolle. Für Bewerber auf einen Ausbildungsplatz ist die Frage, ob sie nach abgeschlossener Ausbildung übernommen werden können, sehr viel wichtiger als Aussagen zur Vereinbarkeit von Beruf und Familie. Hochschulabsolventen mögen sich für Fragen der Entwicklungsmöglichkeiten mehr interessieren als für Statements zur Tradition des Unternehmens. Dem 55-jährigen Meister aus der Produktion ist die Formulierung von abstrakten Werten wie Nachhaltigkeit und Transparenz möglicherweise völlig egal. Er interessiert sich vielmehr dafür, ob die Aussagen zur Führungskultur zumindest im Ansatz seine Erfahrungen der letzten 30 Jahre widerspiegeln. Die Internetseiten des

Unternehmens ermöglichen es, recht unkompliziert die zielgruppenspezifischen Informationsbedürfnisse oder Interessen zu befriedigen. Bei Imageanzeigen und -broschüren ist Zielgruppenspezifität nur dann zu gewährleisten, wenn verschiedene Anzeigen und Broschüren existieren oder aber die eine Version einer Broschüre ausschließlich für den Einsatz auf Absolventenmessen gedacht ist, während die Internetseiten sehr viel differenzierter die Interessen vieler Zielgruppen ansprechen. Hier wird deutlich, wie sich unterschiedliche Medien zu einem Gesamtkonzept des Employer Brandings integrieren lassen. Die Basisstation bilden die Internetseiten des Unternehmens, um die herum sich Imageanzeigen und -broschüren wie Satelliten für spezifische Zielgruppen bewegen.

Da Mitarbeiter und potenzielle Bewerber gleichermaßen auf die Internetseiten des Unternehmens zurückgreifen können, stellt sich hier in besonderer Weise das Problem der *Glaubwürdigkeit*. Es liegt in der Natur der Werbung, dass sie die Fakten positiv verzerrt darstellt. Bei der Vermarktung einer Arbeitgebermarke, die mehr ein visionäres Wunschbild, denn ein konkretes Ziel oder gar die Realität abbildet, kann dies schnell zu einem Problem werden. Je größer die Diskrepanzen zwischen Außendarstellung und Realität von den eigenen Mitarbeitern wahrgenommen werden, desto größer ist auch die Wahrscheinlichkeit, dass die Employer Branding-Maßnahmen ihr Ziel verfehlen oder sogar dem Image schaden. Für organisationsexterne Personen sind etwaige Diskrepanzen weniger leicht zu erkennen. Hierzu müssten sie persönliche Kontakte ins Unternehmen haben oder auf unternehmensunabhängige Informationsquellen (z. B. Internet, Fernsehen) zurückgreifen.

Mangelnde Glaubwürdigkeit ergibt sich aber nicht nur aus Widersprüchen zwischen Außendarstellung und Realität, sondern auch aus Widersprüchen zwischen verschiedenen Kommunikationsmedien des Unternehmens. Weichen die Angaben in Imageanzeigen, in Imagebroschüren und auf den Internetseiten voneinander ab, so wirft dies ein schlechtes Bild auf die Verantwortlichen. Rezipienten sehen hierin möglicherweise einen Ausdruck mangelnder Sorgfalt und unterstellen gar, dass manche Informationen ganz einfach nur zu Werbezwecken ausgedacht wurden. In jedem Falle ist daher auch auf eine *inhaltliche Konsistenz* zu achten (Allen et al., 2006).

Neben der inhaltlichen Konsistenz spielt die Konsistenz auch im Hinblick auf das Erscheinungsbild eine gewisse Rolle. Es geht um den *Wiedererkennungswert* eines Produktes – in diesem Falle eines Arbeitgebers (vgl. Felser, 2007). Etablierte Marken verändern zwar in großen Abständen immer mal wieder gestalterische Merkmale ihrer Außendarstellung, dies geschieht aber behutsam im Sinne einer allmählichen Evolution, so dass stets außer Zweifel steht, um wen es sich hier handelt. So hat sich im Laufe der über hundertjährigen Geschichte von Daimler mehrfach das Logo sowie das Design des bekannten Sterns verändert, aber immer nur so geringfügig, dass ein Gefühl von Kontinuität gewahrt wurde. Nun ist es ein großer Schritt vom Auftritt einer über Jahrzehnte etablierten Marke, wie Daimler, Coca Cola oder McDonalds, zum Employer Branding eines durchschnittlichen Unternehmens. Vor dem Hintergrund des schon erwähnten Mere-Exposure-Effekts (Zajonc, 1968) erscheint es aber für alle Unternehmen ratsam, auf Wiedererkennung zu setzen. Wiedererkennung bedeutet Vertrautheit, und Vertrautheit wird in der Regel positiv erlebt. Konkret kann sich die gestalterische Konsistenz auf die Verwendung eines Logos, bestimmter Farben, Slogans, Schrifttypen o. ä. beziehen (vgl. Felser, 2007, 2010).

Dass imagebezogene Werbung Einfluss auf das Verhalten und Erleben von potenziellen Bewerbern nehmen kann, zeigt z. B. die Studie von Colling und Stevens (2002). Sie konnten zeigen, dass Werbeanzeigen einen positiven Einfluss auf die Einstellung gegenüber einem Arbeitgeber, die Bereitschaft, sich zu bewerben, und die Entscheidung, sich tatsächlich zu bewerben, nehmen. Allerdings wird in dieser Studie nicht deutlich, wie das untersuchte Werbematerial der unterschiedlichen Arbeitgeber konkret aussah. Die beteiligten Unternehmen machten nur Angaben dazu, inwieweit sie durch Anzeigen, Broschüren und Postings auf den Internetseiten von Hochschulen für sich Werbung betreiben. Die Grenzen zwischen einer konkreten Stellenanzeige (Personalmarketing) und einer Imageanzeige (Employer Branding) sind mitunter fließend.

Van Hoye und Lievens (2005) konnten zudem zeigen, dass imagebezogene Werbung eine positive Wirkung entfalten kann, wenn ein Unternehmen über ein negatives Image verfügt. Allerdings handelt es sich in ihrem Experiment um ein fiktives

Unternehmen, dessen Negativimage ebenso konstruiert war, wie dessen Außendarstellung.

Cable und Turban (2003) fanden in ihrem Experiment zwar erwünschte Effekte eines positiven Arbeitgeberimages, imagebezogene Werbemaßnahmen erwiesen sich dabei jedoch als wirkungslos. Die Autoren ziehen hieraus den Schluss, dass ein Arbeitgeberimage sich über einen längeren Zeitraum allmählich aufbauen muss und nicht durch einzelne Werbemaßnahmen stark beeinflusst werden kann.

Auch Felser (2010) betont die *potenzielle Langzeitwirkung* von Imageanzeigen. Hierin unterscheiden sich Imageanzeigen von Stellenanzeigen. Da sich die Rezipienten von Imageanzeigen oft noch gar nicht in einer akuten Bewerbungsphase befinden, ist zudem damit zu rechnen, dass ihr Involvement deutlich niedriger ist als das von Bewerbern. Insofern ist es für die Imageanzeige auch schwieriger, ein tiefergehendes Interesse auszulösen und eine Wirkung zu entfalten. Vor diesem Hintergrund ist es durchaus fragwürdig, ob Unternehmen ihr Geld richtig investieren, wenn sie – wie Felser (2010) beschreibt – zunehmend mehr in Imageanzeigen und weniger in Stellenanzeigen investieren.

Da es keine spezifische Forschung zur Gestaltung von Imageanzeigen oder Imagebroschüren gibt, erscheint es rational, sich einstweilen an den bereits in ► Kap. 2 dargestellten Erkenntnissen zur Gestaltung von (Stellen-)Anzeigen zu orientieren:

- Bei Anzeigen ist darauf zu achten, dass sie sich deutlich gegenüber dem Umfeld abheben (Felser, 2010). Dies kann u.a. über ihre Größe geschehen (vgl. Yüce & Highhouse, 1998).
- Zentrale Informationen müssen schnell zu erfassen sein (Felser, 2010).
- Die wichtigsten Informationen sollten links oben stehen (Felser, 2010).
- Die Gestaltung muss insgesamt Aufmerksamkeit erregen, die Schrift sollte dabei aber gut lesbar bleiben (Felser, 2010).
- Die Informationen sollten nicht im Allgemeinen bleiben, sondern differenzierte Informationen vermitteln (vgl. Jones et al., 2006; Walker et al., 2008). Dies kann auch durch eine Kombination von Anzeigen und ausführlichen Informationen auf der Unternehmenswebseite geschehen.
- Es ist sinnvoll, Fotos oder Filme von Mitarbeitern zu verwenden. Reale Mitarbeiter erscheinen glaubwürdiger als Schauspieler (vgl. Burt et al., 2010).
- Usability: Die Internetseiten müssen auf unterschiedlichen Browsern störungsfrei funktionieren und intuitiv leicht zu bedienen sein (z. B. Cober et al., 2003; Göritz & Moser, 2002).
- Ästhetik: Alles muss optisch ansprechend gestaltet sein (Cober et al., 2003).
- Interaktion: Die Nutzer einer Internetseite sollten die Möglichkeit haben, individuell interessierende Informationen aufzusuchen. Hierzu bieten sich z. B. Hyperlinks oder Videosequenzen an (z. B. Cober et al., 2003; Göritz & Moser, 2002)

Empfehlungen für die Praxis

- Nehmen Sie eine realistische Grundhaltung ein: Werbemaßnahmen zur Steigerung des Arbeitgeberimages wirken aller Wahrscheinlichkeit nach eher langfristig. Bei einzelnen Werbeaktionen ist also nicht mit großen oder gar nachhaltigen Effekten zu rechnen.
- Bedenken Sie, dass Imagewerbung Stellenanzeigen nicht ersetzen kann. Im besten Fall düngt die Imagewerbung den Acker, auf dem Stellenanzeigen ihre Keime treiben.
- Kombinieren Sie verschiedene Medien (z. B. Unternehmenswebseiten, Imageanzeigen, Imagebroschüren) miteinander.
- Achten Sie dabei auf die Konsistenz der Inhalte.
- Akzentuieren Sie die Informationen jeweils zielgruppenspezifisch.
- Stellen Sie ein einheitliches Erscheinungsbild über die verschiedenen Maßnahmen sowie über die Zeit hinweg sicher, so dass ein Wiedererkennungswert entstehen kann und die Rezipienten der Maßnahmen eine Vertrautheit mit der Unternehmensmarke aufbauen können.
- Achten Sie stets darauf, dass die Darstellung – auch für die Mitarbeiter Ihres Unternehmens – glaubwürdig bleibt.
- Berücksichtigen Sie bei der Gestaltung von Werbematerialien die oben genannten Punkte.

11.2 Sponsoring

Das Sponsoring ist eine sehr indirekte Form des Selbstmarketings einer Organisation. Das Unternehmen unterstützt attraktive Sportveranstaltungen oder Schulfeste, lobt Preise für Abschlussarbeiten aus, vergibt Stipendien an begabte Studierende oder spendet etwas für einen guten Zweck und hofft, dass sich dies positiv auf ihr Image als Organisation auswirkt. Mit einem direkten Einfluss auf das Arbeitgeberimage wäre nur dann zu rechnen, wenn das Sponsoring einen direkten Bezug zum Arbeitsplatz herstellt, was meist wohl nur schwer zu realisieren sein wird. Die erwünschte positive Wirkung kann über mindestens drei Wege laufen:

- Handelt es sich um sehr positiv besetzte Events oder Anlässe, so kann im günstigsten Fall eine *diffuse positive Assoziation* hergestellt werden. Das Unternehmen wird dann mit positiven Erlebnissen und Gefühlen in Verbindung gebracht, die bei nüchterner Betrachtung irrational erscheinen. Nur weil die X-GmbH das örtliche Schulfest unterstützt, ist sie ja nicht unterhaltsam oder ausgelassen. Letztlich hat sie nur Geld gegeben. Darüber hinaus hat das Event nichts mit ihr zu tun. Auch wenn es sich hier um platte Werbung handelt, kann die Rechnung durchaus aufgehen. Die Produktwerbung legt hierfür Zeugnis ab.
- Stehen hinter dem Sponsoring bestimmte Werte des Unternehmens, die u.a. durch das Sponsoring zum Ausdruck gebracht werden, so ist die Assoziation nicht mehr nur diffus positiv, sondern transportiert auch eine *inhaltliche Botschaft über das Unternehmen*. Man denke in diesem Zusammenhang z. B. an die Unterstützung einer Schule für Hochbegabte, um den Leistungsanspruch eines Unternehmens zu dokumentieren, oder an die Unterstützung einer Flüchtlingsunterkunft, um die soziale Verantwortung eines Unternehmens zu unterstreichen.
- Die dritte Möglichkeit der Wirkung läuft über den *Mere-Exposure-Effekt* (Zajonc, 1968). Das regelmäßige finanzielle Engagement für eine Schule, einen Sportverein oder eine Sportveranstaltung fördert die Vertrautheit mit dem Unternehmen, und dies wiederum ist mit positiven Assoziationen verbunden.

Das vielleicht schillerndste Beispiel für Sponsoring stellen die Olympischen Spiele dar. Genau betrachtet ist hier die Übertragbarkeit auf das Sponsoring zum Zwecke des Employer Brandings jedoch eingeschränkt, weil es den aktiven Unternehmen in erster Linie um Produktmarketing und bestenfalls in zweiter Linie um Employer Branding geht. Die rationale Nähe der Produkte zum Sportereignis spielt dabei offenbar eine untergeordnete Rolle. Zwar ist es nachvollziehbar, dass Hersteller von Sportbekleidung als Sponsoren auftreten, Hersteller von Süßigkeiten oder Bier repräsentieren jedoch eigentlich das Gegenteil dessen, wofür Sport im Kern steht. Dass wir dies im Alltag dennoch nicht als merkwürdig erleben, kann bereits als Ausdruck der Wirkung des Sponsorings betrachtet werden.

Inwieweit sich die Investitionen der Firmen auszahlen, ist nicht leicht zu beziffern. Die Annahme, dass ein entsprechendes Engagement zwangsläufig gewaltige Imagegewinne nach sich ziehen muss, ist offenbar zu einfach gedacht. Eine amerikanische Studie belegt beispielsweise, dass die Bevölkerung zwar glaubt, dass die Olympia-Sponsoren zu den Besten ihrer Branche zählen, aber gerade einmal 12 % der Befragten waren in der Lage, Coca Cola als einen dieser Sponsoren zu identifizieren, obwohl das Unternehmen seit 1928 zu den Sponsoren zählt (Miyazaki & Morgan, 2001). Eine Studie von Walraven, Bijmolt und Koning (2014) zeigt in diesem Zusammenhang, dass die Sponsoren umso häufiger korrekt als Sponsoren erinnert werden, je länger ihr Engagement dauert. All dies spielt sich aber auf einem erstaunlich niedrigen Niveau ab. Je stärker die Zuschauer sich für das Sportereignis interessieren, desto größer ist der Effekt bezogen auf das korrekte Erinnern des Sponsors. Damit wird allerdings noch nicht belegt, dass hieraus positive Folgen für das Image erwachsen.

Zudem ist gerade im Sport ein gewisses Risiko mit dem Sponsoring verbunden, weil internationale Sportveranstaltungen schon lange in der

Kritik der Medien stehen. Doping, Korruption, Umweltschutz und Menschenrechte in den durchführenden Ländern sind nur einige Themen, die den Glanz, der von Olympia & Co. ausgeht, konterkarieren. Ein besonders eindrückliches Beispiel ist das Doping im Radsport, das seinerzeit sogar zu einem Rückzug des Hauptsponsors in Deutschland geführt hat.

In diesem Zusammenhang konnten Close, Lacey und Cornwell (2015) bezogen auf Tennisevents zeigen, dass die positive Einstellung der Zuschauer zum Sponsor und seinen Produkten davon abhängt, wie hoch die Qualität des Events eingeschätzt wird. Treten keine leistungsstarken Sportler an, sind keine spannenden Wettkämpfe zu beobachten oder versagen die Organisatoren, so mindert dies den Nutzen für den Sponsor. Ein Sponsor muss sich also auch im Detail mit einer solchen Veranstaltung auseinandersetzen, um seine Investitionsentscheidung richtig treffen zu können. Mehr noch, neben der Qualität der Veranstaltung spielt auch die wahrgenommene Passung des Sponsors zum Event eine Rolle. Warum sollte beispielsweise der Hersteller von Bleistiften ein Tennisturnier unterstützen und dadurch ein positives Image für seine Produkte erzielen? Beide Welten – Tennis und Bleistifte – haben nichts miteinander zu tun. Dies fällt allerdings nicht allen Zuschauern auf. Je mehr Zuschauer bereit sind, über die Dinge nachzudenken („need for cognition"), desto eher beschäftigen sie sich mit der Passung und desto wichtiger ist die wahrgenommene Passung zwischen Sponsor und Event für das Image des Sponsors. Je reflektierter die Menschen sind, die durch eine bestimmte Veranstaltung angezogen werden, desto wichtiger ist es für den Sponsor, dass er inhaltlich auch zu der Veranstaltung passt.

Aus der produktbezogenen Werbung ist allerdings bekannt, dass eine geringfügige Inkongruenz zwischen den wahrgenommenen Eigenschaften eines Produktes und einer zusätzlichen Eigenschaft zu einer positiveren Bewertung des neuen Produktes führen kann („incongruity effect"; Mandler, 1982). Wenn es beispielsweise dem Hersteller einer Fruchtlimonade gelingt, sein Produkt als nur ein klein wenig unterschiedlich zu den Produkten großer Softdrink-Hersteller zu positionieren, so ist mit einem Assimilationseffekt zu rechnen. Dem neuen Getränk werden dann auch die Eigenschaften des etablierten Produktes zugeschrieben. Ist der Unterschied zwischen beiden zu groß, bleibt der Effekt aus. Clemente, Dolansk, Mantonakis und White (2014) belegen den Effekt auch bezogen auf den Einsatz von Prominenten in der Werbung. Passt die Werbefigur nur moderat zum Produkt – in diesem Falle Wein –, so schmeckt den Probanden der Wein besser im Vergleich zu einer Werbefigur, die vollkommen stimmig oder überhaupt nicht stimmig zum Produkt passt. Dies setzt allerdings voraus, dass die Probanden sich mit dem Produkt gut auskennen, um die Kongruenz überhaupt wahrnehmen zu können. Eine Übertragung auf den Bereich des Employer Brandings steht noch aus.

Jensen und Cobbs (2014) belegen, dass Sponsoring von Sportveranstaltungen sich durchaus auch monetär auszahlen kann. Untersucht am Beispiel der Formel 1 gilt dies allerdings nur dann, wenn das unterstützte Team auch erfolgreich ist. Steigt das Team frühzeitig aus dem Wettbewerb aus, so ist das Gegenteil der Fall. Der finanzielle Nutzen wurde in dieser Studie über die Darstellungszeit des Sponsors im Fernsehen operationalisiert. Je länger der Sponsor im Fernsehen zu sehen war, desto mehr Geld hat er für Werbespots gespart. Ob die Darstellung im Fernsehen tatsächlich positive Effekte für den Sponsor nach sich zieht, wurde nicht untersucht. Hierzu wäre auch ein Blick auf die Zielgruppe notwendig: Welche Menschen schauen die Formel 1, und welche Produkte vertreiben die Sponsoren?

Eine Studie von Bruhn und Holzer (2014) zeigt, dass Sponsoring von Events sich umso positiver auf das Image des Sponsors auswirkt, je besser das Event zu den Merkmalen der Organisation passt (.29) und je massiver sich der Sponsor engagiert (.44). Hier gilt also eher das Prinzip „Klotzen statt kleckern". Dies gilt nicht nur für das Engagement bei einem einzelnen Event, sondern auch für die Menge der Events. Letztlich geht es darum, besonders deutlich als Sponsor wahrgenommen zu werden.

Zusammenfassend betrachtet, zeigt sich in der Forschung, dass Sponsoring alles andere als ein Selbstläufer ist. Untersuchungen, die sich im Besonderen mit dem Sponsoring zum Zwecke des

Tab. 11.2 Vergleich verschiedener Formen des Sponsorings

Sponsoring-Objekt	Breitenwirkung	Zielgruppe	inhaltliche Nähe	positive Assoziation	Frequenz
große Sportveranstaltung	sehr groß	keine	?	möglich	gering
Schulfest o.ä.	groß	spezifisch	herstellbar	wahrscheinlich	gering
Hochschulveranstaltung	groß bis gering	spezifisch	herstellbar	wahrscheinlich	gering bis hoch
Bachelor-Preis o.ä.	gering	spezifisch	herstellbar	sicher	hoch
Vergabe eines Stipendiums	sehr gering	spezifisch	herstellbar	wahrscheinlich	hoch

Employer Brandings beschäftigen, liegen nicht vor. Dennoch lassen sich aus den bisherigen Erkenntnissen einige begründete Überlegungen ableiten (► Tab. 11.2).

Bei der Entscheidung für oder gegen ein bestimmtes Sponsoring ist zunächst zu überlegen, welche *Breitenwirkung* es entfaltet und welche *Zielgruppen* man ansprechen möchte. Die Unterstützung des städtischen Marathonlaufs oder des Schulfests einer Hauptschule, das Ausloben eines Preises für die beste Bachelor-Arbeit, die Vergabe eines Stipendiums oder das Sponsoring für eine Hochschulveranstaltung entfalten eine unterschiedliche Breitenwirkung und sprechen zudem verschiedene Zielgruppen an. Damit einher geht die Frage, ob es darum geht, sich einfach nur bekannt zu machen, allgemeine positive Assoziationen zu wecken oder bestimmte unternehmensbezogene Inhalte und Werte nach außen zu tragen. Die Vergabe von Stipendien spricht eine sehr kleine, spezifische Stichprobe an und mag dabei helfen, alle drei *Ziele* zu verwirklichen. Der Effekt verpufft aber wahrscheinlich gleich nach der Preisvergabe und lebt erst ein Jahr später wieder kurz auf, wenn das Ereignis wiederkehrt. Dass nur solche Personen oder Events durch Sponsoring unterstützt werden, von denen eine *positive Assoziation* zu erwarten ist, versteht sich von allein. In diesem Zusammenhang muss der Sponsor darauf achten, dass möglichst kein Imagerisiko besteht und das Ereignis mit hoher Wahrscheinlichkeit tatsächlich zu einem erfolgreichen Ende führt. Wer will beispielsweise schon ein Stipendium für einen Studenten vergeben, der zwei Semester später das Studium abbricht? Zudem sollte der Sponsor eine *inhaltliche Nähe* zum Gegenstand seines Sponsorings aufweisen. Bezogen auf das Employer Branding wäre für die meisten Arbeitgeber also weniger an Sportveranstaltungen als an Events und Personengruppen zu denken, die etwas mit Schule, Beruf oder Bildung im weiteren Sinne zu tun haben. Eine Ausnahme liegt vor, wenn es nur darum geht, bei einer großen Gruppe von Menschen bekannt zu werden. Dies ist aber eher ein Feld für das produktbezogene Marketing. Eine weitere Variable in diesem Spiel ist die *Kontinuität des Engagements*. Die Forschung spricht dafür, dass positive Imageeffekte vor allem dann zu erwarten sind, wenn das Engagement über einen langen Zeitraum kontinuierlich erfolgt. Nicht zu vernachlässigen ist aber auch die *Frequenz* des Ereignisses. Veranstaltungen, die nur einmal pro Jahr stattfinden, bieten auch nur einmal im Jahr die Gelegenheit, sich als Unternehmen hervorzutun. Die übrige Zeit müssen die Unternehmen sich damit begnügen, das Geschehen z. B. auf der Webseite des Unternehmens zu kommunizieren. Nun könnten die Verantwortlichen natürlich auch im Laufe eines Jahres mehrere unterschiedliche Events oder Personengruppen unterstützen. Wichtig wäre hierbei allerdings, dass sie *fokussiert vorgehen*, d.h. nicht viele, geradezu beliebige Sponsoring-Objekte auswählen, sondern lieber markante Ereignisse heraussuchen, bei denen man dann aber als Sponsor massiv auftritt und nicht als einer unter vielen aus dem Blickfeld der Rezipienten verschwindet.

Empfehlungen für die Praxis

- Überlegen Sie zunächst, welches spezifische Ziel Sie mit Sponsoring verfolgen wollen. Soll es um die Vermittlung von Werten oder die Erhöhung des Bekanntheitsgrades bezogen auf welche Zielgruppe gehen? Wählen Sie danach aus, wen oder was Sie mit Sponsoring unterstützen.
- Achten Sie bei der Auswahl des Sponsoring-Objektes (Event, Personengruppe, Individuen etc.) darauf, dass dieses Objekt mit großer Wahrscheinlichkeit positive Assoziationen ermöglicht.
- Sofern Sie mehrere Sponsoring-Objekte unterstützen, sollten Sie auf eine gewisse Konsistenz achten, damit nicht der Eindruck entsteht, Ihr Unternehmen würde wahllos irgendetwas herausgreifen und daher letztlich für nichts stehen.
- Gewährleisten Sie eine glaubwürdige, möglichst offenkundige inhaltliche Nähe zwischen Ihrem Unternehmen und dem Sponsoring-Objekt.
- Sorgen Sie dafür, dass Ihr Engagement eine hinreichende Intensität besitzt, so dass Sie als Sponsor (ggf. in Abgrenzung zu anderen Sponsoren) hinreichend sichtbar werden.
- Legen Sie Ihr Sponsoring langfristig über Jahre an, ohne das Sponsoring-Objekt zu wechseln.

11.3 Kontakte zu Hochschulen

Beim vielbeschworenen Kampf um die fähigsten Köpfe steht das Employer Branding an Fachhochschulen und Universitäten hoch im Kurs. Neben den schon angesprochenen Möglichkeiten des Sponsorings bestehen für Unternehmen vielfältige Optionen, sich in Hochschulen bekannt zu machen:

- *Vorträge:* Insbesondere an Fachhochschulen ist es keine Seltenheit, dass Vertreter der Praxis zu einzelnen Sitzungen eingeladen werden, um zu erläutern, wie sie bestimmte Themen in ihrem Unternehmen behandeln. Aus Sicht der Hochschule geht es dabei keineswegs um Employer Branding, sondern darum, den Studierenden z. B. zu zeigen, dass die Inhalte ihres Studiums eine unmittelbare praktische Bedeutung haben. Manchmal geht es aber auch lediglich darum, die Veranstaltung didaktisch aufzulockern. Neben Lehrveranstaltungen werden Vorträge von Praktikern auch auf gesonderten Veranstaltungen gehalten, die der Berufsorientierung dienen. Hier stellen sich Unternehmen oder auch Vertreter ausgewählter Berufsgruppen vor. Aus Sicht der beteiligten Unternehmen handelt es sich dabei explizit um Maßnahmen, die dem Employer Branding zuzuordnen sind.
- *Lehraufträge:* Die Alternative zu einzelnen Vorträgen sind Lehraufträge, bei denen die Vertreter der Wirtschaft über ein oder mehrere Semester hinweg ganze Lehrveranstaltungen eigenverantwortlich durchführen. In Einzelfällen können dafür Honorarprofessuren vergeben werden.
- *Projekte:* Gemeinsame Forschungsprojekte zwischen Hochschule und Wirtschaft ermöglichen den Unternehmen nicht nur, kostengünstig an wissenschaftliches Know-How zu kommen, sie können sich auch unter den Studierenden und wissenschaftlichen Mitarbeitern, die in das Projekt involviert sind, bekannt machen. Darüber hinaus existieren in manchen anwendungsorientierten Studiengängen Seminarformen, in denen die Studierenden unter Anleitung eines Dozenten ein Praxisprojekt bearbeiten und z. B. eine Kundenbefragung durchführen. Auch hierfür benötigt man einen Kontakt zu einem Unternehmen.
- *Abschlussarbeiten:* Insbesondere an Fachhochschulen ist es sehr weit verbreitet, dass Bachelor- oder Master-Arbeiten in Kooperation mit Unternehmen geschrieben werden. Die Kandidaten erhalten bisweilen Verträge als Werkstudenten oder kooperieren unabhängig von einem Vertrag. Beispielsweise

geht es darum, im Rahmen eines Forschungsvorhabens, das sowohl für die Wissenschaft als auch für Unternehmen von Interesse ist, die Mitarbeiter eines Unternehmens zu befragen.

Derartige Kontakte von Vertretern der Wirtschaft zu Hochschulen und Studierenden tragen ein hohes Potenzial zum Employer Branding in sich, da man den potenziellen Bewerbern einen praxisnahen Einblick in das eigene Unternehmen vermitteln kann. Diese Chance bietet aber auch Risiken, nämlich vor allem dann, wenn die Vertreter der Unternehmen eine schlechte Figur abgeben. Dies geschieht insbesondere dann, wenn das Niveau der Studierenden unterschätzt wird oder das Wissen der Referenten völlig veraltet ist. Wer heute beispielsweise Studierenden, die später einmal im Personalwesen arbeiten wollen, eine Theorie aus den 60er-Jahren als Stand des Wissens verkauft oder – noch schlimmer – stolz davon berichtet, wie in dem eigenen Unternehmen die Personalauswahl abläuft und anschließend jeder Studierende weiß, dass die Forschungsergebnisse der letzten 20 Jahren ignoriert werden, hat kaum eine Chance, ernst genommen zu werden. Ähnlich problematisch ist platte Werbung nach dem Motto „Wir sind die größten und bei uns haben sich alle lieb". Wenn alles mit rechten Dingen zugeht, findet sich an unseren Hochschulen der gesellschaftliche Führungsnachwuchs der nächsten Generation. Darunter sind viele Menschen, die selbstständig denken können und kritisch nachfragen. Daher sollte man sich gut überlegen, wer das Unternehmen vertreten soll und ob er etwas zu berichten hat, das auch einem kritischen Publikum standhält.

Ein anderes Problem stellen Unternehmen dar, die im Rahmen der Kooperation bei Bachelor- oder Master-Arbeiten eine unglückliche Figur abgeben. Hiervon scheinen Großunternehmen mit ihren bürokratischen Strukturen in besonderer Weise betroffen zu sein. Hier einige Beispiele zur Illustration: Manche Projekte scheitern daran, dass man monatelang auf eine Entscheidung warten muss, die vermutlich drei Ebenen über der Projektebene von Leuten gefällt wird, die kaum mit der Materie vertraut sind. Fragebögen werden aus fadenscheinigen Gründen durch den Betriebsrat verhindert, weil man in die seit Jahren schwelenden Grabenkämpfe zwischen Personalabteilung und Arbeitnehmervertretung geraten ist. Evaluationen sollen so durchgeführt werden, dass nur positive Ergebnisse herauskommen können. Daten dürfen nur dann zu wissenschaftlichen Zwecken verwendet werden, wenn dem Unternehmen die Ergebnisse gefallen. All dies schädigt nachhaltig das Image eines Unternehmens. Da wäre es schon besser, man würde erst gar keine Kooperationen schließen. Ein fehlendes Image ist immer noch besser als ein schlechtes.

Systematische Forschung zu Hochschulkontakten als Instrument des Employer Brandings existiert bislang nicht. Insofern sind wir auch hier bis auf weiteres auf Plausibilitätsbetrachtungen angewiesen.

Empfehlungen für die Praxis

- Überlegen Sie sich gut, wen Sie als Botschafter Ihres Unternehmens in eine Hochschule entsenden.
- Rechnen Sie mit einem kritischen Publikum.
- Bedenken Sie, dass Kooperationen ein Geben und Nehmen auf beiden Seiten voraussetzen. Wenn Sie nur eine billige Dienstleistung suchen, sollten Sie von entsprechenden Kooperationen Abstand nehmen.
- Bedenken Sie, dass Kooperationsprojekte einen Einblick in Ihr Unternehmen ermöglichen, der ggf. den Hochglanzbroschüren der Marketingabteilung zuwiderläuft. Ist dies der Fall, sollten Sie sich lieber für andere Formen des Employer Brandings entschließen.

11.4 Mundpropaganda und Publicity

Während die zuvor behandelten Strategien des Employer Brandings sehr gezielte Maßnahmen darstellten, mit deren Hilfe der Versuch unternommen wird, das Arbeitgeberimage in kontrollierter Art und Weise zu steuern, haben wir es nun mit Methoden zu tun, die nur indirekt beeinflusst werden können.

Der Begriff der *Mundpropaganda* bezieht sich darauf, wie inoffiziell von anderen über ein

Unternehmen bzw. einen Arbeitgeber gesprochen wird. Diese Anderen können Kunden, (ehemalige) Auszubildende, Praktikanten, Werkstudenten oder auch (ehemalige) Mitarbeiter des Unternehmens sein. Wesentlich ist, dass die Personen, die z. B. als Auszubildende oder Mitarbeiter Mundpropaganda betreiben und dies nicht in offizieller Mission tun, sondern aus eigenem Antrieb. Da ist beispielsweise der Praktikant, der sich im Gespräch mit Kommilitonen oder per Facebook über seine Erfahrungen mit dem Praktikumsunternehmen unterhält. Mitarbeiter erzählen in der Familie und im Freundeskreis aus ihrem Berufsalltag und ärgern sich über ihre Führungskraft oder umständliche Entscheidungsprozesse. Die Spitze des Eisbergs bilden Internetplattformen wie etwa www.kununu.com, auf denen Arbeitgeber bewertet werden.

Mundpropanda ist aus Sicht des Arbeitgebers ein zweischneidiges Schwert. Solange sie positiv ausfällt, ist sie wahrscheinlich eine der wirksamsten Formen des Employer Brandings. Potenziellen Bewerbern erscheint die Mundpropaganda glaubwürdiger als die Marketingaktivitäten des Arbeitgebers (van Hoye & Lievens, 2005). Collins und Stevens (2002) konnten in einer Studie zeigen, dass die Mundpropaganda auf einem Campusgelände einen vergleichsweise großen Einfluss auf das Arbeitgeberimage unter den Studierenden hatte. Gleiches galt für die Einstellung gegenüber dem Unternehmen, die Bereitschaft, sich bei dem Arbeitgeber zu bewerben, und für die tatsächliche Entscheidung zur Bewerbung. Die Bedeutung der Mundpropaganda war größer als der Einfluss von Publicity und Imageanzeigen. Wahrscheinlich rechnen Außenstehende damit, dass die Unternehmen in Imageanzeigen u.a. die reale Sachlage gezielt beschönigen, während die Mundpropaganda ein ehrliches, unverfälschtes Bild abgibt. Dabei wird leider übersehen, dass die Mundpropaganda keineswegs objektiver ist. Mitarbeiter, die im Freundeskreis gut oder schlecht über ihren Arbeitgeber sprechen, machen dies aus einer sehr subjektiven Perspektive heraus. Besteht die Belegschaft aus mehreren tausend Menschen, haben sie kaum eine Chance, einen repräsentativen Einblick zu vermitteln. Jemand, der in einer anderen Abteilung oder in einer anderen Funktion im selben Unternehmen tätig ist, würde vielleicht einen ganz anderen Eindruck vermitteln, weil er selbst andere Erfahrungen gemacht hat. Die Subjektivität des Einzelnen wird vor allem dann deutlich, wenn die Ergebnisse von Mitarbeiterbefragungen veröffentlicht werden und vielen Mitarbeitern – inklusive Betriebsrat – klar wird, dass sie nicht gut in der Lage sind, die Gesamtstimmung einzuschätzen. Zudem ist das Urteil des Einzelnen immer auch davon abhängig, was er in den letzten Tagen und Wochen erlebt hat. Bei der Befragung größerer Personengruppen gleichen sich die positiven und negativen Urteilsverzerrungen, die auf aktuellen und kurzzeitigen Ereignissen beruhen, gegenseitig aus.

Negative Mundpropaganda ist aufgrund des Vertrauensvorschusses, den sie genießt, aus Sicht des Unternehmens besonders unerwünscht. Doch was ist zu tun, um sich dagegen zu wehren? Eine naheliegende Lösung wäre, selbst über Strohleute positive Bewertungen ins Internet zu stellen. Wahrscheinlich geschieht dies auch oft. Letztlich gibt es hierzu aber keine abgesicherten Erkenntnisse. Auch wenn ein solches Vorgehen menschlich verständlich ist – zumal, wenn die negative Mundpropaganda ungerechtfertigt erscheint –, ergeben sich hierbei mindestens zwei Probleme, zum einen ein ethisches, zum anderen ein pragmatisches. Ethisch problematisch ist es, selbst Informationen zu manipulieren und damit letztlich die Menschen anzulügen, die man als Arbeitnehmer für sich gewinnen möchte. Pragmatisch stellt sich das Problem der Glaubwürdigkeit und die Gefahr, entdeckt zu werden. Wenn plötzlich auf einer Internetplattform neben vielen negativen Einträgen verstärkt solche auftauchen, die einen Arbeitgeber völlig unreflektiert „über den Klee" loben, wird dies leicht als gezielter Manipulationsversuch erlebt, der das Image noch mehr schädigt als es zuvor der Fall war. Langfristig muss es das Ziel eines Unternehmens sein, de facto ein solch guter Arbeitgeber zu werden, dass die Wahrscheinlichkeit einer negativen Mundpropaganda durch Mitarbeiter oder Ehemalige auf ein Minimum gesenkt wird. Hierzu gehört auch, dass man mit Auszubildenden und Praktikanten fair umgeht. Mittel- und kurzfristig sollte man mit offenem Visier kämpfen und eine Gegenposition formulieren, die durch Fakten unterstützt wird. So könnte man beispielsweise die Ergebnisse von Mitarbeiterbefragungen ins Netz stellen, sofern die Befragung von einer neutralen Institution durchgeführt wurde.

Im Gegensatz zur Mundpropaganda handelt es sich bei *Publicity* um einen informatorischen Einfluss auf das Image, der nicht von einzelnen Individuen, sondern von Medien, wie etwa Tageszeitungen oder Zeitschriften, ausgeht. Hierzu zählen auch die Veröffentlichungen von Arbeitgeberrankings, wie etwa „Great Place to Work". Medienberichte reflektieren in erster Linie die Sichtweise von Journalisten auf der Grundlage ihrer Recherchen. Inwieweit dabei das betroffene Unternehmen selbst zu Wort kommt, hängt von vielen Faktoren ab, nicht zuletzt auch von der Kommunikationspolitik des Unternehmens. Das Arbeitgeberranking „Great Place to Work" geht noch einen erheblichen Schritt weiter und führt eigenverantwortlich Mitarbeiterbefragungen durch, die dann gemeinsam mit den Ergebnissen einer Befragung des Managements in die gesamte Bewertung einfließen (Hauser, 2013). Beide Aspekte der Publicity sind dabei nicht unverbunden. Turban und Greening (1997) fanden beispielsweise heraus, dass Unternehmen, die in Rankings besser abschneiden, auch häufiger in den Medien vertreten sind. Lohaus und Rietz (2015) können in einem Experiment allerdings nicht bestätigen, dass der Hinweis auf Auszeichnungen in Arbeitgeberwettbewerben in Stellenanzeigen einen signifikanten Einfluss auf die wahrgenommene Arbeitgeberattraktivität nimmt. Im Gegensatz hierzu wurden bekannte Unternehmen als signifikant attraktivere Arbeitgeber erlebt als weniger bekannte Unternehmen. Arbeitgeberwettbewerbe können über eine größere Publicity die Bekanntheit steigern und sich so möglicherweise indirekt auf die Attraktivität auswirken. Ein direkter Effekt konnte zumindest bei Lohaus und Rietz (2015) nicht belegt werden.

Die Bedeutung der Publicity spiegelt sich beispielsweise in der Studie von Collins und Stevens (2002). Hier konnte gezeigt werden, dass die Publicity (operationalisiert über die reine Medienpräsenz eines Unternehmens) Einfluss auf die Einstellung von potenziellen Bewerbern gegenüber einem Arbeitgeber sowie auf die Bereitschaft, sich zu bewerben, nicht aber auf die Entscheidung, sich tatsächlich zu bewerben, nimmt. Dies deutet darauf hin, dass Publicity eine wichtige Türöffnerfunktion übernehmen kann: Bekannte Unternehmen ziehen mehr Aufmerksamkeit auf sich und bringen Menschen dazu, sich mit ihnen als potenzielle Arbeitgeber auseinanderzusetzen. Ob der Arbeitgeber dann aber auch tatsächlich hinreichend attraktiv für eine Bewerbung erscheint, hängt davon ab, welchen Eindruck die potenziellen Bewerber bei der tiefergehenden Analyse erhalten. Publicity ersetzt kein gutes Personalmarketing, sondern ebnet dem potenziellen Bewerber den Weg dorthin.

Publicity hat natürlich auch eine Kehrseite, wenn sie zu einem negativen Image führt. Lee et al. (2013) zeigen, dass in diesem Fall eine detaillierte Darstellung der Fakten in Stellenanzeigen Erleichterung bringen kann. Voraussetzung hierfür ist natürlich, dass die negative Publicity nicht tatsächlich etwas mit den Arbeitsbedingungen zu tun hat bzw. diese verzerrt wiedergibt. Die Möglichkeiten, als Arbeitgeber Einfluss auf die Publicity zu nehmen, sind vielfältig. Grundsätzlich gilt, dass Medien dann über eine Sache berichten, wenn es etwas zu berichten gibt oder gerade eine Nachrichtenflaute herrscht. Der Arbeitgeber muss also gewissermaßen etwas zu bieten haben. Dies kann letztlich vieles sein, von einer erfolgreichen Steigerung des Umsatzes über die Entwicklung neuer Produkte bis hin zum Sponsoring. Gerade für mittelständische Unternehmen, die nicht bekannt sind, kann die Forcierung einer gewissen Publicity eines ihrer grundlegendsten Probleme angehen: das Problem, als Arbeitgeber nicht bekannt zu sein. Andererseits liegt es in der Natur der Sache, dass diese Unternehmen meist auch (noch) nichts zu bieten haben, das für Medien interessant sein könnte. Hier gilt es, Abhilfe zu schaffen.

Empfehlungen für die Praxis

- Widerstehen Sie der Versuchung, anonym oder unter falschem Namen positive Statements von vermeintlichen Mitarbeitern im Internet zu verbreiten.
- Versuchen Sie, langfristig dafür zu sorgen, dass die Arbeitsbedingungen der Mitarbeiter so sind, dass die Wahrscheinlichkeit für negative Mundpropaganda minimiert wird.
- Begegnen Sie massiven Häufungen negativer Mundpropaganda, indem Sie ihnen offen entgegentreten und Fakten präsentieren, die das Gegenteil belegen (z. B. Ergebnisse von Mitarbeiterbefragungen).

- Halten Sie Kontakte zu lokalen Medien, und sorgen Sie dafür, dass Ihr Unternehmen immer wieder in den Medien auftaucht.
- Beteiligen Sie sich an Arbeitgeberwettbewerben, um die Vorzüge Ihres Unternehmens als Arbeitgeber auch über ein unabhängiges Rating nach außen tragen zu können

11.5 Leitbilder

Leitbilder sind seit vielen Jahren vor allem in US-amerikanischen Unternehmen eine Selbstverständlichkeit. Schon vor mehr als zehn Jahren gaben etwa 80 % der amerikanischen Unternehmen an, über Leitbilder zu verfügen (American Management Association, 2002, zitiert nach Blair-Loy et al., 2011). Wie der Name bereits verrät, beziehen sich Leitbilder auf Ziele und Werte, die eine Organisation in ihrem Kern ausmachen und von denen sie sich leiten lassen möchte (z. B. Bart, Bontis & Taggar, 2001; Blair-Loy, Wharton & Goodstein, 2011). Ein Leitbild beschreibt z. B., wie die Organisationsmitglieder intern miteinander agieren (wollen/sollen), wie das Verhältnis zu Kooperationspartnern und Kunden angelegt sein soll und in welche Richtungen sich die Organisation weiterentwickeln möchte. Die Ausrichtung auf die Zukunft wird in besondere Weise durch das englischsprachige Synonym „mission statement" deutlich. Seltener gebräuchliche Synonyme wären „credo", „core values", „corporate philosophy" oder „vision statement" (Blair-Loy et al., 2011). ▶ Tab. 11.3 skizziert beispielhaft die Leitbilder von drei großen deutschen Unternehmen. Dabei wurden absichtlich verschiedene Facetten ausgewählt. Bei BMW (2002) werden Leitbilder für Mitarbeiter und Führungskräfte, bei Volkswagen (2009) das Markenleitbild und bei der Deutschen Bahn (2012) ein sehr breit aufgestelltes Konzept dargestellt. An dieser Stelle wird die extreme Bandbreite des Leitbildbegriffs besonders deutlich. Es gibt nicht *das* Leitbild mit bestimmten Leerstellen, die zu füllen wären. Letztlich kann sich das Leitbild auf jeden Inhalt beziehen, der einer Organisation wichtig erscheint.

Während Leitbilder in den Anfängen vor mehr als 20 Jahren sich vor allem an die Organisationsmitglieder wendeten, ist es heute üblich, sie auch gezielt nach außen zu kommunizieren (Blair-Loy et al., 2011). Die Kommunikation nach innen und außen macht unterschiedliche Funktionen deutlich, die ein explizit formuliertes Leitbild erfüllen kann. *Nach innen gerichtet* geht es darum, Verhaltensnormen des Miteinanders zu definieren, auf deren Einhaltung die Organisationsmitglieder bestehen können und die z. B. auch Gegenstand von Personalauswahl, Leistungsbeurteilung und Personalentwicklung sind. Zudem werden übergeordnete Ziele beschrieben, die – nachdem sie konkretisiert wurden – im Sinne einer Motivationsstrategie dem Verhalten der Organisationsmitglieder Richtung und Kraft geben (Kanning, 2012a; Nerdinger, 2014). Die Werthaltungen, die in einem Leitbild teils implizit teils explizit zum Ausdruck kommen, könnten darüber hinaus die soziale Identität der Mitarbeiter z. T. definieren und stärken. *Nach außen gerichtet* ist das Leitbild ein Versprechen an Kunden und Eigentümer, sich in eine bestimmte Richtung zu engagieren. Potenzielle Bewerber erfahren, was sie in der Organisation erwartet und wodurch sie sich (selektiv) angezogen fühlen können.

Leitbilder wecken insofern immer auch *Erwartungen*, die mehr oder weniger gut erfüllt werden. Zumindest potenziell besteht die Gefahr, dass sie bisweilen nicht mehr sind als eine Werbefassade, hinter der nichts Substanzielles steht. Jedes Unternehmen, das sich dazu entschließt, ein Leitbild zu entwickeln, sollte sich darüber im Klaren sein, dass die geweckten Erwartungen früher oder später zumindest ansatzweise erfüllt werden sollten. Insofern mag es für manche Unternehmen strategisch besser sein, erst gar keine Erwartungen zu wecken. Besonders ungünstig sind die Ausgangsbedingungen, wenn Leitbilder nur deshalb formuliert werden, weil die Konkurrenz welche hat (Blair-Loy et al., 2011). Erwartungsgemäß zeigt die Forschung, dass es sowohl Unternehmen gibt, bei denen die Inhalte des Leitbildes die Realität kaum widerspiegeln (Bartkus & Glassman, 2008), als auch solche, bei denen das Leitbild der Realität zumindest teilweise entspricht (Blair-Loy et al., 2011; Germain & Cooper, 1990). Bei manchen Unternehmen (z. B. Volkswagen) steht das Leitbild z. T. im Widerspruch

Tab. 11.3 Leitbilder großer deutscher Unternehmen

BMW (2002)	Volkswagen (2009)	Deutsche Bahn (2012)
Mitarbeiterleitbild	**Markenleitbild**	**Wer sind wir?**
Beste Ergebnisse durch dauerhaft hohe Leistung erzielen	Innovativ: Volkswagen ist der Zeit immer einen Schritt voraus und stellt die Bedürfnisse seiner Kunden jederzeit in den Mittelpunkt. Dabei sind Schnelligkeit und Flexibilität herausragende Eigenschaften. Volkswagen entwickelt qualitativ hochwertige Innovationen, die dauerhaft aktuell sind und dem Kunden den größten individuellen Nutzen stiften.	Wir haben unser Unternehmen gemeinsam erfolgreich entwickelt und zukunftsfähig ausgerichtet.
Verantwortung für seinen persönlichen Beitrag zum Erfolg des Unternehmens übernehmen	Werthaltig: Volkswagen bietet mehr Leistung fürs Geld: mehr Auto, mehr Service, mehr Wert. Mit seinen exzellenten Fahrzeugen und Dienstleistungen setzt Volkswagen Maßstäbe in jeder Klasse. Volkswagen verkörpert die Tugenden des deutschen Automobilbaus: Präzision, Zuverlässigkeit und Kompetenz. Das macht die Produkte werthaltig und beständig. Qualität und Verlässlichkeit sind zentrale Markeneigenschaften, die dem Kunden Sicherheit geben, die richtige Wahl getroffen zu haben.	Wir treiben als integrierter Konzern mit unserer starken Eisenbahn als Herzstück die Weiterentwicklung von Mobilität und Logistik ständig voran – lokal, national, weltweit.
Mitdenken und Mitgestalten	Verantwortungsvoll: Volkswagen handelt vorausschauend und übernimmt Verantwortung für Mensch, Umwelt und Gesellschaft. Damit leistet Volkswagen einen entscheidenden Beitrag zu einer lebenswerten Welt – heute und für künftige Generationen. Die Produkte von Volkswagen sind für viele Menschen erreichbar. Sie symbolisieren Konstanz und Weitblick. Volkswagen ist der vertraute Partner, der seinen Kunden auf allen Straßen der Welt sorgenfreie Mobilität ermöglicht.	Wir betreiben die Verkehrsnetzwerke der Zukunft und bewegen Menschen und Güter in durchgängigen Mobilitäts- und Logistikketten.

Tab. 11.3 Fortsetzung

BMW (2002)	Volkswagen (2009)	Deutsche Bahn (2012)
In unterschiedlichen Arbeits- und Organisationsstrukturen zusammenarbeiten		**Was ist unser Ziel**
Veränderung als Chance und nicht als Gefahr empfinden		Wir gestalten unsere Führungsposition entlang der Dimensionen Ökonomie, Soziales und Ökologie aus. Diese bringen wir in Einklang miteinander, um einen nachhaltigen Unternehmenserfolg und gesellschaftliche Akzeptanz sicherzustellen.
Flexibilität beweisen und sich ständig weiterentwickeln		Ökonomie: Wir werden als profitabler Marktführer unseren Kunden erstklassige Mobilitäts- und Logistiklösungen anbieten.
Führungsleitbild		Soziales: Wir werden als Top-Arbeitgeber in Deutschland international qualifizierte Mitarbeiter gewinnen und binden, die mit Begeisterung für die DB und ihre Kunden arbeiten.
Führen ist eine persönliche Leistung, das Eingehen von Risiken, und nicht nur das Anwenden von Richtlinien, Vorschriften und Systemen		Ökologie: Wir werden als Umwelt-Vorreiter mit unseren Produkten Maßstäbe beim effizienten Umgang mit den verfügbaren Ressourcen setzen.
Führungskräfte entwickeln „realistische" Visionen und können andere dafür begeistern.		**Wie überzeugen wir Mitarbeiter, Kunden und Eigentümer?**
Führungskräfte sind Vorbilder und erarbeiten sich Anerkennung durch ihre Integrität und Glaubwürdigkeit. Sie setzen hohe Standards und lassen sich selbst daran messen.		Kundenorientiert: Wir stellen unsere Kunden und ihre Bedürfnisse in den Mittelpunkt des Handelns, weil zufriedene Kunden die Basis für unseren unternehmerischen Erfolg sind. Wir überzeugen mit hoher Produktqualität, wettbewerbsfähigen Preisen und zuverlässiger Leistungserbringung.
Führungskräfte stellen die Aufgaben und nicht sich selbst in den Vordergrund.		Wirtschaftlich: Wir verfolgen die dauerhafte Steigerung unseres Unternehmenswerts, um kapitalmarktfähig zu sein und künftige Investitionen zu sichern.

Tab. 11.3 Fortsetzung

BMW (2002)	Volkswagen (2009)	Deutsche Bahn (2012)
Führungskräfte entwickeln Ziele, sorgen für konkrete Zielvereinbarungen und schaffen Freiräume für eigenverantwortliches Handeln ihrer Mitarbeiter. Sie fördern Initiative, Kreativität, und Veränderungsbereitschaft. Führungskräfte korrigieren die Ziele, wenn sich die Rahmenbedingungen ändern.		Fortschrittlich: Wir fördern Flexibilität, Lernbereitschaft, Qualitätsbewusstsein und den Mut, Bestehendes zu hinterfragen und kontinuierlich zu verbessern, durch ein motivierendes Arbeitsumfeld mit Perspektive und Teilnahme am Unternehmenserfolg. Innovative Lösungen eröffnen uns neue Marktchancen.
Führungskräfte besitzen eine hohe Kommunikationsfähigkeit und schaffen belastbare Arbeitsbeziehungen.		Partnerschaftlich: Wir arbeiten über Funktions- und Bereichsgrenzen hinweg an unseren gemeinsamen Zielen. Mitarbeiterzufriedenheit sehen wir als Voraussetzung für Kundenzufriedenheit und unternehmerischen Erfolg.
Führungskräfte schaffen – trotz aller Kosten – ein Klima, das den Mitarbeitern Spaß an der Arbeit vermittelt.		Verantwortungsvoll: Wir handeln vorbildlich, nach den Grundsätzen der Integrität und beziehen die Anliegen unserer Stakeholder mit ein. Wir engagieren uns aus Überzeugung für eine soziale Gesellschaft und verstehen uns als Vorreiter eines klimafreundlich und umweltfreundlich organisierten Transports und Verkehrs.
Führungskräfte führen durch Vertrauen. Sie geben Sicherheit und Rückendeckung, ziehen aber auch entschieden Konsequenzen, wenn es notwendig ist. Dabei orientieren sie sich am Resultat. Sie übernehmen die Verantwortung und verzichten auf Ausreden.		
Führungskräfte entwickeln effiziente Teams. Sie fordern und fördern, damit starke wie schwache Mitarbeiter zu ihrer höchsten Leistung im Team geführt werden. Gute Führungskräfte fördern besonders jene Mitarbeiter, die sie selbst „überholen" könnten.		
Führungskräfte sind in der Lage, in unterschiedlichen Kulturräumen erfolgreich zu agieren und interkulturell besetzte Teams zu führen.		

zur Realität. Der Skandal um manipulierte Abgaswerte bei Dieselfahrzeugen lässt die Selbstdarstellung des Unternehmens als „verantwortungsvoll" (▶ Tab. 11.3) geradezu absurd erscheinen. Auch ohne Leitbild wäre der Schaden für das Unternehmen schon gewaltig. Das Leitbild dokumentiert in diesem Fall aber umso deutlicher, dass es sich hierbei nur um Werbung handelt. Das Leitbild dient lediglich dazu, ein Ideal als Realität zu verkaufen. Wird dies den Rezipienten bewusst, so fällt der Schaden wahrscheinlich noch viel größer aus. Kein Leitbild zu haben, ist wohl besser, als ein Leitbild zu kreieren, bei dem die Rezipienten wissen, dass es nicht stimmt. Wer will schon gern belogen werden?

Der Nutzen von Leitbildern ist in der Forschung umstritten (vgl. Braun, Wesche, Frey, Weisweiler & Peus, 2012; Darbi, 2012; Desmidt, Prinzie und Decramer, 2011; Piercy & Morgan, 1994; Simpson, 1994). Mehrere Studien beschäftigen sich mit der Frage, ob Leitbilder mit einem größeren wirtschaftlichen Erfolg des Unternehmens in Verbindung stehen. Desmidt et al. (2011) führen eine Metaanalyse zu diesem Thema durch, in die insgesamt 14 Primärstudien einfließen. Sie kommen dabei zu einem positiven Ergebnis. Der Zusammenhang ist signifikant, aber gering ($r = .23$). Werden als Indikator für den potenziellen Nutzen wirtschaftliche Kennzahlen herangezogen, so sinkt der Wert ($r = .14$) im Vergleich zu Studien, bei denen der Nutzen über die subjektive Zufriedenheit der Manager mit der Wirtschaftskraft ihres Unternehmens operationalisiert wird ($r = .34$). Dabei lässt sich nicht nachweisen, dass die bloße Existenz eines Leitbildes irgendeinen Effekt hat (siehe auch David, 1989).

Es scheint eher darauf anzukommen, welche Inhalte das Leitbild in sich trägt und welche Konsequenzen daraus erwachsen. Dies ist in hohem Maße plausibel. Warum sollte aus einem Leitbild ein Nutzen erwachsen, wenn es nicht mehr ist als eine Ansammlung schöner Sprüche, die mit bunten Bildern im Internet vorteilhaft in Szene gesetzt werden? Auch Leitbilder sind keine Selbstläufer, sondern müssen eine Entsprechung im alltäglichen Leben des Unternehmens finden.

Bei diesen Ergebnissen der Metaanalyse von Desmindt et al. (2011) ist zu bedenken, dass keine Längsschnittstudien vorliegen. Daher kann auch nicht gesagt werden, dass der wirtschaftliche Erfolg auf die Gestaltung von Leitbildern zurückzuführen ist. Es könnte ebenso gut sein, dass wirtschaftlich erfolgreichere Unternehmen das Thema Leitbilder anders angehen als weniger erfolgreiche Unternehmen. Alavi und Karami (2009) konnten zeigen, dass erfolgreichere Unternehmen mit größerer Wahrscheinlichkeit Leitbilder haben und bei der Entwicklung der Leitbilder auch in stärkerem Maße die Meinung der Mitarbeiterschaft einfließt als weniger erfolgreiche Unternehmen. Erfolgreiche Unternehmen mögen überdies in Sachen Personalarbeit besser aufgestellt sein und beispielsweise effektivere Personalentwicklungskonzepte aufweisen, mit Zielvereinbarungen arbeiten und Leistung durch bessere Arbeitsbedingungen gezielter fördern als weniger erfolgreiche Unternehmen. Das Leitbild wäre im Extremfall also nichts anderes als eine Begleiterscheinung erfolgreicher Unternehmen.

Ganz grundsätzlich ist zu bedenken, dass viele Inhalte von Leitbildern wahrscheinlich nicht einmal das Potenzial in sich tragen, das Unternehmen wirtschaftlich voranzubringen. Ein gutes Beispiel hierfür sind Werte eines Unternehmens, die an sich völlig legitim sind, aber für den wirtschaftlichen Erfolg keine Rolle spielen. Man denke hierbei etwa an Diversity. Studien zeigen, dass Diversity unter dem Strich weder nennenswerten Nutzen bringt noch Schaden anrichtet (Bell et al., 2011; Kanning, 2015d). Ähnliches dürfte wohl auch auf den Wert der Nachhaltigkeit zutreffen. Dies bedeutet nicht, dass solche Werte in einem Leitbild nichts zu suchen hätten. Schließlich müssen ja nicht alle Bemühungen eines Unternehmens auf die Gewinnmaximierung ausgerichtet sein. Es geht vielmehr darum, dass die Verantwortlichen mit realistischen Erwartungen an die Entwicklung von Leitbildern herantreten.

Eine Studie von Darbi (2012) lenkt die Aufmerksamkeit auf die interessante Frage, inwieweit ein Leitbild bei den Mitarbeitern eines Unternehmens überhaupt ankommt. In seiner Befragung von 120 Mitgliedern einer Organisation konnte er zeigen, dass fast alle Mitglieder (97,5 %) wussten, dass es ein Leitbild gibt. Lediglich 59 % waren die Inhalte jedoch aus eigener Anschauung bekannt. 33 % gaben an, dass sie den Inhalten des Leitbildes niemals im Berufsalltag begegnet sind, weitere 43 % nur selten oder gelegentlich. Gleichwohl behaupteten 50 %, dass

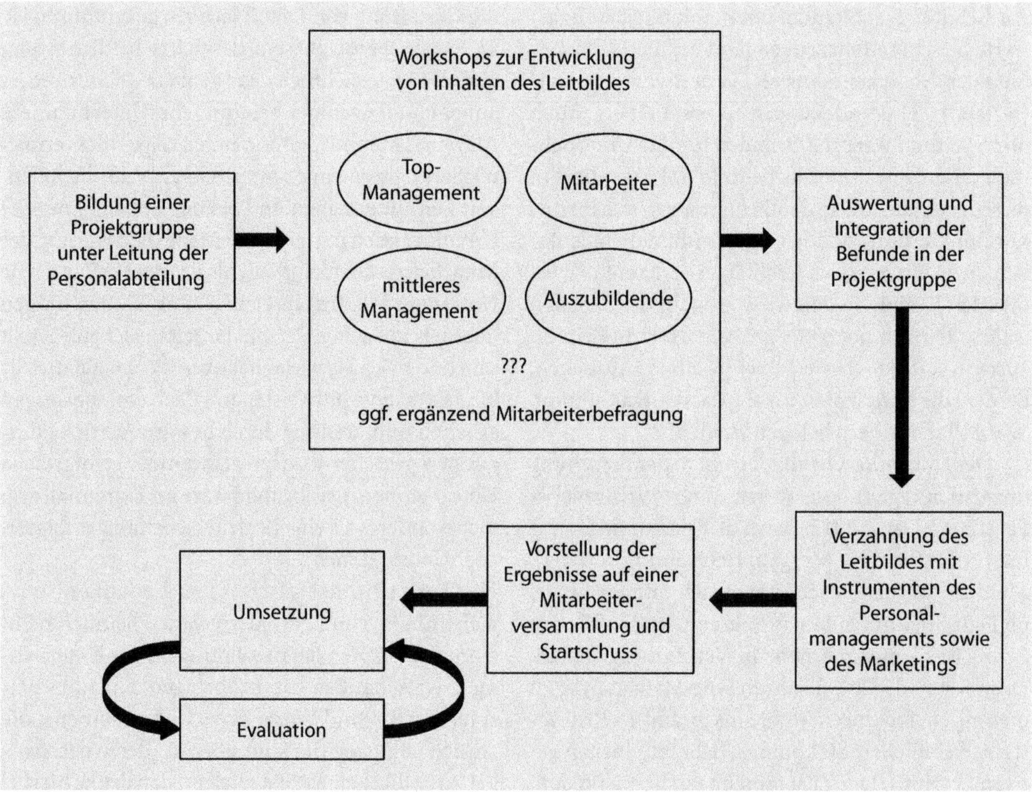

Bildung einer Projektgruppe unter Leitung der Personalabteilung

Workshops zur Entwicklung von Inhalten des Leitbildes

Top-Management

Mitarbeiter

mittleres Management

Auszubildende

???

ggf. ergänzend Mitarbeiterbefragung

Auswertung und Integration der Befunde in der Projektgruppe

Verzahnung des Leitbildes mit Instrumenten des Personalmanagements sowie des Marketings

Vorstellung der Ergebnisse auf einer Mitarbeiterversammlung und Startschuss

Umsetzung

Evaluation

Abb. 11.1 Prozess der Entwicklung und Implementierung eines Leitbildes

sie eine sehr gute Kenntnis der Inhalte besäßen – wer gibt schon gern in einer Befragung zu, dass er wichtige Leitlinien seines Arbeitgebers überhaupt nicht kennt? 24 % beziehen das Leitbild auch auf die Ebene der Mitarbeiter. 59 % glauben, dass Leitbilder nur etwas für die Managementebene sind.

Auch wenn es sich hierbei nur um den Beispielfall einer Organisation handelt, der nicht auf andere Arbeitgeber verallgemeinert werden kann, verdeutlicht die Studie einen wichtigen Punkt: Wenn das Leitbild den Mitarbeitern tatsächlich eine Orientierung in ihrem alltäglichen Handeln geben soll, reicht es sicherlich nicht aus, die Inhalte des Leitbildes einmal auf einer Mitarbeiterversammlung vorzustellen und sie anschließend im Internet zu publizieren.

Williams, Morrell und Mullane (2014) heben die Bedeutung der Unterstützung des Managements für den Erfolg von Leitbildern hervor. Das Leitbild vermittelt Führungskräften Grundlagen zur Setzung von Zielen und Prioritäten, gibt Orientierung in Führungsfragen u.v.m. Wenn schon die Führungskräfte das Leitbild ignorieren, lässt sich von den Mitarbeitern kaum mehr erwarten.

Alles zusammen genommen führt zu der Überzeugung, dass schon in die Entwicklung eines Leitbildes Mitarbeiter und Führungskräfte bzw. Management eingebunden werden müssen (Braun et al., 2012). Mit der Formulierung des Leitbildes ist die Arbeit dann keineswegs erledigt. ► Abb. 11.1 skizziert grob die Schritte, die in einem solchen Prozess zu durchlaufen sind (vgl. z. B. Kriegler, 2015).

Am Anfang muss zunächst eine *Projektgruppe* unter Führung der Personalabteilung gebildet werden, in der verschiedene Interessengruppen des Unternehmens beteiligt sind. Die Projektgruppe steuert den Prozess der Leitbildentwicklung bis hin zur Implementierung.

In einem zweiten Schritt geht es um die Definition der Inhalte des Leitbildes. Hierzu werden unter Leitung der Personalabteilung oder einer neutralen externen Moderation mehrere *Workshops* abgehalten, in denen die verschiedenen Interessengruppen aus ihrer Perspektive diskutieren, welche Inhalte in das Leitbild aufgenommen werden müssen. Wie viele Workshops es sein müssen und wie wichtig die Homogenität der einzelnen Gruppe ist, muss vor Ort entschieden werden. Ergänzend hierzu könnte man auch eine Mitarbeiterbefragung durchführen, um eine Priorisierung einzelner Inhalte zu erhalten. Der Vorteil der Mitarbeiterbefragung liegt in der offenkundigen Möglichkeit, dass alle Mitarbeiter sich zu Wort melden können und später daher auch ein höheres Commitment aufweisen. Der Nachteil besteht darin, dass die Ergebnisse eine in gewisser Weise bindende Funktion haben. Wenn die Mitarbeiter mehrheitlich einen bestimmten Inhalt präferieren, kann die Unternehmensleitung später einen solchen Inhalt schwerlich wieder streichen, wenn er ihr nicht genehm wäre. Dies würde das gesamte Vorgehen und damit auch die Akzeptanz des Ergebnisses infrage stellen.

Die Ergebnisse dieser Workshops laufen anschließend wieder in der Projektgruppe zusammen und werden hier in Abstimmung mit der Unternehmensleitung zu einem *ausformulierten Leitbild* integriert.

In der darauffolgenden Phase wird die Implementierung vorbereitet. Hierzu müssen die Inhalte des Leitbildes mit den Instrumenten des Personalmanagements sowie dem Marketing *verzahnt* werden. Die Einzelaufgaben beziehen sich z. B. auf Stellenausschreibungen, eine Überarbeitung des Leistungsbeurteilungssystems und natürlich die Überarbeitung der Internetseiten. Gegebenenfalls müssen in diesem Zusammenhang auch noch Schulungen für bestimmte Personengruppen, wie z. B. Führungskräfte, vorgenommen werden.

Die *Implementierung* erfolgt dann im Zuge einer Mitarbeiterversammlung, in der das fertige Konzept offiziell vorgestellt und erläutert wird.

In der nachfolgenden Phase, der *Umsetzung*, wird der Prozess durch eine beständige *Evaluation* begleitet, so dass Anlaufschwierigkeiten oder generell Schwächen im System möglichst gleich erkannt und bearbeitet werden können.

Empfehlungen für die Praxis

- Vergegenwärtigen Sie sich, dass ein Leitbild Erwartungen weckt, die das Unternehmen früher oder später zumindest teilweise auch erfüllen muss.
- Achten Sie daher darauf, dass Sie die Inhalte des Leitbildes realistisch beschreiben, und nur das kommunizieren, wozu Ihr Unternehmen in den kommenden Jahren tatsächlich in der Lage ist.
- Bedenken Sie, dass die bloße Formulierung eines Leitbildes für sich allein noch keinen wirtschaftlichen Nutzen darstellt. Die Inhalte müssen gewissermaßen auch „gelebt" werden.
- Binden Sie schon in der Entwicklungsphase alle wichtigen Personengruppen Ihres Unternehmens mit ein.
- Evaluieren Sie die Umsetzung des Leitbildprozesses.

Employer Branding – Fazit

U.P. Kanning, *Personalmarketing, Employer Branding und Mitarbeiterbindung*,
DOI 10.1007/978-3-662-50375-1_12

Employer Branding ist weitaus mehr als nur bloßes Marketing. Es geht nicht nur darum, eine Organisation als attraktiven Arbeitgeber zu vermarkten, sondern auch darum, die Grundlagen zu legen, ein solcher Arbeitgeber zu werden. Die große Popularität des Themas findet bislang keine Entsprechung in der Forschung. Hier sind noch große Anstrengungen vonnöten, damit die Praxis des Employer Brandings in Zukunft auf ein empirisch abgesichertes Fundament gestellt wird. Einstweilen wissen wir, dass sich ein positives Organisationsimage bzw. ein positives Arbeitgeberimage in vielfältiger Weise positiv für ein Unternehmen auswirken kann. Es ist vor allem dazu angetan, mehr Bewerber und – wenn alles gut geht – auch qualifiziertere Bewerber anzuziehen. Dabei spielen die konkreten Merkmale eines Arbeitgebers eine gewichtigere Rolle als die symbolischen Merkmale. Auch dies deutet darauf hin, dass ein Unternehmen gut beraten ist, auch real und nicht nur in der Außendarstellung für attraktive Arbeitsplätze zu sorgen. Darüber hinaus geht ein positives Image bei den Mitarbeitern mit größerer Arbeitszufriedenheit, größerem Commitment und einer geringeren Bereitschaft, das Unternehmen zu verlassen, einher. Auch gilt hier, dass die Realität des Arbeitsplatzes viel wichtiger ist als die Kommunikation nach außen. Die Größe der Effekte ist kleiner als viele denken, was letztlich damit zu tun hat, dass das Verhalten und Erleben von Bewerbern und Mitarbeitern von sehr vielen Variablen beeinflusst wird. Das Image eines Unternehmens ist nur eine dieser Variablen.

Für kleinere Unternehmen ist es wichtig, überhaupt erst einmal bekannt zu werden. Das höhere Ziel, ein einzigartig guter Arbeitgeber zu werden, ist für die meisten Unternehmen eine Utopie. Es reicht sicherlich auch, ein guter oder sehr guter Arbeitgeber zu sein. Bei allen Bemühungen dürfen große wie kleine Unternehmen die Glaubwürdigkeit ihrer Botschaften nicht aus dem Blick verlieren.

Während wir heute wissen, dass das Image (Brand) eine wichtige Rolle spielt, wissen wir über den Prozess, der dorthin führt (Branding), nur vergleichsweise wenig. Einen schnellen und unkomplizierten Weg ohne potenzielle Nebenwirkungen scheint es nicht zu geben. Vielmehr ist ein positives Image das Ergebnis dauerhafter Bemühungen. Fundiertes webtechnisches Wissen zur Gestaltung von Anzeigen, Broschüren und Internetseiten ist dabei ebenso wichtig, wie gute Kontakte zu Medienvertretern. Nach dem Prinzip „Tue Gutes und rede darüber!" kann Sponsoring eine wertvolle, ergänzende Methode sein, wenn man den richtigen Partner hierfür findet. Leitbilder haben eine sehr weitreichende Funktion. Inwieweit sie tatsächlich das Employer Branding positiv beeinflussen, hängt letztlich von der Qualität ihrer Entwicklung ab. Über allem steht das Gebot eines konsistenten Auftritts.

Mitarbeiterbindung

Ist es einem Arbeitgeber gelungen, durch professionelles Personalmarketing, glaubwürdiges Employer Branding und valide Auswahlverfahren gute Mitarbeiter ins Unternehmen zu holen, so besteht die nächste Aufgaben darin, diese Mitarbeiter auch dauerhaft zu binden, so dass nicht schon nach wenigen Monaten oder Jahren die Stellen neu besetzt werden müssen. Dies wird in Zukunft immer wichtiger werden, zumindest in den Branchen, in denen nur vergleichsweise wenige qualifizierte Fachkräfte auf dem Arbeitsmarkt zur Verfügung stehen. Gegenstand des letzten Kapitels ist die Frage, wie Arbeitgeber agieren sollten, um die Fluktuation in der Mitarbeiterschaft möglichst gering zu halten.

Grundlagen der Mitarbeiterbindung

U.P. Kanning, *Personalmarketing, Employer Branding und Mitarbeiterbindung*,
DOI 10.1007/978-3-662-50375-1_13

Eine hohe Bindung der Mitarbeiter basiert im Wesentlichen auf drei psychologischen Phänomenen: der *Arbeitszufriedenheit* der Mitarbeiter, dem Grad der *sozialen Identifikation* mit einer bestimmten beruflichen Rolle sowie dem *Commitment* – also der Verbundenheit der Mitarbeiter mit ihrem Arbeitgeber. Alle drei Variablen sind wechselseitig miteinander verknüpft (▶ Abb. 13.1).

Wer zufrieden mit seiner beruflichen Realität ist, wird sich in aller Regel auch stärker mit seiner beruflichen Rolle identifizieren können. Man denke hier z. B. an einen erfolgreichen Arzt, der aufgrund der Tatsache, dass er Erfolg hat, sich gern als Arzt – und nicht nur als Individuum, Familienvater, Angler etc. – definiert. Dabei wird die soziale Identität als Arzt aber bei Weitem nicht allein aus der Arbeitszufriedenheit gespeist. Das jahrelange Studium mit anschließender Facharztausbildung und auch das hohe Ansehen des Ärztestandes in der Gesellschaft werden dazu beitragen, dass eine starke soziale Identität vorliegt. Arbeitet die Person dann auch noch in einem renommierten Krankenhaus, stärkt dies zusätzlich eine positive, berufsbezogene soziale Identität. Die soziale Identität führt ihrerseits aber auch zur Zufriedenheit. Wie später noch zu zeigen sein wird, sind Menschen daran interessiert, eine positive soziale Identität aufrechtzuerhalten. In diesem Zusammenhang nehmen sie ihre Umwelt verzerrt wahr und zwar in dem Sinne, dass sie eine soziale Gruppe, der sie sich verbunden fühlen (z. B. Berufsgruppe), aufwerten. Wer also einer positiv bewerteten (berufsbezogenen) Gruppe angehört, wird der Tendenz nach schon allein, um die positive soziale Identität aufrechterhalten zu können, eine positive Bewertung der Arbeitsrealität vornehmen.

Eine solchermaßen positive, berufsbezogene Identität fördert die Verbundenheit mit dem Arbeitgeber (Commitment), da der Arbeitgeber ein Stück weit die Quelle einer positiven Selbstbewertung darstellt. Das Commitment definiert seinerseits aber auch teilweise die soziale Identität. Deutlich wird dies, wenn der Arzt z. B. wegen eines auslaufenden Arbeitsvertrages das renommierte Krankenhaus verlassen muss und Anstellung in einem kleinen, städtischen Krankenhaus findet. Aufgrund der abnehmenden Verbundenheit mit dem alten und einer zunehmenden Verbundenheit mit einem neuen Arbeitgeber wird sich mittelbar auch die soziale Identität verändern. Dabei speist sich das Commitment natürlich nicht nur aus der sozialen Identität, sondern z. B. auch aus den Vorteilen, die mit einer bestimmten Beschäftigung verbunden sind. Wer als angelernter Arbeiter bei einem Premiumhersteller im Automobilsektor mehr Geld verdient als ein Gymnasiallehrer, wird fast schon zwangsläufig ein hohes Commitment bezogen auf seinen Arbeitgeber empfinden.

Zwischen Arbeitszufriedenheit und Commitment bestehen schließlich ebenfalls wechselseitig positive Beziehungen. Je zufriedener ein Mitarbeiter mit seinem Arbeitsplatz ist, desto mehr wird er sich in der Regel mit dem Arbeitgeber verbunden fühlen, der ihm diesen Arbeitsplatz zur Verfügung stellt. Umgekehrt werden Menschen, die sich stark mit ihrem Arbeitgeber verbunden fühlen, allein aus der Tatsache, dass sie dieser Organisation angehören dürfen, eine gewisse Zufriedenheit ziehen. Für die Arbeitszufriedenheit gilt dabei dasselbe, wie für die berufsbezogene soziale Identität und das Commitment. Auch sie speist sich aus weiteren Quellen, wie z. B. dem zwischenmenschlichen Miteinander unter den Kollegen oder den Möglichkeiten, eigene Ideen am Arbeitsplatz umsetzen zu können.

Insgesamt betrachtet ist das Zusammenspiel von Arbeitszufriedenheit, sozialer Identität und Commitment somit eingebunden in Rahmenbedingungen, die sowohl durch die individuelle Lebenssituation des einzelnen Mitarbeiters und seine Persönlichkeit als auch durch die konkreten Arbeitsbedingungen sowie den Arbeitsmarkt bestimmt werden (▶ Abb. 13.1). Die Möglichkeiten des Arbeitgebers, auf Arbeitszufriedenheit, soziale Identität und Commitment Einfluss zu nehmen, fokussieren sich in erster Linie auf die Arbeitsbedingungen, denen die Mitarbeiter vor Ort ausgesetzt sind (Arbeitsinhalte, Bezahlung, Führung, kollegiales Miteinander im Team u. v. m).

Im Folgenden geht es darum, die Forschungsbefunde zu diesen drei grundlegenden Phänomenen darzulegen, um später hieraus Handlungsempfehlungen zur Förderung der Mitarbeiterbindung ableiten zu können.

13.1 Arbeitszufriedenheit

Die Untersuchung der Arbeitszufriedenheit hat eine lange Tradition in der Arbeits- und Personalpsychologie (z. B. Locke, 1969). Die Arbeitszufriedenheit

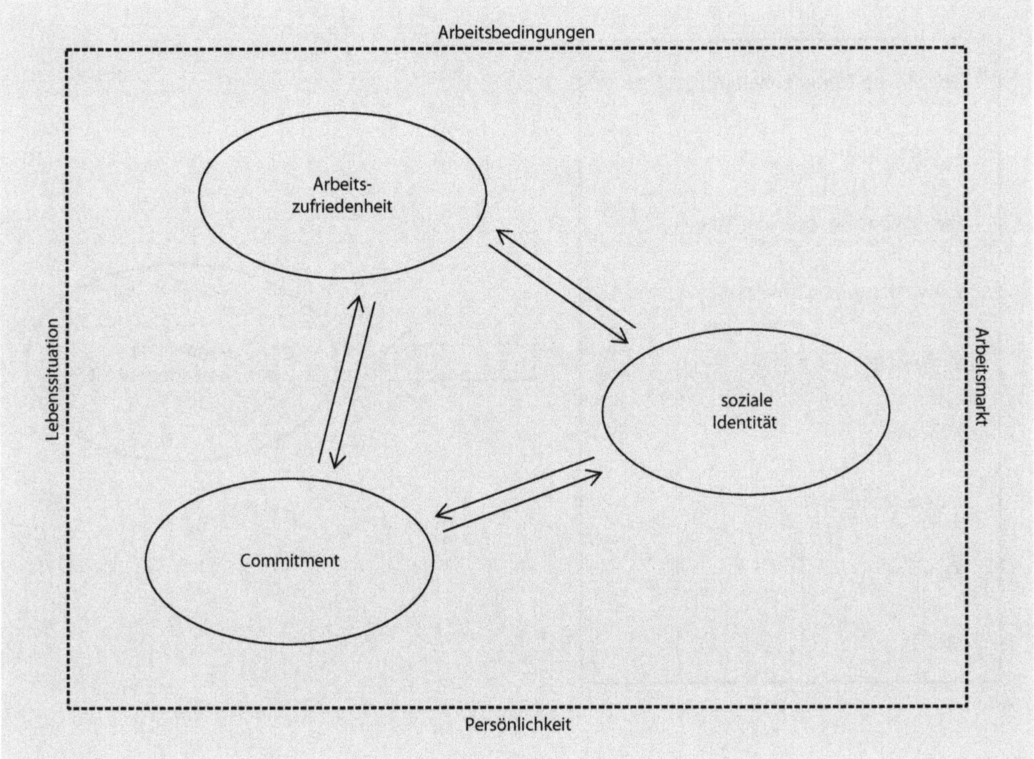

Abb. 13.1 Zusammenhang zwischen Arbeitszufriedenheit, Sozialer Identität und Commitment

drückt eine grundlegende *Einstellung der Mitarbeiter* gegenüber ihrer beruflichen Beschäftigung aus. Dabei kann zwischen einer allgemeinen Arbeitszufriedenheit und mehreren spezifischen Zufriedenheiten unterschieden werden (▶ Abb. 13.2). Die spezifischen Zufriedenheiten beziehen sich z. B. auf das Gehalt, die Inhalte der eigenen Arbeitstätigkeit, das Führungsverhalten des eigenen Vorgesetzten oder die Organisation, während die allgemeine Arbeitszufriedenheit einer Gesamtbewertung entspricht (z.B. „Wie zufrieden sind Sie alles in allem mit Ihrer Beschäftigung bei der Firma X?"; Kanning, in Vorb.; Neuberger & Allerbeck, 1978). Die allgemeine Arbeitszufriedenheit entspricht dabei keineswegs der Summe der spezifischen Zufriedenheiten, da jeder Mitarbeiter in seine Gesamtbewertung zusätzlich individuelle Zufriedenheiten (z. B. die Zufriedenheit mit dem Angebot der Kantine oder der Parkplatzsituation) einfließen lassen kann, bzw. individuell unterschiedliche Gewichtungen der Einzelzufriedenheiten vornimmt. Welche spezifischen Zufriedenheiten zu unterscheiden sind, ist nicht verbindlich festgelegt. Letztlich muss vor Ort entschieden werden, wie differenziert man bei der Erfassung der Arbeitszufriedenheit vorgehen möchte.

Die *Erfassung der Arbeitszufriedenheit* erfolgt üblicherweise in Form eines Fragebogens, in dem bezogen auf verschiedene Aspekte der beruflichen Realität nach der Zufriedenheit gefragt wird. Im einfachsten und gleichzeitig klarsten Fall werden die Mitarbeiter gebeten, ihre Einschätzungen auf einer mehrstufigen Skala von „sehr unzufrieden" bis „sehr zufrieden" anzugeben. ▶ Abb. 13.3 gibt hierfür ein Beispiel.

Nach Locke (1976) basiert Arbeitszufriedenheit auf einem Ist-Soll-Vergleich. Auf der einen Seite haben die Mitarbeiter bestimmte Erwartungen an ihren Arbeitsplatz (Soll-Werte). Sie erwarten z. B. eine bestimmte Entlohnung, mehr oder minder professionelles Arbeitsgerät, einen freundlichen Umgang und vieles mehr. Die einzelnen Individuen unterscheiden sich dabei in Inhalt und

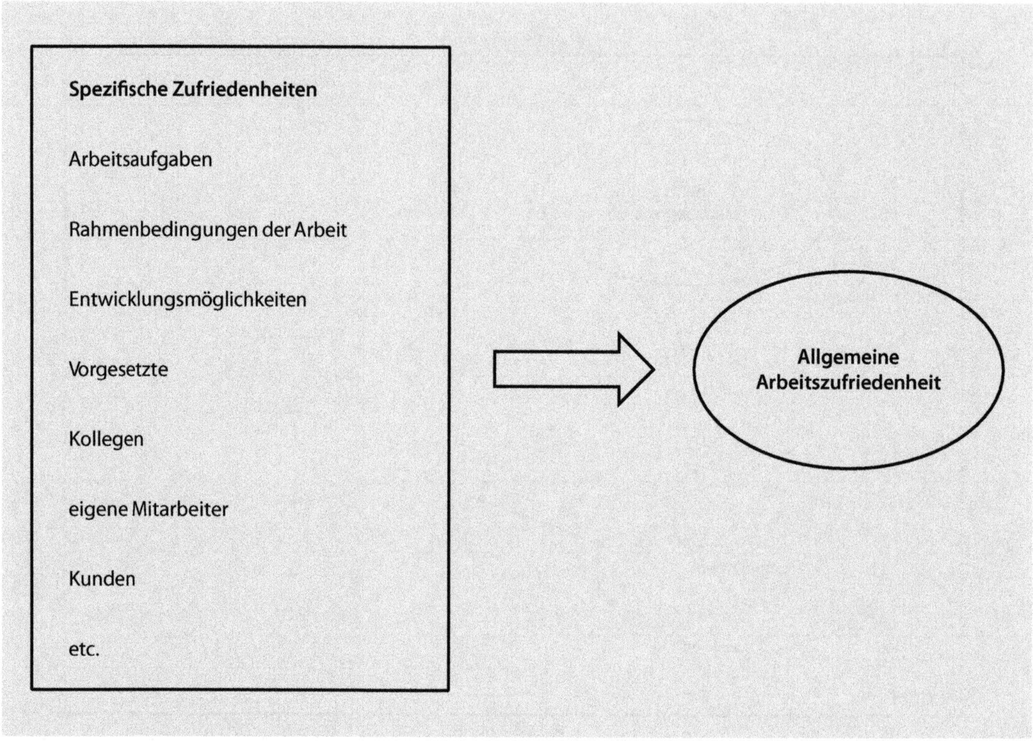

Spezifische Zufriedenheiten

Arbeitsaufgaben

Rahmenbedingungen der Arbeit

Entwicklungsmöglichkeiten

Vorgesetzte

Kollegen

eigene Mitarbeiter

Kunden

etc.

Allgemeine Arbeitszufriedenheit

Abb. 13.2 Allgemeine und spezifische Arbeitszufriedenheit

Bereich III: Entwicklungsmöglichkeiten
Die folgenden Fragen beziehen sich auf Ihre Möglichkeiten, sich über die eigene Arbeitstätigkeit auf verschiedene Weise weiterentwickeln zu können.

Wie zufrieden sind Sie mit...	extrem un-zufrieden	sehr un-zufrieden	un-zufrieden	weder noch	zufrieden	sehr zufrieden	extrem zufrieden
den Möglichkeiten, sich fachlich weiterzuentwickeln?	-3	-2	-1	0	✗	+2	+3
den Möglichkeiten, sich als Person weiterzuentwickeln?	-3	-2	✗	0	+1	+2	+3
den Möglichkeiten, im Unternehmen aufsteigen zu können?	-3	✗	-1	0	+1	+2	+3
den Angeboten zur Förderung Ihrer beruflichen Weiterentwicklung?	-3	-2	-1	0	+1	✗	+3
Ihren beruflichen Entwicklungsmöglichkeiten insgesamt?	-3	-2	-1	✗	+1	+2	+3
...es folgen Frage zu anderen spezifischen Zufriedenheiten....							
Wie zufrieden sind Sie alles in allem mit Ihrer beruflichen Tätigkeit?	-3	-2	-1	0	+1	✗	+3

Abb. 13.3 Auszug aus dem Fragebogen zur Arbeitszufriedenheit (Kanning, in Vorb.)

Ausprägung dieser Erwartungen. Die Grundlagen der Erwartungen können eigene Bedürfnisse, aber auch Vergleiche mit Kollegen und Bekannten, lokal gültige oder gesellschaftlich breit vertretene Konventionen und Ähnliches sein. Üblicherweise erwartet z. B. ein Facharbeiter einen höheren Stundenlohn als eine ungelernte Kraft. Unternehmen, die in starkem Maße freiwillige soziale Leistungen gewähren, schaffen damit Erwartungen, die schwer wieder zurückzufahren sind, wenn es dem Arbeitgeber wirtschaftlich einmal nicht mehr so gut geht. Auf der anderen Seite nehmen die Mitarbeiter ihre berufliche Realität wahr (Ist-Werte). Aus dem Vergleich zwischen dem, was der Mitarbeiter erwartet, und dem, was er in der Realität antrifft, ergibt sich die Basis der Zufriedenheit. Je näher die Realität an die Erwartungen heranrückt, desto eher resultiert Zufriedenheit. Allerdings berücksichtigt Locke (1976) in seinem Modell der Arbeitszufriedenheit noch eine dritte Variable: die Wichtigkeit des jeweiligen Gegenstandes der Zufriedenheit. Beispielsweise könnte es sein, dass in einem Team alle Mitarbeiter eine bestimmte Erwartung an den Jahresbonus haben. Sie unterscheiden sich jedoch dahingehend, wie wichtig ihnen dieser Bonus ist. Mitarbeiter A ist vielleicht dringend auf den Bonus angewiesen, weil bei seinem privaten Auto eine unerwartet teure Reparatur ansteht, während Mitarbeiter B im letzten Jahr geerbt hat, so dass er auch einem geringen Bonus mit Gelassenheit entgegensehen kann. Im vollständigen Modell ergibt sich somit die Arbeitszufriedenheit für einen bestimmten Aspekt der beruflichen Realität aus der Formel: *Arbeitszufriedenheit = (Ist – Soll) x Wichtigkeit*. Allerdings ist nicht sicher, inwieweit die explizite Berücksichtigung der Wichtigkeit tatsächlich zu einem besseren Verständnis führt (Kanning & Bergmann, 2009). Denkbar wäre auch, dass die Wichtigkeit schon in die Anspruchshaltung des Mitarbeiters einfließt. Derjenige, dem der Bonus weniger wichtig ist, würde demnach von vornherein einen geringeren Soll-Wert aufweisen.

Sowohl das Modell der Arbeitszufriedenheit von Locke (1976) als auch die Unterscheidung zwischen allgemeiner Arbeitszufriedenheit und den spezifischen Zufriedenheiten verdeutlichen, dass sich die Arbeitszufriedenheit aus mehreren Quellen speist. Schauen wir uns im Folgenden einige konkrete Faktoren an, deren Einfluss bislang empirisch nachgewiesen werden konnte. Walter und Kanning (2003) gehen in einer Felduntersuchung der Frage nach, inwieweit die Arbeitszufriedenheit von Mitarbeitern einer Stadtverwaltung durch ihre Führungskräfte beeinflusst wird. Dabei zeigte sich, dass die allgemeine Arbeitszufriedenheit zu 30 % durch ein an den Prinzipien Gerechtigkeit, Partizipation und Motivierung orientiertes Führungsverhalten erklärt werden konnte. Die Zufriedenheit mit der eigenen Führungskraft ließ sich zu 65 % durch die Führungsprinzipien Gerechtigkeit, Motivierung, Teamorientierung, Durchsetzungsfähigkeit und Delegation erklären.

Hackman und Oldham (1976) fokussieren in einem vielbeachteten Modell fünf Aspekte der Gestaltung der Arbeitsaufgaben:

1. *Anforderungsvielfalt:* Die Mitarbeiter müssen nicht den ganzen Tag über, Woche für Woche, ein und dieselbe Aufgabe erledigen, sondern haben abwechslungsreiche Arbeitsaufgaben, so dass keine Eintönigkeit aufkommt.
2. *Ganzheitlichkeit der Aufgaben:* Die Mitarbeiter übernehmen nicht nur kleinteilige Aufgaben an einem größeren Werk, sondern können dieses Werk im Idealfall vom Beginn bis zum Ende mitgestalten. Sie fühlen sich somit nicht als ein kleines, weitgehend unbedeutendes „Rädchen im Getriebe", sondern können Verantwortung und vielleicht sogar Stolz für eine bedeutende Leistung erleben. Ein Beispiel für fehlende Ganzheitlichkeit wäre die Montage eines Motors in der Fließproduktion eines großen Autoherstellers. Letztlich arbeiten viele Menschen an diesem Motor, so dass der Einzelne anonym und leicht austauschbar erscheint. Im Gegensatz hierzu erfolgt die Montage bei Rolls Royce oder Bentley gewissermaßen in Manufaktur, so dass der Name des für ein konkretes Fahrzeug zuständigen Mitarbeiters sogar im Motorraum auf einem Schild verewigt wird.
3. *Bedeutsamkeit der Aufgabe:* Mitarbeiter, die einen Sinn in ihren Arbeitsaufgaben erkennen können, sollen dem Modell zufolge in der Regel zufriedener sein als solche, die den Eindruck haben, dass ihre Arbeit weitgehend wertlos sei.

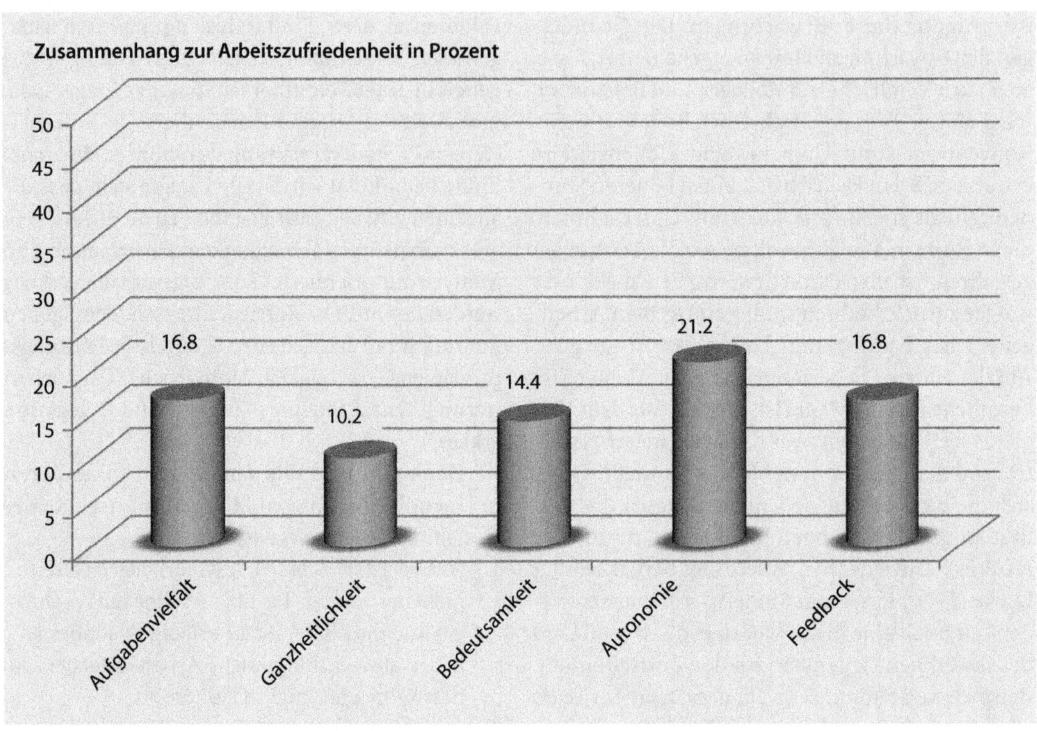

Abb. 13.4 Ergebnisse einer Metaanalyse von Loher, Noe, Moeller und Fitzgerald (1985)

4. *Autonomie:* Mitarbeiter, die Autonomie erleben, haben Freiräume, die sie nach eigenem Ermessen ausfüllen können. So interessiert den Vorgesetzten z. B. nur, dass eine bestimmte Aufgabe bis zu einem bestimmten Termin erfüllt wird. Auf welchen Wege der Mitarbeiter dieses Ziel erreicht, wie er seine Arbeitszeit einteilt, welche Arbeitsmittel er einsetzt etc., bleibt ihm überlassen. Allein das Ergebnis zählt.
5. *Feedback aus der Aufgabenerfüllung:* Nachdem eine Aufgabe erledigt wurde, können die Mitarbeiter selbst erkennen, in welcher Qualität sie die Aufgabe erledigt haben. Sie benötigen hierzu kein Feedback eines Vorgesetzten. Ein gutes Beispiel wäre hier ein Kfz-Mechaniker, der nach dem Reparieren eines Autos sofort selbst sehen kann, ob der Wagen wieder läuft. Das direkte Feedback kann als unmittelbares Erfolgserlebnis verbucht werden.

Hackman und Oldham (1980) gehen davon aus, dass alle fünf Variablen einen positiven Einfluss auf die Arbeitszufriedenheit haben, wobei das Ausmaß des Zusammenhangs durch das individuelle Motiv nach Entfaltung moderiert wird. Je wichtiger es einem Mitarbeiter ist, sich über seine Arbeitstätigkeit zu entfalten, desto einflussreicher sollten die fünf Punkte sein. Im Extremfall haben wir es mit einem Mitarbeiter zu tun, in dessen Leben die berufliche Arbeit keinerlei Rolle spielt, der nur arbeitet, um am Ende des Monats einen Lohn zu bekommen, und der jede beliebige Aufgabe übernehmen würde, wenn sich hierdurch das gewünschte Ziel erreichen ließe. In diesem Fall wäre es ohne jede Bedeutung, ob die Arbeitsaufgaben vielfältig oder ganzheitlich wären. Die Metaanalyse von Loher, Noe, Moeller und Fitzgerald (1985) belegt die Bedeutung der Empfehlungen zur Gestaltung von Arbeitsaufgaben (► Abb. 13.4). Jede der fünf Variablen aus dem Modell von Hackman und Oldham (1980) nimmt für sich allein Einfluss auf die

Arbeitszufriedenheit. Die größte Relevanz besitzt die Autonomie. Offensichtlich bevorzugen viele Menschen Arbeitsplätze, die ihnen gewisse Entscheidungsspielräume ermöglichen.

Selbstverständlich existieren zahlreiche weitere Faktoren, die Einfluss auf die Arbeitszufriedenheit nehmen können. Connolly und Viswesvaran (2000) zählen hierzu in einem Literaturüberblick beispielsweise die soziale Integration der Mitarbeiter in den Kollegenkreis, die klare Definition der beruflichen Rolle sowie die Bezahlung. Humphrey, Nahrgang und Morgeson (2007) gehen in einer Metaanalyse der Frage nach, welche Bedeutung zwischenmenschliche Faktoren (also die Beziehungen zu Kollegen, Vorgesetzten und Kunden) im Vergleich zu nicht-menschlichen Merkmalen des Arbeitsplatzes (z. B. Ausstattung mit Arbeitsgeräten) haben. Bezogen auf die allgemeine Arbeitszufriedenheit erwiesen sich die Arbeitsplatzmerkmale als deutlich wichtiger (34% vs. 17%). Interessanterweise kehrt sich dieses Verhältnis bei der Kündigungsabsicht um. Die Absicht, zu kündigen, hängt zu 24% mit zwischenmenschlichen Faktoren und nur zu 2% mit Merkmalen des Arbeitsplatzes zusammen. Die absolute Höhe des Gehaltes spielt übrigens kaum eine Rolle für die allgemeine Arbeitszufriedenheit (2,3%) und die Zufriedenheit mit dem Gehalt (5,3%; Judge, Piccolo, Podsakoff, Shaw & Rich, 2010). Offenkundig ist es zu einfach gedacht, wenn man annimmt, dass jeden Menschen mehr Geld auch zufriedener stimmt. Das Gehalt muss vielmehr in einem Zusammenhang zu den individuellen Ansprüchen, der wahrgenommenen Fairness der Gehaltsberechnung und der Gegenleistung des Einzelnen gesehen werden. Auch stellt sich hier das Problem der Gewöhnung. Der Lebensstandard und auch die Ansprüche werden in der Regel mit einem höheren Gehalt steigen, so dass der Gewinn an Zufriedenheit nach einiger Zeit gewissermaßen aufgebraucht ist. Möglicherweise tritt die Bedeutung des Gehaltes sehr viel deutlicher zu Tage, wenn man den Einfluss von Gehaltskürzungen auf die Zufriedenheit untersuchen würde.

Peng und Mao (2015) finden in einer Studie mit 455 Mitarbeitern eines Unternehmens einen sehr hohen Zusammenhang zwischen der wahrgenommenen Passung der Mitarbeiter zu ihrem Arbeitsplatz (Person-Job Fit) und der Arbeitszufriedenheit (.67). Dies deckt sich mit den Befunden der Metaanalyse von Verquer, Beehr und Wagner (2003).

Arbeitszufriedenheit ist aber nicht ausschließlich das Ergebnis einer Bewertung der beruflichen Realität, sondern spiegelt zu einem geringen Anteil auch die *Persönlichkeit* des Mitarbeiters. In einer Metaanalyse von Judge, Heller und Mount (2002) zeigten sich in vier Fällen signifikante Korrelationen zwischen dem Persönlichkeitsmodell der „Big Five" und dem Ausmaß der Arbeitszufriedenheit bei jeweils mehreren tausend Arbeitnehmern. Der größte Zusammenhang fand sich bezogen auf die emotionale Stabilität. Je emotional stabiler die Probanden waren, desto höher war auch ihre Arbeitszufriedenheit (.29). Darüber hinaus ergaben sich positive Zusammenhänge zu Extraversion (.25), Gewissenhaftigkeit (.26) und Verträglichkeit (.17). Im Vergleich zu den zuvor skizzierten Ergebnissen zeigt sich mithin, dass die einzelnen Persönlichkeitsvariablen mit 0 bis 8,4% Varianzaufklärung insgesamt weniger bedeutsam sind als die verschiedenen Merkmale der Arbeitsrealität, inklusive zwischenmenschlicher Aspekte. Insgesamt liegt die Bedeutung der Persönlichkeitsvariablen bei 16,8% und damit in einer Größenordnung, die vergleichbar ist zur Bedeutung der Aufgabenvielfalt oder dem Feedback (Loher et al., 1985).

Eine neuere Metaanalyse (Bruk-Lee, Khoury, Nixon, Goh & Spector, 2009) kommt zu niedrigeren Werten, zieht aber auch weniger Studien heran als die Metaanalyse von Judge et al. (2002). Burk-Lee et al. (2009) belegen hingegen Zusammenhänge zwischen Arbeitszufriedenheit und chronischer Ängstlichkeit (-.30) sowie positiver Affektivität (.40; .49 in der Metaanalyse von Connolly et al., 2000).

Judge und Bono (2001) fanden positive Zusammenhänge zwischen Arbeitszufriedenheit und mehreren zeitlich stabilen Merkmalen eines Menschen, die unter dem Oberbegriff „core self-evaluation traits" zusammengefasst werden: Selbstwert (.26), generalisierte Selbstwirksamkeit (.45), internale Kontrollüberzeugung (.32) und emotionale Stabilität (.24). Bei Peng und Mao (2015) ergab sich ein signifikanter Zusammenhang zwischen Selbstwirksamkeit und Arbeitszufriedenheit (.45).

Unabhängig von der Frage, welche Persönlichkeitsmerkmale eines Menschen in einem

Zusammenhang zur Arbeitszufriedenheit stehen, kann die *zeitliche Stabilität* der Arbeitszufriedenheit Auskunft darüber geben, wie sensibel die Arbeitszufriedenheit für Veränderungen der Arbeitsbedingungen ist. Dormann und Zapf (2001) nehmen in einer Metaanalyse Studien in den Fokus, die sich mit der zeitlichen Stabilität beschäftigen, und finden über einen Zeitraum von durchschnittlich 36 Monaten eine 25%ige Stabilität. Bei den Menschen, die in der Zeit ihren Arbeitgeber gewechselt haben – also danach anderen Arbeitsrealitäten ausgesetzt waren –, beträgt die Stabilität lediglich 12%. Dabei ist zu bedenken, dass auch an einem neuen Arbeitsplatz die Arbeitsrealität nicht völlig unterschiedlich ist, da die Arbeitnehmer in der Regel innerhalb ihres Berufsfeldes bleiben und bei ähnlichen Arbeitgebern eine neue Anstellung finden.

Auch wenn gewisse Faktoren, die von der Person des Mitarbeiters ausgehen, einen Einfluss auf die Arbeitszufriedenheit haben, scheint sie doch überwiegend eine Reaktion auf die vorherrschende Arbeitsrealität zu reflektieren.

Soweit die zentralen Antezedenzien der Arbeitszufriedenheit. Wie sieht es aber mit den möglichen *Konsequenzen der Arbeitszufriedenheit* aus? Zunächst einmal könnte ein Arbeitgeber Arbeitszufriedenheit anstreben, weil für ihn das Wohlbefinden seiner Arbeitnehmer ein Wert an sich darstellt. In der Tat stehen Arbeits- und Lebenszufriedenheit in einer Wechselbeziehung zueinander (Bowling, Eschleman & Wang, 2010). Der Einfluss der Lebenszufriedenheit auf die Arbeitszufriedenheit ist dabei geringfügig größer (16%) als der Einfluss der Arbeitszufriedenheit auf die Lebenszufriedenheit (12%). Die Forschung zeigt allerdings, dass eine hohe Arbeitszufriedenheit darüber hinaus aus mehreren, weniger selbstlosen Gründen für einen Arbeitgeber interessant sein kann.

Am häufigsten wurde in diesem Zusammenhang die Frage untersucht, inwieweit Arbeitszufriedenheit in einem Zusammenhang zur beruflichen *Leistung* steht. Judge, Thoresen, Bono und Patton (2001) führen hierzu eine umfassende Metaanalyse durch, in die 312 Primärstudien mit insgesamt mehr als 54.000 Probanden einfließen. Getestet werden sieben verschiedene Modelle des möglichen Zusammenhangs zwischen Arbeitszufriedenheit und Leistung:

- Modell 1: Arbeitszufriedenheit führt zu mehr Leistung.
- Modell 2: Leistung fördert die Arbeitszufriedenheit.
- Modell 3: Arbeitszufriedenheit und Leistung beeinflussen sich wechselseitig.
- Modell 4: Arbeitszufriedenheit und Leistung korrelieren zwar miteinander, der Zusammenhang wird aber durch eine gemeinsame Drittvariable (z. B. Selbstwert) erzeugt.
- Modell 5: Der wechselseitige Zusammenhang zwischen Arbeitszufriedenheit und Leistung wird durch weitere Variablen moderiert bzw. mediiert. Beispielsweise könnte aus vermehrter Leistung eine stärkere Zufriedenheit erwachsen, wenn die Leistung durch den Arbeitgeber belohnt wird. Umgekehrt führt Arbeitszufriedenheit nur dann zu mehr Leistung, wenn das Individuum auch über die nötigen Kompetenzen und Möglichkeiten zur Leistungssteigerung verfügt.
- Modell 6: Arbeitszufriedenheit und Leistung hängen nicht miteinander zusammen.
- Modell 7: Arbeitszufriedenheit und Leistung stehen nicht direkt in einer Beziehung zueinander, sondern die jeweiligen Konsequenzen, die daraus erwachsen. Beispielsweise könnte die Arbeitszufriedenheit Einfluss auf die Emotionen der Mitarbeiter nehmen, die ihrerseits dann wieder sehr spezifische Aspekte der Leistung positiv beeinflussen.

Judge et al. (2001) belegen über alle Primärstudien hinweg einen Zusammenhang zwischen Arbeitszufriedenheit und Leistung von 9%. Je spezifischer die Leistung definiert wurde, desto geringer fiel der Zusammenhang aus (12,3% bei komplexen Leistungsmaßen, 9% bei spezifischen Leistungsmaßen). Auffällig ist, dass Arbeitszufriedenheit und Leistung bei komplexen beruflichen Tätigkeiten, wie z. B. Managementtätigkeiten, um ein Vielfaches stärker ausfallen als bei einfach strukturierten beruflichen Aufgaben (27% vs. 8,4%). Auf der Basis zahlreicher Einzelanalysen stellen die Autoren ein integratives Modell auf, das in ▶ Abb. 13.5 skizziert wird. Die Arbeitszufriedenheit führt demnach nicht automatisch zu mehr Leistung, sondern nur dann, wenn verschiedene

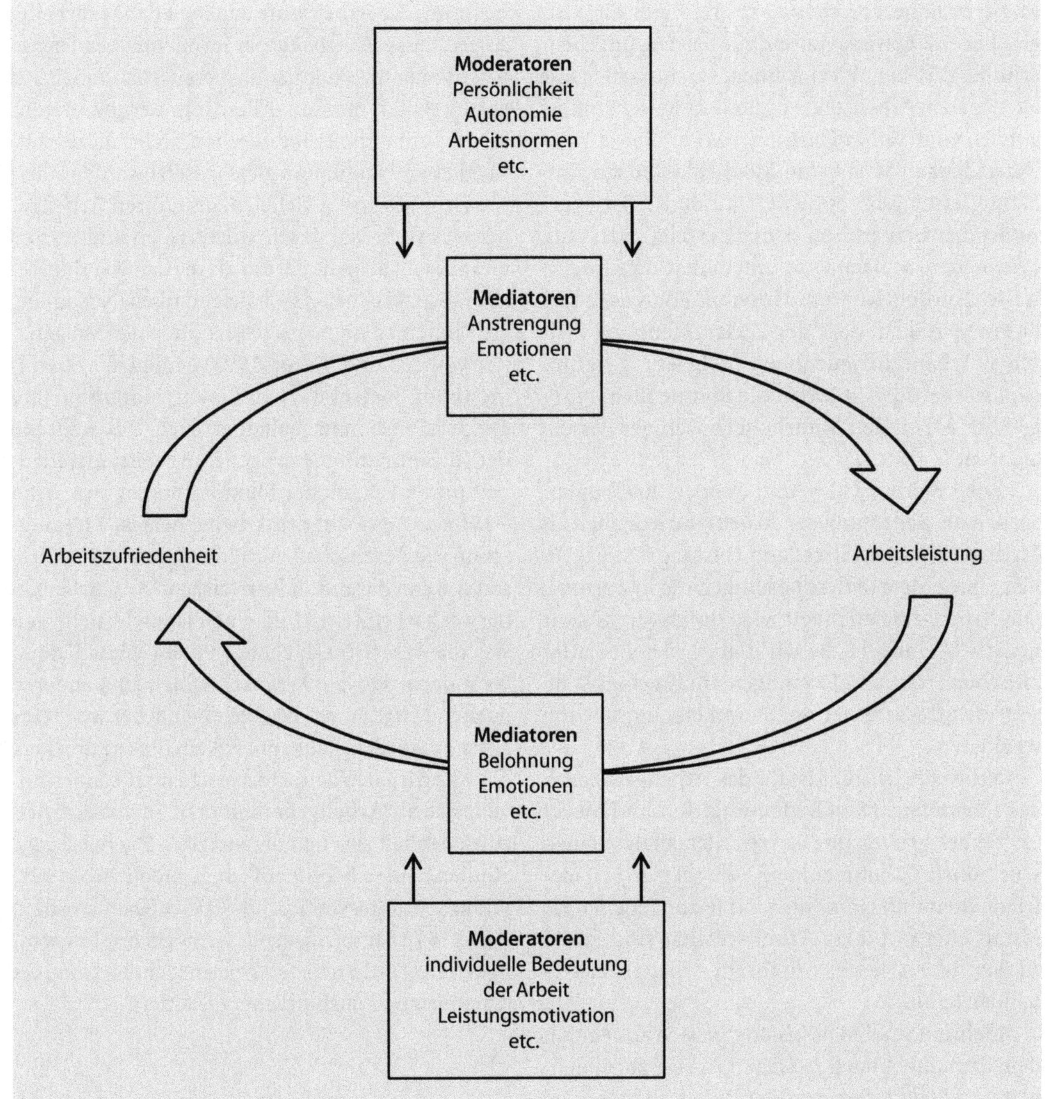

Abb. 13.5 Zusammenhang zwischen Arbeitszufriedenheit und Leistung, dargestellt in Anlehnung an Judge et al. (2001, S. 390)

positive Rahmenbedingungen (= Moderatorvariablen) vorliegen. Hierzu zählt z. B. ein passendes Selbstkonzept, demzufolge sich das Individuum mehr Leistung auch zutraut. Darüber hinaus beeinflusst die Zufriedenheit die Leistung nicht direkt, sondern nur vermittelt über verschiedene weitere Variablen (= Mediatorvariablen). Hierzu zählt u. a. die bewusste Absicht, mehr Leistung zeigen zu wollen. Analog verhält es sich bezüglich der Wirkung der Leistung auf die Arbeitszufriedenheit. Als Moderatoren wirken hier z. B. die Belohnung der Leistung durch den Arbeitgeber oder die Bedeutung, welche die Leistung im Leben des einzelnen Menschen besitzt. Die Leistung selbst verändert zudem die Ausprägung verschiedener Mediatoren, wie z. B. der wahrgenommenen Selbstwirksamkeit, die dann ihrerseits wiederum Einfluss auf die Arbeitszufriedenheit nehmen.

Nach dem Modell von Judge et al. (2001) wird postuliert, dass Arbeitszufriedenheit in stärkerem

Maße zu höherer Leistung führt, wenn die Mitarbeiter eine gewisse Autonomie bei der Aufgabenerfüllung erleben. Wer an einer Maschine steht, die letztlich den Arbeitstakt vorgibt, hat wenig Einfluss auf den Grad seiner Leistung, so dass eine etwaige Zufriedenheit auch kaum Möglichkeiten zur Entfaltung leistungsbezogener Effekte findet. Bei einem Außendienstmitarbeiter sieht dies völlig anders aus. Eine neuere Metaanalyse unterstützt diese Sichtweise. Bowling, Khazon, Meyer und Burrus (2015) konnten zeigen, dass der Zusammenhang zwischen Arbeitszufriedenheit und Leistung signifikant stärker ausfällt, wenn die Rahmenbedingungen der Arbeit den Mitarbeitern weniger Fesseln anlegen.

Fried, Shirom, Giboa und Cooper (2008) untersuchen die Bedeutung der Arbeitszufriedenheit als Mediator zwischen Stress und Leistung. Die Ergebnisse ihrer Metaanalyse bestätigen die Erwartung: Die Arbeitszufriedenheit wird durch Stress zwar negativ beeinflusst, sie wirkt aber wie ein Puffer zwischen Stress und Leistungen. Im Ergebnis kann so trotz Stress immer noch ein Leistungsgewinn resultieren.

Neben der Leistung ist für den Arbeitgeber auch das *Commitment* von Bedeutung. Tett und Meyer (1993) belegen in einer älteren Metaanalyse einen sehr hohen Zusammenhang zwischen Arbeitszufriedenheit und Commitment: Je zufriedener die Mitarbeiter mit ihrer Arbeitsrealität sind, desto stärker fühlen sie sich mit ihrem Arbeitgeber verbunden (.70).

13

Mehrere Studien beschäftigten sich zudem mit dem Zusammenhang zwischen Arbeitszufriedenheit und *Fluktuation* bzw. der Bereitschaft, seinen derzeitigen Arbeitgeber zu wechseln. Fried et al. (2008) finden in einer Metaanalyse einen vergleichsweise starken Zusammenhang zwischen beiden Variablen (-.48). Je zufriedener die Mitarbeiter mit ihrem Arbeitgeber sind, desto geringer ist die Bereitschaft, sich einen anderen Arbeitgeber zu suchen. Gleiches lässt sich bei Hellmann (1997) finden, wobei sich hier die Zugehörigkeit zum öffentlichen Dienst als Moderator erwiesen hat. Wer in einem unkündbaren Arbeitsverhältnis steht, hat eine geringere Fluktuationsbereitschaft und dies selbst dann, wenn er unzufrieden ist. Für die Wirtschaft ergibt sich hieraus die Erkenntnis, dass man sich weitaus mehr um die Arbeitszufriedenheit der Mitarbeiter sorgen muss als Arbeitgeber im öffentlichen Dienst, sofern man die Fluktuationsbereitschaft möglichst gering halten möchte. Allerdings darf die Bereitschaft zum Arbeitgeberwechsel nicht mit der tatsächlichen Fluktuation gleichgesetzt werden. Viele Menschen würden vielleicht gern ihren Arbeitgeber verlassen, weil sie sehr unzufrieden sind, setzten dies aber nicht in die Tat um, da die damit verbundenen Kosten (Umzug, Gehaltseinbußen, Neuanfang etc.) ihnen zu hoch erscheinen. In einer Metaanalyse von Tett und Mexer (1993) beträgt der Zusammenhang zwischen Arbeitszufriedenheit und Fluktuationsbereitschaft denn auch -.58, während der Zusammenhang zwischen Arbeitszufriedenheit und tatsächlicher Fluktuation bei immerhin -.25 liegt. Aus Sicht des Arbeitgebers ist allerdings schon die Bereitschaft zur Fluktuation bedenklich, selbst wenn daraufhin kein tatsächlicher Arbeitgeberwechsel eintritt. Zum einen ist nicht sicher, ob sich die Arbeitsmarktchancen nicht schon bald so verändern, dass ein Wechsel erfolgt, zum anderen dürften Mitarbeiter, die eigentlich lieber woanders arbeiten würden, kaum mit vollem Einsatz arbeiten.

Alles in allem betrachtet erscheint es somit sinnvoll, sich als Arbeitgeber mit dem Thema Arbeitszufriedenheit auseinanderzusetzen. Die referierten Studien deuten bereits auf einige mögliche Ansatzpunkte zur Intervention hin. Dieses Thema wird in ► Kap. 15 zusammenfassend mit möglichen Interventionen zur Förderung der sozialen Identität sowie des Commitments ausführlicher diskutiert.

Empfehlungen für die Praxis

- Untersuchen Sie die Arbeitszufriedenheit Ihrer Mitarbeiter.
- Untersuchen Sie, welche Erwartungen die Mitarbeiter an ihre berufliche Tätigkeit haben und inwieweit Sie als Arbeitgeber diese Erwartungen erfüllen (können).
- Reflektieren Sie in diesem Zusammenhang sowohl die Merkmale des Arbeitsplatzes (Aufgabenvielfalt, Ganzheitlichkeit der Arbeitsaufgaben, Autonomie, Bedeutsamkeit der Aufgaben, Feedback

aus der Aufgabenerfüllung) als auch die zwischenmenschlichen Aspekte, insbesondere bezogen auf das Führungsverhalten.

13.2 Soziale Identität

Identität ist das, was einen Menschen in seinem Selbstbild zu einem Individuum macht. Die Identität beschreibt, wie man sich selbst sieht und wodurch man sich von anderen Menschen unterscheidet. Die Vorstellung, die Frau X oder Herr Y von sich selbst als Individuum haben, setzt in gewisser Weise voraus, dass man auch eine Vorstellung davon hat, wie andere Menschen (also z. B. Frau A und Herr B) sind. Durch die Wahrnehmung der Unterschiede zu anderen Menschen entsteht eine Idee davon, wer wir selbst sind und was unsere Individualität ausmacht. Es sind jedoch nicht nur die Unterschiede, sondern auch Gemeinsamkeiten mit anderen Menschen, die zur Selbstdefinition beitragen. Beispielsweise könnte Frau X sich nicht nur abgrenzen von Y, A und B, sondern auch Gemeinsamkeiten mit Frau A und anderen Frauen feststellen, die sie zu der Überzeugung bringen, dass sie eine Frau ist und zumindest einige Merkmale und Eigenschaften aufweist, die ein Frausein konstituieren. In der Sozialpsychologie bezeichnet man letzteres als soziale Identität (Tajfel, 1978; Tajfel & Turner, 1985). Eine Metaanalyse von Gaertner, Sedikides, Vevea und Iuzzini (2002) zeigt, dass die persönliche Identität in der Regel für den Menschen bedeutsamer ist als seine sozialen Identitäten. Dies zeigt sich beispielsweise darin, dass die Betroffenen sensibler reagieren, wenn man sie als Individuum in Frage stellt, im Vergleich zu Situationen, in denen Gruppen herabgewürdigt werden, zu denen die Personen sich zugehörig fühlen. Letztlich ist es aber eine Frage der individuellen Bedeutsamkeit einzelner Gruppen sowie der situativen Bedingungen, unter denen ein solcher Angriff erfolgt. Man denke hier z. B. an einen überzeugten Fußballfan, für den die Identifikation mit seinem Verein eine zentrale Bedeutung im Leben hat, oder an einen Mitarbeiter, der seit Jahrzehnten in einem Unternehmen arbeitet und selbst einen nennenswerten Betrag zur positiven wirtschaftlichen Entwicklung der Firma geleistet hat.

Die *soziale Identität* bezieht sich auf die Zugehörigkeit eines Menschen zu sozialen Gruppen, wobei jeder Mensch über zahlreiche soziale Identitäten verfügen kann. Der Mitarbeiter eines Unternehmens könnte sich u. a. als „Mann", als „Ingenieur", als „Fußballfan" oder als „Kruppianer" (Mitarbeiter der Firma Krupp) definieren. Jede dieser sozialen Identitäten setzt voraus, dass man eine Vorstellung davon hat, welche Gemeinsamkeiten die Mitglieder einer Gruppe einerseits aufweisen und wodurch sie sich andererseits von den Mitgliedern anderer Gruppen unterschieden (Tajfel, 1978; Tajfel & Turner, 1985). Dabei werden in der subjektiven Wahrnehmung der Realität üblicherweise die Gemeinsamkeiten innerhalb jeder Gruppe sowie die Unterschiede zwischen den Gruppen akzentuiert (Turner, Hogg, Oakes, Reicher & Wetherell, 1987). Hierdurch werden Identitäten für die betroffenen Menschen trennschärfer als sie de facto sind. Beispielweise glauben viele Menschen, dass Frauen und Männer sich sehr stark voneinander unterscheiden, Männer und Frauen in ihrer jeweiligen Gruppe einander aber sehr ähnlich sind. Dies ist eine stark verzerrte Wahrnehmung der Realität. ▶ Abb. 13.6 skizziert den Trugschluss. Abgebildet sind die Häufigkeitsverteilungen beider Gruppen für das Motiv der Prosozialität in einer Stichprobe von mehr als 4.500 Menschen (Kanning, 2016c). Üblicherweise würde man annehmen, dass Frauen sehr viel stärker daran interessiert sind, anderen Menschen zu helfen, als dies bei Männern der Fall ist. In der Tat unterscheiden sich beide Gruppe auch signifikant voneinander. Frauen weisen einen Mittelwert von 8,64 und Männer einen Mittelwert von 7,59 Punkten auf. Schauen wir uns jedoch die Häufigkeitsverteilungen beider Gruppen an, so fällt auf, dass sich die Werte der Frauen ebenso wie die Werte der Männer über die gesamte Bandbreite der möglichen Merkmalsausprägungen erstrecken. Es gibt Frauen, die einen minimalen Wert von 0 Punkten aufweisen, so wie es auch Männer gibt, bei denen sich ein Maximalwert von 16 Punkten finden lässt. Die Wahrscheinlichkeit, dass es sich bei einem Menschen mit hohem Prosozialitätsmotiv um eine Frau handelt, ist deutlich höher als die Wahrscheinlichkeit, dass dieser Mensch ein Mann ist. Die Umkehrung gilt für ein

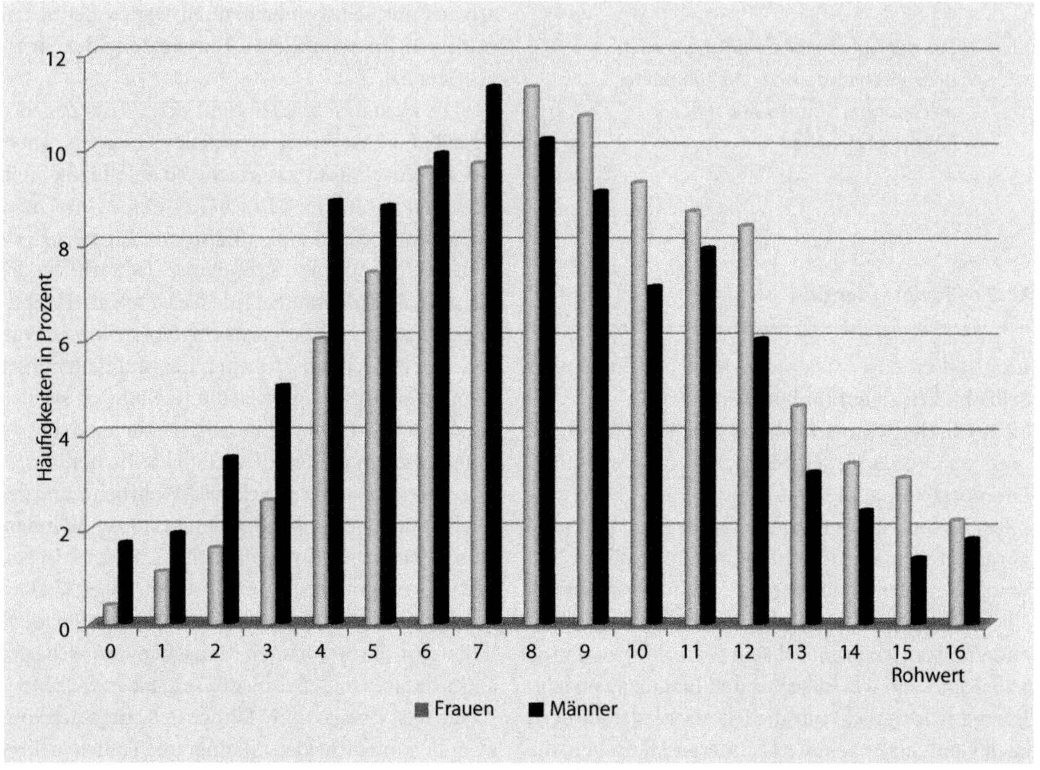

Abb. 13.6 Häufigkeitsverteilung des Prosozialitätsmotivs von Frauen und Männern (nach Kanning, 2016c)

geringes Prosozialitätsmotiv. Dennoch überschneiden sich beide Verteilungen stark. Die Ähnlichkeit beider Gruppen ist sehr viel größer als ihre Unterschiedlichkeit. In der Wahrnehmung der meisten Gruppenmitglieder verhält es sich jedoch anders. Sie erleben die Gruppen als sehr unterschiedlich und jede Gruppe für sich als besonders homogen. Eine solchermaßen verzerrte Wahrnehmung der Realität fördert die soziale Identität, ja im Grunde genommen legt sie die Grundlage für soziale Identitäten. Würden wir die Menschen als so vielfältig wahrnehmen, wie sie wirklich sind, würde es uns schwer fallen, sie zu Gruppen zusammenzufassen und uns als Mitglied solcher Gruppen zu sehen.

Menschen bilden jedoch nicht nur soziale Identitäten aus, um die Welt besser strukturieren und sich selbst definieren zu können, soziale Identitäten sind auch eine Quelle des sozialen *Selbstwertes* (Tajfel, 1978). Viele Studien zeigen, dass Menschen u. a. danach streben, ein positives Selbstkonzept aufbauen und aufrechterhalten zu können (Überblick: Kanning, 2000). Im Allgemeinen wollen Menschen sich selbst also positiv bewerten. Den allermeisten Menschen gelingt dies auch und zwar, indem sie verschiedene Strategien einsetzen (Blaine & Crocker, 1993; Brown, 1993, Kanning, 1997, 2000). Zu den bekanntesten Strategien gehört die selbstwertdienliche Attribution (Mezulis et al., 2004): Schneiden wir in einer Prüfung erfolgreich ab, so sehen wir die Ursachen für dieses Ergebnis bevorzugt in uns selbst. Wir haben uns gut auf die Prüfung vorbereitet und sind besonders fähig oder fleißig. Fiel das Ergebnis der Prüfung hingegen nicht so schmeichelhaft aus, suchen wir die Gründe in der Umgebung. Verantwortlich sind jetzt z. B. die widrigen Umstände, unter denen wir uns leider nicht optimal vorbereiten konnten, oder der Prüfer, der unfaire Fragen gestellt hat. Je nach Ergebnis der Prüfung suchen wir uns also die Interpretation aus, die uns selbst am besten dastehen lässt.

Der Selbstwert eines Menschen kann sich sowohl auf individuelle Merkmale der Person (z. B. eine

Tab. 13.1 Korrelate eines positiven organisationsbezogenen Selbstwertes (Auszug aus Kanning & Hill, 2012)

Zusammenhang mit ...	Korrelationskoeffizient
Arbeitszufriedenheit	.23 bis .82
Commitment	.12 bis .64
Arbeitsleistung	.15 bis .82
Leistungsmotivation	.17 bis .47
Karriereorientierung	.52
Identifikation mit dem Arbeitgeber	.49
freiwillige, unentgeltliche Arbeitsleistung	.19 bis .83
Bereitschaft, sich für das Team einzusetzen	.23 bis .32
Vertrauenswürdigkeit	.34
Rückzug von der Karriere	-.31
Bereitschaft, das Unternehmen zu verlassen	-.24 bis -.49

besondere Begabung zum Klavierspielen oder eine besondere Leistung im Beruf) als auch auf die Zugehörigkeit zu sozialen Gruppen (z. B. Mitglied einer erfolgreichen Fußballmannschaft oder Absolvent eines angesehenen Studiengangs) beziehen. Letzteres ist von besonderer Bedeutung für unser Thema der *Mitarbeiterbindung*. Auch die Zugehörigkeit zu einem Unternehmen kann die Grundlage zur Ausbildung sozialer Identitäten sein (Cable & Turban, 2003; Edwards, 2010). Die Tatsache, dass die meisten erwachsenen Menschen einen großen Teil ihrer Lebenszeit am Arbeitsplatz verbringen, prädestiniert den Beruf geradezu als Basis zur Ausbildung sozialer Identitäten. Dabei können gleichzeitig mehrere berufsbezogene soziale Identitäten nebeneinander existieren. Ein Ingenieur in einem mittelständischen Unternehmen mag sich beispielsweise gleichzeitig als Mitglied der Gruppe der Ingenieure, als Mitarbeiter der X-GmbH und als Mitglied der Abteilung „Maschinenbau" definieren. Gehen wir davon aus, dass dieser Ingenieur – wie die meisten Menschen – nach einem positiven Selbstwert strebt, so stellt sich zunächst die Frage, ob das Berufsleben für ihn eine Quelle positiver Selbstbewertung darstellt oder ob er seinen Selbstwert aus anderen Quellen speisen muss. Kann das Bedürfnis nach positivem Selbstwert über die Zugehörigkeit zu einem Unternehmen befriedigt werden, so ist dies nicht nur für den Arbeitnehmer, sondern auch für den Arbeitgeber von Bedeutung. Ein positiver Selbstwert, der sich aus der Zugehörigkeit zu einem bestimmten Arbeitgeber speist – in der Forschung wird in diesem Zusammenhang von einem organisationbezogenen Selbstwert (OBSE; Pierce, Gardener, Cummings & Dunham, 1989) gesprochen –, hat zahlreiche positive Korrelate. ► Tab. 13.1 gibt einen Überblick über die Befunde. Menschen mit einem hohen organisationsbezogenen Selbstwert sind in der Regel zufriedener mit ihrem Arbeitsplatz (z. B. Gardner & Pierce, 1998; Kanning & Schnitker, 2004; Lee, Park & Koo, 2015; Tang & Gilbert, 1994), fühlen sich mit ihrem Arbeitgeber stärker verbunden (z. B. Tang & Ibrahim, 1998; Xanthopoulus et al., 2007), setzen sich verstärkt für ihr Team bzw. ihren Arbeitgeber ein (Balliet, Wu & DeDreu, 2014; Lee, Park & Koo, 2015) und zeigen auch eine höhere Arbeitsleistung (z. B. Lee, Park & Koo, 2015; Ng, 2015; Pierce et al., 1989; Wiesenfeld et al., 2000). Zudem leisten sie von sich aus mehr als unbedingt notwendig wäre (z. B. NG, 2015; Pierce & Gardner, 2004; Lee, 2003) und haben eine geringere Bereitschaft, den Arbeitgeber zu wechseln (z. B. Pierce & Gardner, 2004; Riordan et al., 2001). All dies sind Punkte, die genuin im Interesse des Arbeitgebers sind.

Der Arbeitgeber bietet aber nicht zwangsläufig die Möglichkeit zur Ausbildung einer positiv

Tab. 13.2 Arbeitsplatzbedingungen, die mit einem positiven organisationsbezogenen Selbstwert einhergehen (Auszug aus Kanning & Hill, 2012)

Zusammenhang mit …	Korrelationskoeffizient
Anerkennung durch Vorgesetzte	.30 bis .52
Komplexität der beruflichen Aufgaben	.39 bis .44
Unterstützung durch Vorgesetzte	.35
unklare berufliche Rollendefinition	-.34
berufliche Rollenkonflikte	-.32
Stress	-.41

bewerteten sozialen Identität. Manche Arbeitsbedingungen, wie etwa ein hohes Stressniveau (Tang & Gilbert, 1994), unklare Rollendefinitionen (Jex & Elacqua, 1999) oder Konflikte am Arbeitsplatz (Jex & Elacqua, 1999) gehen mit einem geringeren organisationsbezogenen Selbstwert einher (▶ Tab. 13.2). Finden die Mitarbeiter hingegen Unterstützung und Anerkennung bei ihren Vorgesetzten (Pierce et al., 1989) und haben darüber hinaus komplexere, abwechslungsreiche Arbeitsaufgaben (Pierce et al., 1989), so ist dies mit höheren Werten im organisationsbezogenen Selbstwert verbunden.

Die Frage ist nun, wie ein Mitarbeiter damit umgeht, wenn seine berufliche Tätigkeit ihm keine hinreichende Möglichkeit zum Aufbau einer positiven sozialen Identität bietet. Die Theorie der sozialen Identität (Tajfel, 1978; Tajfel & Turner, 1986) zeigt mehrere Strategien auf, die durch angrenzende Forschungsgebiete noch deutlich erweitert werden können (Kanning, 2000). Die Wahl einer bestimmten Strategie hängt von verschiedenen Rahmenbedingungen ab (vgl. Bettencourt, Dorr, Charlton & Hume, 2001). Für unsere Zwecke reicht es, die grundlegenden Strategien vorzustellen.

Eine naheliegende Möglichkeit besteht darin, die Gruppe zu verlassen und sich in eine andere soziale Gruppe zu begeben, die als Quelle eines positiven sozialen Selbstwertes dienen kann. Mit anderen Worten: *Der Arbeitnehmer kündigt* und sucht sich einen anderen Arbeitsplatz. Eine solche Strategie ist vor allem dann zu erwarten, wenn die Gruppengrenzen durchlässig sind, der Arbeitnehmer also leicht eine neue Stelle bei einem besseren Arbeitgeber findet. Je besser die Person qualifiziert ist und je wenig gleich oder höher qualifizierte Personen auf dem Arbeitsmarkt zur Verfügung stehen, desto eher ist dies gegeben.

Eine andere Möglichkeit besteht darin, dass die betreffende Person ihren positiven Selbstwert aus anderen Quellen speist. Sie verbleibt dann zwar im Unternehmen, zieht einen positiven Selbstwert aber aus der *Zugehörigkeit zu anderen Gruppen* (z. B. Freizeitgruppen) oder aus *persönlichen Stärken* (z. B. Leistung beim Marathonlauf). Im Sinne des Arbeitgebers ist dies nicht, da die Identifikation mit dem Unternehmen sinkt und der Arbeitnehmer sich weniger stark für die Belange des Unternehmens einsetzt. Er kündigt nicht, weil z. B. die Kosten, die mit einem Wechsel verbunden wären, zu groß sind oder de facto keine Möglichkeit zum Wechsel besteht. Er geht eher in die „innere Emigration" und macht „Dienst nach Vorschrift".

Eine negative soziale Identität kann aber auch dazu führen, dass die Mitglieder der Gruppe sich nun besonders *stark für ihre Gruppe engagieren*. Dies ist der Fall, wenn sie im Vergleich zu einer anderen Gruppe (z. B. einem konkurrierenden Unternehmen) schlechter abschneiden, dieser Zustand aber als veränderbar angesehen wird. Besonders stark sollte das Engagement für die eigene Gruppe sein, wenn die Mitarbeiter den Eindruck haben, dass sich die andere Gruppe illegitimer Weise in einen Vorteil gesetzt hat und man selbst wenige Chancen sieht, die eigene Gruppe zu verlassen. Ein starkes Engagement für die eigene Gruppe kann darüber hinaus auch aus einer positiven sozialen Identität erwachsen (Jetten, Spears & Postmes, 2004). Befindet sich das Unternehmen im Vergleich zu konkurrierenden Unternehmen bereits in einer Position der Stärke und wird

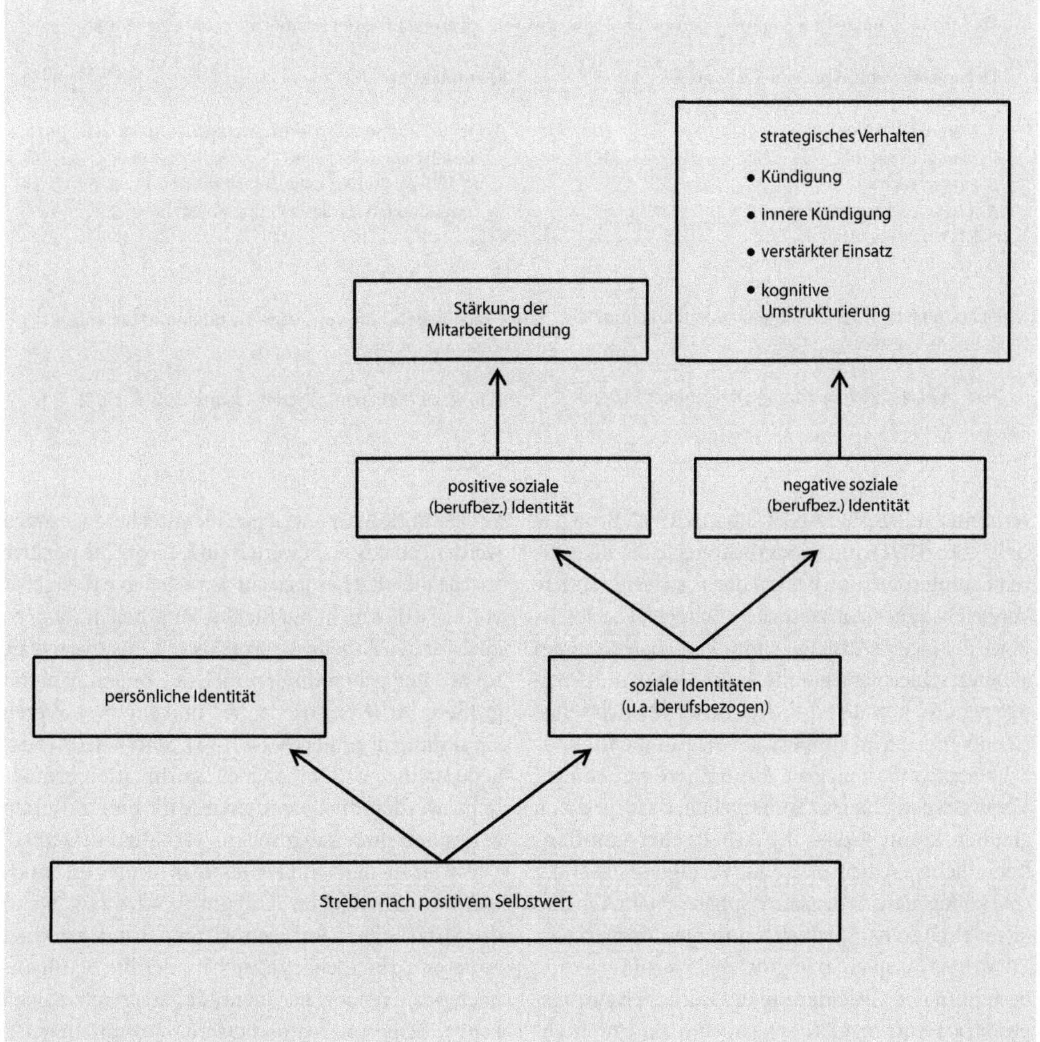

Abb. 13.7 Modell strategischen Verhaltens

dieser Status nun bedroht, weil die Konkurrenz den Abstand verringert, so resultiert ein stärkeres Engagement, um die positive soziale Identität erfolgreich verteidigen zu können (Aberson, Healy & Romero, 2000; Bettencourt et al., 2001; Mullen, Brown & Smith, 1992).

Eine vierte Möglichkeit, mit einer negativen bzw. unbefriedigenden sozialen Identität umzugehen, besteht darin, die Realität neu zu interpretieren. Die Realität wird nicht verändert, sondern lediglich *kognitiv umstrukturiert*. Die Bandbreite solcher kognitiven Strategien ist sehr groß (vgl. Kanning, 2000). Ein Mitarbeiter, der bei einem Arbeitgeber beschäftigt ist, der in der in der Öffentlichkeit kein hohes Ansehen genießt oder gar ein negatives Image hat, könnte sich z. B. sagen, dass andere Arbeitgeber noch viel schlimmer sind („downward comparison"; Wills, 1981). Im Vergleich zu den Menschen, die bei einem solchen Arbeitgeber beschäftigt sind, erscheint der eigene Arbeitgeber und damit auch die eigene Zugehörigkeit zur Gruppe der Beschäftigten noch relativ gut. Es könnte alles noch viel schlimmer sein. Ein solchermaßen relativierender Vergleich mit Menschen, denen es noch schlechter geht, scheint weit

Tab. 13.3 Auszüge aus Fragebögen zur Erfassung des Selbstwertes sowie der Identifikation mit einer Gruppe

Organisationsbezogener Selbstwert	Identifikation
1. Man nimmt mich ernst. 2. Man vertraut mir. 3. Ich bin wichtig. 4. Ich kann etwas bewirken. 5. Ich bin wertvoll. 6. …..	1. Meine Gruppenmitgliedschaft hat wenig damit zu tun, wie ich mich selbst sehe. 2. Im Allgemeinen ist mein Selbstbild wesentlich durch die Zugehörigkeit zu dieser Gruppe bestimmt. 3. …..
Skala: fünfstufig von „stimme überhaupt nicht zu" bis „stimme vollständig zu"	Skala: siebenstufig von „keine Zustimmung" bis „starke Zustimmung"
(Pierce et al., 1989; dt. Kanning & Schnitker, 2004)	(Crocker & Luthanen, 1990; dt. Wagner & Zick, 1993)

verbreitet zu sein (Buunk & Gibbon, 1997; Brown & Gallagher, 1992). Eine andere Strategie der kognitiven Uminterpretation besteht darin, sich eine andere Vergleichsdimension zu suchen. Schneidet beispielsweise der eigene Arbeitgeber im Vergleich zu einem anderen schlechter ab, wenn es um Gehalt und Prestige geht, so könnten die Mitarbeiter für sich selbst einen Vergleich im Hinblick auf die Familienfreundlichkeit oder die kollegiale Atmosphäre vornehmen. Voraussetzung hierfür ist natürlich, dass sie daran glauben können, dass ihr Arbeitgeber familienfreundlichere Arbeitsplätze zur Verfügung stellt oder eine kollegialere Arbeitsatmosphäre schafft. Ob dies tatsächlich so ist, spielt eine untergeordnete Rolle. Ein drittes Beispiel für kognitive Umstrukturierung besteht in der Veränderung des zeitlichen Bezugspunktes. Heute mag es noch so sein, dass Unternehmen A höhere Löhne zahlt und über mehr Prestige verfügt als Unternehmen B. Dies führen die Mitarbeiter des Unternehmens B aber vor allem darauf zurück, dass die Konkurrenz schon seit Jahrzehnten auf dem Markt agiert. Dem eigenen Unternehmen gehört hingegen die Zukunft, da es sich um ein innovatives Start-Up-Unternehmen handelt – so glauben es die Mitarbeiter zumindest.

In ► Abb. 13.7 werden die grundlegenden Aussagen des Ansatzes noch einmal zusammengefasst. Am Anfang steht das Streben des Menschen nach einem positiven Selbstwert. Dieser lässt sich sowohl über eine persönliche Identität als auch über soziale Identitäten erzielen. Voraussetzung hierfür ist, dass die Merkmale des Individuums oder der Gruppe, die zur Definition der jeweiligen Identität herangezogen werden, positiv zu bewerten sind. Liegt eine positive soziale Identität bezogen auf den eigenen Arbeitgeber vor, so ist dies nicht nur für den Mitarbeiter, sondern auch für den Arbeitgeber von Vorteil. Positive soziale Identitäten gehen im beruflichen Kontext u. a. mit größerer Arbeitszufriedenheit und einem stärkeren Commitment einher (► Tab. 13.1). Sofern der Arbeitgeber keine positive soziale Identifikation ermöglicht, werden die betroffenen Mitarbeiter diesem Missstand mit strategischem Verhalten begegnen. Diese Strategien sind keineswegs immer im Interesse des Arbeitgebers. Ungünstig wäre z. B., wenn die Mitarbeiter kündigen würden, um sich einen anderen Arbeitgeber zu suchen, der ihr Bedürfnis nach positiver sozialer Identität besser befriedigen kann. Ebenso unerwünscht wäre es, wenn Mitarbeiter innerlich kündigen und nur noch die unbedingt notwendige Leistung erbringen, weil sie sich nicht länger mit dem Unternehmen identifizieren. Weitaus besser gestaltet sich die Situation, wenn die Mitarbeiter dafür eintreten, ihre soziale Identität nicht gegen, sondern mit dem Arbeitgeber zu verbessern. Dies wäre z. B. dann der Fall, wenn sie sich umso mehr für den Erfolg des Unternehmens einsetzen würden. Strategien der kognitiven Umstrukturierung helfen hingegen nur bedingt weiter. Sie verbessern nicht die Lage der Arbeitnehmer, tragen aber dazu bei, dass auch gute und wichtige Mitarbeiter an Bord bleiben und jeweils für sich einen Weg finden, sich mit den eigentlich ungünstigen Bedingungen zu arrangieren. Der Arbeitgeber kann seinerseits über die Gestaltung

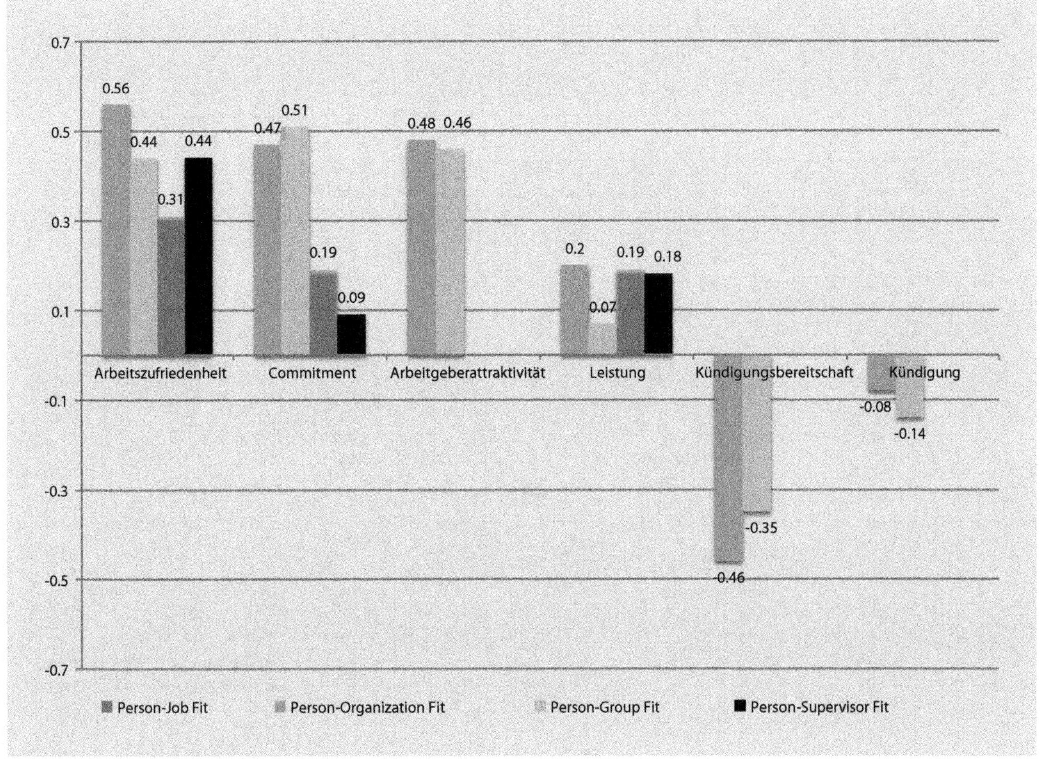

Abb. 13.8 Zusammenhang zwischen der wahrgenommenen Passung eines Mitarbeiters und verschiedenen Variablen (nach Kristof-Brown et al., 2005)

von Arbeitsbedingungen und Führung Einfluss auf die soziale Identifikation seiner Mitarbeiter nehmen. ► Tab. 13.2 gibt hierzu Anregungen.

Wer sich gezielt mit der sozialen Identität seiner Mitarbeiter und ihrem organisationsbezogenen Selbstwert auseinandersetzen möchte, ist einstweilen darauf angewiesen, auf Skalen aus der Forschung zurückzugreifen. Normwerte existieren in diesen Fällen nicht. ► Tab. 13.3 stellt Beispiele aus einer Skala zur Messung des organisationsbezogenen Selbstwertes von Pierce et al. (1989) sowie der sprachlich recht hölzernen Identifikationsskala von Cocker und Luthanen (1990) dar. Entsprechende Untersuchungen können in der Praxis dazu beitragen, mögliche Problemfelder rechtzeitigt zu erkennen, um frühzeitig Gegenmaßnahmen initiieren zu können.

Erstaunlicherweise erfolgt in der Literatur zur berufsbezogenen sozialen Identität kein Brückenschlag zur Forschung auf dem Gebiet des *Person-Environment Fit*, obwohl beide Konzepte inhaltlich miteinander verwandt sind. Der Person-Environment Fit bezieht sich auf die Frage, inwieweit ein Mitarbeiter sich als passend zu verschiedenen Aspekten seines beruflichen Lebens empfindet. Dabei können verschiedene Formen der Passung unterschieden werden (Edwards, 1991; Kristof-Brown, Zimmerman & Johnson, 2005; Lauver & Kristof-Brown, 2001):

- *Person-Vocation Fit:* Passung eines Arbeitnehmers zu seinem Beruf
- *Person-Job Fit:* Passung eines Mitarbeiters zu seinem Arbeitsplatz, und zwar bezogen auf
  - die Passung zwischen den Anforderungen des Arbeitsplatzes und den eigenen Fähigkeiten und Fertigkeiten und
  - die Passung zwischen den eigenen Arbeitsmotiven und Interessen auf der einen Seite und den Möglichkeiten, diese am Arbeitsplatz zu verwirklichen, auf der anderen Seite

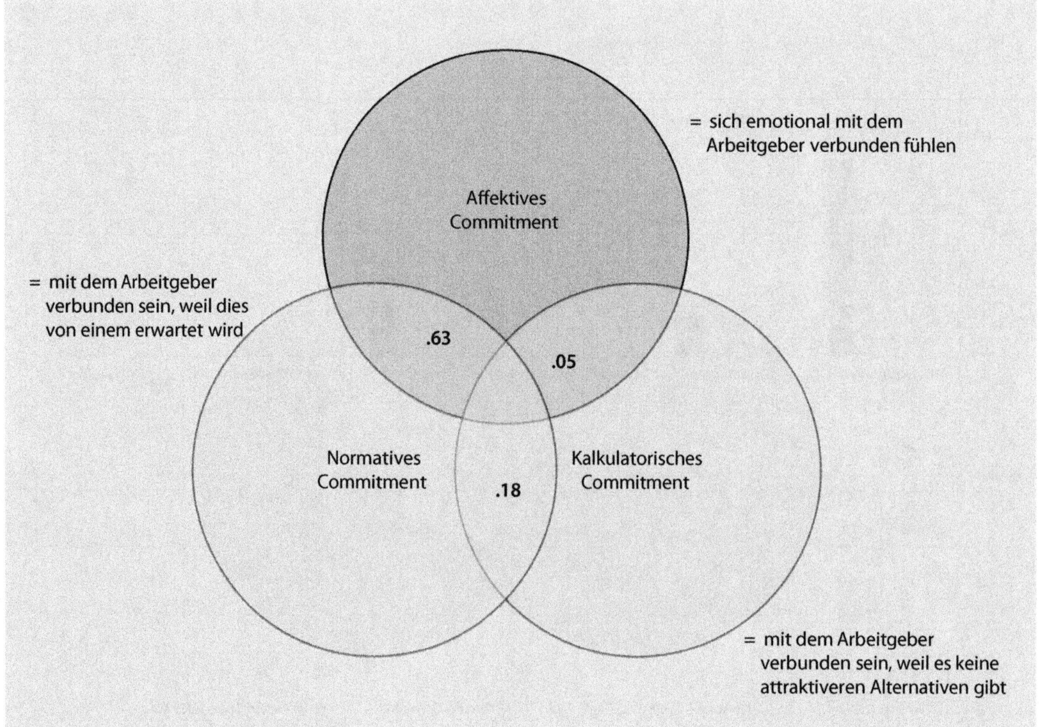

Abb. 13.9 Drei Formen des Commitments nach Allen und Meyer (1990) und ihre Korrelation untereinander (nach Meyer et al., 2002)

13

- *Person-Organization Fit:* Passung eines Arbeitnehmers zu seinem Arbeitgeber im Hinblick auf die vertretenen Werte, das Arbeitsklima, gemeinsame Ziele etc.
- *Person-Group Fit:* Passung eines Teammitgliedes zu seinen Kollegen
- *Person-Supervisor Fit:* Passung eines Mitarbeiters zu seiner Führungskraft

Es ist anzunehmen, dass die Identifikation eines Mitarbeiters umso größer ausfällt, je mehr er sich selbst als passend erlebt. Eine Vorstellung davon, ob man zu einem konkreten Arbeitsplatz bzw. zu einem Arbeitgeber passt, bilden Menschen bereits im Personalauswahlprozess aus (Carless, 2005). Inwieweit solche Einschätzung auch der Realität entsprechen, ist einstweilen unklar. In einer Metaanalyse untersuchen Kristof-Brown et al. (2005) die Korrelate verschiedener Formen des Fit. ► Abb. 13.8 gibt die zentralen Befunde wieder.

Hier zeigen sich überwiegend deutlich positive Zusammenhänge zu Arbeitszufriedenheit, Commitment und Arbeitgeberattraktivität. Dies gilt insbesondere für den Person-Job Fit und den Person-Organization Fit. Die Bedeutung der Passung für die berufliche Leistung fällt deutlich geringer aus, was darauf zurückzuführen ist, dass Leistung in starkem Maße von Fähigkeiten und Fertigkeiten abhängt, die Passung aber auch sehr viel mit „weichen" Faktoren zu tun hat. So kann sich ein Mensch beispielsweise als passend erleben, weil er sich gut mit seinen Kollegen versteht und die Werte des Arbeitgebers teilt. Die Metaanalyse zeigt darüber hinaus, dass die Passung zum Arbeitsplatz, zu den Kollegen und Vorgesetzten wichtiger für die Leistung ist als die Passung zur Organisation. In die Passung zum Arbeitsplatz fließt zumindest ein Stück weit die Leistungsfähigkeit ein, da der Mitarbeiter u. a. beurteilt, wie gut er sich den Ansprüchen des Arbeitsplatzes gewachsen fühlt. Die Passung zu Kollegen und Vorgesetzten dürfte

Tab. 13.4 Beispielitems aus der deutschsprachigen Fassung des Organizational Commitment Questionnaire (Kanning & Hill, 2013)

Item	Polung(hohe Zustimmung zu dem Item =)
Ich bin stolz, wenn ich anderen sagen kann, dass ich zu diesem Unternehmen gehöre.	hohes Commitment
Ich halte dieses für das beste aller Unternehmen, die für mich in Frage kommen.	hohes Commitment
Ich fühle mich diesem Unternehmen nur wenig verbunden.	niedriges Commitment
Ich würde fast jede Veränderung meiner Tätigkeit akzeptieren, nur um auch weiterhin für dieses Unternehmen arbeiten zu können.	hohes Commitment
Die Zukunft dieses Unternehmens liegt mir sehr am Herzen.	hohes Commitment
Ich verspreche mir nicht allzu viel davon, mich langfristig an dieses Unternehmen zu binden.	niedriges Commitment
Erläuterung: fünfstufige Antwortskalierung von 1 = „stimme gar nicht zu" bis 5 = „stimme völlig zu"	

bedeutsam sein, weil man sich hier Unterstützung bei der Lösung der eigenen Arbeitsaufgaben suchen kann. Die Bereitschaft, zu kündigen bzw. die tatsächliche Kündigung, ist hingegen negativ korreliert mit der wahrgenommenen Passung zum Job bzw. zum Arbeitgeber insgesamt. Im Falle der tatsächlichen Kündigung sind die Effekte jedoch sehr gering. Offenkundig hängt das Kündigungsverhalten von weiteren Variablen ab, die sehr viel einflussreicher sind. Hierzu dürfte nicht zuletzt der individuelle Marktwert des Einzelnen auf dem Arbeitsmarkt zählen.

Empfehlungen für die Praxis

- Setzen Sie sich mit der Frage auseinander, inwieweit Ihre Mitarbeiter sich mit ihrem Arbeitgeber positiv identifizieren können.
- Untersuchen Sie im Rahmen von Mitarbeiterbefragungen mögliche Ursachen für eine mangelhafte soziale Identifikation.
- Versuchen Sie, Arbeitsbedingungen und Führungsprozesse so zu gestalten, dass sie einen positiven Einfluss auf die soziale Identifikation Ihrer Mitarbeiter nehmen. Die Ansatzpunkte hierfür sind vergleichbar zu denen, die auch für die Förderung einer hohen Arbeitszufriedenheit gelten.

13.3 Commitment

Der Begriff des Commitments bzw. des organisationsbezogenen Commitments bezieht sich auf die subjektiv erlebte Verbundenheit eines Mitarbeiters mit seinem Arbeitgeber (vgl. van Dick, 2004; Felfe, 2008). Insofern ist eine hohe Überschneidung zwischen Commitment und sozialer Identität bezogen auf den Arbeitgeber zu erwarten. Dies ist aber nicht zwangsläufig immer der Fall. Eine Verbundenheit kann auch jenseits sozialer Identität vorliegen, wenn aus der Zugehörigkeit zu einer Organisation dem Mitarbeiter z. B. materielle Vorteile erwachsen, die er auch in Zukunft nicht missen möchte (Lee et al., 2005).

Derartige Überlegungen führten Allen und Meyer (1990) zu einer Differenzierung unterschiedlicher Commitment-Formen, die in der Forschung eine breite Zustimmung gefunden hat (van Dick, 2004; Felfe, 2008). Sie differenzieren drei Formen des Commitments (▶ Abb. 13.8): Das *affektive Commitment* bezieht sich auf die emotionale Verbundenheit eines Mitarbeiters mit seinem Arbeitgeber. Er empfindet Freude oder Stolz, dazuzugehören und ist bereit, sich gegenüber seinem Arbeitgeber loyal zu verhalten. Das *normative Commitment* ist sehr viel nüchterner. Es basiert auf der Überzeugung, dem Arbeitgeber verpflichtet zu sein. Der Arbeitgeber hat

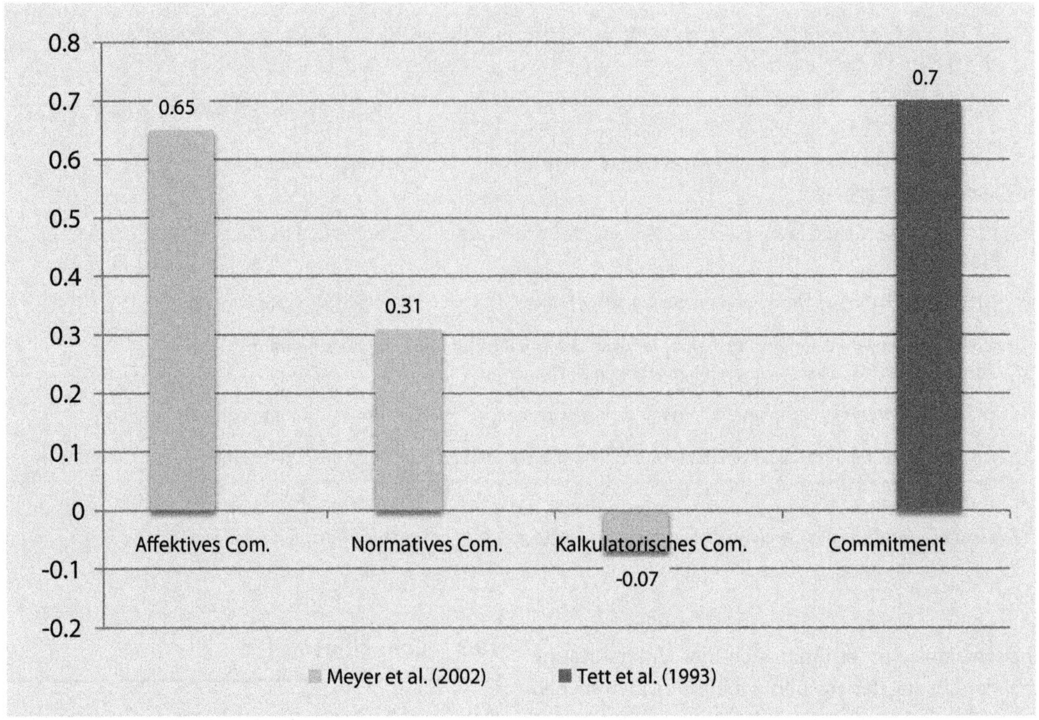

Abb. 13.10 Zusammenhang zwischen Commitment und Arbeitszufriedenheit in verschiedenen Metaanalysen

beispielsweise die Ausbildung finanziert und jahrelang zuverlässig das Gehalt ausgezahlt, woraus sich eine gewisse Verpflichtung ergibt, sich hinter seinen Arbeitgeber zu stellen. Würde man bei der erstbesten Gelegenheit das Unternehmen wechseln, beispielsweise weil eine andere Firma ein höheres Gehalt zahlt oder der derzeitige Arbeitgeber in wirtschaftliche Schwierigkeiten gerät, so würde man dies selbst als undankbar erleben und müsste damit rechnen, auch von anderen Menschen „verurteilt" zu werden. Es existiert mithin ein normativer Druck zur Verbundenheit. Der Mitarbeiter legt aber bildlich gesprochen kein „Herzblut" in die Beziehung. Da das normative Commitment immer auch ein Stück weit die Werte und Verhaltensregeln einer Gesellschaft widerspiegelt, verwundert es nicht, wenn sich insbesondere bei dieser Form des Commitments Einflüsse der Kultur nachweisen lassen (Meyer, Stanley, Jackson, McInnis, Maltin & Sheppard, 2012). Das *kalkulatorische Commitment* repräsentiert die nüchternste Variante des Commitments. Sie fußt auf der kühlen Abwägung von Vor- und Nachteilen, die mit einer dauerhaften Zugehörigkeit zu einem Arbeitgeber einhergehen. Solange eine Beschäftigung bei Arbeitgeber A mehr Vorteile mit sich bringt als ein Wechsel zu Arbeitgeber B, erlebt der Mitarbeiter eine Verbundenheit. In Zeiten hoher Arbeitslosigkeit fühlen sich viele Mitarbeiter daher in besonderem Maße mit ihrem Arbeitgeber verbunden, nicht etwa, weil man sich identifiziert oder sich verpflichtet fühlt, sich für das Große und Ganze einzusetzen, sondern weil keine attraktiveren Alternativen zur Verfügung stehen.

Die drei Formen des Commitments nach Allen und Meyer (1990) sind untereinander korreliert (Meyer, Stanley, Herscovitch & Toplnytsky, 2002), wobei der Zusammenhang zwischen normativem und affektivem Commitment besonders hoch ausfällt (▶ Abb. 13.9). Je stärker ein Mitarbeiter emotional an seinem Arbeitgeber hängt, desto eher fühlt er auch eine normativ-moralische Verpflichtung, sich an eben diesen Arbeitgeber zu binden. Der Zusammenhang zwischen normativem und kalkulatorischem Commitment ist weitaus geringer. Je mehr die

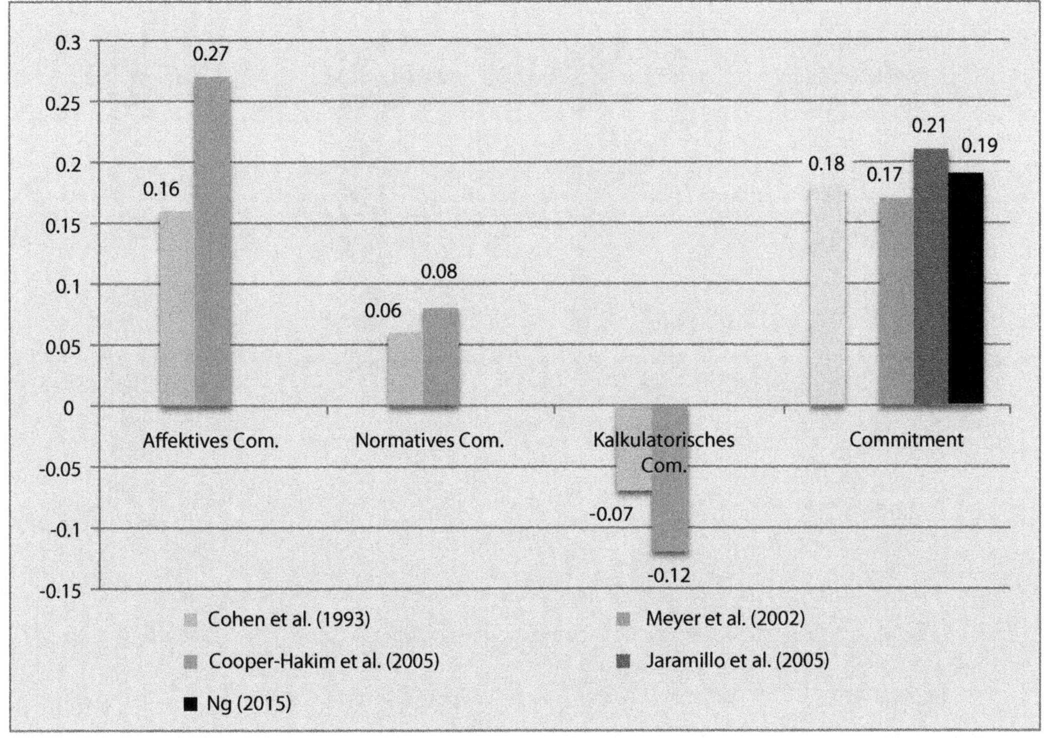

Abb. 13.11 Zusammenhang zwischen Commitment und Leistung in verschiedenen Metaanalysen

Betroffenen einen normativen Druck verspüren, sich mit ihrem Arbeitgeber verbunden zu fühlen, desto nützlicher ist es für sie, diesem Druck ein Stück weit zu folgen. Affektives und kalkulatorisches Commitment sind de facto unabhängig voneinander, stehen aber auch nicht im Widerspruch zueinander. So mag der Mitarbeiter eines angesehenen und erfolgreichen Unternehmens sich emotional mit seinem Arbeitgeber stark verbunden fühlen, was ihn aber nicht davon abhält, auch die Vorteile einer solchen Allianz zu erkennen.

Jenseits des Modells von Allen und Meyer (1990) existieren in der Forschung weitere Modelle (Überblick: Cooper-Hakim & Visvesvaran, 2005), wobei das dreifaktorielle Modell besonders viel Aufmerksamkeit auf sich gezogen hat.

Die Messung des Commitments erfolgt über verschiedene Fragebögen, wobei in vielen Studien nicht zwischen den drei Formen des Commitments unterschieden wird. Das Commitment wird entweder mit dem affektiven Commitment gleichgesetzt, oder es wird eine Mischung aus affektivem und normativem Commitment erfasst. Zu den Klassikern der Commitmentforschung zählt der Organizational Commitment Questionnaire (OCQ), der von Porter und Smith (1970) entwickelt wurde. Kanning und Hill (2013) legen eine Übersetzung und Validierung des OCQ in sechs verschiedenen Sprachen vor. In ▶ Tab. 13.4 finden sich zur Illustration einige Items aus der deutschsprachigen Fassung des OCQ.

Zum Commitment liegen sehr viele Studien und in der Folge auch zahlreiche Metaanalysen vor. In zwei Metaanalysen wird der Zusammenhang zwischen Commitment und *Arbeitszufriedenheit* analysiert (Meyer et al., 2002; Tett & Meyer, 1993). Hier zeigen sich zum Teil sehr hohe Zusammenhänge (▶ Abb. 13.10). Eine hohe Arbeitszufriedenheit geht dementsprechend auch mit einem höheren Commitment sowie mit einem höheren affektiven Commitment einher. Für das normative Commitment gilt

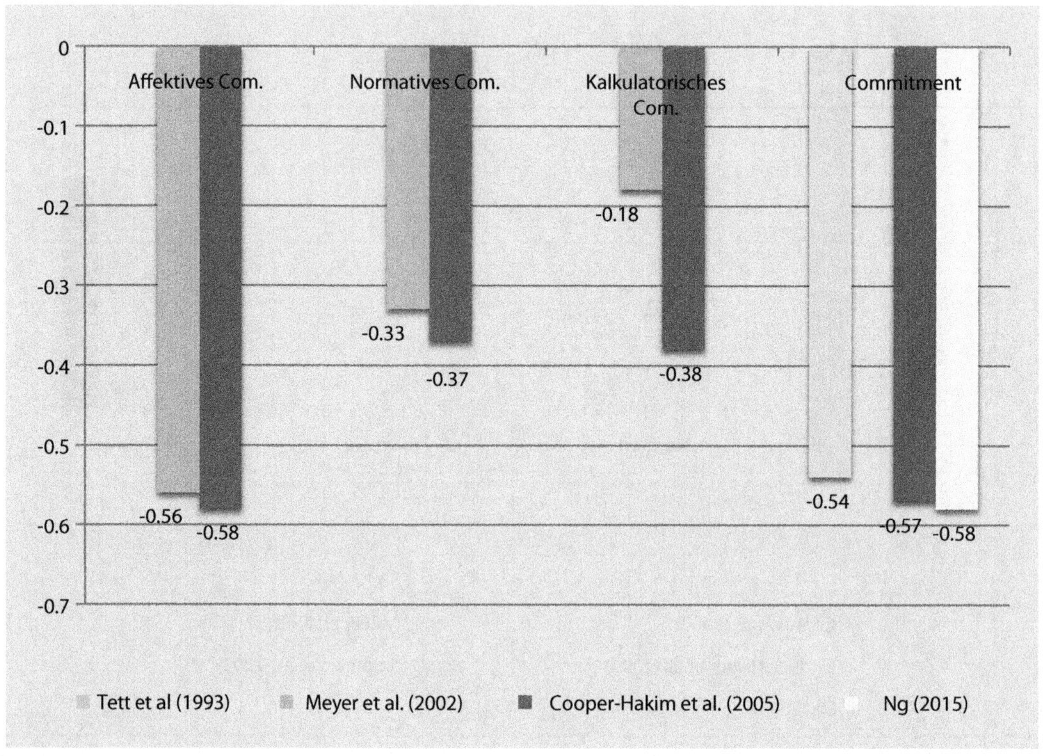

Abb. 13.12 Zusammenhang zwischen Commitment und der Bereitschaft zum Arbeitgeberwechsel in verschiedenen Metaanalysen

Vergleichbares, jedoch auf einem deutlich niedrigerem Niveau. Während der Zusammenhang zwischen Arbeitszufriedenheit und affektivem Commitment 42% beträgt, sind es im Fall des normativen Commitments lediglich 9,6%. Offensichtlich können Mitarbeiter sich zur Verbundenheit verpflichtet fühlen, ohne selbst sonderlich zufrieden sein zu müssen. Anders verhält es sich beim kalkulatorischen Commitment. Hier zeigt sich ein negativer Zusammenhang, der jedoch so gering ist, dass er faktisch einer Korrelation von Null gleichkommt. Unabhängig von ihrer Arbeitszufriedenheit können Mitarbeiter mehr oder weniger die Ansicht vertreten, dass die Zugehörigkeit zu einem bestimmten Unternehmen für sie von Vorteil ist.

Fünf Metaanalysen gehen der Frage nach, inwieweit sich Zusammenhänge zwischen Commitment und beruflicher *Leistung* belegen lassen (Cohen & Hudecek, 1993; Cooper-Hakim & Viswesvaran, 2005; Jaramillo, Mulki & Marshall, 2005; Meyer et al., 2002; Ng, 2015). Hier zeigen sich vor allem für das allgemeine sowie für das affektive Commitment deutlich positive Zusammenhänge (► Abb. 13.11). Je stärker die Mitarbeiter sich mit ihrem Arbeitgeber verbunden fühlen, desto höher ist auch ihre berufliche Leistung. Riketta (2002) konnte zeigen, dass die Zusammenhänge bei Mitarbeitern mit höherer Qualifikation stärker ausfallen als bei Mitarbeitern mit geringerer Qualifikation. Je länger die Mitarbeiter aber in dem Unternehmen beschäftigt sind, desto weniger eng ist der Zusammenhang zwischen Commitment und Leistung (Wright & Bonett, 2002). Im Vergleich zur Arbeitszufriedenheit (► Abb. 13.9) fallen die Zusammenhänge in ► Abb. 13.10 deutlich niedriger aus. Die Leistung eines Menschen ist im Gegensatz zur Arbeitszufriedenheit keine Einstellung, sondern das Ergebnis eines Verhaltens. Um gute Leistung bringen zu können,

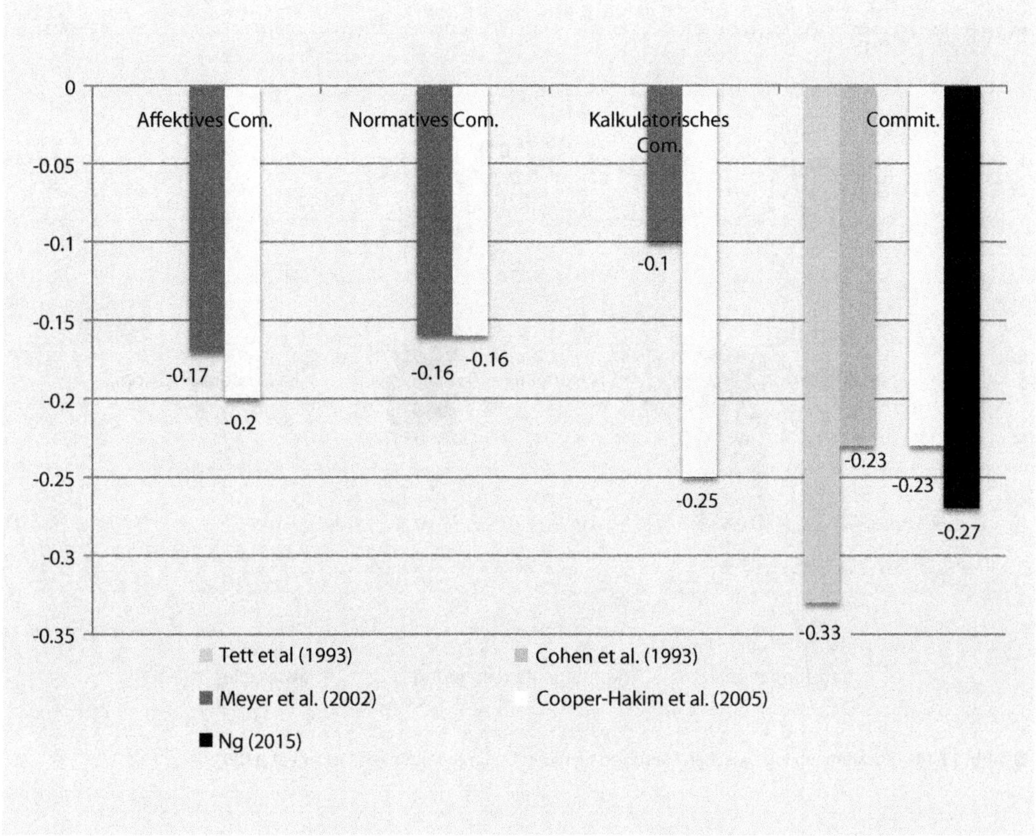

Abb. 13.13 Zusammenhang zwischen Commitment und dem Wechsel des Arbeitgebers in verschiedenen Metaanalysen

muss das Individuum über entsprechende Fähigkeiten und Fertigkeiten verfügen, die – unabhängig vom Commitment – nicht bei allen Beschäftigten in gleicher Ausprägung vorliegen. Hinzu kommt die Qualität der Arbeitswerkzeuge oder die Unterstützung durch Kollegen und Vorgesetzte, die Einfluss auf die berufliche Leistung eines Menschen nehmen können. Aufgrund der zahlreichen Moderatorvariablen ist von vornherein kein hoher Zusammenhang zwischen Commitment und Leistung zu erwarten. Arbeitszufriedenheit ist hingegen – wie das Commitment – das Ergebnis eines innerpsychischen Bewertungsprozesses, der zwar von außen durch die Realität des Arbeitsplatzes beeinflusst wird, letztlich aber weitgehend voraussetzungsfrei ablaufen kann. Das kalkulatorische Commitment geht mit leicht geringerer Leistung einher. Wer sich letztlich nur deshalb mit seinem Arbeitgeber verbunden fühlt, weil es keine interessanteren Alternativen gibt, kann aus dieser Einstellung auch keinen Antrieb zu mehr Leistung generieren. Im Grunde genommen wartet die betreffende Person eher, bis sich ein vorteilhafteres Beschäftigungsangebot ergibt und leistet ansonsten bestenfalls „Dienst nach Vorschrift".

In vier Metaanalysen wird der Zusammenhang zwischen Commitment und der *Bereitschaft zum Arbeitgeberwechsel* unter die Lupe genommen (Cooper-Hakim et al., 2005; Meyer et al., 2002, Tett et al., 1993; Ng, 2015). Erwartungsgemäß fördern die Analysen negative Zusammenhänge zu Tage (▶ Abb. 13.12). Je weniger sich die Mitarbeiter mit ihrem Arbeitgeber verbunden fühlen, desto

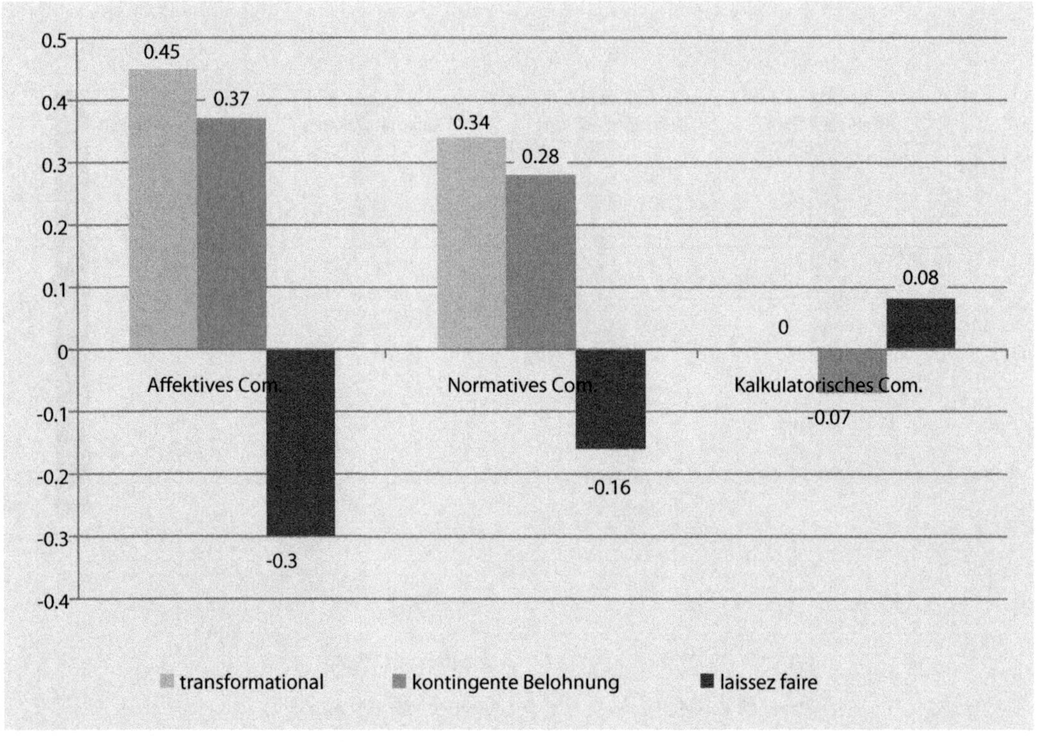

Abb. 13.14 Zusammenhang zwischen Führungsstilen und Commitment (nach Jackson et al., 2013)

größer ist ihre Bereitschaft, sich eine neue Anstellung zu suchen. Hier sind die Zusammenhänge im Vergleich zur beruflichen Leistung wieder deutlich stärker und reichen fast an die Effekte der Arbeitszufriedenheit heran. Die Bereitschaft zum Arbeitgeberwechsel ist – vergleichbar zur Arbeitszufriedenheit – eine Einstellung und als solche vergleichsweise voraussetzungsarm. Vor allem das allgemeine sowie das affektive Commitment erweisen sich als sehr gute Prädiktoren der Bereitschaft eines Arbeitgeberwechsels. Das normative sowie das kalkulatorische Commitment haben hingegen eine geringere Bedeutung.

Ähnlich sieht es aus, wenn nicht nur die Einstellung zum Arbeitgeberwechsel, sondern der tatsächliche *Arbeitgeberwechsel* untersucht wird (Cohen & Hudecek, 1993; Cooper-Hakim et al., 2005; Meyer et al., 2002; Tett et al., 1993; Ng, 2015). Je geringer das Commitment ausfällt, desto häufiger wechseln die Mitarbeiter tatsächlich ihren Arbeitgeber (► Abb. 13.13). Dies gilt für Menschen in höheren Positionen stärker als für Mitarbeiter der niedrigeren Hierarchiestufen (Cohen & Hudecek, 1993). Im Vergleich zur bloßen Bereitschaft, den Arbeitgeber zu wechseln, fallen die Werte etwas niedriger aus. Dies deutet darauf hin, dass bei Weitem nicht alle Menschen, die gern kündigen möchten, diesen Wunsch auch verwirklichen. Möglicherweise mangelt es an alternativen Arbeitgebern, oder der Mut zum Handeln fehlt. Menschen in höheren Positionen sind in der Regel besser qualifiziert und haben daher oftmals mehr Optionen zum Wechsel.

Alles in allem unterstreichen die Metaanalysen die Bedeutung des Commitments im beruflichen Kontext. Dies gilt insbesondere für Mitarbeiter mit höherer Qualifikation. Grundsätzlich ist ein hohes Commitment für den Arbeitgeber von Vorteil. Felfe (2008) zeigt jedoch auf, dass ein sehr hohes Commitment mitunter auch unerwünschte Konsequenzen nach sich ziehen könnte. Mitarbeiter, die sich extrem stark mit ihrem Unternehmen verbunden fühlen, könnten sich allzu sehr für ihren Arbeitgeber „aufopfern" und Burnout erleben. Eine Organisation, in

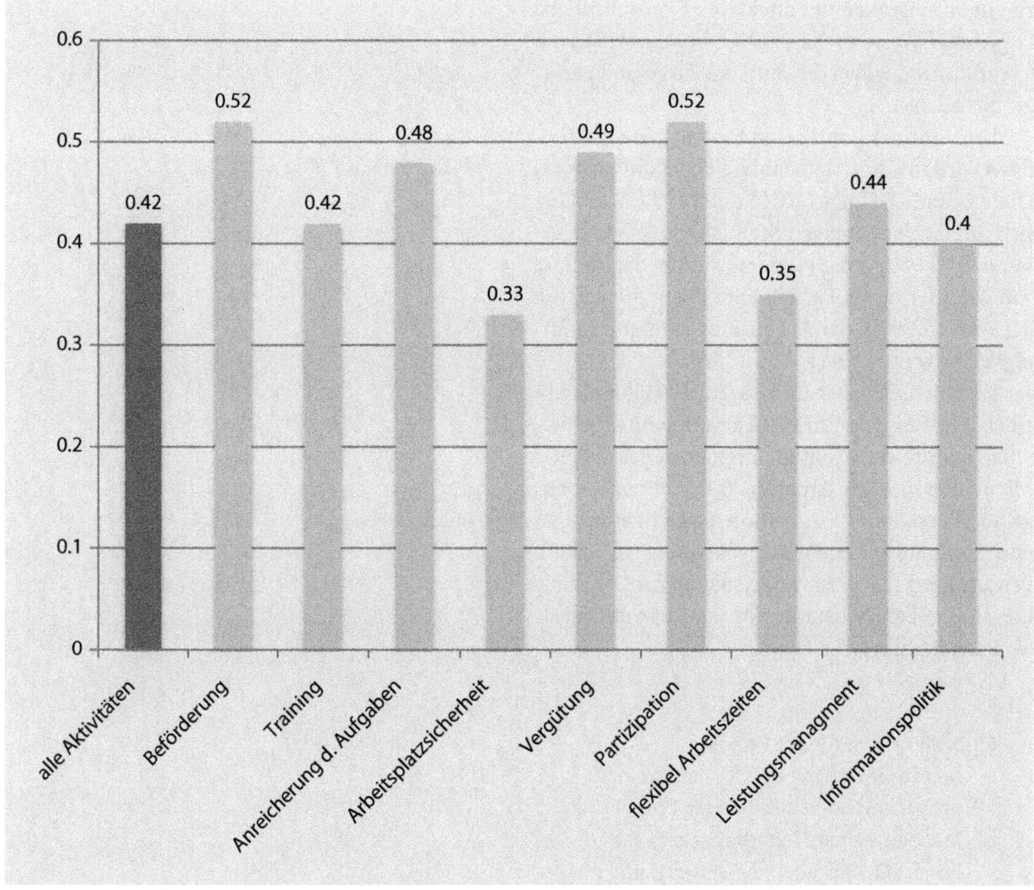

Abb. 13.15 Zusammenhang zwischen Personalmanagementmaßnahmen und Commitment (nach Kooij et al., 2010)

der sich alle extrem verbunden fühlen, läuft zudem Gefahr, sich gegenüber Kritik zu immunisieren. Mitarbeiter trauen sich möglicherweise gerade deshalb nicht, Kritik an Missständen zu üben, weil ihnen dies als undankbar oder gar als verräterisch erscheinen mag. Die allermeisten Unternehmen dürften von derartigen Problemen allerdings weit entfernt sein.

Nun stellt sich die Frage, wie das Commitment der Mitarbeiter positiv zu beeinflussen ist. Die Demographie scheint eine untergeordnete Rolle zu spielen (Meyer et al., 2002). Frauen unterscheiden sich nicht systematisch von Männern in ihrem Commitment. Ältere Menschen sind ein klein wenig verbundener als jüngere Menschen (Effektstärke: 1,4 bis 2,3%). Auch die Bildung spielt keine systematische Rolle. Zwei Metaanalysen gehen der Frage nach, wie sich Führung und Personalmanagementaktivitäten auf das Commitment auswirken.

Jackson, Meyer und Wang (2013) untersuchen den Einfluss verschiedener *Führungsstile*. Hierbei zeigten sich unterschiedliche Effekte (▶ Abb. 13.14). Das kalkulatorische Commitment kann demnach durch keinen Führungsstil beeinflusst werden. Beim affektiven Commitment sieht dies völlig anders aus. Es wird sowohl durch einen transformationalen Führungsstil (die Führungskraft versucht, die Mitarbeiter auf eine gemeinsame Aufgaben einzuschwören) als auch durch kontingente Belohnung (die Führungskraft ist eher nüchtern, aber verlässlich, zielorientiert und belohnt Leistungen) beeinflusst. Ein Führungsstil, der alles laufen lässt („laissez faire") und nicht steuernd eingreift, führt hingehen zu einem Absinken des affektiven Commitments. In gleicher Weise verhält es sich beim normativen Commitment, wobei die Einflüsse insgesamt geringer ausfallen.

Der Einfluss von *Personalmanagementaktivitäten* wird in einer Metaanalyse von Kooij, Jansen, Dikkers und DeLange (2010) untersucht. Hier lässt sich für alle der gängigen Maßnahmen ein bedeutsamer Effekt belegen. Besonders stark ist der Einfluss von Beförderungen, Partizipation, Vergütung sowie der Anreicherung der Arbeitsaufgaben, um Eintönigkeit zu vermeiden (▶ Abb. 13.15).

Farzaneh, Farashah und Kazemi (2013) finden in einer Feldstudie signifikante Zusammenhänge zwischen der subjektiv wahrgenommenen Passung der Mitarbeiter zu ihrem Arbeitsplatz bzw. ihrem Arbeitgeber (Person-Job Fit, Person-Organization Fit) und Commitment (siehe auch Verquer et al., 2003). Erwartungsgemäß besitzt die Passung zur Organisation eine größere Bedeutung für das Commitment als die Passung zum Arbeitsplatz.

Empfehlungen für die Praxis

- Setzen Sie sich mit dem Commitment Ihrer Mitarbeiter auseinander. Dies gilt insbesondere für Mitarbeiter, die eine höhere Qualifikation aufweisen und die ggf. viele attraktive Alternativen zu einer Beschäftigung in Ihrem Unternehmen haben.
- Untersuchen Sie insbesondere das allgemeine und das affektive Commitment, da sich hier die stärksten Zusammenhänge zu anderen wichtigen Variablen (Arbeitszufriedenheit, Leistung, Wechselbereitschaft) finden lassen.
- Versuchen Sie, durch aktives Führungsverhalten die Bindung der Mitarbeiter zu stärken. Als sinnvoll haben sich in diesem Zusammenhang ein transformationaler Führungsstil sowie ein auf Verlässlichkeit, Klarheit und kontingente Belohnung ausgerichteter Führungsstil erwiesen.
- Hinterfragen Sie Ihre Maßnahmen des Personalmanagements im Sinne der in ▶ Abb. 13.15 dargestellten Punkte.

Prozess der Mitarbeiterbindung

U.P. Kanning, *Personalmarketing, Employer Branding und Mitarbeiterbindung*,
DOI 10.1007/978-3-662-50375-1_14

Der Prozess der Mitarbeiterbindung baut, vergleichbar zum Prozess des Personalmarketings und des Employer Brandings, zunächst auf einer Analyse des Status quo auf (► Abb. 14.1). Im Gegensatz zum Personalmarketing und Employer Branding ist die Analysephase zur Mitarbeiterbindung jedoch mit weitaus weniger Aufwand verbunden. Es müssen keine Stichproben aus potenziellen oder tatsächlichen Bewerbern gezogenen werden. Stattdessen genügt eine klassische Mitarbeiterbefragung. Inhalt der Mitarbeiterbefragung sollte im Kern die Arbeitszufriedenheit und darüber hinaus ggf. das Ausmaß der Identifikation der Mitarbeiter mit ihrem Arbeitgeber sowie das Commitment sein. Die Befragung muss selbstverständlich anonym erfolgen, damit die Mitarbeiter keine negativen Folgen unerwünschter Antworten befürchten müssen und weitestgehend ehrlich antworten. Die Anonymität wird vor allem durch eine sparsame Erhebung demographischer Daten hergestellt. Würde man beispielsweise Alter, Geschlecht, Dauer der Firmenzugehörigkeit und Abteilung erfassen, so ließen sich viele Mitarbeiter über einen Abgleich mit den Daten aus Personalakten oder ganz einfach dem Wissen der Führungskräfte über ihre Mitarbeiter persönlich identifizieren. Abhilfe schafft hier, wenn nur die unbedingt notwendigen Informationen erfasst werden oder dort, wo dies möglich ist, breite Antwortkategorien zum Einsatz kommen. Statt bei der Frage nach dem Alter die konkrete Jahreszahl eingeben zu lassen, könnte man z. B. Altersgruppen (unter 30 Jahre, 30-50 Jahre, über 50 Jahre) zum Ankreuzen vorgeben. Ein weiterer Schritt in Richtung einer furchtlosen Teilnahme an einer Mitarbeiterbefragung ist die Begleitung durch einen externen Berater. Der Berater bringt dabei nicht nur das methodische Know-how zur Fragebogenentwicklung und statistischen Auswertung mit, sondern stellt auch eine hinreichende Anonymisierung der Daten in der Ergebnisauswertung sicher. Beispielsweise sorgt er dafür, dass Aussagen über Teams oder Abteilungen nur veröffentlicht werden, wenn sie eine bestimmte Mindestgröße haben. Zudem bleiben die Rohdaten in der Verwaltung des Beraters. Die Unternehmen haben somit auch nicht die Möglichkeit, die Angaben einzelner Mitarbeiter im Nachhinein zu identifizieren. Aus rein sachlichen Erwägungen heraus ist das Unternehmen letztlich auch gar nicht daran interessiert, die Meinung einzelner Mitarbeiter offenzulegen. Der Sinn der Mitarbeiterbefragung besteht ja gerade darin, eine möglichst repräsentative Aussage über die Meinung der Belegschaft zu erhalten. Technisch bietet sich für eine Mitarbeiterbefragung heute in aller Regel ein online-gestütztes Vorgehen an. Die Mitarbeiter erhalten dabei einen Link zu einem Fragebogen, den sie von einem beliebigen Rechner aus während der Arbeitszeit oder auch von zu Hause aus aktivieren, um dann den Fragebogen online ausfüllen zu können. Mitarbeiter, die während der Arbeitszeit keinen Zugang zu einem Rechner haben, können nach wie vor auf klassischem Weg mit papiergestützten Fragebögen befragt werden. Eine Zwischenlösung besteht darin, vorübergehend einen Raum mit Rechnern auszustatten, in dem auch die Mitarbeiter ohne Rechnerarbeitsplatz den Onlinefragebogen ausfüllen können. Eine gute Mitarbeiterbefragung muss Transparenz nicht scheuen. Insofern ist eine große Offenheit gegenüber der Belegschaft zu empfehlen. Im besten Fall wird die Befragung vor der Durchführung in einer Mitarbeiterversammlung angekündigt. Die Ergebnisse werden später ebenfalls in einer Mitarbeiterversammlung – möglichst durch eine neutrale Person – dargestellt und erläutert. Zusätzlich kann sich jeder Mitarbeiter die zentralen Befunde im Intranet anschauen. Neben der Transparenz spielt für die Akzeptanz und Unterstützung der Mitarbeiterbefragung auch die sichtbare Ableitung von Konsequenzen eine Rolle. Haben die Mitarbeiter den Eindruck, dass die Mitarbeiterbefragung letztlich nur eine Marketingveranstaltung ist und keine Konsequenzen daraus erwachsen, wird spätestens bei der zweiten oder dritten Befragung, die in den nachfolgenden Jahren durchgeführt werden, die Teilnahmebereitschaft merklich sinken. Eine empfehlenswerte Anleitung zur Durchführung von Mitarbeiterbefragungen findet sich bei Borg (2015). Inhaltlich könnten die oben vorgestellten Fragebögen zur Messung von Arbeitszufriedenheit (Kanning, in Vorbereitung), organisationsbezogenem Selbstwert (Kanning & Schnitker, 2004), Identifikation (Wagner & Zick, 1993) und Commitment (Kanning & Hill, 2013) die Grundlage zur Entwicklung eines eigenen Fragebogens liefern.

Die Analyse bildet die Grundlage für etwaige Interventionen. Dabei stellen sich zwei Fragen:

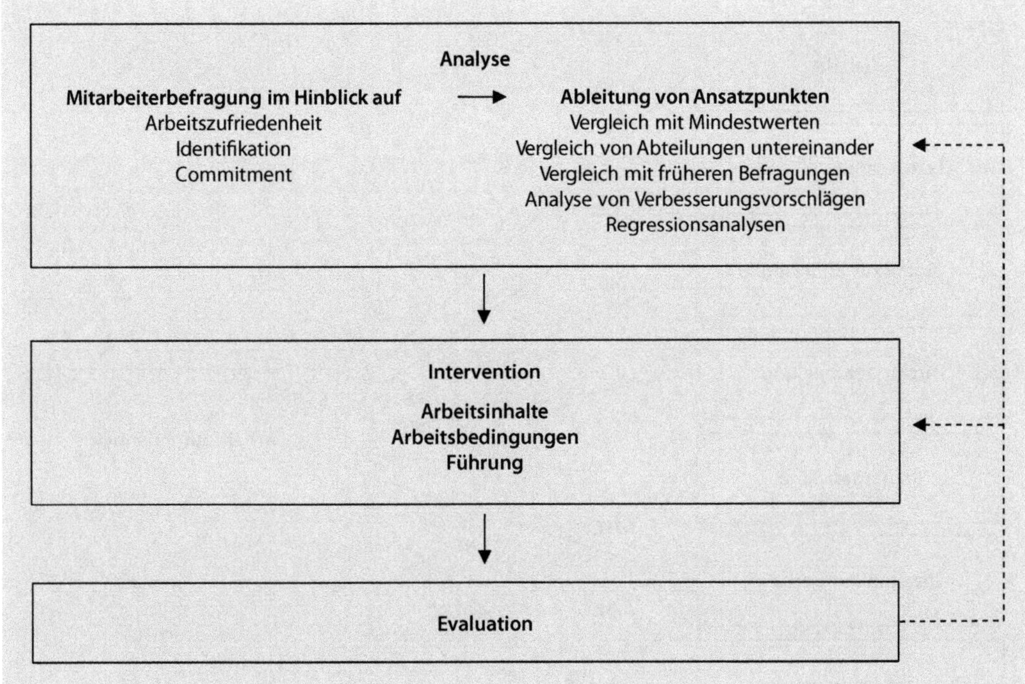

Abb. 14.1 Prozess der Mitarbeiterbindung

1. Ab welchem Wert der Arbeitszufriedenheit, der Identifikation oder des Commitments besteht Handlungsbedarf?
2. Welche Interventionsmaßnahme ist diejenige, die den größten Erfolg verspricht?

Beide Fragen sind nicht leicht zu beantworten. Im Bereich der Arbeitszufriedenheit ist es üblich, den prozentualen Anteil der zufriedenen Menschen in der Belegschaft auszudrücken. Der Anteil der zufriedenen Menschen ist oft erstaunlich hoch, 70 % und mehr sind keine Seltenheit. Insofern ist ein Anteil zufriedener Menschen von 60 % keineswegs ein brillantes Ergebnis, sondern kann bereits Anlass zur Intervention bieten. Aussagekräftig wären natürlich Vergleichswerte innerhalb einer Branche oder zwischen lokalen Arbeitgebern, die sich für dieselben Arbeitskräfte interessieren. Solche Vergleichswerte dürften aber so gut wie nie vorliegen. Nur wenige Unternehmen führen derartige Befragungen durch und werden bereit sein, die Ergebnisse gegenüber anderen Unternehmen offenzulegen. Hinzu kommt das Problem der unterschiedlichen Fragebögen, wodurch die Vergleichbarkeit der Befunde zusätzlich eingeschränkt wird. In den meisten Fällen wird man daher darauf angewiesen sein, einen Handlungsbedarf aus den eigenen Daten abzuleiten. Hierzu bieten sich mehrere Möglichkeiten an:

- Im Vorhinein wird ein bestimmter Zielwert festgelegt (z. B. eine Zufriedenheitsquote von 75%), der nicht unterschritten werden darf. Je weiter der reale Wert unter dem Zielwert liegt, desto größer ist der Handlungsbedarf.
- Der Handlungsbedarf wird für einzelne Abteilungen des Unternehmens im Vergleich untereinander festgelegt. Weicht eine bestimmte Abteilung signifikant von anderen Abteilungen oder dem Gesamtergebnis des Unternehmens ab, so deutet dies auf einen besonderen Handlungsbedarf hin.
- Liegen bereits Befragungsergebnisse aus vergangenen Jahren vor, so erfolgt ein Vergleich über die Zeit hinweg. Haben sich die Werte verschlechtert, so spricht dies für Handlungsbedarf. Gleiches gilt, wenn die Ergebnisse dauerhaft auf einem niedrigen Niveau verharren.

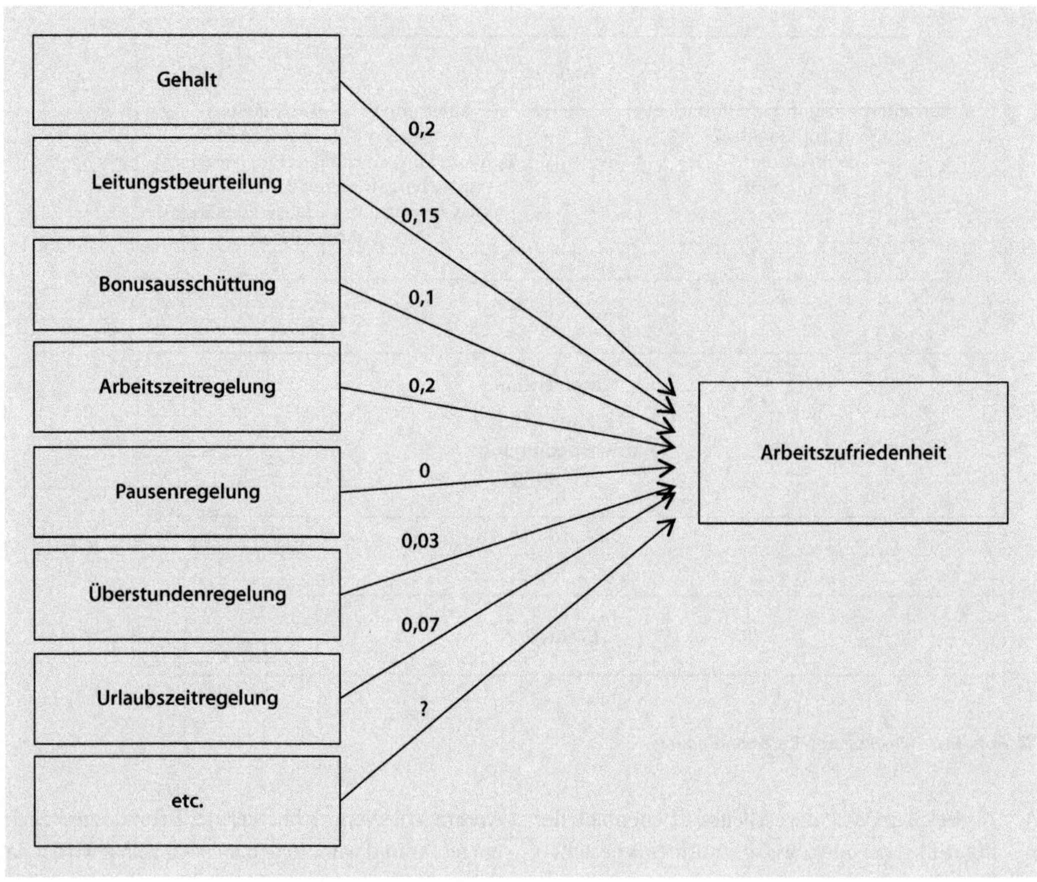

Abb. 14.2 Beispiel für ein Vorgehen zur Ableitung von Interventionsansätzen mittels Regressionsanalyse

- Eine Kombination der drei zuvor genannten Optionen: Beispielsweise ließe sich eine absolute Schwelle definieren, unter der in jedem Falle eine Intervention erfolgt. Zur Definition dieser Schwelle wird auf ältere Befragungsergebnisse zurückgegriffen. Zusätzlich oder alternativ hierzu erfolgt ein Vergleich zwischen den Abteilungen. Abteilungen, die signifikant schlechter abschneiden als andere, als der Durchschnitt oder als der definierte Absolutwert, werden als Kerngebiet der Intervention identifiziert.

Die Ableitung konkreter Interventionsmaßnahmen setzt voraus, dass man in den Daten der Mitarbeiterbefragungen konkrete Hinweise auf Schwachstellen oder signifikante Zusammenhangbeziehungen findet.

Ersteres ist möglich, wenn sich die Items der Mitarbeiterbefragungen auf sehr konkrete Merkmale beziehen. Wurde z. B. differenziert nach dem Angebot in der Kantine gefragt, so lassen sich aus niedrigen Werten leicht Handlungsanleitungen ableiten (z. B. Einrichtung einer Salatbar). Das Problem hierbei ist letztlich die Länge des Fragebogens. Wollte man zu jedem Themenbereich der Befragung sehr konkrete Fragen stellen, so würde der Fragebogen sehr schnell mehrere hundert Items umfassen und damit letztlich nicht mehr ausfüllbar sein. Die Alternative, die Mitarbeiter mit offenen Fragen um konkrete Verbesserungsvorschläge zu bitten, ist nur auf den ersten Blick attraktiv. Am Ende äußern sich vielleicht zehn Mitarbeiter zum mangelnden Salatangebot in der Kantine. Von weiteren 500 Mitarbeitern, die auch jeden Tag in die Kantine gehen, weiß man hingegen nichts über deren Einstellung zu einer Salatbar. Sollte man nun eine Salatbar einrichten oder dies als Wunsch einer vernachlässigbaren Minderheit anzusehen? Ist zu erwarten, dass die Arbeitszufriedenheit oder das Commitment nennenswert durch die Einrichtung einer Salatbar steigt, wenn zehn Mitarbeiter einen entsprechenden Vorschlag machen?

Die zweite Alternative bietet mehr Sicherheit. Hier wird auf mathematischem Weg überprüft, wie stark die Veränderung eines bestimmten Merkmals zu einer Verbesserung der Arbeitszufriedenheit o. Ä. beiträgt. ► Abb. 14.2 verdeutlicht das Vorgehen an einem Beispiel. Untersucht wurden verschiedene Aspekte des Arbeitslebens, die anschließend über eine Regressionsanalyse in Beziehung zur Arbeitszufriedenheit gesetzt werden. Zum einen wird überprüft, welche der untersuchten Merkmale überhaupt einen signifikanten Einfluss auf die Arbeitszufriedenheit nehmen, zum anderen interessiert die Höhe des Zusammenhangs. Je höher der Zahlenwert in ► Abb. 14.2 ausfällt, desto sinnvoller ist es, an genau diesem Punkt mit der Intervention anzusetzen. Auch hier gilt allerdings, was zuvor schon gesagt wurde: Je abstrakter die Merkmale auf der linken Seite der Abbildung sind, desto weniger konkret sind auch die Empfehlungen zur Intervention. Je konkreter die Merkmale ausfallen, desto länger wird der Fragebogen. Eine Möglichkeit, diesen Abhängigkeiten ein Stück weit zu entgehen, wäre die Verknüpfung von zwei Mitarbeiterbefragungen. Im ersten Schritt geht es zunächst darum, grob die grundlegenden Ansatzpunkte der Intervention zu bestimmen. Auf der Basis der gewonnen Erkenntnisse würde dann eine zweite Befragung durchgeführt, die sich gezielt nur noch auf die einflussreichen Bereiche (z. B. Kantine, Sozialleistungen, Führungsverhalten der Vorgesetzten) bezieht und hier dann ins Detail geht.

Die anschließende *Interventionsphase* kann so vielfältig sein wie die Ergebnisse der vorgeschalteten Analyse. Grob lassen sich die Interventionsmaßnahmen drei Ansätzen zuordnen (► Abb. 13.15). Die Verantwortlichen können versuchen, die Arbeitsinhalte zu verändern. Dies wäre z. B. der Fall, wenn die Arbeitsinhalte der Mitarbeiter sehr eintönig sind und die Mitarbeiter sich abwechslungsreichere Arbeitsplätze wünschen. Ein zweiter Ansatzpunkt liegt in den Arbeitsbedingungen. Je nach Ergebnissen der Analyse geht es hier z. B. um die Einführung leistungsbezogener Bezahlung oder eine Verbesserung der Work-Life-Balance. Der dritte Ansatzpunkt liegt im Bereich des Führungsverhaltens. ► Kap. 15 widmet sich ausführlicher den möglichen Optionen

Den Abschluss des Prozesses bildet wie immer die Evaluation. Hier geht es um die Frage, ob und inwieweit die Interventionen die gewünschten Folgen nach sich ziehen. Je nach Ergebnis der Untersuchung wird es zu einer Intensivierung, Veränderung oder zu einem Abschluss der Intervention kommen.

Empfehlungen für die Praxis

- Führen Sie anonyme Mitarbeiterbefragungen durch, um Informationen über Arbeitszufriedenheit, Identifikation und/oder Commitment der Mitarbeiter zu erlangen.
- Stellen Sie eine tiefergehende Analyse der Daten sicher, bei der Sie z. B. über Regressionsanalysen ermitteln, welche Variablen des Arbeitslebens sich wie stark auf Arbeitszufriedenheit, Identifikation und Commitment auswirken.
- Suchen Sie darüber hinaus Vergleichsmöglichkeiten, um die Befunde sinnvoll interpretieren zu können. Hierzu können insbesondere Vergleiche zwischen verschiedenen Abteilungen des Unternehmens und Vergleiche mit den Ergebnissen von Mitarbeiterbefragungen aus früheren Jahren hilfreich sein.
- Reflektieren Sie bei der Ableitung und Umsetzung konkreter Maßnahmen die große Bandbreite möglicher Interventionen bezogen auf Arbeitsinhalte, Arbeitsbedingungen und das Führungsverhalten der direkten Vorgesetzten.
- Achten Sie darauf, dass nicht einzelne offene Meinungsäußerungen oder Verbesserungsvorschläge ein Übergewicht erhalten.
- Evaluieren Sie die Maßnahmen, die später tatsächlich zum Einsatz kommen.

Maßnahmen zur Mitarbeiterbindung

U.P. Kanning, *Personalmarketing, Employer Branding und Mitarbeiterbindung*,
DOI 10.1007/978-3-662-50375-1_15

Die Bandbreite der Maßnahmen, die zur Förderung der Mitarbeiterbindung eingesetzt werden können, ist sehr groß, wobei die durchschnittlichen Effekte einzelner Maßnahmen meist gering ausfallen (s. o.). In der Regel werden die Verantwortlichen vor Ort daher gut beraten sein, wenn sie mehrere Maßnahmen in Kombination einsetzen und dabei auf eine Passung der Maßnahmen zu den jeweiligen Gegebenheiten der Organisation achten. So ist durch ein faires Leistungsbeurteilungssystem mit leistungsbezogener Bezahlung sicherlich in vielen Fällen eine Steigerung der Mitarbeiterbindung zu erzielen. Ein solches System lässt sich aber nicht in jedem Unternehmen finanzieren, weil beispielsweise zu geringe Geldmittel zur Verfügung stehen, um eine nennenswerte Honorierung der Leistung ermöglichen zu können. Im Folgenden werden die Maßnahmen zur Steigerung der Mitarbeiterbindung zur besseren Übersicht in drei Kategorien gruppiert: Maßnahmen, die sich primär auf die Inhalte der Arbeitstätigkeit beziehen, Maßnahmen, die bei den Arbeitsbedingungen ansetzen, und Maßnahmen, die dem Führungsverhalten der Vorgesetzten zugeordnet werden können. Es ist nicht das Ziel, im Folgenden jede erdenkliche Maßnahme aufzulisten – eine solche Liste würde ins Uferlose führen –, sondern die zentralen Maßnahmen vorzustellen.

15.1 Arbeitsinhalte

Denken wir an die Inhalte einer Arbeitstätigkeit und deren Bezug zur Mitarbeiterbindung, so kommt uns als erstes die *Passung der Arbeitsinhalte zu den individuellen Merkmalen* der Mitarbeiter in den Sinn. Mitarbeiter sollten sich in aller Regel mit ihrem Arbeitsplatz bzw. dem Arbeitgeber, der ihnen diesen Arbeitsplatz zur Verfügung stellt, verbunden fühlen, wenn sie sich selbst als passend erleben, und zwar im Hinblick auf:

1. *Berufliche Qualifikation:* Die Mitarbeiter haben einen Arbeitsplatz, an dem sie das, was sie in ihrer beruflichen Ausbildung sowie der späteren Sozialisation in der beruflichen Praxis gelernt haben, zum Einsatz bringen können.
2. *Persönliche Fähigkeiten und Fertigkeiten:* Die Arbeitsaufgaben stellen keine Über- oder Unterforderung im Hinblick auf die Persönlichkeit der Menschen, ihre sozialen Kompetenzen o.ä. dar. Beispielsweise wird darauf geachtet, dass ein sozial eher ängstlicher Mensch nicht jeden Tag im direkten Kundenkontakt steht.
3. *Arbeitsmotive:* Mittelfristig sollte der Arbeitsplatz die Möglichkeit bieten, die individuellen berufsbezogenen Bedürfnisse des jeweiligen Menschen (z. B. Streben nach Anerkennung, Work-Life-Balance, Karriere o. Ä.; ▶ Abb. 4.8) in einem hinreichenden Maß befriedigen zu können.
4. *Interessen:* Jenseits der Frage, was ein Mensch durch seine berufliche Arbeit erreichen möchte (= Arbeitsmotive), ist darauf zu achten, dass die Mitarbeiter, wenn möglich, überwiegend Arbeitsaufgaben übernehmen, die sie inhaltlich ansprechend finden (▶ Kap. 2).

Eine Umsetzung dieser Maßnahmen setzt voraus, dass die Verantwortlichen ihre Mitarbeiter im Hinblick auf Qualifikation, Fähigkeiten und Fertigkeiten, Arbeitsmotive und Interessen richtig einschätzen. Eine umfangreiche Diagnostik, wie sie in guten Auswahlverfahren oder gezielten Potenzialanalysen zum Einsatz kommt, bietet hierfür die beste Grundlage.

Das Modell von Hackman und Oldham (1976) und die sich daraus ergebende Forschung zur Gestaltung von Arbeitsaufgaben (z. B. Loher, 1985; ▶ Abb. 13.4) rückt fünf weitere Maßnahmen in den Fokus:

5. *Steigerung der Anforderungsvielfalt:* Die meisten Menschen erleben eintönige Arbeiten, bei denen sie jeden Tag über Monate oder gar Jahre hinweg immer dieselben, einfach strukturierten Arbeitsaufgaben bewältigen müssen, als langweilig und ermüdend. Derartige Aufgaben fördern die Arbeitsunzufriedenheit und wirken sich mittelfristig ggf. auch negativ auf Leistung und Commitment aus (z. B. Kooij et al., 2010). Hier sollte Abhilfe geschaffen werden, indem man die Aufgabenvielfalt und damit auch die Anforderungsvielfalt erhöht. Klassische Ansätze wären „job rotation", „job enlargement" und „job enrichment" (Sonntag, Frieling & Stegmaier, 2012).
   a. Bei der „*job rotation*" tauschen die Mitarbeiter untereinander ihre

Arbeitsaufgaben nach einem zuvor festgelegten Plan, so dass innerhalb eines Teams der Reihe nach jeder jede Arbeitsausaufgabe übernimmt. Beispielsweise könnten die Arbeitsaufgaben wochenweise rotieren, so dass in einem Team von vier Personen jeder Mitarbeiter nur in jeder vierten Woche die Aufgaben übernimmt, die er schon einmal zuvor bearbeiten musste.

b. *„Job enlargement"* entspricht einer Verbreiterung des Aufgabenspektrums ohne Tausch der Arbeitsaufgaben zwischen den Kollegen. Während vor der Einführung des „job enlargements" ein Sachbearbeiter vielleicht nur die Bestellungen eines Kunden in die Software eingibt, mit dem Lager kommuniziert und etwaige Engpässe an den Kundenberater weiterleitet, würde der Sachbearbeiter nun selbst auch direkt mit dem Kunden in Kontakt treten.
c. *„Job enrichment"* ist ähnlich gelagert, geht aber mit einem deutlichen Anstieg der Schwierigkeit der Arbeitsaufgaben einher. Der Sachbearbeiter würde jetzt auch Aufgaben des Controllings übernehmen.
d. Jenseits der klassischen Unterscheidung von „job rotation", „job enlargement" und „job enrichment" führt auch die Einführung von Gruppenarbeit zu einer Erhöhung der Anforderungsvielfalt (vgl. Wegge, 2014). Müssen sich die Kollegen beispielsweise in Teamsitzungen auf gemeinsame Arbeitsziele einigen und über die richtigen Wege zur Erreichung dieser Ziele austauschen, so stellt der Arbeitsplatz nun deutlich vielfältigere Aufgaben im Vergleich zu einer Arbeitssituation, in der lediglich die Arbeitsaufträge des Vorgesetzten abgearbeitet werden mussten.

6. *Schaffung ganzheitlicher Arbeitsaufgabe:* Je komplexer ein Produkt oder eine Dienstleistung ist, die ein Unternehmen anbietet, desto größer ist die Wahrscheinlichkeit, dass dessen Realisierung auf viele Schultern verteilt wird. Besonders deutlich wird dies heute z. B. beim Automobilbau. Die Produkte sind derart komplex geworden, dass es letztlich hunderter Fachexperten bedarf, um das Produkt fertigzustellen. So sinnvoll ein derart arbeitsteiliges Vorgehen auf der einen Seite auch sein mag, es birgt auf der anderen Seite doch auch die Gefahr, dass die einzelnen Mitarbeiter sich als austauschbar erleben und keine Identifikation oder Stolz für das Gesamtprodukt erleben können. Das Prinzip der Ganzheitlichkeit besagt, dass man diesen Prozess der Zergliederung dort, wo es möglich ist, wieder zurücknimmt und in sich geschlossene Produkte schafft, die komplett von einem Mitarbeiter produziert werden (s. o.).
7. *Verdeutlichung oder Steigerung der Bedeutsamkeit von Arbeitsaufgaben:* Mitarbeiter, die in ihren Arbeitsaufgaben keinen großen Sinn erkennen, die den Eindruck haben, leicht ersetzbar zu sein, oder die wenig Wertschätzung von anderen für ihre Arbeit erfahren, werden in der Regel auch keine starke Mitarbeiterbindung entwickeln. In manchen Fällen mag es hier schon ausreichen, wenn Vorgesetzte deutlich machen, dass letztlich jeder Arbeitsplatz im Unternehmen einen Zweck für das Große und Ganze erfüllt – sofern dies denn glaubwürdig möglich ist. Die Bedeutsamkeit eines sehr einfach strukturierten Arbeitsplatzes tatsächlich zu steigern, käme einer Steigerung der Anforderungsvielfalt gleich.
8. *Steigerung der Autonomie der Mitarbeiter:* Wahrscheinlich sind die meisten Mitarbeiter daran interessiert, zumindest teilweise Autonomie über ihre Arbeitsprozesse zu erlangen (vgl. Pierce et al., 1989). Dies bedeutet nicht, dass jeder nach Belieben zur Tat schreitet. Es geht vielmehr darum, bei jedem Arbeitsplatz zu überlegen, ob es möglich und im Einzelfall auch sinnvoll ist, dem Mitarbeiter mehr Entscheidungsspielräume einzuräumen und die Anzahl der einengende Vorgaben und Entscheidungen durch den Vorgesetzten auf ein notwendiges Maß zu reduzieren. Hier gilt das Prinzip: So viel Autonomie wie möglich, so wenig Vorgaben wie nötig.
9. *Verstärkter Einsatz von Feedback:* Im Modell von Hackman und Oldham (1976) bezieht sich dieser Punkt auf das Feedback, das quasi von allein aus der Lösung einer Arbeitsaufgabe erwächst. Man denke hier z. B. an einen

Handwerker, der gleich nach der Reparatur eines Fernsehers selbst erkennen kann, ob er seine Aufgabe gut erfüllt hat oder nicht. Darüber hinaus ist Feedback aber auch eine Aufgabe von Vorgesetzten und bisweilen auch gelebte Praxis unter Kollegen. Dabei geht es zum einen darum, dass der Kollege, der das Feedback erhält, die Chance hat, sich selbst zu verbessern. Zum anderen geht es um Wertschätzung für eine erbrachte Leistung.

Bei allen Mitarbeitern eines Unternehmens ist bei der Auswahl konkreter Maßnahmen eine kritische Reflexion der Chancen und Risiken anzuraten. Nicht alle Mitarbeiter sind beispielsweise an mehr Autonomie interessiert, und „job enrichment" mag den einen oder anderen Mitarbeiter an seine Leistungsgrenzen bringen. Mit dem größten Erfolg der skizzierten Maßnahmen ist zu rechnen, wenn sie möglichst maßgeschneidert erfolgen.

Empfehlungen für die Praxis

- Überlegen Sie, welche der folgenden Maßnahmen zur potenziellen Steigerung der Mitarbeiterbindung in Ihrem Unternehmen für bestimmte Arbeitsplätze realisierbar sind:
  - Verbesserung der individuellen Passung zwischen den Arbeitsaufgaben auf der einen Seite und Merkmalen der Mitarbeiter (Qualifikation, Fähigkeiten, Fertigkeiten, Arbeitsmotive, Interessen) auf der anderen Seite
  - Steigerung der Anforderungsvielfalt
  - Schaffung ganzheitlicher Arbeitsaufgaben
  - Verdeutlichung oder Steigerung der Bedeutsamkeit der Arbeitsaufgaben
  - Steigerung der Autonomie der Mitarbeiter
  - Verstärkter Einsatz von Feedback
- Bedenken Sie bei der Auswahl der Maßnahmen, inwieweit sie tatsächlich bei Ihren Mitarbeitern die gewünschten Effekte erzielen, möglicherweise wirkungslos verpuffen oder sogar kontraproduktiv sein könnten.

15.2 Arbeitsbedingungen

Die Maßnahmen im Bereich der Arbeitsbedingungen können sich sowohl auf materielle Dinge als auch auf Menschen beziehen:

1. *Arbeitsplatzsicherheit:* Wie die Metaanalyse von Kooij et al. (2010) zeigt, fördert die wahrgenommene Sicherheit des eigenen Arbeitsplatzes im Mittel die Bindung der Mitarbeiter an ihr Unternehmen. Arbeitsplatzsicherheit ist in Unternehmen wiederum das Ergebnis erfolgreichen Wirtschaftens. Insofern wirkt sich mittelbar auch der wirtschaftliche Erfolg eines Unternehmens auf die Bindung der Mitarbeiter aus.
2. *Entlohnung:* Studien, die sich mit der Bedeutung des Gehaltes für die Zufriedenheit der Mitarbeiter und dem Commitment beschäftigen, belegen dessen Relevanz. Allerdings scheint die absolute Höhe des Gehaltes nicht automatisch auch die größte Bedeutung zu haben (s. o.). Neben der Höhe spielt auch die wahrgenommene Angemessenheit des Gehaltes eine bedeutsame Rolle. Im Sinne der Austauschtheorie (Adams, 1965) können Mitarbeiter zur Bewertung der Angemessenheit ihres Gehaltes zunächst die Höhe des Gehaltes (Outcome) in eine Beziehung zu den getätigten Investitionen (Input) setzen. Die Investitionen beziehen sich beispielsweise auf ein absolviertes Studium, etwaige Weiterbildungen, die Zeit, die am Arbeitsplatz verbracht wird, oder auf das Engagement, mit dem die Person zur Tat schreitet. Wer ein mehrjähriges Studium absolviert hat, wird in der Regel auch ein höheres Gehalt erwarten als jemand, der drei Jahre kürzer die Schule besucht und anschließend eine betriebliche Ausbildung absolviert hat. Darüber hinaus findet aber auch ein Vergleich mit anderen Menschen statt, beispielsweise mit Kollegen, die derselben Tätigkeit nachgehen, oder den eigenen Vorgesetzten. Auch hier wird deren Input zum Outcome in Beziehung gesetzt. Als fair erlebt der Mitarbeiter nach der Theorie von Adams (1965) das Gehalt, wenn das Verhältnis zwischen Input und Outcome beider Personen in etwa gleich groß ist. Mit anderen Worten: Der kaufmännische Mitarbeiter kann schon

akzeptieren, dass sein Vorgesetzter mehr verdient als er selbst. Die Gehaltsunterschiede müssen aber auch durch eine höhere Qualifikation, Mehrarbeit, höhere Verantwortung etc. legitimiert sein. Wer über das Gehalt auf die Mitarbeiterbindung Einfluss nehmen möchte, sollte also neben der absoluten Höhe auch auf die Relationen der Gehälter im Vergleich zwischen den Mitarbeitern achten.

3. *Leistungsbeurteilung:* Viele Mitarbeiter werden nicht zuletzt vor dem soeben skizzierten Hintergrund eine leistungsbezogene Bezahlung erwarten. Dies wiederum setzt voraus, dass die individuelle Leistung auch präzise gemessen wird. In manchen Berufen orientiert man sich kurzerhand an der Produktivität der Mitarbeiter und legt den erzielten Umsatz von Außendienstmitarbeitern oder die produzierte Stückzahl eines Produktes zugrunde. In den meisten Berufen mangelt es jedoch an derart objektivierten Daten, oder die Aussagekraft dieser Daten ist stark eingeschränkt, weil beispielsweise verschiedene Außendienstmitarbeiter unterschiedlich ertragreiche Gebiete betreuen oder die Funktionstüchtigkeit der Maschinen manche Produktionsmitarbeiter in einen Nachteil gegenüber ihren Kollegen setzt. Überall dort, wo derartige Einschränkungen vorliegen, greifen die Verantwortlichen auf eine Leistungsbeurteilung durch die direkten Vorgesetzten zurück. Die Aufgabe der Vorgesetzten besteht darin, die Arbeit ihrer Mitarbeiter für einen bestimmten Zeitraum (meist ein Jahr) auf zuvor festgelegten Kompetenzdimensionen (Umgang mit Kunden, Engagement, Kreativität etc.) einzuschätzen. Viele Leistungsbeurteilungssysteme leiden allerdings darunter, dass der Führungskraft extrem große Spielräume zur Verfügung stehen, so dass bei den Mitarbeitern der Eindruck einer gewissen Willkür besteht. Je weniger die Mitarbeiter dem Leistungsbeurteilungssystem vertrauen (können), desto unwahrscheinlicher ist es, dass die Leistungsbeurteilung zur Mitarbeiterbindung beiträgt. An dieser Stelle fehlt der Raum, um im Detail zu verdeutlichen, wie ein gutes Leistungsbeurteilungssystem aussieht. Eine ausführliche Darstellung findet sich bei Kanning, Möller, Kolev und Pöttker (2013) oder Schuler (2004). Hier die wichtigsten Punkte, auf die zu achten ist:
   - Die einzuschätzenden Leistungsdimensionen sind nicht zu abstrakt, sondern spiegeln tatsächlich die spezifischen Gegebenheiten der jeweiligen Stelle. In der Konsequenz werden Mitarbeiter, die in verschiedenen Positionen tätig sind, dann auch in Bezug auf unterschiedliche Leistungsdimensionen eingestuft.
   - Jede Leistungsdimension wird verbindlich für die jeweilige Stelle definiert.
   - Die Bewertung erfolgt entlang einer Punktwertskala, bei der über Verhaltensbeispiele definiert wird, für welches Leistungsverhalten welche Punktzahl zu vergeben ist.
4. *Gerechtigkeitsprinzipien:* Die Ausschüttung von leistungsbezogenen Boni muss von den Mitarbeitern als gerecht erlebt werden. Neben dem oben bereits skizzierten, grundlegenden Gerechtigkeitsprinzip, dass mehr Leistung auch zu mehr Geld führen sollte, hat die Gerechtigkeitsforschung acht Prinzipien identifiziert, die aus Sicht der Betroffenen zu einem gerechten Verteilungssystem gehören (nach Levental, 1980):
   - **Konsistenz:** Die Zuteilung der Boni erfolgt über die Zeit und über verschiedene Personen hinweg immer nach den gleichen Regeln. Für eine bestimmte Leistung gibt es eine bestimmte Summe Geldes.
   - **Unvoreingenommenheit:** Niemand wird z. B. aufgrund früherer Leistung, die außerhalb des aktuellen Bewertungszeitraumes liegen, in einen Vorteil oder Nachteil gesetzt. Ebenso spielen Sympathie o.ä. keine Rolle.
   - **Genauigkeit:** Alle für die Verteilung wichtigen Informationsquellen werden ausgeschöpft, bevor die Verteilung erfolgt.
   - **Korrekturmöglichkeiten:** Die Mitarbeiter können eine Korrektur der berechneten Ausschüttung bewirken, wenn nachgewiesen werden kann, dass Fehler vorliegen.
   - **Repräsentativität:** Bei der Gestaltung des Leistungsbeurteilungssystems wird auch die Arbeitnehmervertretung gehört.
   - **ethische Rechtfertigung:** Allgemeingültige Moralvorstellungen werden eingehalten.

Beispielsweise ist darauf zu achten, dass Mitarbeiter, die sehr schlechte Leistung bringen, dennoch einen Mindestlohn für ihre Arbeit erhalten.

5. *Interaktion im Kollegenkreis:* Die meisten Menschen haben heute Berufe, in denen sie nicht isoliert von anderen, sondern in der Interaktion mit Kollegen ihren Arbeitsaufgaben nachgehen. Es ist daher zu erwarten, dass die Art und Weise, wie reibungslos oder angenehm diese Interaktion gelingt, Einfluss auf die Mitarbeiterbindung nimmt. Die Studie von Jex und Elaqua (1999) zeigt beispielsweise, dass sich Konflikte mit Kollegen negativ auf den organisationsbezogenen Selbstwert auswirken. Eine wichtige Aufgabe des Personalwesens ist es mithin, Einfluss auf die Interaktionen im Kollegenkreis zu nehmen. Dies fängt bereits bei der Personalauswahl an. Es ist im Sinne aller Kollegen, wenn leistungsstarke Mitarbeiter eingestellt werden, die die Kollegen bei der Erfüllung ihrer Arbeitsaufgaben unterstützen. Schlechte Personalauswahl führt mitunter dazu, dass die leistungsstärkeren Kollegen die Leistungsdefizite der anderen kompensieren müssen. Hier sind Konflikte bereits vorprogrammiert. Darüber hinaus ist bereits bei der Personalauswahl darauf zu achten, dass die neuen Mitarbeiter über hinreichende soziale Kompetenzen verfügen, damit unnötige Konflikte gar nicht erst entstehen und notwendige Konflikte konstruktiv gelöst werden. Die Personalauswahl legt die Grundlagen für ein gutes Miteinander im Kollegenkreis. Damit diese Grundlagen im Alltag auch gedeihen können, ist überdies ein entsprechendes Führungsverhalten notwendig. Die Führungskraft muss in Konflikten als Moderator auftreten können und Anfänge des Mobbings als solche erkennen und ihnen entgegenwirken.
6. *Soziale Identität:* Mitarbeiter, die sich mit ihrem Arbeitgeber oder einer Teilmenge, wie z. B. ihrer Abteilung, in starkem Maße identifizieren, weisen ein höheres Commitment auf und sind weniger bereit, das Unternehmen wieder zu verlassen (Kanning & Hill, 2012). Wer die Identifikation der Mitarbeiter fördern möchte, muss die natürliche Bereitschaft vieler Menschen, eine soziale Identität auszubilden, bedienen. Dies kann z. B. dadurch geschehen, dass man die Gemeinsamkeiten der Mitarbeiterschaft immer wieder in den Vordergrund stellt und dabei die interindividuelle Unterschiedlichkeit in den Hintergrund treten lässt. Am leichtesten geht dies, wenn man den Wettbewerb der eigenen Gruppe gegenüber einer anderen Gruppe akzentuiert. Als organisationsinterne Wettbewerber bieten sich andere Abteilungen an, mit denen man z. B. um eine Reduzierung der Ausschussquote in einen Wettbewerb tritt. Durch eine Identifikation mit der Gesamtorganisation lässt sich auch eine Betonung des Wettbewerbs mit konkurrierenden Unternehmen erzielen. Hierzu müssen natürlich Kennzahlen vorliegen, die verdeutlichen, wo man gerade im Vergleich zur Konkurrenz steht und wie sich der Wettbewerb entwickelt. Über allem steht das Ziel, dass der Arbeitgeber den Mitarbeitern die Möglichkeit bietet, ein positives Selbstbild zu nähren. Die inhaltliche Basis kann je nach Arbeitgeber völlig unterschiedlich aussehen. In manchen Unternehmen ist es leichter, sich über prestigeträchtige Produkte eine positive soziale Identität aufzubauen, bei anderen sind es der verantwortliche Umgang mit der Natur oder besondere Serviceleistungen des Arbeitgebers gegenüber den Mitarbeitern (z. B. ein kostenloses Fitnessstudio auf dem Firmengelände).
7. *Personalentwicklung:* Die Metaanalyse von Kooij et al. (2010) zeigt, dass die Durchführung von Trainingsmaßnahmen mit einem verstärkten Commitment einhergeht. Offenbar wissen viele Mitarbeiter es zu schätzen, wenn der Arbeitgeber ihnen die Möglichkeit bietet, Neues zu lernen und sich weiterzuentwickeln. Besonders vorteilhaft sollte es sein, wenn die eingesetzten Methoden wirkungsvoll sind und die Mitarbeiter auch tatsächlich in die Lage versetzen, ihre beruflichen Aufgaben besser bewältigen zu können. Dies gilt leider keineswegs für alle Methoden der Personalentwicklung (Kanning, 2013c). Die Personalentwicklung erhöht darüber hinaus auch oft die Chancen auf beruflichen Aufstieg. Auch für

Beförderungen belegt die Studie von Kooij et al. (2010) einen signifikanten Effekt.

8. *Stress:* Negative Arbeitsbelastungen, die sich z. B. aus einer zu großen Menge an Arbeitsaufgaben pro Zeiteinheit oder unklar definierten Arbeitsaufgaben und beruflichen Rollen ergeben, schaden letztlich der Mitarbeiterbindung (Jex & Elacqua, 1999). Wo immer dies möglich ist, sollten unnötige Arbeitsbelastungen abgebaut werden. Gerade im Hinblick auf unklare Arbeitsaufgaben und Rollendefinitionen wäre dies eigentlich leicht zu realisieren. Dort, wo starke Arbeitsbelastungen (mittelfristig) kaum zu vermeiden sind, gilt es hingegen, die Mitarbeiter durch die Vermittlung von Stressbewältigungstechniken zu stärken.

Empfehlungen für die Praxis

- Überprüfen Sie, ob in Ihrem Unternehmen im Vergleich zu anderen Arbeitgebern angemessene Gehälter gezahlt werden.
- Achten Sie darauf, dass die Höhe der Gehälter in einem wahrnehmbar fairen Verhältnis zu den Aufgaben, der Verantwortung und dem Qualifikationsniveau der Mitarbeiter steht.
- Führen Sie ein Leistungsbeurteilungssystem ein, das transparent ist und methodischen Mindestanforderungen Genüge leistet.
- Achten Sie darauf, dass die Verteilung von Boni auf der Grundlage einer professionellen Leistungsbeurteilung erfolgt.
- Sorgen Sie durch gute Personalauswahl dafür, dass fähige und sozial kompetente Mitarbeiter eingestellt werden.
- Ihre Führungskräfte sollten bei Konflikten zwischen den Mitarbeitern konstruktiv vermitteln können und Mobbing frühzeitig begegnen.
- Fördern Sie die Identifikation der Mitarbeiter mit ihrer Arbeitsgruppe oder der Organisation als Ganzes, indem Sie z. B. den Wettbewerb zu Konkurrenten in den Fokus stellen.
- Bieten Sie Ihren Mitarbeitern die Möglichkeit, sich im Rahmen von Personalentwicklungsmaßnahmen fortzubilden, so dass sie ihre Arbeitsaufgaben besser bewältigen können.
- Vermeiden Sie unnötigen Stress oder versetzen Sie die Mitarbeiter durch Weiterbildungsmaßnahmen in die Lage, besser mit Stress umgehen zu können.

15.3 Führung

Die dritte Gruppe von Maßnahmen zur Steigerung der Mitarbeiterbindung bezieht sich auf das Führungsverhalten der direkten Vorgesetzten. Die Bedeutung des Führungsverhaltens wird beispielsweise durch die Studie von Walter und Kanning (2003) verdeutlicht. Hier konnte gezeigt werden, dass die Arbeitszufriedenheit zu 30 % durch Führungsprinzipien wie Gerechtigkeit, Partizipation und Motivierung erklärt werden konnte. In der Führungsforschung wird das Führungsverhalten auf einem abstrakteren Analyseniveau zu sog. Führungsstilen zusammengefasst (vgl. Felfe, 2015; Kanning, 2012b; Rosenstiel & Kaschube, 2014). ► Tab. 15.1 beschreibt die prominentesten Führungsstile.

Metaanalysen wie die von Jackson et al. (2013; ► Abb. 13.13), Judge und Piccolo (2004) oder Judge, Piccolo und Illies (2004) zeigen, dass sich mit Ausnahme das Laissez-faire-Stils durchweg positive Effekte unterschiedlicher Führungsstile auf die Arbeitszufriedenheit belegen lassen. Dabei sind die Werte für den mitarbeiterorientierten und transformationalen Führungsstil in der Regel höher. Bezogen auf die Arbeitsleistung gilt mitunter die Umkehrung, so dass vieles dafür spricht, dass die Führungskraft über mehrere Stile verfügen sollte, die sie situationsspezifisch zur Anwendung bringt. Vor diesem Hintergrund ist Folgendes zu empfehlen:

1. *Zielsetzung:* Die Vereinbarung klarer Ziele macht allen Beteiligten deutlich, in welche Richtung die Arbeitskraft konzentriert werden soll. Dabei können die Mitarbeiter in die

Tab. 15.1 Beschreibung grundlegender Führungsstile

Bezeichnung	Grundlegende Merkmale
laissez faire (Lewin, Lippit & White, 1939)	Die Führungskraft nimmt keinerlei Einfluss auf ihre Mitarbeiter und lässt alles laufen, in der Erwartung, dass die Mitarbeiter jeder für sich allein oder in der Kooperation miteinander die Arbeitsaufgaben lösen werden. Laissez faire beschreibt im Kern eigentlich die Abwesenheit von Führung.
mitarbeiterorientiert/ kooperativ (Blake & Mouton, 1964; Lewin et al., 1939)	Die Führungskraft lässt Mitarbeiter an wichtigen Entscheidungen partizipieren und räumt jedem Spielräume ein, in denen der Einzelne autonom für sich entscheiden kann, ohne sich vorher die Zustimmung des Vorgesetzten holen zu müssen. Sie sorgt sich um das Wohl jedes einzelnen Mitarbeiters und baut eine individuelle Beziehung auf. Bei der Verteilung der Arbeitsaufgaben werden die Interessen und Motive der Mitarbeiter berücksichtigt.
transformational (Avolio & Bass, 1991)	Die Führungskraft versucht, die Mitarbeiter in ihren Werten und Einstellungen zur Arbeit zu verändern und dadurch auf eine gemeinsame Sache einzuschwören. Die Mitarbeiter sollen stolz sein können, an einer gemeinsamen Aufgabe mitwirken zu können. Dabei lässt die Führungskraft viele Freiheiten und interveniert nur, wenn es notwendig erscheint. Insgesamt ist der Führungsstil durch Emotionalität geprägt.
aufgabenorientiert/ transaktional (Blake & Mouton, 1964; Avolio & Bass, 1991)	Die Führungskraft achtet darauf, dass die Arbeitsaufgaben qualitativ gut und zeitlich fristgerecht erfüllt werden. Hierzu verteilt sie gezielt nach Eignung der Mitarbeiter Arbeitsaufgaben, setzt klare Arbeitsziele und kontrolliert deren Erreichung. Sie drängt auf Leistung und hat ansonsten ein nüchternrationales Verhältnis zu den Mitarbeitern. Im Zentrum des Strebens steht die effiziente Erfüllung der Arbeit. Die Mitarbeiter werden leistungsbezogen entlohnt (= kontingente Belohnung).
autoritär (Lewin et al., 1939)	Die Führungskraft ordnet an und erwartet, dass die Mitarbeiter ihre Anweisungen eins zu eins umsetzen. Es gibt keine Mitsprachemöglichkeiten.

Festlegung der konkreten Ziele eingebunden werden. Werden die Ziele vorgegeben, sollte die Sinnhaftigkeit der Ziele erläutert werden. Zielsetzung ist vor allem dann erfolgreich, wenn die Ziele präzise (quantifizierbar) sind und anspruchsvoll ausfallen, also leicht über dem bisherigen Leistungsniveau liegen, ohne die Mitarbeiter zu überfordern (Locke & Latham, 1990, 2002).

2. *Auf Leistung drängen:* Die Führungskraft verdeutlicht, dass das Erreichen bestimmter Ziele von zentraler Bedeutung ist, beispielsweise, um sich gegenüber Wettbewerbern zu behaupten oder Arbeitsplätze zu sichern. Wenn die Mitarbeiter von sich aus nicht schon einen hohen Leistungsanspruch haben, muss die Führungskraft die Aufgaben übernehmen.
3. *Feedback:* Die Führungskraft spiegelt den einzelnen Mitarbeitern, inwieweit bestimmte Leistungsziele bereits erreicht werden konnten, oder gibt – sofern keine Ziele vorliegen – ein klares Feedback über den Leistungsstand des Einzelnen. Dabei sind vor allem zwei Aspekte von Bedeutung. Es ist wichtig, dass das Feedback zum einen präzise beschreibt, was die Führungskraft wahrgenommen hat, und zum anderen konkrete Vorschläge zur Verbesserung des Arbeitsverhaltens liefert (Kanning & Rustige, 2012). Feedback bezieht sich übrigens nicht nur auf negative Leistungen, sondern auch auf gute. Wer nach dem Prinzip „Nicht gemeckert ist schon halb gelobt" agiert, wird diesem Anspruch nicht gerecht.

4. *Partizipation:* Mitarbeiter sollten die Möglichkeit haben, ihre eigenen Ideen und Bedenken, ihre Professionalität etc. in wichtige Entscheidungen einbringen zu können. Dies bedeutet nicht, dass eine Entscheidung letztlich per Abstimmung erfolgt. Es geht darum, dass die Personen, die am Ende entscheiden, von der Expertise ihrer Mitarbeiter profitieren, auf dass eine Entscheidung resultiert, die möglichst gut ist. Überdies führt ein solches Vorgehen dazu, dass die Mitarbeiter sich ernstgenommen fühlen und nicht das Gefühl haben, einfach nur ein ausführendes Organ zu sein.
5. *Orientierung an Interessen der Mitarbeiter:* Die Verteilung von Arbeitsaufgaben verfolgt letztlich das Ziel, dass diese qualitativ gut erledigt werden. Die Führungskraft ist daher gehalten, sich bei der Zuordnung von Arbeitsaufgaben an den Fähigkeiten und Fertigkeiten der Mitarbeiter zu orientieren. Auch unter dieser Prämisse wird es oftmals aber auch alternative Lösungen geben, nämlich genau dann, wenn mehr als ein Mitarbeiter über die notwendigen Kompetenzen verfügt. In diesem Fall erscheint es sinnvoll, die Mitarbeiter entsprechend ihrer Interessen mit der Aufgabenlösung zu beauftragen.
6. *Kontingente Belohnung:* Offenkundig sind sehr viele Mitarbeiter daran interessiert, leistungsbezogen bezahlt zu werden (s. o.). Kontingente Belohnung wirkt sich positiv auf die Arbeitszufriedenheit aus. Dementsprechend sollten Führungskräfte darauf achten, dass Belohnungen entsprechend der Leistung der Mitarbeiter und nicht etwa aufgrund von Sympathie oder Dauer des Arbeitsvertrages vergeben werden. Im Kern geht es um das Gehalt bzw. um Boni. Darüber hinaus existieren aber auch andere Belohnungsmöglichkeiten (Übertragung attraktiver Projekte, Beförderungsaussichten etc.), für die dieselben Prinzipien gelten sollten.
7. *Emotionale Ansprache:* Die Forschung zum transformationalen Führungsstil verdeutlicht, dass ein emotional geprägtes Verhältnis zu den Mitarbeitern hilfreich sein kann, bei dem die Führungskraft den Versuch unternimmt, die Mitarbeiter auf eine gemeinsame Aufgabe einzuschwören. In vielen beruflichen Kontexten wird dies nicht leicht möglich sein. Wie will man beispielsweise einen Mitarbeiter, der einer monotonen Produktionsarbeit am Fließband nachgeht, davon überzeugen, dass er einer großartigen Sache dient, auf die er stolz sein kann? Die Bemühungen um Employer Branding (► Kap. 9 ff.) können dabei hilfreich sein. Überall dort, wo dies möglich ist, können Führungskräfte entsprechende Versuche unternehmen.

Ein Führungsstil des „laissez faire" ist grundsätzlich nicht zu empfehlen. Sofern Studien zu diesem Führungsstil vorliegen, zeigen sich negative Effekte. Offenbar erkennen die meisten Mitarbeiter, dass eine gewisse Führung hilfreich ist und wollen auch ein Stück weit geführt werden. Ein autoritärer Führungsstil dürfte nur in bestimmten Situationen (z. B. wenn sehr schnell eine Entscheidung getroffen werden muss) oder in besonderen Berufsfeldern eine große Akzeptanz finden.

Empfehlungen für die Praxis

- Sorgen Sie dafür, dass Ihre Führungskräfte über eine Bandbreite unterschiedlicher Führungsstile verfügen und diese flexibel einsetzen können.
- Führungskräfte, die nicht bereit oder in der Lage sind, Führung zu übernehmen, sind für die Aufgaben nicht geeignet.
- Setzen Sie – ggf. gemeinsam mit Ihren Mitarbeitern – präzise und anspruchsvolle Ziele.
- Machen Sie deutlich, dass Leistung wichtig ist und von der Führungskraft eingefordert wird.
- Sorgen Sie dafür, dass Mitarbeiter ein konkretes Feedback bekommen und ihnen dabei konkrete Vorschläge zur

Verbesserung des Verhaltens unterbreitet werden.
- Gewähren Sie als Führungskraft Mitarbeitern auch bei wichtigen Entscheidungen ein Mitspracherecht.
- Bei der Vergabe von Arbeitsaufgaben sollte sich die Führungskraft nicht ausschließlich an den Fähigkeiten und Fertigkeiten der Mitarbeiter, sondern auch an deren Interessen orientieren.
- Sorgen Sie dafür, dass Belohnungen (Boni, Aufstiegsmöglichkeiten etc.) leistungsbezogen vergeben werden.
- Versuchen Sie als Führungskraft, ggf. die Mitarbeiter emotional auf eine gemeinsame Sache einzustimmen, so dass sie Stolz wegen ihrer beruflichen Leistung und ihren Beitrag zu einem Großen und Ganzen empfinden können. Achten Sie dabei auf Glaubwürdigkeit.

Mitarbeiterbindung – Fazit

U.P. Kanning, *Personalmarketing, Employer Branding und Mitarbeiterbindung*,
DOI 10.1007/978-3-662-50375-1_16

Tab. 16.1 Maßnahmen zur Förderung der Mitarbeiterbindung im Überblick

Arbeitsinhalte	Arbeitsbedingungen	Führung
- Erhöhung der Passung der Arbeitsinhalte zu den individuellen Merkmalen der Mitarbeiter im Hinblick auf: berufliche Qualifikation, Fähigkeiten, Fertigkeiten, Arbeitsmotive, Interessen	- Arbeitsplatzsicherheit	- Setzung/Vereinbarung von präzisen und anspruchsvollen Zielen
- Steigerung der Anforderungsvielfalt	- leistungsbezogene Bezahlung	- Leistung einfordern
- Schaffung ganzheitlicher Aufgaben	- professionelle Leistungsbeurteilung	- professionelles Feedback geben
- Steigerung der Bedeutsamkeit	- Realisierung von Gerechtigkeitsprinzipien	- Mitarbeiter an Entscheidungen partizipieren lassen
- Steigerung der Autonomie	- Förderung sozial kompetenten Verhaltens unter den Mitarbeitern	- Förderung sozial kompetenten Verhaltens unter den Mitarbeitern
- Verstärkter Einsatz von Feedback	- Stärkung einer soziale Identifikation	- bei der Aufgabenverteilung auf die Interessen der Mitarbeiter achten
	- professionelle Personalentwicklung	- kontingente Belohnung von Leistung
	- Reduzierung von unnötigem Stress und Stärkung der Stressresistenz	- emotionale Einschwörung der Mitarbeiter auf eine gemeinsame Aufgabe

Die Förderung der Mitarbeiterbindung ist eine wichtige Aufgabe für Personalmanager und Führungskräfte. Die Möglichkeiten sind so vielfältig (► Tab. 16.1), dass letztlich für jeden Arbeitgeber etwas dabei sein dürfte, das sich mit überschaubarem Aufwand realisieren ließe. Ob und inwieweit Arbeitgeber in die aufgewiesene Richtung laufen, ist also nicht eine Frage der Optionen, sondern eher eine Frage der Bereitschaft und des Leidensdrucks. In dem Maße, in dem ein Unternehmen gute Mitarbeiter an die Konkurrenz verliert, in dem Maße steigt die Notwendigkeit, entsprechend aktiv zu werden.

Serviceteil

U.P. Kanning, *Personalmarketing, Employer Branding und Mitarbeiterbindung*,
DOI 10.1007/978-3-662-50375-1

Literatur

Ababneh, K. I., Hackett, R. D. & Schat, A. C. H. (2014). The role of attributions and fairness in understanding job applicant reactions to selection procedures and decisions. Journal of Business Psychology, 29, 111–129.

Aberson, C. L., Healy, M. & Romero, V. (2000). Ingroup bias and self-esteem: A meta-analysis. Personality and Social Psychology Review, 4, 157–173.

Adams, J. S. (1965). Inequity in social exchange. Advances in Experimental Social Psychology, 2, 267–299.

Ajzen, I. & Fishbein, M. (1980). Understanding attitudes and predicting social behavior. Englewood Cliffs: Prentice-Hall.

Ajzen, I. & Madden, T. J. (1985). Prediction of goal directed behavior: Attitudes, intention, and perceived behavioral control. Journal of Experimental Social Psychology, 22, 453–474.

Alavi, M. T. & Karami, A. (2009). Managers of small and medium enterprises: Mission statement and enhanced organisational performance. Journal of Management Development, 28, 555–562.

Allen, D. G., Biggane, J. E., Pitts, M., Otondo, R. & Scotter, J. V. (2013). Reactions to recruitment web sites: Visual and verbal attention, attraction, and intention to pursue employment. Journal of Business Psychology, 28, 263–285.

Allen, D. G., Van Scotter, J. R. & Otondo, R. F. (2004). Recruitment communication media: Impact on prehire outcomes. Personnel Psychology, 57, 143–171.

Allen, J. S. & Meyer, J. P. (1990). The measurement and antecedents of affective, continuance and normative commitment to the Organization. Journal of Occupational Psychology, 63, 1–18.

American Management Association (2002). Corporate values survey. www.amanet.org/research/pdfs/2002_corp_value.pdf.

Anderson, N., Salgado, J. F. & Hülsheger, U. R. (2010). Applicant reactions in selection: Comprehensive meta-analysis into reaction generalization versus situational specifity. International Journal of Selection and Assessment, 18, 291–304.

Avery, D. R., Hernandez, M. & Hebl, M. R. (2004). Who's watching the race? Racial salience in recruitment advertising. Journal of Applied Social Psychology, 34, 146–161.

Avery, D. R. & McKay, P. F. (2006). Target practice: An organizational impression management approach to attracting minority and female job applicants. Personnel Psychology, 59, 157–187.

Avolio, B. J. & Bass, B. M. (1991). The full range of leadership development: Basic and advanced manuals. Binghamton, NY: Bass, Avolio & Associates.

Backhaus, K. (2004). An exploration of corporate recruiting descriptions on Monster.Com. The Journal of Business Communication, 41, 115–137.

Backhaus, K. & Tikoo, S. (2004). Conzeptualizing and researching employer branding. Career Development International, 9, 501–517.

Balliet, D., Wu, J. & DeDreu, C. K. W. (2014). Ingroup favoritism in cooperation: A meta-analysis. Psychological Bulletin, 140, 1556–1581.

Bart, C. K., Bontis, N., & Taggar, S. (2001). A model of the impact of mission statements on firm performance. Management Decision, 39, 9–30.

Bartkus, B. & Glassman, M. (2008). Do firms practice what they preach? The relationship between mission statements and stakeholder management. Journal of Business Ethics, 83, 207–216.

Bartram, D. (2000). Internet recruitment an selection: Kissing frogs to find princes. Internations Journal of Selection and Assessment, 8, 261–274.

Baslevent, C. & Kirmanoglu, H. (2013). Do preferences of job attributes profide evidence of „hierachy of needs"? Social Indicators Research, 111, 549–560.

Bauer, T. N. & Aiman-Smith, L. (1996). Green career choices: The influence of ecological stance on recruiting. Journal of Business and Psychology, 10, 445–458.

Becker, W. J., Connolly, T. & Slaughter, J. E. (2010). The effect of job offer timing on job acceptance, performance, and turnover. Personnel Psychology, 63, 223–241.

Bell, S. T., Villado, A. J., Lukasik, M. A., Belau, L. & Briggs, A. L. (2011). Getting specific about demographic diversity variables and team performance relationship: A meta-analysis. Journal of Management, 37, 709–743.

Belt, J. A. & Paolillo, J.G.P. (1982). The influence of corporate image and specificity of candidate qualificaions on response to recruitment advertisement. Journal of Management, 8, 105–112.

Bernerth, J. B., Feild, H. S., Goles, W. F. & Cole, M. S. (2006). Perceived fairness in employee selection: The role of applicants personality. Journal of Business and Psychology, 20, 545–563.

Bettencourt, B. A., Dorr, N., Charlton, K. & Hume, D. L. (2001). Status differences and ingroup bias: A meta-analytic examination of the effect of status stability, status legitimacy, and group permeability. Psychological Bulletin, 127, 520–542.

Blaine, B. & Crocker, J. (1993). Self-esteem and self-serving biases in reaction to positive and negative events: An integrative review. In R. F. Baumeister (Ed.), Self-esteem. The puzzle of low self-regard (pp. 55–85). New York: Plenum.

Blair-Loy, M., Wharton, A.S. & Goodstein, J. (2011). Exploring the relationship between mission statements and work-life practices in organizations. Organization Studies, 32, 427–450.

Blake, R. R. & Mouton, J. S. (1964). Verhaltenspsychologie im Betrieb. Düsseldorf: Econ.

BMW (2002). Wir bei BMW. – Online Zugriff am 27.08.2015. Verfügbar unter: http://www.bmwgroup.com/d/0_0_www_bmwgroup_com/unternehmen/publikationen/aktuelles_lexikon/_pdf/Wir_bei_BMW_A4.pdf

Bundesinstitut für Berufsbildung (o. J.). Ergebnisse der ersten Welle der Stellenanzeigenanalysen im Rahmen des Früherkennungssystems Qualifikationsentwicklung. – Online Zugriff am 07.05.2015. Verfügbar unter: http://www.bibb.de/dokumente/pdf/frueherk_material1.pdf

Blickle, G. (2011). Personalmarketing. In F. W. Nerdinger, G. Blickle & N. Schaper (Hrsg.), Arbeits- und Organisationspsychologie (2. Aufl., S. 209–223). Berlin: Springer.

Blickle, G. & Solga, M. (2014). Einflusskompetenz, Konflikte, Mikropolitik. In H. Schuler & U. P. Kanning (Hrsg.), Lehrbuch der Personalpsychologie (S. 985–1029). Göttingen: Hogrefe.

Boltz, J., Kanning, U. P. & Hüttemann, T. (2009). Qualitätsstandards für Assessment Center – Treffende Prognosen durch Beachtung von Standards. Personalführung, 10, 32–37.

Borg, I. (2015). Mitarbeiterbefragung in der Praxis. Göttingen: Hogrefe.

Bornstein, R. F. (1989). Exposure and affect: Overview and meta-analysis of research, 1968-1987. Psychological Bulletin, 106, 265–289.

Boswell, W. R. & Bordeau, J. W. & Dunford, B. B. (2004). The outcomes and correlations of job search objectives: Searching to leave or searching for leverage? Journal of Applied Psychology, 89, 1083–1091.

Boswell, W. R., Roehling, M. V., LeOine, M. A. & Moynihan, L. M. (2003). Individual job-choice decision and the impact of job attributes and recruitment practices. A longitudinal field study. Human Resource Management, 42, 23–37.

Bowling, N. A., Eschleman, K. J. & Wang, Q. (2010). A meta-analytic examination of the relationship between job satisfaction and subjective well-being. Journal of Occupational and Organizational Psychology, 83, 915–934.

Bowling, N. A., Khazon, S., Meyer, R. D. & Burrus, C.J. (2015). Situational strength as a moderator of the relationsship between job satisfaction and job performance: A meta-analytic examination. Journal of Business Psychology, 30, 89–104.

Braddy, P. W., Meade, A.W. & Kroustalis, C. M. (2005). Organizational recruitment website effects on viewers' perceptions of organizational culture. Journal of Business and Psychology, 20, 525–543.

Braddy, P. W., Meade, A.W. & Kroustalis, C. M. (2008). Online recruitment: The effect of organizational familiarity, website usability, and website attractiveness on viewers' impression of organizations. Computer in Human Behavior, 24, 2992–3001.

Braddy, P. W., Meade, A. W., Michael, J. J. & Fleenor, J. W. (2009). Internet recruiting: Effects of website content features on viewers' perceptions of organizational culture. International Journal of Selection and Assessment, 17, 19–34.

Braun, S., Peus, C. & Frey, D. (2012). Is beauty beastly? Gender-specific effects of leader attractiveness and leadership style in followers' trust and loyalty. Zeitschrift für Psychologie, 220, 98–108.

Braun, S., Wesche, J. S., Frey, D., Weisweiler, S. & Peus, C. (2012). Effectiveness of mission statement in organizations – A review. Journal of Management and Organisation, 18, 430–444.

Brooks, M. E., Highhouse, S., Russell, S. S. & Mohr, D. C. (2003). Familiarity, ambivalence, and firm reputation: Is corporate fame a doubel-eged sword? Journal of Applied Psychology, 88, 904–914.

Brown, D. J., Cober, R. T., Keeping, L. M. & Levy, P. E. (2006). Racial tolerance and reaction to diversity information in job advertisements. Journal of Applied Social Psychology, 36, 2048-2071.

Brown, J. D. (1991). Accuracy and bias in self-knowledge. In C. R. Snyder & D. R. Forsyth (Eds.), Handbook of social and clinical psychology: The health perspective (pp. 158-178). New York: Pergamon.

Brown, J. D. & Gallagher, F. M. (1992). Coming to terms with failure: Private self-enhancement and public self-effacement. Journal of Experimental Social Psychology, 28, 3-22.

Bruhn, M. & Holzer, M. (2014). The role of the fit construct and sponsorship portfolio size for event sponsoring success. A field study. European Journal of Marketing, 49, 874-893.

Bruk-Lee, V., Khoury, H. A., Nixon, A. E., Goh, A. & Spector, P. E. (2009). Replicating and extending past personality/job satisfaction meta-analyses. Human Performance, 22, 156-189.

Bruns, I. (2002). Studie zu Electronic-Recruitment: Zielgruppenspezifische Erfahrungen und Anforderungen an das Online-Bewerbungsangebot deutscher Unternehmen. Personal, 5, 16-19.

Burt, C. D. B., Halloumis, S. A., McIntyre, S. & Blackmore, H. S. (2010). Using colleague and team photographs in recruitment advertisements: Effects on applicant attraction. Asian Pacific Journal of Human Resources, 48, 233-250.

Buunk, B. P. & Gibbons, F. X. (1997). Health, coping, and well-being: Perspectives from social comparison theory. Mahwah NJ: Erlbaum.

Byrne, D. (1971). The attraction paradigm. New York: Academic Press.

Cable, D. M. & Graham, M. E. (2000). The determinants of job seekers' reputation perception. Journal of Organizational Behavior, 21, 929-947.

Cable, D. M. & Turban, D. B. (2003). The value of organizational reputation in the recruitment context: A brand-equity perspective. Journal of Applied Social Psychology, 33, 2244-2266.

Cable, D. M. & Yu, K. Y. T. (2006). Managing job seekers' organizational image beliefs: The role of media richness and media credibility. Journal of Applied Psychology, 91, 828-840.

Cacioppo, J. T., Cacioppo, S. & Gollan, J. K. (2014). The negativity bias: Conceptualization, quantification, and individual differences. Behavioral and Brain Sciences, 37, 309-310.

Caers, R. & Castelyns, V. (2011). LinkeIn and Facebook in Belgium: The influence and biases on social network sites in recruitment and selection procedures. Social Science Computer Review, 29, 437-448.

Carless, S. A. (2005). Person-job fit versus person-organizational fit as predictors of organizational attraction and job acceptance intentions: A longitudinal study. Journal of Occupational and Organizational Psychology, 78, 411-429.

Chan, D. & Schmitt, N. (1997). Video-based versus paper-and-pencil method of assessment in situational judgment tests: Subgroup differences in test performance and face validity perceptions. Journal of Applied Psychology, 82, 143-159.

Chapman, D. S., Uggerslev, K. L., Carroll, S. A., Piasentin, K. A. & Jones, D. A. (2005). Applicant attraction to organizations and job choice: A meta-analytic review of the correlates of recruiting outcome. Journal of Applied Psychology, 90, 928–944

Chapman, D. S. & Webster, J. (2003). The use of technologies in the recruiting, screening, and selection process for job candidates. International Journal of Selection and Assessment, 11, 113-120.

Chhabra, N. L. & Sharma, S. (2011). Employer branding: Strategy for improving employer attractiveness. International Journal of Organizational Analysis, 22, 48-60.

Christian, M. S., Edwards, B. D. & Bradley, J. C. (2010). Situational judgment tests: Constructs assessment and a meta-analysis of their criterion-related validities. Personnel Psychology, 63, 83-117.

Christiansen, N. D., Goffin, R. D., Johnston, N. G. & Rothstein, M. G. (1994). Correcting the 16PF for faking: Effects on criterion-related validity and individual hiring decisions. Personnel Psychology, 47, 847-860.

Cialdini, R. B., Vincent, J. E., Lewis, S. K., Catalan, J., Wheeler, D., & Darby, B. L (1975). Reciprocal concessions procedure for inducing compliance: The door-in-the-face technique. Journal of Personality and Social Psychology, 31, 206-215.

Clemente, S., Dolansky, E., Mantonakis, A. & White, K. (2014). The effects of perceived product-extrinsic cue incongruity on consumption experiences: The case of celebrity sponsorship. Marketing Letters, 25, 373–384.

Close, A. G., Lacey, R. & Cornwell, T. B. (2015). Visual processing and need for cognition can enhance event-sponsorship outcomes: How sporting event sponsorship benefit from the way attendees process them. Journal of Advertiving Research, 55, 206-215.

Cohen, A. & Hudecek, N. (1993). Organizational commitment-turnover relationship across occupational groups. Group and Organizational Management, 18, 188-213.

Cole, M. S., Feild, H. S. & Giles, W. F. (2003). What can we uncover about applicants based on their resumes? A field study. Applied HMR Research, 8, 51-62.

Cole, M. S., Feild, H. S., Giles, W. F. & Harris, S. G. (2009). Recruiters' inferences of applicant personality based on resume screening: Do paper people have a personality? Journal of Business Psychology, 24, 5-18.

Collins, C. J. (2007). The interactive effects of recruitment practices and product awarenesss on job seeker's employer knowledge and application behaviors. Journal of Applied Psychology, 92, 180-190.

Collins, C. J. & Han, J. (2004). Exploring applicant pool quantity and quality: The effects of early recruitment practice strategies, corporate advertising, and firm reputation. Personnel Psychology, 57, 685-717.

Collins, C. J. & Stevens, C. K. (2002). The relationship between early recruitment-related activities and the application decisions of new labor-market entrants: A brand equity approach to recruitment. Journal of Applied Psychology, 87, 1121-1133.

Connolly, J. J. & Viswesvaran, C. (2000). The role of affectivity in job satisfaction: A meta-analysis. Personality and Individual Differences, 29, 265-281.

Cooper-Hakim, A. & Viswesvaran, C. (2005). The construct of work commitment: Testing an integrative framework. Psychological Bulletin, 131, 241-259.

Cordner, G. & Cordner, A. M. (2011). Stuck on a plateau? Obstacles to recruitment, selection, and retention of women police. Police Quaterly, 14, 207-226.

Crocker, J. & Luhtanen, R. (1990). Collective self-esteem and ingroup bias. Journal of Personality and Social Psychology, 58, 60–67.

Cushen, J. (2011). The trouble with employer branding: Resistance disillusion at avatar. In M. J. Brannan, E. Parsons & V. Priola (Eds.), Branded lives: The production and consumption of meaning at work (pp. 75-89). Northampton: Edward Elgar.

Darbi, W. P. K. (2012). Of mission and vision statements and their potential impact on employee behaviour and attitudes. International Journal of Business and Social Science, 3, 95-109.

David, F. (1989). How companies define their mission. Long Range Planning, 22, 90–97.

Davis, G. (2006). Employer branding and its influence on managers. European Journal of Marketing, 42, 667–681.

Dean, M. A., Roth, P. L. & Bobko, P. (2008). Ethnic and gender subgroup differences in assessment center ratings. Journal of Applied Psychology, 93, 685–691.

Desmidt, S., Prinzie, A. & Decramer, A. (2011). Looking for the value of mission statements: A meta-analysis of 20 years of research. Management Decision, 49, 468–483.

Deutsche Bahn (2012). Zukunft bewegen: Das Leitbild der DB-Konzerns. – Online Zugriff am 27.08.2015. Verfügbar unter: http://www.deutschebahn.com/file/de/2191740/-pt3UdswTzlyRU960SLPW8P9BUQ/ 2192512/data/konzernleitbild.pdf.

Dineen, B. R., Ash, S. R. & Noe, R. A. (2002). A web of applicant attraction: Person-organization fit in the context of web-based recruitment. Journal of Applied Psychology, 87, 723–734.

Dinee, B. P., Ling, J., Ash, S. R. & DelVecchio, D. (2007). Aestetic properties an message customization: Navigating the dark side of web recruitment. Journal of Applied Psychology, 92, 356–372.

Dormann, C. & Zapf, D. (2001). Job satisfaction: A meta-analysis of stability. Journal of Organizational Behavior, 22, 483–504.

Earnest, D. R., Allen, D. G. & Landis, R. S. (2011). Mechanisms linking realistic job previews with turnover: A meta-analytic path analysis. Personnel Psychology, 64, 865–987.
Edwards, J. R. (1991). Person-job fit: A conceptual integration, literature review, and methodological critique. In Cooper CLRIT (Ed.), International review of industrial and organizational psychology (Vol. 6, pp. 283–357). Chichester, UK: Wiley.
Edwards, M. R. (2010). An integrative review of employer branding and OB theory. Personnel Review, 39, 5–23.
Farzaneh, J., Farashah, A. D. & Kazemi, M. (2013). The impact of person-job fit and person-organization fit on OCB: The mediating and moderating effects of organizational commitment and psychological empowerment. Personnel Review, 43, 672–691.
Feldman, D. C., Bearden, W. O. & Hardesty, D. M. (2006). Variying the content of job advertisements. Journal of Advertising, 35, 123–141.
Felfe, J. (2008). Mitarbeiterbindung. Göttingen: Hogrefe.
Felfe, J. (Hrsg.). (2015). Trends der psychologischen Führungsforschung. Göttingen: Hogrefe.
Felser, G. (2007). Werbe- und Konsumentenpsychologie (3. Aufl.). Berlin: Spektrum.
Felser, G. (2010). Personalmarketing. Göttingen: Hogrefe
Flanagan, J. C. (1954). The critical incident technique. Psychological Bulletin, 51, 327–358.
Frank, F. & Kanning, U. P. (2014). Lücken im Lebenslauf – Ein valides Kriterium der Personalauswahl? Zeitschrift für Arbeits- und Organisationspsychologie, 58, 155–162.
Freedman, J. L. & Fraser, S. C. (1966). Compliance without pressure: The foot-in-the-door technique. Journal of Personality and Social Psychology, 4, 195–202.
Fried, Y., Shirom, A., Gilboa, S. & Cooper, C. L. (2008). The mediating effects of job satisfaction and propensity to leave on role stress – job performance relationship. Combining meta-analysis and structural equation modelling. International Journal of Stress Management, 15, 305–328.
Fuertes, J. N., Gottdiener, W. H., Martin, H., Gilbert, T. C. & Giles, H. (2012). A meta-analysis of the effect of speakers' accents on interpersonal evaluation. European Journal of Social Psychology, 42, 120–133.
Gaertner, L., Sedikides, C., Vevea, J. L. & Iuzzini, J. (2002). The "I", the "we", and the "when": A meta-analysis of motivational primarcy in self-definition. Journal of Personality and Social Psychology, 83, 574–591.
Gahlmann, S. & Kanning, U. P. (in Vorb.). Sichtung von Bewerbungsunterlagen: Ist Leistungssport ein Indikator allgemeiner Leistungsmotivation?
Galinsky, A. G. & Mussweiler, T. (2001). First offer as ancors: The role of perspective taking and negotiator focus. Journal of Personality and Social Psychology, 81, 657–669.
Garcia, M. F., Posthuma, R. A. & Quinones, M. (2010). How benefit information and demographics influence employee recruiting in Mexico. Journal of Business Psychology, 25, 523–531.
Gardner, D. G. & Pierce, J. L. (1998). Self-esteem and self-efficacy within the organizational context: An empirical examination. Group and Organizational Management, Vol. 23, 48–70.
Gatewood, R. D., Gowan, M. A., Lautenschlager, G. J. (1993). Corporate image, recruitment image, and initial job choice decisions. Academy of Management Journals, 36, 414–427.
Gaucher, D., Friesen, J. & Kay, A. C. (2011). Evidence that gendered wording in job advertisements exists and sustains gender inequality. Journal of Personality and Social Psychology, 101, 109–128.
Germain, R. & Cooper, M. B. (1990) How a customer mission statement affects company performance. Industrial Marketing Management 19, 47–54.
Gilliland, S. W. (1993). The perceived fairness of selection systems: An organizational justice perspective. Academy of Management Review, 18, 694–734.
Gilliland, S. W. (1995). Fairness from the applicant's perspective: Reactions to employee selection procedures. International Journal of Selection and Assessment, 3, 11–19.
Gilliland, S. W., Groth, M., Baker, R. C. IV, Dew, A. F., Polly, L.M. & Langdon, J. C. (2001). Improving applicants' reactions to rejection letters: An application of fairness theory. Personnel Psychology, 54, 669–703.
Görlich, Y. & Schuler, H. (2007). Arbeitsprobe zur berufsbezogenen Intelligenz. Technische und handwerkliche Tätigkeiten (AZUBI-TH). Göttingen: Hogrefe.
Görlich, Y. & Schuler, H. (2010). Arbeitsprobe zur berufsbezogenen Intelligenz. Büro- und käufmännische Tätigkeiten (AZUBI-BK). Göttingen: Hogrefe.
Görlich, Y. & Schuler, H. (2014). Personalentscheidungen, Nutzen und Fairness. In H. Schuler & U. P. Kanning (Hrsg.), Lehrbuch der Personalpsychologie (3. Aufl., S. 1137–1199). Göttingen: Hogrefe.
Göritz, A. S. & Moser, K. (2002). Personalmarketing im Internet – Eine Untersuchung des Auftritts der 100 größten deutschen Internehmen. Zeitschrift für Personalpsychologie, 3, 141–148.
Gomes, D. R., Neves, J. (2010). Employer branding constrains applicants' job seeking behaviour? Revista de psicologigia del Trabajo y de las Organizaciones, 26, 223–234.
Grund, C. (2009). Jobpräferenzen und Arbeitsplatzwechsel. Zeitschrift für Personalforschung, 23, 66–72.
Hackman, J. R. & Oldham, G. R. (1976). Motivation through the design of work: Test of a theory. Organizational Behavior and Human Performance, 16, 250–279.
Hamori, M. (2010). Who gets headhunted – and who gets ahead? Academy of Management Perspectives, 24, 46–59.
Hanin, D., Stinglhamber, F. & Delobbe, N. (2013). The impact of employer branding on employees: The role of employment offering in the prediction of their affective commitment. Psychologica Belgica, 53, 57–83.
Hauser, F. (2013). Wahre Schönheit kommt von innen – Der Great Place to Work-Ansatz. In A. Trost (Hrsg.), Employer Branding: Arbeitgeber positionieren und präsentieren. Personalwirtschaft (S. 235–248). Köln: Wolters-Kluwer.
Hausknecht, J. P., Day, D. V., & Thomas, S. C. (2004). Applicant reactions to selection procedures: An updated model and meta-analysis. Personnel Psychology, 57, 639–683.

Hellman, C. M. (1997). Job satisfaction and intent to leave. The Journal of Social Psychology, 137, 677–689.

Henschel, T. & Horvath, L. (in Druck). Talente finden und ansprechen – Rekrutierung und Gestaltung von Stellenausschreibungen. In C. Peus, S. Braun, T. Hentschel & D. Frey (Hrsg.), Personalauswahl in der Wissenschaft – Evidenzbasierte Methoden und Tools. Berlin: Springer.

Herzberg, P. Y. (2004). Lässt sich der Einfluss sozialer Erwünschtheit in einem Fragebogen zur Erfassung aggressiver Verhaltensweisen im Straßenverkehr korrigieren? Zeitschrift für Differentielle und Diagnostische Psychologie, 25, 19–29.

Hesse, J. & Schrader, H. C. (2012). Das große Hesse/Schrader Bewerbungshandbuch: Alles, was Sie für ein erfolgreiches Berufsleben wissen müssen. Hallbergmoos: Stark.

Highhouse, S., Brooks, M. E. & Gregarus, G. (2009). An organizational impression management perspective on the formulation of corporate reputation. Journal of Management, 35, 1481–1493.

Highhouse, S., Hoffman, J. R., Greve, E.M. & Collins, A.E. (2002). Persuasive impact of organizational value statements in a recruitment context. Journal of Applied Social Psychology, 32, 1737–1755.

Highhouse, S., Lievens, F. & Sinar, E. (2003). Measuring attraction to organizations. Educational and Psychological Measurement, 63, 986–1001.

Höft, S. & Schuler, H. (2014). Personalmarketing und Personalauswahl. In H. Schuler & K. Moser (Hrsg.), Lehrbuch Organisationspsychologie (5. Aufl.; S. 55–126). Bern: Huber.

Hsieh, A. T. & Chen, Y. Y. (2011). The influence of employee referrals on P-O fit. Public Personnel Management, 40, 327–339.

Hossiep, R. & Mühlhaus, O. (2015). Personalauswahl und -entwicklung mit Persönlichkeitstests. Göttingen: Hogrefe.

Hossiep, R, Schecke, J. & Weiß, S. (2015). Zum Einsatz von persönlichkeitsorientierten Fragebogen – Eine Erhebung unter den 580 größten deutschen Unternehmen. Psychologische Rundschau, 127–129.

Hough, L. M., Oswald, F. L. & Ployhart, R. E. (2001). Determinants, detection and amelioration of adverse impact in personnel selection procedures: Issues, evidence and lesson learned. International Journal of Selection and Assessment, 9, 152–194.

Hülsheger, U. R., Maier, G. W., Stumpp, T., Muck, P. M. (2006). Vergleich kriteriumsbezogener Validitäten verschiedener Intelligenztests zur Vorhersage von Ausbildungserfolg in Deutschland: Ergebnisse einer Metaanalyse. Zeitschrift für Personalpsychologie, 5, 145–162.

Huffcutt, A. I. & Arthur, W. Jr. (1994). Hunter and Hunter (1994) revisited: Interview validity for entry-level jobs. Journal of Applied Psychology, 79, 184–190.

Humphrey, S. E., Nahrgang, J. D. & Morgeson, F. P. (2007). Integrating motivational, social, and contextual work design features. Journal of Applied Psychology, 92, 1332–1356.

Ito, J. K., Brotheridge, C. M. & McFarland, K. (2013). Examining how preference for employer branding attributes differ from entry to exit and how they relate to commitment, satisfaction, and retention. Career Development International, 18, 732–752.

Jackson, T. A., Meyer, J.P. & Wang, X.-H. (2013). Leadership, commitment, and culture: A meta-analysis. Journal of Leadership and Organizational Studies, 20, 84–106.

Jaramillo, F., Mulki, J. P. & Marshall, G. W. (2005). A meta-analysis of the relationship between organizational commitment and salesperson job performance: 25 years of research. Journal of Business Research, 58, 705–714.

Jattuso, M. L. & Sinar, E. F. (2003). Source effects in internet-based screening procedures, International Journal of Selection and Assessment, 11, 137–140.

Jawahar, I. M., & Williams, C. R. (1997). Where all the children are above average: The performance appraisal purpose effect. Personnel Psychology, 50, 905–925.

Jensen, J. A. & Cobbs, J. B. (2014). Predicting return on investment in sport sponsorship: Modelling brand exposure, price, and ROI in formula one automotive competition. Journal of Advertising Research, 435–447.

Jetten, J., Spears, R. & Postmes, T. (2004). Intergroup distinctiveness and differentiation: A meta-analytic integration. Journal of Personality and Social Psychology, 86, 862–879.

Jex, S. M. & Elacqua, T. C. (1999). Self-esteem as a moderator: A comparison of global and organization-based self-esteem. Journal of Occupational and Organizational Psychology, 72, 71–81.

Jones, D. A., Shultz, J. W. & Chapman, D. S. (2006). Recruiting through job advertisements: The effects of cognitive elaborations on decision making. International Journal of Selection and Assessment, 14, 167–179.

Judge, T. A. & Bono, J. E. (2001). Relationship of core self-evaluations traits – self-esteem, generalized self-efficacy, locus of control, and emotional stability – with job satisfaction and job performance: A meta-analysis. Journal of Applied Psychology, 86, 80–92.

Judge, T. A., Heller, D. & Mount, M. K. (2002). Five-factor model of personality and job satisfaction: A meta-analysis. Journal of Applied Psychology, 87, 530–541.

Judge, T. A. & Piccolo, R. F. (2004). Transformational and transactional leadership: A meta-analytic test of their relative validity. Journal of Applied Psychology, 89, 755–768.

Judge, T. A., Piccolo, R. F. & Ilies, R. (2004). The forgotten ones? The validity of consideration and initiation structure in leadership research. Journal of Applied Psychology, 89, 36–51.

Judge, T. A., Piccolo, R. F., Podsakoff, N. P., Shaw, J. C. & Rich, B. L. (2010). The relationship between pay and job satisfaction: A meta-analysis of the literature. Journal of Vocational Behavior, 77, 157–167.

Judge, T. A., Thoresen, C. J., Bono, J. E. & Patton, G. K. (2001). The job satisfaction – job performance relationship: A qualitative and quantitative review. Psychological Bulletin, 127, 376–407.

Juergens, C. E. (1978). Job preferences (What makes a job good or bad?). Journal of Applied Psychology, 63, 267–276.

Kaas, L. & Manger C (2010). Ethnic discrimination in Germany's labour market: A field experiment. Unveröffentlichter Forschungsbericht Nr. 4741. Forschungsinstitut zur Zukunft der Arbeit, Bonn.
Kanning, U. P. (1997). Selbstwertdienliches Verhalten und soziale Konflikte. Münster: Waxmann.
Kanning, U. P. (1999). Die Psychologie der Personenbeurteilung. Göttingen: Hogrefe.
Kanning, U. P. (2000). Selbstwertmanagement: Die Psychologie des selbstwertdienlichen Verhaltens. Göttingen: Hogrefe.
Kanning, U. P. (2003). Sieben Anmerkungen zum Problem der Selbstdarstellung in der Personalauswahl. Zeitschrift für Personalpsychologie, 2, 193–197.
Kanning, U. P. (2004). Standards der Personaldiagnostik. Göttingen: Hogrefe.
Kanning, U. P. (2009). Inventar sozialer Kompetenzen (ISK/ISK-K). Göttingen: Hogrefe.
Kanning, U. P. (2011a). Akzeptanz von Assessment Center-Übungen bei AC-Teilnehmern. Wirtschaftspsychologie, 13, 89–101.
Kanning, U. P. (2011b). Inventar zur Messung der Glaubwürdigkeit in der Personalauswahl (IGIP). Göttingen: Hogrefe.
Kanning, U. P. (2012a). Motivation. In U. P. Kanning & T. Staufenbiel (Hrsg.), Organisationspsychologie (S. 157–179). Göttingen: Hogrefe.
Kanning, U. P. (2012f). Führung. In U. P. Kanning & T. Staufenbiel (Hrsg.), Organisationspsychologie (S. 241–264). Göttingen: Hogrefe.
Kanning, U. P. (2013a). Entwicklung und Implementierung eines Leistungsbeurteilungssystems. In L. v. Rosenstiel, E. v. Hornstein & S. Augustin (Hrsg.), Change Management Praxisfälle: Veränderungsschwerpunkte Organisation, Team, Individuum (S. 109–124). Berlin: Springer.
Kanning, U. P. (2013b). Situational Judgement Tests. In W. Sarges (Hrsg.), Managementdiagnostik (S. 637–642). Göttingen: Hogrefe.
Kanning, U. P. (2013c). Wenn Manager auf Bäume klettern: Mythen der Personalentwicklung und Weiterbildung. Lengerich: Pabst.
Kanning, U. P. (2014a). Managementversagen – Eine diagnostische Perspektive. Wirtschaftspsychologie, 3, 13–20.
Kanning, U. P. (2014b). Oh Schreck, ein Fleck! – Wie Personalverantwortliche Bewerbungsunterlagen sichten. Personalmagazin, 38–40.
Kanning, U. P. (2015a). Personalauswahl zwischen Anspruch und Wirklichkeit – Eine wirtschaftspsychologische Analyse. Berlin: Springer.
Kanning, U. P. (2015b). E-Recruitment – Chancen und Realität der Bewerbervorauswahl per Internet. Personalführung, 5, 61–65.
Kanning, U. P. (2015c). Viel Lärm um nichts? – Diversity im beruflichen Kontext. In P. Genkova & T. Ringeisen (Hrsg.), Diversity-Kompetenz: Perspektiven und Anwendungsfelder. Wiesbaden: Springer. DOI: 10.1007/978-3-658-08003-7_29-1.
Kanning, U. P. (2015d). Auswahl von Führungskräften. In J. Felfe (Hrsg.), Trends der psychologischen Führungsforschung (S. 407–416). Göttingen. Hogrefe.
Kanning, U. P. (2016a). Wie Bewerberinnen und Bewerbern die Praxis der Personalauswahl erleben und bewerten. Report Psychologie, 2, 56–66.
Kanning, U. P. (2016b). Über die Sichtung von Bewerbungsunterlagen in der Praxis der Personalauswahl. Zeitschrift für Arbeits- und Organisationspsychologie, 60, 18–32.
Kanning, U. P. (2016c). Inventar zur Erfassung von Arbeitsmotiven (IEA). Göttingen: Hogrefe.
Kanning, U. P. (in Druck a). Fairness und Akzeptanz von Personalauswahlmethoden. In D. Krause (Hrsg.), Personalauswahl. Heidelberg: Springer.
Kanning, U. P. (in Vorb.). Fragebogen zur Messung von Arbeitszufriedenheit
Kanning, U. P. & Bergmann, N. (2009). Predictors of customer satisfaction: Testing the classical paradigms. Managing Service Quality, 19, 377–390.
Kanning, U. P., Dressler, N. & Winkelmann, S. (in Vorb.). Effekte des Duzens vs. Siezens in Stellenanzeigen.
Kanning, U. P. & Fricke, P. (2013). Führungserfahrung – Wie nützlich ist sie wirklich? Personalführung, 1, 48–53.
Kanning, U. P., Grewe, K., Hollenberg, S. & Hadouche, M. (2006). From the subjects' point of view: Reactions to different types of situational judgement items. European Journal of Psychological Assessment, 22, 168–176.
Kanning, U. P. & Heilen, A. (in Druck). Seniorität und Geschlecht im Einstellungsinterview – Wie wirken Interviewer/innen auf ihre Bewerber/innen? Journal of Business and Media Psychology.
Kanning, U. P. & Hill, A. (2012). Organization-based self-esteem scale: Adaptation in an international context. Journal of Business and Media Psychology, 3, 13–21.
Kanning, U. P. & Hill, A. (2013). Validation of the Organizational Commitment Questionnaire (OCQ) in six languages. Journal of Business and Media Psychology, 4, 11–20.
Kanning, U. P., Hofer, S. & Schulze Willbrenning, B. (2004). Professionelle Personenbeurteilung: Ein Trainingsmanual. Göttingen: Hogrefe.
Kanning, U. P. & Kappelhoff, J. (2012). Sichtung von Bewerbungsunterlagen – Sind sportliche Aktivitäten ein Indikator für die soziale Kompetenz der Bewerber? Wirtschaftpsychologie, 14, 72–81.
Kanning, U. P. & Klinge, K. (2005). Wenn zu viel Wissen in der Personalauswahl zum Problem wird – Wie Vorinformationen über Bewerber die Bewertung im Assessment Center verzerren können. Personalführung, 3, 64–67.
Kanning, U. P. & Kuhne, S. (2006). Social desirability in a multimodal personnel selection test battery. European Journal of Work and Organizational Psychology, 15, 241–261.
Kanning, U. P., Möller, J. H., Kolev, N. & Pöttker, J. (2013). Systematische Leistungsbeurteilung: Leitfaden für die HR- und Führungspraxis. Stuttgart: Schäffer-Poeschel.

Kanning, U. P., Pöttker, J. & Gelléri, P. (2007). Assessment Center Praxis in deutschen Großunternehmen – Ein Vergleich zwischen wissenschaftlichem Anspruch und Realität. Zeitschrift für Arbeits- und Organisationspsychologie, 51, 155–167.

Kanning, U. P., Pöttker, J. & Klinge, K. (2008). Personalauswahl. Ein Leitfaden für die Praxis. Stuttgart: Schäffer-Poeschel.

Kanning, U. P. & Rustige, J. (2012). Vieles ist plausibel, weniges wirklich wichtig: Der Stellenwert von Feedbackregeln aus empirischer Sicht. Personalführung, 5, 24–30.

Kanning, U. P., Schmalbrock, J. & Wild, S. (2009). Instrumente des Hochschulmarketings aus Sicht von Studierenden. Zeitschrift für Personalpsychologie, 8, 147–153.

Kanning, U. P. & Schnitker, R. (2004). Übersetzung und Validierung einer Skala zur Messung des organisationsbezogenen Selbstwertes. Zeitschrift für Personalpsychologie, 3, 112–121.

Kanning, U. P. & Schuler, H. (2014). Simulationsorientierte Verfahren der Personalauswahl. In H. Schuler & U. P. Kanning (Hrsg.), Lehrbuch der Personalpsychologie (3. Aufl., S. 215–256). Göttingen: Hogrefe.

Kanning, U. P. & Sodermans, S. (2016). Personalmarketing: Praktikum als Chance. Wirtschaftspsychologie aktuell, 2, 13–16.

Kanning, U. P. & Woike, J. (2015). Sichtung von Bewerbungsunterlagen: Ist soziales Engagement ein valider Indikator sozialer Kompetenzen? Zeitschrift für Arbeits- und Organisationspsychologie, 59, 1–15.

Kaplan, A. B., Aamodt, M.G. & Wilk, D. (1991). The relationship between advertisement variables and applicant responses to newspaper recuitment advertisements. Journal of Business and Psychology, 5, 383–395.

Kaye, B. & Jordan-Evans, S. (2007). Love them or lose them: Getting good people to stay. San Francisco: Berrett-Koehler.

Kirchgeorg, M. (2015). Marketing – Online. Zugriff am 04.04. 2015.Verfügbar unter: http://www.wirtschaftslexikon.gabler.de/Archiv/1286/marketing-v9.html.

Kirchgeorg, M. & Lorbeer, A. (2002). Was erwarten Nachwuchstalente von Arbeitgebern? Personalwirtschaft, 6, 6–10.

Kirnan, J. P., Farley, J. A. & Geisinger, K. F. (1989). The relationsship between recruiting source, applicant quality, and hire performance: An analysis by sex, ethnicity, and age. Personnel Psychology, 42, 293–308.

Klotz, A. C., DaMotta Veiga, S. P., Buckley, M. R. & Gavin, M. B. (2013). The role of trustworthiness in recruitment and selection: A review and guide for future research. Journal of Organizational Behavior, 34, 104–119.

König, C. J., Klehe, U.-C., Berchtold, M., & Kleinmann, M. (2010). Reasons for being selective when choosing personnel selection procedures. International Journal of Selection and Assessment, 18, 17–27.

Konrath, U. & Rack, O. (2006). Personalrekrutierung im Internet. Einfluss der Qualität von Recruiting-Sites auf die Arbeitgeberqualität. Zeitschrift für Personalpsychologie, 5, 53–59.

Kooij, D. T. A. M., Jansen, P. G. W., Dikkers, J. S. E. & DeLange, A. H. (2010). The influence of age on the associations between HR practices and both affective commitment and job satisfaction: A meta-analysis. Journal of Organizational Behavior, 31, 1111–1136.

Kriegler, W. R. (2015). Praxisbuch Employer Branding. Freiburg: Haufe.

Kristof-Brown, A. L., Zimmerman, R. D. & Johnson, E. C. (2005). Consequences of individuals' fit at work: A meta-analysis of person-job, person-organizational, person-group, and person-supervisor fit. Personnel Psychology, 58, 281–342.

Kuhn, K. M. (2009). Compensation as a signal of organizational culture: The effects of advertising individual or collective incentives. The International Journal of Human Resource Management, 20, 1634–1648.

Landis, R. S., Earnest, D. R & Allen, D. G., (2014). Realistic job previews: Past, present, and future. In K. Y. T. Yu, & D. M. Cable. (Eds.), The Oxford handbook of recruitment (pp. 423–436). New York: Oxford University Press.

Larsen, D. A. & Phillips, J. I. (2002). Effects of recruiter on attraction to the firm: Implications of the elaboration likelihood model. Journal of Business Psychology, 16, 347–364.

Lauver, K. J. & Kristof-Brown, A. (2001). Distinguishing between employees' perceptions of person-job and person-organizational fit. Journal of Vocational Behavior, 59, 454–470.

Lee, C.-H., Hwang, F.-M. & Yeh, Y.-C. (2013). The impact of publicity and subsequent intervention in recruitment advertising on job searching freshmen's attraction to an organization and job pursuit intention. Journal of Applied Social Psychology, 43, 1–13.

Lee, E.-S., Park, T.-Y. & Koo, B. (2015). Identifiing organizational identification as a basis for attitudes and behaviors: A meta-analytic review. Psychological Bulletin, 141, 1049–1080.

Lee, J. (2003). An analysis of the antecedents of organization-based self-esteem in two Korean banks. International Journal of Human Ressource Management, 14, 1046–1066.

Leventhal, G. S. (1980). What should we done with equity theory? In K. G. Gergen, M. S. Greenberg & R. H. Willis (Eds.), Social exchange: Advances in theory and research (pp. 27–55). New York: Plenum.

Liberman, B. E. (2013). Elimination discrimination in organizations: The role of organizational strategy for diversity management. Industrial and Organizational Psychology, 3, 466–471.

thLieb, P. (2003). The effect of September 11th on job attribute preference and recruiting. Journal of Business and Psychology, 18, 175–190.

Lievens, F. & Highhouse, S. (2003). The relationship of instrumental and symbolic attributes to a company's attractiveness as an Employer. Personnel Psychology 56, 75–102.

Lievens, F., Van Hoye, G. & Anseel, F. (2007). Organizational identity and employer image. Towards a unifying framework. British Journal of Management, 18, 45–59.

Lewin, K., Lippitt, R. & White, R. K. (1939). Patterns of aggressive behavior in experimental created social climates. Journal of Social Psychology, 10, 271–299.

Locke, E. (1969). What is job satisfaction? Organizational Behavior and Human Decision Processes, 4, 309–336.

Locke, E. (1976). The nature and causes of job satisfaction. In D. Dunnette (Ed.), Handbook of industrial and organizational psychology (pp. 1297–1350). Chicago: Rand McNally.

Locke, E. A. & Latham, G. P. (1990). A theory of goal setting and task performance. Englewood Cliffs, NJ: Prentice Hall.

Locke, E. A. & Latham, G. P. (2002). Building a practically useful theory of goal setting and task motivation. American Psychologist, 57, 705–717.

Lohaus, D. & Rietz, C. (2015). Arbeitgeberattraktivität: Der fragwürdige Wert von Arbeitgeberlabels auf Stellenanzeigen, Wirtschaftspsychologie, 17, 28–41.

Lohaus, D. & Schuler, H. (2014). Leistungsbeurteilung. In H. Schuler & U. P. Kanning (Hrsg.), Lehrbuch der Personalpsychologie (3. Aufl., S. 357–411). Göttingen: Hogrefe.

Loher, B. T. & Noe, R. A. (1985). A meta-analysis of the relation of job characteristics to job satisfaction. Journal of Applied Psychology, 70, 280–228.

Luthans, F., Hodgetts, R. M. & Rosenkrantz, S. A. (1988). Real managers. Cambridge, MA: Ballinger.

Mandler, G. (1982). The structure of value: accounting for taste. In M. S. Clarke & S. T. Fiske (Eds.), Perception, cognition and development: Interactional analysis (pp. 3–36). Hillsdale: Erlbaum.

Mannes, A. E. (2013). Shorn scalps and perceptions of male dominance. Social Psychological and Personality Science, 4, 198–205.

Marchal, E., Mellet, K & Rieucau, G. (2007). Job board toolkits: Internet matchmaking and changes in job advertisement. Human Relations, 60, 1091–1113.

Martin, G., Beaumont, P., Doig, R. & Pate, J. (2005). Branding: A new performance discourse for HR? European Management Journal, 23, 76–88.

Mason, N. A. & Belt, J. A. (1986). Effectiveness of specificity in recruitment advertising. Journal of Management, 12, 425–432.

McDaniel, M. A., Finnegan, E. B., Morgeson, F. P., Campion, M. A. & Braveman, E. P. (2001). Use of situational judgment tests to predict job performance: A clarification of the literature. Journal of Applied Psychology, 86, 730–740.

McDaniel, M. A., Whetzel, D. L., Hartmann, N. S. & Nguyen, N. T. (2007). Situational judgment tests, response instruction and validity: A meta-analysis. Personnel Psychology, 60, 63–91.

Meyer, J. P., Stanley, D. J., Herscovitch, L. & Topolnytsky, L. (2002). Affective, continuance, and normative commitment to the organization: A meta-analysis of antecedents, correlates, and consequences. Journal of Vocational Behavior, 61, 20–52.

Meyer, J. P., Stanley, D. J., Jackson, T. A., McInnis, K. J., Maltin, E. R. & Sheppard, L. (2012). Affective, normative, and continuance commitment levels across cultures: A meta-analysis. Journal of Vocational Behavior, 80, 225–245.

Mezulis, A. H., Abramson, L. Y., Hyde, J. S., & Hankin, B. L. (2004). Is there a universal positivity bias in attributions? Psychological Bulletin, 13, 711–747.

Miyazaki, A. D. & Morgan, A. G. (2001). Assessing market value of event sponsoring: Corporate Olympic sponsorship. Journal of Advertising Research, 41, 9–15.

Mohamed, A. A., Gardner, W. L. & Paolillo, J. G. (1999). A taxonomy of organizational impression management tactics. Advances in Competitiveness Research, 7, 108–130.

Moser, K. & Sende, C. (2014). Personalmarketing. In H. Schuler & U. P. Kanning (Hrsg.), Lehrbuch der Personalpsychologie (3. Aufl., S. 99–148). Göttingen: Hogrefe.

Mullen, B., Brown, R. & Smith, C. (1992). Ingroup bias as a function of salience, relevance, and status: An integration. European Journal of Social Psychology, 22, 103–122.

Nerdinger, F. W. (2014). Motivierung. In H. Schuler & U. P. Kanning (Hrsg.), Lehrbuch der Personalpsychologie (3. Aufl.; S. 725–764). Göttingen: Hogrefe.

Neuberger, O. & Allerbeck, M. (1978). Messung und Analyse von Arbeitszufriedenheit: Erfahrungen mit dem „Arbeitsbeschreibungsbogen ABB". Bern: Huber.

Ng, T. W. H. (2015). The incremental validity of organizational commitment, organizational trust, and organizational identification. Journal of Vocational Behavior, 88, 154–163.

Obermeier, T. (2014). Fachkräftemangel. – Online Zugriff am 01.09.2015. Verfügbar unter https://www.bpb.de/politik/innenpolitik/arbeitsmarktpolitik/178757/fachkraeftemangel.

O'Brien, K. S., Latner, J. D., Ebneter, D. & Hunter, J. A. (2012). Obesity discrimination: The role of physical apperance, personal ideology, and anti-fat prejudice. International Journal of Obesity, 1, 1–6.

Ones, D. S. & Dilchert, S. (2009). How special are executives? How special should executives selection be? Observations and recommendations. Industrial and Organizational Psychology, 2, 163–170.

Ones, D. S. & Viswesvaran, C. (1998). The effects of social desirability and faking on personality and integrity assessment for personnel selection. Human Performance, 11, 245–269.

Ones, D. S., Viwesvaran, C. & Reiss, A. D. (1996). Role of social desirability in personality testing for personnel selection: The red herring. Journal of Applied Psychology, 81, 660–679.

Peng, Y. & Mao, C. (2015). The impact of person-job fit an job satisfaction: The mediator role of self-efficacy. Social Indicators Research, 121, 805–813.

Perkins, L. A., Thomas, K. M. & Taylor, G. A. (2000). Advertising and recruitment: Marketing to minorities. Psychology & Marketing, 17, 235–255.

Phillips, J. M. (1989). Effects of realistic job preview on multiple organizational outcomes: A meta-analysis. Academy of Management Journal, 41, 673–690.

Pierce, J. L. & Gardner, D. G. (2004). Self-esteem within work and organizational context: A review of the organization-based self-esteem literature. Journal of Management, 30, 591–622.

Pierce, J. L., Gardner, D. G., Cummings, L. L. & Dunham, R. B. (1989). Organization-based self-esteem: Construct definition, measurement, and validation. Academy of Management Journal, 32, 622–648.

Piercy, F. & Morgan, N. (1994). Mission analysis: an operational approach. Journal of General Management, 19, 1–19.

Quinones, M. A., Ford, J. K. & Teachout, M. S. (1995). The relationship between work experience and job performance: A conceptual and meta-analytic review. Personnel Psychology, 48, 887–910.

Rampl, L.V. & Kenning, P. (2012). Employer brand trust and affect: Linking brand personality to employer brand attractiveness. European Journal of Marketing, 48, 218–236.

Reeve, C. L. & Schultz, L. (2004). Job-seeker reactions to selection process information in job ads. International Journal of Selection and Assessment, 12, 343–355.

Resick, C. J., Baltes, B. B. & Shantz, C. W. (2007). Person-organization fit and work-related attitudes and decisions: Examining interactive effects with job fit and conscientiousness. Journal of Applied Psychology, 92, 1446–1455.

Richman-Hirsch, W. L., Olson-Buchanan, J. B., & Drasgow, F. (2000). Examining the impact of ad-ministration medium on examinee perceptions and attitudes. Journal of Applied Psychology, 85, 880–887.

Riketta, M. (2002). Attitudinal organizational commitment and job performance. A meta-analysis. Journal of Organizational Behaviour, 23, 257–266.

Riordan, C. M., Weatherly, E. W., Vandenberg, R. J. & Self, R, M. (2001). The effects of pre-entry experience and socialization tactics on newcomer attitudes and turnover. Journal of Managerial Issues, 13, 159–177.

Roberston, Q. M., Collins, C. J. & Oreg, S. (2005). The effects of recruitment message specificity on applicants attraction to organizations. Journal of Business and Psychology, 19, 319–339.

Rolland, F. & Steiner, D. D. (2007). Test-taker reactions to the selection process: Effects of outcome favorability, explanations, and voice an fairness perceptions. Journal of Applied Social Psychology, 37, 2800–2826.

Rosenstiel, L. v. & Kaschube, J. (2014). Führung. In H. Schuler & U. P. Kanning (Hrsg.), Lehrbuch der Personalpsychologie (S. 677–724). Göttingen: Hogrefe.

Roth, P. L. & Bobko, P. (2000). College grade point average as a personnel selection device: Ethnic group differences and potential adverse impact. Journal of Applied Psychology, 85, 399–406.

Roth, P. L., Bobko, P. & McFarland, L. A. (2005). A meta-analysis of work sample test validity: Updating and integrating some classic literature. Personnel Psychology, 58, 1009–1037.

Rust, U. & Parages, V. (2002). E-Recruitment in nationaler und internationaler Perspektive. Personal, 5/2002, 24–27.

Rynes, S. L., Bretz, R.D. & Gerhart, B. (1991). The importance of recruitment in job choice: A different way of looking. Personnel Psychology, 44, 487–521.

Salgado, J. F., Anderson, N., Moscoso, S., Bertua, C., De Fruyt, F. & Rolland, J. P. (2003). A meta-analytic study of general mental ability validity for different occupations in the European community. Journal of Applied Psychology, 88, 1068–1081.

Sarrica, M., Michelon, G., Bobbio, A. & Ligorio, S. (2014). Employer branding in nonprofit organizations. An explorative organization of factors that are related to attractiveness, identification with the organization, and promotion: The case of emergency. Testing, Psychometrics, Methodology in Applied Psychology, 21, 3–20.

Schinkel, S. Dierendonk, D.v., Vianen, A. v. & Ryan, A. M. (2011). Applicant reactions to rejection: Feedback, fairness, and attribution style effects. Journal of Personnel Psychology, 10, 146–156.

Schinkel, S., Vianen, A. v. & Dierendonck, D. v. (2013). Selection fairness and outcomes: A field study of interactive effects on applicants reactions. International Journal of Selection and Assessment, 21, 22–31.

Schmidt, F. L. & Hunter, J. E. (1998). The validity and utility of selection methods in personnel psychology: Practice and theoretical implications of 85 years of research findings. Psychological Bulletin, 124, 262–274.

Schneidegger, N. & Müller, A. (2015). Arbeitgeberattraktivität im Drei-Länder-Vergleich: Adaptive Conjoint-Analyse der Job-Präferenzen bei Fachkräften. Wirtschaftspsychologie, 17, 15–27.

Schuler, H. (2002). Das Einstellungsinterview. Göttingen. Hogrefe.

Schuler, H. (Hrsg.). (2004). Beurteilung und Förderung beruflicher Leistung. Göttingen: Hogrefe.

Schuler, H. (Hrsg.). (2007). Assessment Center zu Potentialanalyse. Göttingen: Hogrefe.

Schuler, H. (2014a). Psychologische Personalauswahl (3. Aufl.). Göttingen: Hogrefe.

Schuler, H. (2014b). Arbeits- und Anforderungsanalyse. In H. Schuler & U. P. Kanning (Hrsg.), Lehrbuch der Personalpsychologie (3. Aufl.; S. 61–97). Göttingen: Hogrefe.

Schuler, H. (2014c). Biografieorientierte Verfahren der Personalauswahl. In H. Schuler & U. P. Kanning (Hrsg.), Lehrbuch der Personalpsychologie (3. Aufl.; S. 257–299). Göttingen: Hogrefe.

Schuler, H. & Berger, W. (1979). Physische Attraktivität als Determinante von Beurteilung und Einstellungsempfehlung. Psychologie und Praxis, 23, 59–70.

Schuler, H., Hell, B., Trapmann, S., Schaar, H. & Boramir, I. (2007). Die Nutzung psychologischer Verfahren der externen Personalauswahl in deutschen Unternehmen. Zeitschrift für Personalpsychologie, 6, 60–70.

Schuler, H., Höft, S. & Hell, B. (2014). Eigenschaftsorientierte Verfahren der Personalauswahl. In H. Schuler & U. P. Kanning (Hrsg.), Lehrbuch der Personalpsychologie (S. 149–213). Göttingen: Hogrefe.

Schuler, H. & Kanning, U. P. (Hrsg.). (2014). Lehrbuch der Personalpsychologie (3. Aufl.). Göttingen: Hogrefe.

Schuler, H. & Moser, K. (1993). Entscheidungen von Bewerbern. In K. Moser, W. Stehle & H. Schuler (Hrsg.), Personalmarketing (S. 51–75). Göttingen: Verlag für Angewandte Psychologie.

Schuler, H. & Stehle, W. (1983). Neuere Entwicklungen des Assessment-Center-Ansatzes – beurteilt unter dem Aspekt der sozialen Validität. Psychologie und Praxis. Zeitschrift für Arbeits- und Organisationspsychologie, 27, 33–44.

Schoerer, C. & Rosen, B. (1989). Effects of employment-at-will policies and compensation policies on corporate image and job pursuit intensions. Journal of Applied Psychology, 74, 653–656.

Schwartz, S. H. (1992). Universals in the content and structure of values: Theoretical advances and empirical tests in 20 countries. In M. Zanna (Ed.), Advances in experimental social psychology (Vol. 25, pp. 1–65). New York: Academic Press.

Sczesny, S. & Stahlberg, D. (2002). Geschlechtsstereotype Wahrnehmung von Führungskräften. Wirtschaftspsychologie, 9, 35–40.

Simon, H. (2007). Hidden Champions des 21. Jahrhunderts: Die Erfolgsstrategien unbekannter Weltmarktführer. Frankfurt a. M.: Campus.

Simpson, D. (1994). Rethinking mission and vision. Planning Review, 22, 911.

Sinar, E. F., Reynolds, D. H. & Paquet, S. L. (2003). Nothing but net? Corporate images and web-based testing. International Journal of Selection and Assessment, 11, 150–157.

Smith, D. B. & Ellingson, J. E. (2002). Substance versus style: A new look at social desirability in motivating contexts. Journal of Applied Psychology, 87, 211–219.

Sonntag, K., Frieling, E. & Stegmaier, R. (2012). Lehrbuch Arbeitspsychologie. Bern: Huber.

Statistisches Bundesamt (2015a). Statistiken zur Bevölkerung in Deutschland. – Online Zugriff am 01.09.2015. Verfügbar unter https://www.destatis.de/DE/ZahlenFakten/GesellschaftStaat/Bevölkerungsvorausberechnung/Tabellen.html.

Statistisches Bundesamt (2015b). Statistiken zu Unternehmen in Deutschland. – Online Zugriff am 10.08.2015. Verfügbar unter https://www.destatis.de/DE/ZahlenFakten/GesamtwirtschaftUmwelt/UnternehmenHandwerk/UnternehmenHandwerk.html.

Steiner, D. D. & Gilliland, S. W. (1996). Fairness reactions to personnel selection techniques in France and the United States. Journal of Applied Psychology, 81, 134–141.

Stephan, U. & Westhoff, K. (2002). Personalauswahlgespräche im Führungskräftebereich des deutschen Mittelstandes: Bestandsaufnahmen und Einsparungspotential durch strukturierte Gespräche. Wirtschaftspsychologie, 3, 3–17.

Tajfel, H. (Ed.). (1978). Differentiation between social groups. London: Academic Press.

Tajfel, H. & Turner, J. C. (1986). The social identity theory of intergroup behavior. In S. Worchel & W. G. Austin (Eds.), Psychology of intergroup relations (2nd. ed., pp. 7–24). Chicago: Nelson-Hall.

Tang, T. L. & Gilbert, P. R. (1994). Organization-based self-esteem among mental health workers: A replication and extension. Public Personnel Management, 23, 127–134.

Tang, T. L. & Ibrahim, A. H. S. (1989). Antecedents of organizational citizenship behavior revisited: Public personnel in the United States and in the Middle East. Public Personnel Management, 27, 529–550.

Tang, T. L., Kim, J. K. & O'Donald, D. A. (2000). Perceptions of Japanese organizational culture: Employees in non-unionized Japanese-owned and unionized US-owned automobile plants. Journal of Managerial Psychology, 15, 535–559.

Taylor, H. C. & Russel, J. F. (1939). The relationship of validity coefficients to the practical effectiveness of tests in selection: Discussion and tables. Journal of Applied Psychology, 23, 565–578.

Tetrick, L. E., Weathington, B. L., Da Silva, N. & Hutcheson, J. M. (2010). Individual differences in attraction of jobs based on compensation package components. Employee Responsibilities and Rights Journal, 22, 195–211.

Tett, R. P. & Meyer, J. P. (1993). Job satisfaction, organizational commitment, turnover intention, and turnover: Path analysis based on meta-analytic findings, Personnel Psychology, 46, 259–293.

Thielsch, M. T., Träumer, L., Pytlik, L. & Kanning, U. P. (2012). Personalmarketing aus Bewerbersicht: Nutzung und Bewertung. Journal of Business and Media Psychology, 3, 1–12.

Thomas, K. M. & Plaut, V. C. (2008). The many faces of diversity resistance in the workplace. In K. M. Thomas (Ed.), Diversity resistance in organizations (pp. 1–22). New York, NY: Erlbaum.

Thorndike, E. L. (1920). Intelligence and its use. Harper's Magazin, 140, 227–235.

Thornton, G. C. III, Hollenbeck, G. P. & Johnson, S. K. (2010). Selecting leaders: Executives and high potentials. In J. L. Farr & N. T. Tippins (Eds.), Handbook of employee selection (pp. 823–840). New York: Routledge.

Thorsteinson, T. J. & Highhouse, S. (2003). Effects of goal framing in job advertisements on organizational attractiveness. Journal of Applied Social Psychology, 33, 2393–2412.

Titchener, E. B. (1910). Textbook of psychology. New York: Macmillian.

Trost, A. (2012). Paradigmenwechsel in der Personalauswahl: Mitarbeiter gewinnen durch Social Recruitment. Wirtschaftspsychologie aktuell, 4, 42–45.

Trost, A. (Hrsg.). (2013). Employer Branding: Arbeitgeber positionieren und präsentieren. Personalwirtschaft. Köln: Wolters-Kluwer.

Truxillo, D. M., Steiner, D. D. & Gilliland, S. W. (2004). The importance of organizational justice in personnel selection: Defining when selection fairness really matters. International Journal of Selection and Assessment, 12, 39–53.

Turban, D. B. & Cable, D. M. (2003). Firm reputation and applicant pool characteristics. Journal of Organizational Behavior, 24, 733–751.

Turban, D. B., Eyring, A. R. & Campion, J. E. (1993). Job attributes: preferences compared with reasons given to accepting and rejecting job offers. Journal of Occupational and Organizational Psychology, 66, 71–81.

Turban, D. B. & Greening, D. W. (1997). Corporate social performance and organizational attractiveness to prospective employees. Academy of Management Journal, 40, 658–672.

Turner, J. C., Hogg, M. A., Oakes, P. J., Reicher, S. D. & Wetherell, M. S. (1987). Rediscovering the social group: A self-categorization theory. Oxford: Basil Blackwell.

Ulich, E. (2005). Arbeitspsychologie (6. Aufl.). Stuttgart: Schäffer-Poeschel.

Van Dick, R. (2004). Commitment und Identifikation in Organisationen. Göttingen: Hogrefe.

Van Hooft, E. A. J., van der Flier, H. & Minne, M. R. (2006). Construct validity of multi-source performance ratings: An examination of the relationship of self-, supervisor-, and peer-ratings with cognitive and personality measures. International Journal of Selection and Assessment, 14, 67–81.

Van Hoye, G. (2013). Recruiting throught employee referrals: An examination of employees' motives. Human Performance, 26, 451–464.

Van Hoye, G., Bas, T., Cromheecke, S. & Lievens, F. (2013). The instrumental and symbolic dimensions of organisations' image as an employer. A large-scale field study n employer branding in Turkey. Applied Psychology, 62, 543–557.

Van Hoye, G. & Lievens, F. (2007). Investigating web-based recruiting sources: Employee testimonials vs. word-of-mouse. International Journal of Selection and Assessment, 15, 372–382.

Verquer, M. L., Beehr, T. A. & Wagner, S. H. (2003). A meta-analysis of relations between person-organizational fit and work attitudes. Journal of Vocational Behavior, 63, 473–489.

Vieten, M. & Kanning, U. P. (2012). Attraktivität in der Personalauswahl: Müssen Interviewer schön sein? Wirtschaftspsychologie, 14, 66–73.

Viswesvaran, C. & Ones, D. S. (1999). Meta-analysis of fakability estimation: Implications for personality measurement. Educational and Psychological Measurement, 59, 197–210.

Volkswagen (2009). Wofür wir stehen. – Online Zugriff am 27.08.2015. Verfügbar unter: http://autogramm.volkswagen.de/09_07/aktuell/aktuell_04.html

Wagner, U. & Zick, A. (1993). Selbstdefinitionen und Intergruppenbeziehungen: Der Social Identity Approach. In B. Pörzgen & E. Witte (Hrsg.), Selbstkonzept und Identität. Beiträge des 8. Hamburger Symposions zur Methodologie der Sozialpsychologie (S. 109–129). Brauchschweig: Schmidt.

Walker, H. J., Bernerth, J. B., Feild, H. S. & Giles, W. F. (2012). Diversity cues on recruitment webites: Investigating the effects on job seeker' information processing. Journal of Applied Psychology, 97, 214–224.

Walker, H. J., Feild, H. S., Giles, W. F. & Bernerth, J. B. (2008). The interactive effects of job advertisement characteristics and applicant experience on reactions to recruitment messages. Journal of Occupational and Organizational Psychology, 81, 619–638.

Walker, H. J. & Hinojosa, A. S. (2014). Recruitment: The role of job advertisements. In K. Y. T. Yu & D. M. Cable (Eds.), The Oxford handbook of recruitment (pp. 269–283). Oxford: Oxford University Press.

Walraven, M., Bijmolt, T. H. A. & Koning, R. H. (2014). Dynamic effects of sponsoring: How sponsorship awareness develops over time. Journal of Advertising, 43, 142–154.

Walter, M. & Kanning, U. P. (2003). Wahrgenommene soziale Kompetenzen von Vorgesetzten und Mitarbeiterzufriedenheit. Zeitschrift für Arbeits- und Organisationspsychologie, 47, 152–157.

Watkins, L. M. & Johnston, L. (2000). Screening job applicants: The impact of physical attractivity and applicants quality. International Journal of Selection and Assessment, 8, 76–84.

Watzka, K. (2003). Hochschulmarketing: Arbeitgeberattraktivität und Rekrutierungskanäle. Personal, 7, 8–11.

Webber, S. S. & Donahue, L. M. (2001). Impact of highly and less job-related diversity on work group cohesion and performance: A meta-analysis. Journal of Management, 27, 141–162.

Wegge, J. (2014). Gruppenarbeit und Management von Teams. In H. Schuler & U. P. Kanning (Hrsg.), Lehrbuch der Personalpsychologie (S. 933–983). Göttingen: Hogrefe.

Weitzel, T., Eckhardt, A., Laumer, S., Maier, C. von Stetten, A., Weinert, C. & Wirth, J. (2015). Recruitung Trends 2015. Bamberg: Otto-Friedrich-Universität Bamberg.

Wenderdel, M. & Kanning, U. P. (2008). Wer mehr weiß beurteilt anders. Personalwirtschaft, 8, 52–54.

Westaby, J. D. (2005). Comparing attribute importance and reason methods for understanding behavior: An application to internet job search. Applied Psychology, 54, 568–583.

Westermann, F. & Dick, M. (Hrsg.). (2014). Managementversagen und Derailment. Sonderheft der Zeitschrift Wirtschaftspsychologie. Lengerich: Pabst.

Wiesenfeld, B. M., Brockner, J. & Thibault, V. (2000). Procedural fairness, managers' self-esteem, and managerial behaviors following a layoff. Organizational Behavior and Human Decision Processes, 83, 1–32.

Williams, R. I. Jr., Morrell, D. L. & Mullane, J. V. (2014). Reinvigorating the mission statement through top management commitment. Management Decision, 52, 446–459.

Wills, T. A. (1981). Downward comparison principles in social psychology. Psychological Bulletin, 90, 245–271.

Winter, P. A. (1996). Applicant evaluations of formal position advertisements: The influence of sex, job message content, and information order. Journal of Personnel Evaluation in Education, 10, 105–116.

Wright, T. A. & Bonett, D. G. (2002). The moderating effects of employee tenure on the relation between organizational commitment and job performance: A meta-analysis. Journal of Applied Psychology, 87, 1183–1190.

Xanthopoulou, D., Bakker, A. B., Demerouti, E. & Schaufell, W. B. (2007). The role of personal resources in the job demandresources model. International Journal of Stress Management, 14, 121–141.

Yüce, P. & Highhouse, S. (1998). Effects of attribute set size and pay ambiguity on reactions to help wanted advertisements. Journal of Organizational Behavior, 19, 337–352.

Zajonc, R. B. (1968). Attitudional effects of mere exposure. Journal of Personality and Social Psychology (Monograph Suppl), 9, 1–27.

Zhao, H. & Liden, R. C. (2011). Internship: A recruitment and selection perspective. Journal of Applied Psychology, 96, 221–229.

Ziegler, M., Danay, E. & Maaß, U. (2012). Überschätzter Nutzen? Soziale Netzwerke bei der Personalauswahl. Wirtschaftspsychologie aktuell, 3, 9–11.

Zottoli, M. A. & Wanous, J. P. (2000). Recruitment source research: Current status and future directions. Human Resource Management Review, 10, 353–382.

Stichwortverzeichnis

I

J

K

L

M

N

O

P

Q

R

S

T

U

W

Z

Printed by Printforce, the Netherlands